1ère ex.

CLASSES PRÉPARATOIRES SCIENTIFIQUES
PSI

LES GRANDS CLASSIQUES DE CHIMIE ET THERMODYNAMIQUE

2ème ANNÉE

Jean BERGUA
Jean-Paul BEYNIER
Philippe GOULLEY

Professeurs en classes préparatoires scientifiques - 2e année
Agrégés de l'Université

Bréal
1, rue de Rome Rosny Cedex

Collection « LES GRANDS CLASSIQUES »

Physique-Chimie :

Physique-Chimie 1re année (MP SI, PT SI)

Physique-Chimie 1re année (PC SI)

Chimie et Thermodynamique 2e année (MP)

Chimie et Thermodynamique 2e année (PC)

Chimie et Thermodynamique 2e année (PSI)

J. BERGUA, J.-P. BEYNIER, P. GOULLEY

Physique :

Physique 2e année (MP)

Physique 2e année (PC)

Physique 2e année (PSI)

J. BERGUA, P. GOULLEY

Mathématiques :

Mathématiques 1re année (MP SI, PC SI, PT)

D. GUININ, B. JOPPIN, M. LEPEZ

Analyse 2e année (MP, PC, PT)

M. LEPEZ

Algèbre-Géométrie 2e année (MP, PC, PSI)

F. AUBONNET

Maquette : 16 is

Dépôt légal : Novembre 1996.
ISBN 2 85394 926 5

Avant Propos

Les exercices proposés dans ce livre correspondent à une sélection de ceux qu'il faut avoir traité durant la «prépa». Ce sont des «classiques» conformes aux nouveaux programmes de la section PSI (2ème année des Classes Préparatoires aux Grandes Ecoles). La plupart ont été effectivement posés aux Concours. Ceux dont l'origine est indiquée entre guillemets ont été reformulés dans l'esprit des nouveaux programmes.

Le choix a été effectué en fonction des critères suivants :

- *conserver pour les énoncés le style «oral de concours», afin que les futurs candidats se familiarisent avec ce type d'épreuve ;*
- *présenter un ensemble de méthodes et de raisonnements qui, une fois assimilés, doivent permettre de résoudre, sans trop de difficultés, des exercices analogues.*
- *permettre d'explorer les différentes parties du programme ;*
- *La référence à une Ecole ne nous semble pas le point le plus important ...*

Pour tirer le meilleur profit de ce livre, voici quelques conseils :

- *faire l'ensemble des exercices : deux exercices apparamment semblables ont pu être sélectionnés pour illustrer deux méthodes de résolution différentes ;*
- *résoudre chaque question par écrit et dans son intégralité. Pour vous aider à «démarrer», la solution est précédée du rappel des points de cours auxquels l'exercice fait appel, et de brèves indications sur la méthode employée pour le résoudre ;*
- *ne jamais hésiter à vous reporter au cours (les points de cours sont faits pour cela !).*

Enfin, dans l'énoncé, les questions sont suivies d'étoiles (une, deux ou trois) représentatives de leur difficulté, avec des indications fournies à la suite de l'énoncé :

* *vous devez pouvoir résoudre seul ces questions,*

** *vous aurez parfois besoin de «jeter un coup d'œil» rapide sur la solution proposée,*

*** *enfin, pour ces questions, peut-être vous faudra-t-il vous reporter à la solution. Dans ce cas, lisez-la attentivement, puis efforcez-vous de la refaire seul et par écrit.*

Si vous avez des critiques (ou des encouragements ...) à formuler sur le contenu ou la présentation de ce recueil, n'hésitez pas à nous en faire part (en nous écrivant aux bons soins de Bréal). D'avance nous vous en remercions.

Bon courage !

Les auteurs

SOMMAIRE

PHYSIQUE

CHIMIE

Partie 1

PHYSIQUE

Chapitre I

Bilans d'énergie

Ce chapitre correspond, pour l'essentiel, à une reprise du programme de PCSI concernant les bilans énergétiques.

101 «ENSI»

On fait subir à un kilogramme de gaz, contenu dans un cylindre muni d'un piston, une transformation isotherme réversible qui le fait passer de l'état $P_1 = 0,68$ atm, $T_1 = 422K$ à l'état $P_2 = 4,56$ atm.

* Préciser les échanges d'énergie nécessaires à la réalisation de cette transformation.

Les tables donnent :

	$P_1 = 0,68$ atm $T_1 = 422K$	$P_2 = 4,56$ atm $T_2 = 422K$
h	2777	2743
s	7,785	6,846
v	2,809	0,4035

h : enthalpie massique en $kJ.kg^{-1}$

s : entropie massique en $kJ.kg^{-1}.K^{-1}$

v : volume massique en $m^3.kg^{-1}$

1 atm = $1,013\ 10^5 Pa$.

Commentaires

Points de cours

- *Premier et second principe.*

Indications

- *On reliera les travaux et énergies thermiques échangés aux variations des fonctions d'état. Dans le cadre de la réversibilité, le second principe se traduit par une égalité.*

Solution

Appliquons les deux principes de la thermodynamique à la masse de gaz considérée :

- Premier principe :

$$u_2 - u_1 = W + Q$$

$W \equiv$ travail mécanique fourni au gaz par l'intermédiaire du piston,

$Q \equiv$ énergie thermique échangée avec le thermostat qui maintient la température constante (égale à T_1).

Or $H = U + PV$, soit pour l'***unité de masse*** :

$$h = u + Pv$$

et $u_2 - u_1 = (h_2 - h_1) - (P_2 v_2 - P_1 v_1)$.

Finalement nous avons :

$$\boxed{(h_2 - h_1) - (P_2 v_2 - P_1 v_1) = W + Q}$$

- Deuxième principe :

Le système gaz échange l'énergie thermique Q avec le thermostat (température T_1). La transformation étant réversible, sa variation d'entropie est donnée par :

$$s_2 - s_1 = \frac{Q}{T_1} + 0 \qquad \text{(absence de production : réversibilité)}$$

D'où : $\boxed{Q = T_1(s_2 - s_1)}$

Application numérique :

Il suffit de lire les valeurs de h, s et v dans les tables.

$Q = 422 \times (6,846 - 7,785)$ ⟶ $\boxed{Q \# -396 \ kJ.kg^{-1}}$

$u_2 - u_1 = (2743 - 2777) - (4,56 \times 0,4035 - 0,68 \times 2,809) \cdot 1,013\ 10^5 \times 10^{-3}$

Le coefficient 10^{-3}, qui apparaît dans cette expression, est nécessaire si l'on veut exprimer le résultat en $kJ.kg^{-1}$.

Ce qui donne : $\boxed{u_2 - u_1 = -26,9 \ kJ.kg^{-1}}$

D'où : $W = (u_2 - u_1) - Q$ ⟶ $\boxed{W = 369 \ kJ.kg^{-1}}$

Remarques :

- Le gaz a subi une compression isotherme. Si le gaz avait été parfait, son énergie interne n'aurait pas varié (elle ne dépend alors que de la température : ainsi pour un gaz parfait monoatomique on aurait $u = N\frac{3}{2}k_B T$, où N est le nombre d'atomes et k_B la constante de Boltzmann).

Pour un gaz parfait (GP) : $\boxed{W_{GP} = -Q_{GP}}$

Ici $W + Q < 0$, ce qui traduit bien évidemment le caractère non parfait du gaz. Ainsi, si l'on tient compte d'interactions attractives entre particules, les distances plus faibles dans l'état final impliquent, dans ce cas, une énergie interne plus basse ...

- Pour appliquer le second principe on aurait pu choisir comme système l'ensemble gaz + thermostat (le cylindre et le piston sont sensés ne pas intervenir dans le bilan) :

$$\Delta S\,(\text{gaz + thermostat}) = \underset{\text{système isolé}}{\underset{\downarrow}{0}} + \underset{\substack{\text{pas de création d'entropie}\\ \text{(réversibilité)}}}{\underset{\downarrow}{0}}$$

D'où $\Delta S\,(\text{gaz}) + \Delta S\,(\text{thermostat}) = 0$

Or

$$\left.\begin{aligned} \Delta S\,(\text{gaz}) &= s_2 - s_1 \\ \Delta S\,(\text{thermostat}) &= \frac{(-Q)}{T_1} \end{aligned}\right\} \quad \boxed{(s_2 - s_1) + \frac{(-Q)}{T_1} = 0}$$

102 «MINES - P.»

Une masse de $1kg$ de vapeur d'eau est contenue dans un cylindre muni d'un piston. L'état initial est fixé par :

$$P_0 = 2,04 \text{ atm} \quad \text{et} \quad T_0 = 422\ K$$

Après compression, on fait passer la vapeur d'eau à l'état :

$$P_f = 4,08 \text{ atm} \quad \text{et} \quad T_f = 533,6\ K$$

1) * On suppose le cylindre et le piston adiabatiques. Déterminer le travail qu'il a fallu fournir pour réaliser la transformation. Est-elle réversible ?

2) ** Envisager une suite de deux transformations réversibles simples subies par la vapeur qui conduiraient au même état final.

Déterminer dans chaque cas les échanges d'énergie avec le milieu extérieur et comparer au cas précédent.

On donne :

P(atm)	$v(m^3.kg^{-1})$	$h(kJ.kg^{-1})$	$s(kJ.kg^{-1}.K^{-1})$	$T(K)$
2, 04	1, 0426	2766	7, 2853	422
4, 08	0, 5870	2984	7, 4013	533, 2

1 atm = $1,013\ 10^5 Pa$.

Commentaires

☞ Points de cours

- *Premier et second principe de la thermodynamique,*
- *Utilisation des tables.*

Indications

- *Il n'y a pas d'échanges thermiques (question 1)), la transformation envisagée est donc adiabatique. Elle s'accompagne cependant d'une variation d'entropie (cf. tables), elle est de ce fait irréversible.*
- *On pourra envisager une évolution réversible à partir de transformations isentropiques et de transformations isothermes réversibles.*

Solution

1)

- Appliquons le premier principe au gaz, les grandeurs énergétiques, énergie interne (u), enthalpie (h) et entropie étant rapportées à l'unité de masse de vapeur d'eau.

La transformation est adiabatique soit $Q = 0$ (absence d'échanges thermiques avec l'extérieur). On a donc :

$\Delta u = W + 0$ (W travail total reçu par la vapeur d'eau)

D'autre part $h = u + Pv$, d'où :

$$\Delta u = \Delta h - \Delta (Pv)$$

et :

$$\boxed{W = h_f - h_0 - P_f v_f + P_0 v_0}$$

Application numérique :

$W = 2984 - 2766 + (2,04 \times 1,0426 - 4,08 \times 0,5870) \times 1,013\ 10^5 \times 10^{-3}$

$$\boxed{W \# 191\ kJ.kg^{-1}}$$

- La variation d'entropie du gaz vaut :

$\Delta s = s_f - s_0 = 7,4013 - 7,2853$ ⟶ $\boxed{\Delta s \# 116\ J.kg^{-1}.K^{-1}}$

Et l'application du second principe au gaz donne ici :

$\Delta s = 0 + \sigma$ ($(\delta s)_{\text{échange}} = 0$ la transformation étant adiabatique)

La compression envisagée, bien qu'adiabatique, s'accompagne d'une création d'entropie. Elle est donc ***irréversible***.

2) On peut imaginer passer réversiblement de l'état initial à l'état final à la suite de deux transformations réversibles constituées par une adiabatique réversible et une isotherme réversible. Soit les deux cas possibles correspondant :

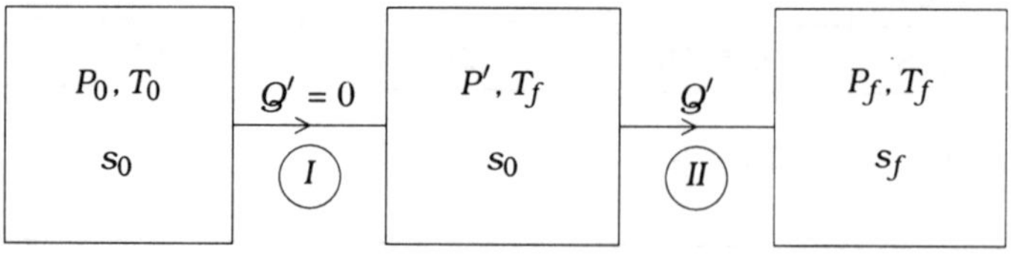

(A)

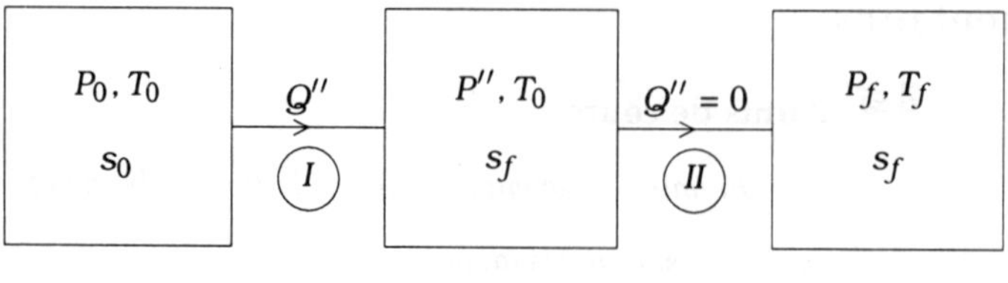

(B)

L'état initial et l'état final ne sont pas modifiés, c'est la nature de la transformation qui l'est. On a donc les mêmes Δu et Δs.

Soit : $\Delta u = W'_{rev} + Q'$ (1er principe)

$\Delta s = \dfrac{Q'}{T_f}$ (2ème principe dans le cadre de la réversibilité)

Nous obtenons alors pour (A) :

$$\boxed{Q_{rev} = Q' = T_f \, \Delta s \quad \text{et} \quad W_{rev} = W'_{rev} = \Delta u - T_f \, \Delta s}$$

De même pour (B) nous aurions :

$$\boxed{Q_{rev} = Q'' = T_0 \, \Delta s \quad \text{et} \quad W_{rev} = W''_{rev} = \Delta u - T_0 \, \Delta s}$$

Application numérique :

$$Q' = 61,9 \; kJ.kg^{-1} \quad ; \quad W'_{rev} = 129 \; kJ.kg^{-1}$$

$$Q'' = 49,0 \; kJ.kg^{-1} \quad ; \quad W''_{rev} = 142 \; kJ.kg^{-1}$$

Remarques :

- On a bien sûr $Q' + W'_{rev} \simeq Q'' + W''_{rev} = \Delta u$ (aux erreurs d'arrondis près ...)
- Dans les deux cas on a $W_{rev} < W_{irr}$; et d'autre part, si l'on désigne par T' la température de la source thermique avec laquelle le système est mis en contact lors de la double transformation (T' est égale à T_f pour (A) et T_0 pour (B)), nous avons :

$$W_{rev} = \Delta u - T' \, \Delta s$$

Or $\Delta u = W_{irr}$ et $\Delta s = \sigma$ (associée à la transformation irréversible initiale), d'où :

$$\boxed{W_{rev} = W_{irr} - T' \, \sigma}$$

- Si l'on envisage maintenant une transformation adiabatique réversible du gaz à partir de l'état (P_0, T_0) jusqu'à un état de même pression P_f que précédemment, on aurait :

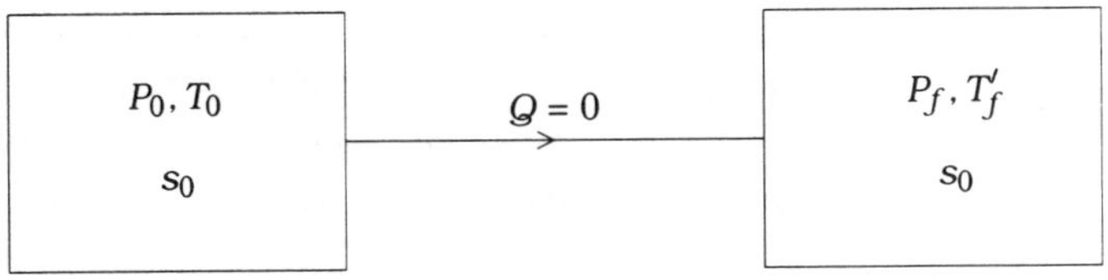

En effet, la transformation adiabatique réversible serait isentropique.

La température finale T'_f serait alors différente avec :

$$s(T'_f, P_f) = s_0 = s(T_0, P_0) < s(T_f, P_f)$$

D'où $s(T'_f, P_f) < s(T_f, P_f)$

Ce qui nous indique que la température finale T'_f serait inférieure à celle T_f effectivement obtenue.

103 «ENSI»

1) * Un cylindre à parois adiabatiques est fermé par un piston également adiabatique. Il contient un gaz que l'on pourra assimiler à un gaz parfait (masse molaire M, coefficient $\gamma = \frac{C_p}{C_v}$ = constante, $R = 8,31$ J.mol.$^{-1}$K^{-1}).

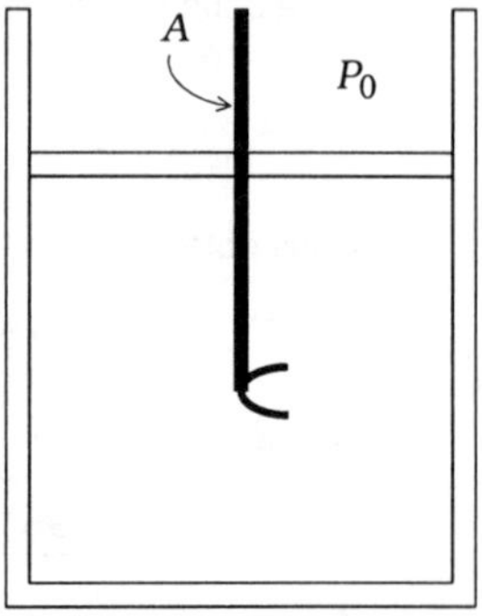

La pression extérieure est invariable et vaut $P_0 = 10^5 Pa$. La température initiale du gaz est $T_0 = 293K$. On fait subir au gaz une transformation quasi-statique isobare jusqu'à un état final de température $T_f = 353K$.

Déterminer les échanges avec l'extérieur dans le cas où la transformation est réalisée à l'aide d'un agitateur A dont le mouvement est entretenu par un moteur. Commentaires.

Pour les applications numériques on prendra $\gamma = 1,4$ et $M = 29\ 10^{-3} kg$ et on fera les calculs pour $1kg$ de fluide.

2) * Reprendre la question précédente dans le cas d'une transformation réversible entre les mêmes états.

Commentaires

Points de cours

- *Réversibilité. Irréversibilité,*
- *Bilans d'énergie et d'entropie.*

Indications

- *Remarquer que dans les deux cas les états initial et final sont les mêmes. Les variations d'énergie interne, d'enthalpie et d'entropie, caractéristiques de ces états, sont donc identiques.*
- *La première transformation, bien qu'adiabatique quasi-statique, n'est pas pour autant isentropique, elle est donc irréversible.*

Solution

- Remarquons tout d'abord que les états initial et final sont connus si on se donne comme variables thermodynamiques la pression P, la température T et le volume massique v. En effet, P et T étant donnés, il vient :

$$PV = nRT \quad \longrightarrow \quad P\frac{V}{nM} = \frac{RT}{M} \quad \text{et} \quad Pv = \frac{RT}{M} \quad \text{où} \quad v = \frac{V}{nM}$$

Il est alors possible de déterminer les variations d'énergie interne, d'enthalpie et d'entropie ***massiques*** du gaz (grandeurs notées u, h et s).

Le gaz supposé parfait passe de l'état (P_0, T_0) à l'état (P_0, T_f). On a donc dans cette transformation isobare :

$$\Delta u = C_{v_m}(T_f - T_0) \quad \text{et} \quad \Delta h = C_{p_m}(T_f - T_0)$$

$$\Delta s = C_{p_m}\mathrm{Ln}\left(\frac{T_f}{T_0}\right)$$

avec C_{v_m} et C_{p_m} capacités thermiques massiques à volume et pression constante.

Soit $C_{v_m} = \dfrac{(C_v)_{\text{molaire}}}{M}$ et $C_{p_m} = \dfrac{(C_p)_{\text{molaire}}}{M}$

Or $\left.\begin{array}{ll}(C_p)_{\text{molaire}} - (C_v)_{\text{molaire}} & = R \\ \dfrac{C_p}{C_v} & = \gamma\end{array}\right\}$ d'où $(C_p)_{\text{molaire}} = \dfrac{\gamma}{\gamma - 1} R$ et $(C_v)_{\text{molaire}} = \dfrac{1}{\gamma - 1} R$

Finalement :

$$\boxed{\Delta u = \frac{R}{(\gamma - 1)M}(T_f - T_0) \ ; \ \Delta h = \frac{\gamma}{(\gamma - 1)} \frac{R}{M}(T_f - T_0) \ ; \ \Delta s = \frac{\gamma}{(\gamma - 1)} \frac{R}{M} \mathrm{Ln}\left(\frac{T_f}{T_0}\right)}$$

1) La transformation est isobare adiabatique et quasi-statique. Les états initial et final sont représentés par (P_0, T_0) et (P_0, T_f). Le travail fourni par les forces de pression est donné par :

$$\omega_P = -P_0(v_f - v_0), \text{ d'où } \omega_P = -\frac{R}{M}(T_f - T_0) \qquad \left(P_0 v_f = \frac{R}{M} T_f \text{ et } P_0 v_0 = \frac{R}{M} T_0\right)$$

Considérons le système gaz + agitateur. Aucune énergie thermique n'est transférée au système et $Q = 0$. D'autre part, le système reçoit un travail total $\omega_T = \omega_P + \omega_m$ où ω_m représente le travail fourni par le moteur (par unité de masse de gaz).

Ce qui donne :

$$\boxed{Q = 0}$$

$$\Delta u = Q + \omega_T = \omega_P + \omega_m$$

Soit encore $\Delta u - \omega_P = \omega_m$, c'est-à-dire :

$$\boxed{\omega_m = \Delta h} \quad \frown \quad \omega_m = \frac{\gamma}{\gamma - 1} \frac{R}{M}(T_f - T_0)$$

On a réduit ici l'enthalpie à celle du gaz.

Application numérique :

$$\boxed{Q = 0} \quad \text{et} \quad \boxed{\omega_m = 60,2 \ kJ.kg^{-1}}$$

L'application du second principe au système considéré fournit :

$$\Delta s = (\delta s)_{\text{échange}} + \sigma$$

σ représente la création d'entropie. La transformation étant adiabatique, les échanges thermiques avec l'extérieur sont nuls et $(\delta s)_{\text{échange}} = 0$, d'où :

$$\sigma = \Delta s = 187 \ J.K^{-1}.kg^{-1}$$

Il en résulte que la transformation isobare adiabatique quasi-statique ***n'est pas réversible*** : l'ensemble (moteur plus agitateur) a «dégradé » de l'énergie électrique pour augmenter l'entropie du gaz.

2) Pour une transformation ***isobare réversible***, le gaz reçoit l'énergie thermique Q_{rev} et le travail W_{rev}.

A chaque instant la pression du gaz est P_0 (piston de masse négligeable) et le travail fourni par les forces de pression est :

$$\omega_P = -P_0 \int_{v_0}^{v_f} \mathrm{d}v \ ;$$

soit $\omega_P = -P_0(v_f - v_0) = -\dfrac{R}{M}(T_f - T_0)$ (travail massique).

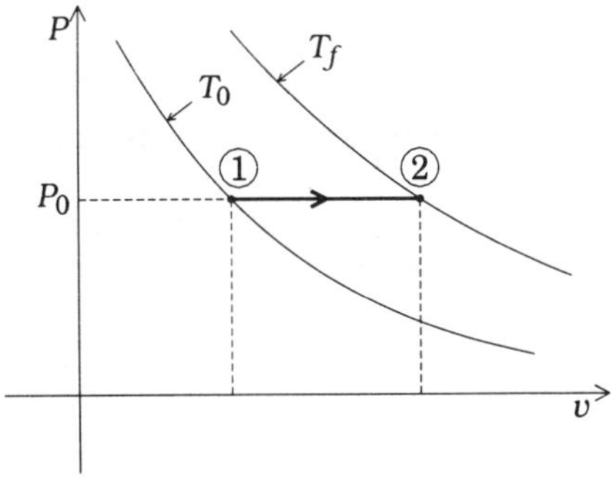

On peut imaginer que l'on met successivement le système en contact avec des sources thermiques de températures infiniment voisines s'échelonnant entre T_0 et T_f, et que le seul travail «reçu» par le gaz est effectivement ω_p.

Ainsi $\Delta u = \omega_p + \mathcal{Q}_{\text{rev}} = -\dfrac{R}{M}(T_f - T_0) + \mathcal{Q}_{\text{rev}}$

Soit $\mathcal{Q}_{\text{rev}} = C_{v_m}(T_f - T_0) + \dfrac{R}{M}(T_f - T_0) = C_{p_m}(T_f - T_0)$

On a bien évidemment : $\mathcal{Q}_{\text{rev}} = \Delta h$

D'où :

$$\boxed{\begin{aligned} \mathcal{Q}_{\text{rev}} &= \frac{\gamma}{\gamma - 1}\frac{R}{M}(T_f - T_0) \\ W_{\text{rev}} &= -\frac{R}{M}(T_f - T_0) \end{aligned}}$$

Application numérique :

$\mathcal{Q}_{\text{rev}} = 60,2\ kJ.kg^{-1}$; $W_{\text{rev}} = -17,2\ kJ.kg^{-1}$

La température finale T_f est supérieure à T_0, le gaz s'est donc dilaté et a fourni un travail positif à l'extérieur.

Remarque :

Dans cette transformation isobare réversible, une variation $\mathrm{d}T$ de la température du gaz s'accompagne d'une énergie thermique élémentaire reçue, $\delta\,\mathcal{Q}$, donnée par :

$$\delta\,\mathcal{Q} = C_{p_m}\mathrm{d}T = \frac{\gamma}{\gamma - 1}\frac{R}{M}\mathrm{d}T$$

On a donc d'après le second principe :

$$\mathrm{d}s = \frac{\delta\,\mathcal{Q}}{T} + \underset{\text{réversibilité}}{\underset{\downarrow}{0}}$$

D'où : $\mathrm{d}s = \dfrac{\gamma}{\gamma - 1}\dfrac{R}{M}\dfrac{\mathrm{d}T}{T}$, puis par intégration :

$$\Delta_s = \frac{\gamma}{\gamma - 1}\frac{R}{M}\mathrm{Ln}\left(\frac{T_f}{T_0}\right)$$

On retrouve bien le résultat établi plus haut.

Application numérique :

$\Delta_s = 187 J.K^{-1}.kg^{-1}$

104 «MINES - P.»

1)* Un gaz parfait ($\gamma = \dfrac{C_p}{C_v}$ = cte, masse molaire M ; R : constante des gaz parfaits) subit une détente du type Joule – Thomson de l'état (T_1, P_1) à l'état (T_2, P_2).
Le régime est stationnaire.
Redémontrer la relation liant les enthalpies massiques du gaz en amont $h(T_1, P_1)$ et en aval $h(T_2, P_2)$.

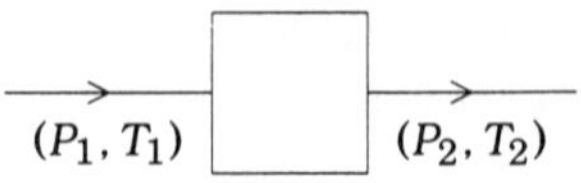

Montrer que la détente s'accompagne d'une création d'entropie massique σ_m que l'on exprimera en fonctions des pressions P_1 et P_2, de M (masse molaire) et de la constante R des gaz parfaits.

2) ** Le gaz s'écoule maintenant dans une conduite perméable à l'énergie thermique. Le milieu extérieur est équivalent à une source d'énergie thermique de température T_0.

L'écoulement étant stationnaire, calculer σ_m en fonction de γ, T_0, des caractéristiques du gaz en entrée (T_1, P_1) et en sortie (T_2, P_2).

Commenter le résultat obtenu pour un écoulement isobare.

3) ** Le système n'échange pas d'énergie thermique avec l'extérieur mais «reçoit » une puissance mécanique massique P_m. Donner l'expression reliant P_m à σ_m.

Commenter le résultat obtenu.

Commentaires

Points de cours

- *Bilans d'énergie et d'entropie : premier et second principe,*
- *Réversibilité et irréversibilité,*
- *Ecoulements en régime stationnaire.*

Indications

- *On utilisera le premier principe appliqué aux écoulements stationnaires (ne pas tenir compte de variations d'énergies cinétiques et d'éventuelles énergies potentielles). Le second principe fixera alors la valeur de la création d'entropie σ_m.*
- *Dans le cas où une puissance mécanique est fournie (resp. prélevée) à l'extérieur, on peut s'attendre à ce qu'elle soit plus importante (resp. plus faible) dans le cadre de la réversibilité.*

Solution

1)

Faisons des ***bilans d'énergie et d'entropie*** concernant le volume de contrôle $\mathcal{V}_c$, le gaz pénétrant dans $\mathcal{V}_c$ dans les conditions "e"(T_1, P_1) et ressortant dans les conditions "s"(T_2, P_2).

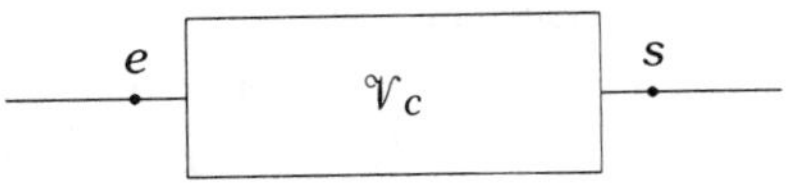

Le régime étant stationnaire, nous avons pour des grandeurs telles que l'énergie interne U, l'enthalpie H et l'entropie S :

$$\frac{DG}{Dt} = 0 + \phi_s(g) \qquad \left(\frac{\partial G}{\partial t} = 0 \text{ dans } \mathcal{V}_c\right)$$

ϕ_s désignant le flux «sortant» de la grandeur correspondante.

De plus, la stationnarité impose également un débit massique D_m identique en entrée et en sortie.

D'où, en désignant par g la grandeur massique associée à G :

$$\frac{DG}{Dt} = D_m(g_s - g_e) = D_m\left[g(T_2, P_2) - g(T_1, P_1)\right]$$

- <u>Bilan d'enthalpie</u> :

Si on néglige toute variation d'énergie cinétique entre l'entrée et la sortie, le premier principe s'exprime sous la forme :

$$\frac{DH}{Dt} = \dot{W}_u + \dot{Q} = 0 + 0$$

(aucun échange de travail avec l'extérieur autre que celui des forces de pression en amont et en aval, ces travaux étant contenus dans H ; de plus il n'y a pas d'échange d'énergie thermique).

D'où :

$$\frac{DH}{Dt} = 0 = D_m\left[h(T_2, P_2) - h(T_1, P_1)\right]$$

Et la détente de Joule – Thomson se caractérise donc par :

$$h(T_2, P_2) = h(T_1, P_1)$$

Or, pour un gaz parfait, h ne dépend que de la température T, ce qui impose donc $T_1 = T_2$.

- <u>Bilan d'entropie</u> :

Le second principe s'écrit : $\frac{DS}{Dt} = \left(\frac{\delta S}{dt}\right)_{\text{échange}} + \dot{\sigma}$.

Le système est thermiquement isolé et $\left(\frac{\delta S}{dt}\right)_{\text{échange}} = 0$. Il vient :

$$\dot{\sigma} = \frac{DS}{Dt} = D_m\left[s(T_2, P_2) - s(T_1, P_1)\right]$$

La création d'entropie par unité de masse écoulée s'obtient, comme le rapport de la création d'entropie, par unité de temps, ($\dot{\sigma}$) au débit massique (D_m) :

$$\sigma_m = \frac{\dot{\sigma}}{D_m} \quad \frown \quad \underline{\sigma_m = s(T_2, P_2) - s(T_1, P_1)}$$

Or pour un gaz parfait $s(T, P) = s(T_0, P_0) + C_{v_m}\text{Ln}\left[\frac{P^{1-\gamma}T^{\gamma}}{P_0^{1-\gamma}T_0^{\gamma}}\right]$ où C_{v_m} représente la capacité thermique massique à volume constant :

$$C_{v_m} = (C_v)_{mol.} \cdot \frac{1}{M} = \frac{1}{\gamma - 1}\frac{R}{M} \qquad \left(\gamma = \frac{C_p}{C_v} \text{ et } C_p - C_v = R\right)$$

Finalement :

$$\sigma_m = \frac{1}{\gamma - 1}\frac{R}{M}\text{Ln}\left[\left(\frac{P_2}{P_1}\right)^{1-\gamma}\right] \quad \frown \quad \boxed{\sigma_m = \frac{R}{M}\text{Ln}\left(\frac{P_1}{P_2}\right)}$$

Le second principe nous impose $\sigma_m > 0$ c'est-à-dire $P_2 < P_1$, et la détente s'effectue bien dans le sens de la diminution de la pression.

2) Reprenons le raisonnement précédent.

- <u>Bilan d'énergie</u> :

$$\frac{DH}{Dt} = \dot{W}_u + \dot{Q} = \dot{Q}$$

Ce qui donne $D_m(h_s - h_e) = \dot{Q}$

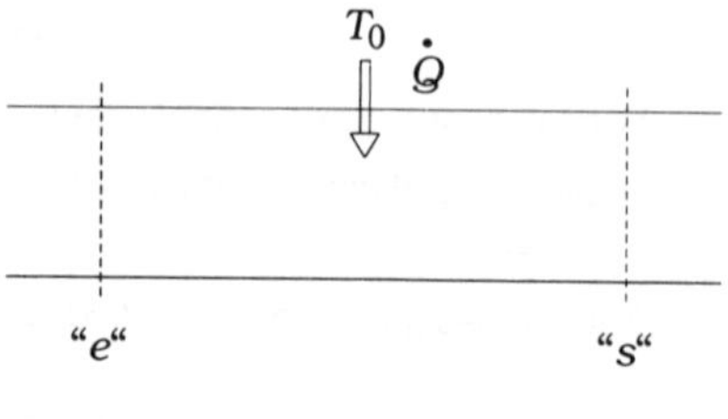

- Bilan d'entropie :

$$\frac{DS}{Dt} = \frac{\dot{Q}}{T_0} + \dot{\sigma}$$

(le système reçoit une puissance thermique $\dot{Q}$ de la source à la température T_0).

D'où :
$$D_m(s_s - s_e) = \frac{\dot{Q}}{T_0} + \dot{\sigma}$$

et :
$$s(T_2, P_2) - s(T_1, P_1) = \frac{1}{T_0} \cdot \left(\frac{\dot{Q}}{D_m}\right) + \frac{\dot{\sigma}}{D_m}$$

Soit encore :
$$s(T_2, P_2) - s(T_1, P_1) = \frac{1}{T_0}\left[h(T_2, P_2) - h(T_1, P_1)\right] + \sigma_m$$

et
$$T_0\, \sigma_m = \left[T_0 s(T_2, P_2) - h(T_2, P_2)\right] - \left[T_0 s(T_1, P_1) - h(T_1, P_1)\right]$$

Or pour un gaz parfait :

$$\begin{aligned} h(T_2, P_2) - h(T_1, P_1) &= C_{p_m}(T_2 - T_1) \\ &= \frac{\gamma}{\gamma - 1}\frac{R}{M}(T_2 - T_1) \end{aligned}$$

D'où :
$$\sigma_m = \frac{1}{\gamma - 1}\frac{R}{M}\mathrm{Ln}\left[\left(\frac{P_2}{P_1}\right)^{1-\gamma}\left(\frac{T_2}{T_1}\right)^{\gamma}\right] - \frac{\gamma}{\gamma - 1}\frac{R}{M}\left(\frac{T_2 - T_1}{T_0}\right)$$

$$\boxed{\sigma_m = +\frac{R}{M}\mathrm{Ln}\left(\frac{P_1}{P_2}\right) + \frac{\gamma}{\gamma - 1}\frac{R}{M}\left[\mathrm{Ln}\left(\frac{T_2}{T_1}\right) - \frac{1}{T_0}(T_2 - T_1)\right]}$$

Cette étude recouvre le cas des ***échangeurs de chaleur*** pour lesquels la température «extérieure» est fixée (par exemple système diphasé ...). Pour des échangeurs isobares ($P_1 = P_2$), la création d'entropie massique se réduit à :

$$\sigma_m = \frac{\gamma}{\gamma - 1}\frac{R}{M}\left[\mathrm{Ln}\left(\frac{T_2}{T_1}\right) - \frac{1}{T_0}(T_2 - T_1)\right]$$

Pour $T_0 > T_1$ on a représenté, sur la figure ci-dessous, les courbes :

$$x \mapsto \mathrm{Ln}(x) \text{ et } x \mapsto \frac{T_1}{T_0}(x - 1)$$

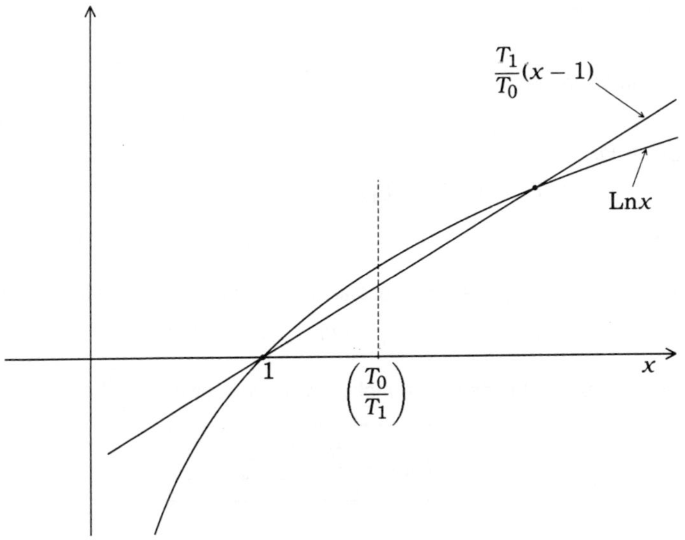

Le second principe imposant $\sigma_m > 0$, il en est ainsi pour $T_2 > T_1$. La température du gaz augmente le long de la conduite. σ_m, et par là-même $s(T_2, P_2 = P_1)$, passe par un maximum pour $T_2 = T_0$:

$$\frac{\mathrm{d}\,\sigma_m}{\mathrm{d}T_2} = \frac{\gamma}{\gamma-1}\frac{R}{M}\left[\frac{1}{T_2}-\frac{1}{T_0}\right] = \frac{\gamma R}{(\gamma-1)M}\frac{T_0-T_2}{T_2T_0}$$

Il en résulte que la température limite que pourra atteindre le gaz, dans le cadre de nos hypothèses, est la température T_0 de la source extérieure.

De même, pour $T_0 < T_1$, $\sigma_m > 0$ est réalisé pour $T_2 < T_1$ et la température minimale susceptible d'être atteinte par le gaz est toujours T_0 (maximum de σ_m).

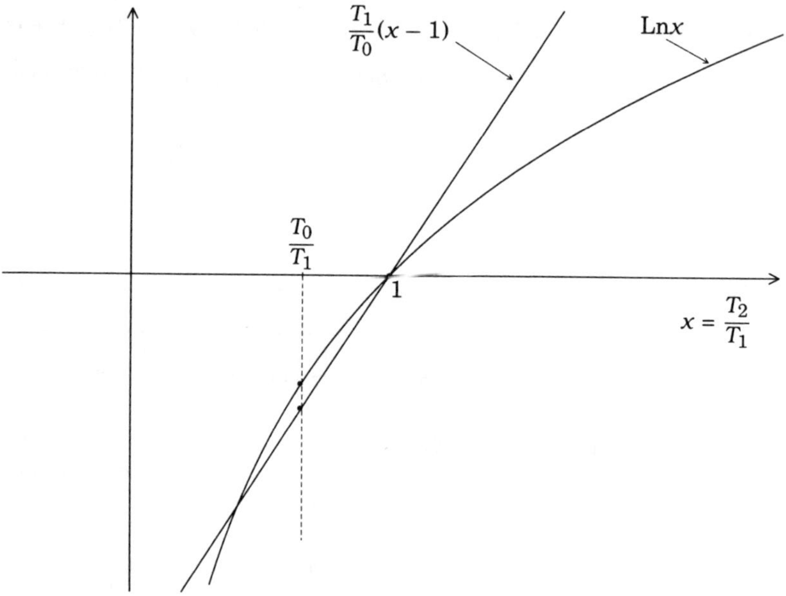

3) Cette fois-ci le fluide reçoit du travail de l'extérieur, et le système est thermiquement isolé. On a donc :

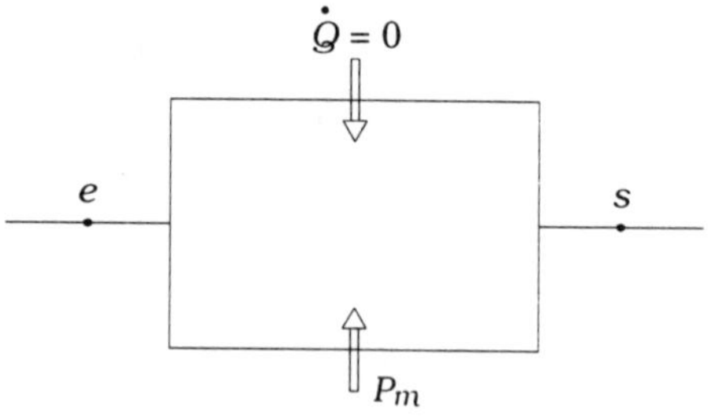

- Bilan d'énergie :

$$\begin{aligned}\frac{DH}{Dt} &= P_u + 0\\ &= D_m\left[h(T_2, P_2) - h(T_1, P_1)\right]\end{aligned}$$

P_u est la puissance mécanique «reçue» (elle est effectivement reçue pour $P_u > 0$).

Remarquons que la puissance mécanique massique P_m s'identifie au rapport $\frac{P_u}{D_m}$, d'où :

$$P_m = h(T_2, P_2) - h(T_1, P_1)$$

Et pour un gaz parfait de masse molaire M et de coefficient $\frac{C_p}{C_v} = \gamma$:

$$\boxed{P_m = \frac{\gamma}{\gamma-1}\frac{R}{M}(T_2 - T_1)} \quad \textbf{(1)}$$

- Bilan d'entropie :

$$\frac{DS}{Dt} = \underset{\downarrow}{0} + \dot{\sigma}$$

absence d'échanges thermiques avec l'extérieur

D'où $D_m \left[s(T_2, P_2) - s(T_1, P_1) \right] = \dot{\sigma} \quad \frown \quad s(T_2, P_2) - s(T_1, P_1) = \sigma_m$

Soit encore :
$$\frac{1}{\gamma - 1} \frac{R}{M} \text{Ln} \left[\left(\frac{P_2}{P_1} \right)^{1-\gamma} \left(\frac{T_2}{T_1} \right)^{\gamma} \right] = \sigma_m$$

et :
$$\frac{T_2}{T_1} = \left(\frac{P_2}{P_1} \right)^{\frac{\gamma - 1}{\gamma}} \exp \left\{ \frac{\gamma - 1}{\gamma} \frac{M}{R} \sigma_m \right\} \quad \textbf{(2)}$$

La relation demandée entre la puissance massique P_m et la création d'entropie σ_m s'obtient en éliminant T_2 des relations **(1)** et **(2)** :

$$\boxed{P_m = \frac{\gamma}{\gamma - 1} \frac{RT_1}{M} \left[\left(\frac{P_2}{P_1} \right)^{\frac{\gamma - 1}{\gamma}} e^{\left(\frac{\gamma - 1}{\gamma} \frac{M}{R} \sigma_m \right)} - 1 \right]}$$

Commentaires :

- Ainsi pour un compresseur de taux de compression $\tau = \frac{P_2}{P_1}$ fixé, et pour un gaz donné de température initiale T_1 imposée, on peut remarquer que P_m (puissance qu'il faut alors fournir) est d'autant plus faible que σ_m est proche de zéro (par valeur positive), c'est-à-dire que la transformation s'apparente à une transformation réversible.

$$P_m \geqslant (P_m)_{\text{rev}} = \frac{\gamma}{\gamma - 1} \frac{RT_1}{M} \left[\left(\frac{P_2}{P_1} \right)^{\frac{\gamma - 1}{\gamma}} - 1 \right] \quad \text{où} \quad \frac{P_2}{P_1} > 1$$

- Pour une turbine, P_m est négatif ($-P_m$ puissance ***disponible à l'extérieur***). D'où :

$$(P_m)_{\text{ext}} = -P_m = \frac{\gamma}{\gamma - 1} \frac{RT_1}{M} \left[1 - \left(\frac{P_2}{P_1} \right)^{\frac{\gamma - 1}{\gamma}} e^{\frac{\gamma - 1}{\gamma} \frac{M}{R} \sigma_m} \right]$$

Cette puissance réoupérable est d'autant plus grande, à τ et T_1 fixés, que l'exponentielle est faible, c'est-à-dire que σ_m est là aussi proche de zéro (transformation limite réversible : isentropique).

$$(P_m)_{\text{ext}} \leqslant \frac{\gamma}{\gamma - 1} \frac{RT_1}{M} \left[1 - \left(\frac{P_2}{P_1} \right)^{\frac{\gamma - 1}{\gamma}} \right] \quad \text{où} \quad \frac{P_2}{P_1} < 1$$

Remarques :

- On peut aussi écrire $\frac{\gamma - 1}{\gamma} = \frac{R}{(C_p)_{mol.}}$ et $\frac{\gamma}{\gamma - 1} \frac{R}{M} = C_{p_m}$

D'où : $P_m = C_{p_m} T_1 \left[\left(\frac{P_2}{P_1} \right)^{\frac{R}{MC_{pm}}} e^{\frac{\sigma_m}{C_{pm}}} - 1 \right].$

■ Dans le cas du système «type turbine », le maximum de création d'entropie doit correspondre à une «efficacité nulle» c'est-à-dire à aucune production de travail ($P_m = 0$). Dès lors :

$$1 = \left(\frac{P_2}{P_1}\right)^{\frac{\gamma-1}{\gamma}} e^{\left[\frac{\gamma-1}{\gamma}\frac{M}{R}(\sigma_m)_{\max}\right]}$$

Ce qui donne : $(\sigma_m)_{\max} = \frac{R}{M}\text{Ln}\left(\frac{P_1}{P_2}\right)$.

On est évidemment ramené au cas étudié au 1).

105 «ENSI»

On fait subir à n moles de gaz parfait ($\gamma = \frac{C_P}{C_v}$ = cte), une suite de compressions isothermes réversibles et de détentes adiabatiques réversibles entre les pressions P_1 et $P_2 > P_1$ (chaque compression est suivie d'une détente).

Dans l'état initial, la pression du gaz est P_1 et sa température T_0.

1) * Représenter, par un diagramme de Clapeyron, la suite des transformations subies par le gaz.

Déterminer les températures T_N des différentes isothermes (après la première détente isentropique la température du gaz est notée T_1 ...).

2) ** Mettre en évidence les échanges énergétiques ayant lieu entre le gaz et l'extérieur. On calculera, notamment, le travail total $W(N)$ et l'énergie thermique totale $Q(N)$ reçus par le gaz après une succession de N compression – détente.

Déterminer la limite de $W(N)$ et $Q(N)$ lorsque N tend vers l'infini à T_0, P_1 et T_f fixés, (T_f représente la température finale).

Commenter ces derniers résultats.

On pourra poser $\alpha = \left(\frac{P_1}{P_2}\right)^{\frac{\gamma-1}{\gamma}}$.

Commentaires

☞ Points de cours

- *Transformations isothermes réversibles, transformations isentropiques réversibles,*
- *Premier et second principe.*

Indications

- *La détermination des T_N s'effectue par application directe de la loi de Laplace,*
- *On remarquera que, pour N tendant vers l'infini, la pression P_2 devient infiniment proche de P_1.*

Solution

1) Dans le diagramme de Clapeyron, et pour un gaz parfait, l'isotherme est caractérisée par l'équation PV = cte, alors que l'isentropique correspond à l'équation PV^γ = cte (où $\gamma = \frac{C_P}{C_v}$).

En un point donné du diagramme (P, V) on a donc :

$$\left(\frac{\mathrm{d}P}{\mathrm{d}V}\right)_T = -\frac{P}{V} \quad \text{et} \quad \left(\frac{\mathrm{d}P}{\mathrm{d}V}\right)_S = -\gamma\frac{P}{V}$$

La pente de l'isentropique est donc, en valeur absolue, supérieure à celle de l'isotherme, ce qui donne le schéma suivant :

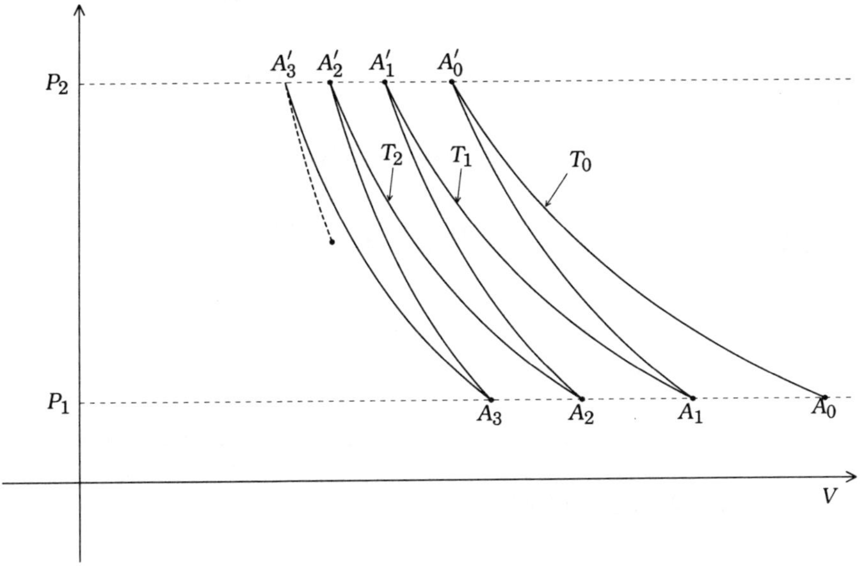

Les isothermes sont les courbes $(A_0, A'_0), (A_1, A'_1), \cdots, (A_n, A'_n), \cdots$

Les isentropiques sont les courbes $(A'_0, A_1), (A'_1, A_2), \cdots, (A'_N, A_{N+1})$

On passe donc de $A'_0(P_2, T_0)$ à $A_1(P_1, T_1)$ par une isentropique, d'où :

$$P_2^{1-\gamma}T_0^\gamma = P_1^{1-\gamma}T_1^\gamma \quad \text{et} \quad T_1 = T_0\left(\frac{P_1}{P_2}\right)^{\frac{\gamma-1}{\gamma}}$$

D'une façon générale pour la transformation $A'_N \rightarrow A_{N+1}$ avec :

$$A'_N(P_2, T_N) \quad \text{et} \quad A_{N+1}(P_1, T_{N+1})$$

$$P_2^{1-\gamma}T_N^\gamma = P_1^{1-\gamma}T_{N+1}^\gamma \quad \frown \quad T_{N+1} = T_N\left(\frac{P_1}{P_2}\right)^{\frac{\gamma-1}{\gamma}}$$

La suite des $\{T_N\}$ constitue une suite géométrique de raison $\alpha = \left(\frac{P_1}{P_2}\right)^{\frac{\gamma-1}{\gamma}}$.

Nous avons donc :

$$\boxed{T_N = T_0 \left[\left(\frac{P_1}{P_2} \right)^{\frac{\gamma-1}{\gamma}} \right]^N}$$

On a $\frac{P_1}{P_2} < 1$ soit $\alpha < 1$: la température du gaz s'abaisse après chaque couple de transformations successives (isotherme $\oplus$ isentropique).

2) Echanges énergétiques :

- Lors d'une compression isotherme du type $A_k \rightarrow A'_k$ l'énergie interne du gaz parfait se conserve. S'il reçoit le travail W_k, et l'énergie thermique Q_k de la source thermique de température T_k, le premier principe nous indique :

$$W_k + Q_k = \Delta U_{(gaz)} = 0$$

D'autre part, l'application, au gaz, du second principe donne dans le cadre de la réversibilité :

$$\Delta S_{gaz}(A_k \rightarrow A'_k) = \frac{Q_k}{T_k} + 0$$

Or pour un gaz parfait tel que $T_f = T_i$, nous avons $\Delta S_{gaz} = -nR\text{Ln}\left(\frac{P_f}{P_i}\right)$.

D'où : $$Q_k = -nRT_k\text{Ln}\left(\frac{P_2}{P_1}\right)$$

et : $$W_k = nRT_k\text{Ln}\left(\frac{P_2}{P_1}\right)$$

- De même chaque détente isentropique $A'_k \rightarrow A_{k+1}$ est caractérisée par aucun échange d'énergie thermique :

$$Q'_k = 0$$

et par un travail W'_k reçu que l'on peut exprimer à l'aide du premier principe :

$$W'_k + Q'_k = \Delta U_{(gaz)} = nC_v(T_{k+1} - T_k)$$

Soit :

$$W'_k = \frac{nR}{\gamma - 1}(T_{k+1} - T_k)$$

$$(C_v = \frac{R}{\gamma - 1})$$

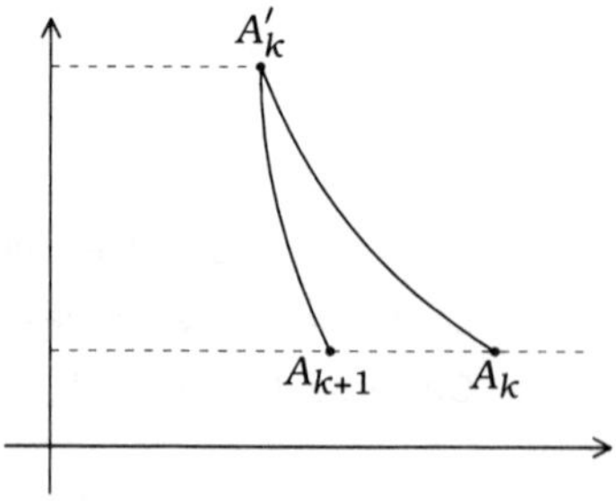

- Au total après N[compression - détente] : $A_0 \rightarrow A_1 \cdots \rightarrow A_N$:

$$Q(N) = -nR\text{Ln}\left(\frac{P_2}{P_1}\right)\left[T_0 + T_1 + \cdots + T_{N-1}\right]$$

et $$W(N) + Q(N) = \Delta U(A_0 \rightarrow A_N)$$

avec : $\Delta U(A_0 \rightarrow A_N) = nC_v(T_N - T_0)$

Soit : $W(N) = nC_v(T_N - T_0) + nR\text{Ln}\left(\frac{P_2}{P_1}\right)\left[T_0 + \cdots + T_{N-1}\right]$

Or $T_0 + T_1 + \cdots + T_{N-1} = T_0\left[1 + \alpha + \cdots + \alpha^{N-1}\right] = T_0\frac{1 - \alpha^N}{1 - \alpha}$

D'où finalement :

$$Q(N) = -nRT_0 \text{Ln}\left(\frac{P_2}{P_1}\right) \cdot \frac{1-\alpha^N}{1-\alpha}$$

Soit encore en notant $T_N = T_0\, \alpha^N$:

$$\boxed{Q(N) = nR(T_N - T_0)\frac{\text{Ln}\left(\frac{P_2}{P_1}\right)}{1-\alpha}} \qquad \text{où } \alpha = \left(\frac{P_1}{P_2}\right)^{\frac{\gamma-1}{\gamma}}$$

$$\text{et } W(N) = nR(T_0 - T_N)\frac{\text{Ln}\left(\frac{P_2}{P_1}\right)}{1-\alpha} + \frac{nR}{\gamma-1}(T_N - T_0)$$

- Fixons maintenant la température finale T_f atteinte après une succession de N couples compression – détente ($T_f = T_N$). Dès lors P_2 et N sont liés, pour des conditions initiales T_0 et P_1 fixées. Ainsi :

$$\frac{T_f}{T_0} = \alpha^N \quad \curvearrowright \quad \alpha = \left(\frac{T_f}{T_0}\right)^{\frac{1}{N}}$$

$$\text{D'où : } \frac{\text{Ln}\left(\frac{P_2}{P_1}\right)}{1-\alpha} = -\frac{\gamma}{\gamma-1}\frac{\text{Ln}\,\alpha}{(1-\alpha)} = \frac{\gamma}{\gamma-1}\frac{1}{N}\frac{\text{Ln}\left(\frac{T_f}{T_0}\right)}{\left(\frac{T_f}{T_0}\right)^{\frac{1}{N}}-1}$$

$$\text{Or } \lim_{N\to+\infty}\frac{\left(\frac{T_f}{T_0}\right)^{\frac{1}{N}}-1}{\frac{1}{N}-0} = \lim_{N\to+\infty}\frac{e^{\frac{1}{N}\text{Ln}\left(\frac{T_f}{T_0}\right)}-1}{\frac{1}{N}-0} = \text{Ln}\left(\frac{T_f}{T_0}\right)$$

Finalement, nous obtenons :

$$\lim_{\infty} Q(N) = nR(T_f - T_0)\cdot\frac{\gamma}{\gamma-1}$$

$$\lim_{\infty} W(N) = -\frac{nR\,\gamma}{\gamma-1}(T_f - T_0) + \frac{nR}{\gamma-1}(T_f - T_0) = -nR(T_f - T_0)$$

D'où avec $C_P = \frac{\gamma}{\gamma-1}R$ et $C_v = \frac{R}{\gamma-1}$:

$$\boxed{\lim_{\infty} Q(N) = nC_P(T_f - T_0) \quad \text{et} \quad \lim_{\infty} W(N) = -nR(T_f - T_0)}$$

Ces derniers résultats s'interprètent aisément en remarquant que, lorsque le nombre d'opérations devient théoriquement infini (à T_0, P_1 et T_f fixés), la différence des pressions $P_2 - P_1$ tend vers zéro.

Tout se passe alors comme si l'on passait directement de A_0 à A_f par une transformation isobare réversible pour laquelle on a :

$$Q_\infty = \Delta H = nC_P(T_f - T_0) \qquad (\text{gaz} \equiv \text{gaz parfait})$$

$$\Delta U = nC_v(T_f - T_0)$$

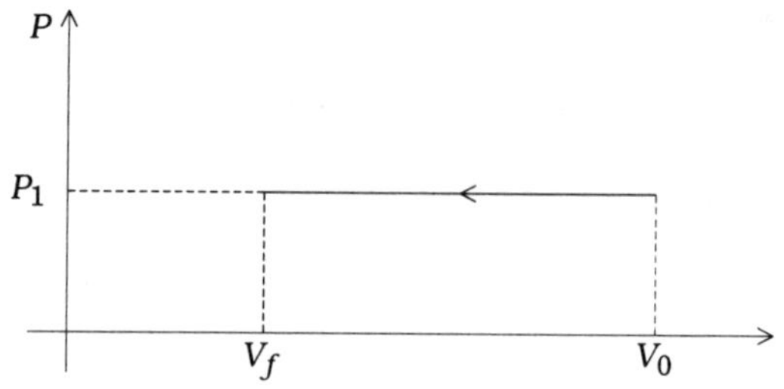

et $W_\infty = \Delta U - Q = n(C_v - C_P)(T_f - T_0)$

Soit : $\boxed{Q_\infty = nC_P(T_f - T_0)}$ et $\boxed{W_\infty = nR(T_0 - T_f)}$

Remarques :

- On a bien $W_\infty = -\int P_1 \mathrm{d}V = -P_1(V_f - V_0) = -P_1V_f + P_1V_0$

or $P_1V_0 = nRT_0$ et $P_1V_f = nRT_f$, d'où :

$$W_\infty = nR(T_0 - T_f)$$

- De même $Q_\infty = \int_{T_0}^{T_f} nC_P \mathrm{d}T$ (la pression étant fixée)

d'où : $Q_\infty = nC_P(T_f - T_0)$

106 «CENTRALE»

Dans un compresseur fonctionnant en régime permanent, de l'air est comprimé, de façon adiabatique, à partir de l'état $P_1 = 1.0\ 10^5 Pa$, $T_1 = 293K$, jusqu'à une pression $P_2 = 3.0\ 10^5 Pa$.

On suppose le gaz parfait.

On prendra :

$$C_P = 29\ J.mol^{-1}.K^{-1}\ ,\ R = 8,31\ J.mol^{-1}.K^{-1}$$ et M (masse molaire) = $29g$

On définit le coefficient de performance η comme le rapport du travail isentropique massique $(W_m)_{is}$ que consommerait le compresseur sur le travail réel absorbé $(W_m)_{\text{réel}}$ par la machine. On donne $\eta = 0,8$.

1) Donner la valeur de la température finale T_2 ainsi que celle du travail $(W_m)_{is}$ dans le cas idéal (compresseur isentropique).

2) Déterminer les nouvelles valeurs T_2' et $(W_m)_{\text{réel}}$ pour le compresseur réel. Définir et calculer la création d'entropie par unité de masse de fluide comprimé.

Commentaires

Points de cours

- *Transformation isentropique d'un gaz parfait,*
- *Bilans d'énergie et d'entropie.*

Indications

- *Il faut noter que le travail à fournir, dans le cas d'un compresseur isentropique, doit être inférieur à celui nécessaire au fonctionnement du compresseur réel ($W_{réel} > W_{is}$),*
- *Ne pas confondre transformation adiabatique (et donc non nécessairement réversible) avec transformation adiabatique réversible.*

Solution

1)

- Le fluide entre dans le compresseur dans l'état (P_1, T_1) et en ressort dans l'état (P_2, T_2). Il subit une transformation isentropique (adiabatique réversible) qui doit suivre la loi de Laplace (gaz parfait), soit :

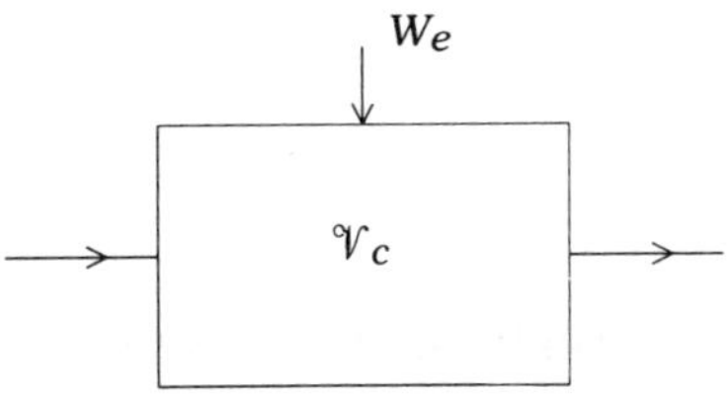

$$PV^{\gamma} = \text{cte avec } \frac{PV}{T} = \text{cte}$$

D'où $P^{1-\gamma}T^{\gamma} = \text{cte} \quad \frown \quad P_1^{1-\gamma}T_1^{\gamma} = P_2^{1-\gamma}T_2^{\gamma}$

Ce qui donne : $$\boxed{T_2 = T_1\left(\frac{P_2}{P_1}\right)^{\frac{\gamma-1}{\gamma}}} \qquad \text{où } \gamma = \frac{C_P}{C_V}$$

- Le travail $(W_m)_{is}$ (rapporté à l'unité de masse) qu'il faut fournir au compresseur peut être calculé à partir de ***l'application du premier principe au fluide en écoulement stationnaire***. Soit en considérant le volume de contrôle associé au compresseur, et en négligeant toute variation d'énergie cinétique et d'énergie potentielle :

$$\frac{DH}{Dt} = D_m \cdot (W_m)_{is} \qquad \text{où } D_m \text{ désigne le débit massique}$$

$D_m W_m$ est la puissance mécanique fournie au compresseur :

$$[D_m \cdot W_m] \equiv \frac{\text{masse}}{\text{temps}} \times \frac{\text{travail}}{\text{masse}} \equiv \frac{\text{travail}}{\text{temps}} \equiv \text{puissance}$$

Or le bilan d'enthalpie s'écrit ici (régime stationnaire) :

$$\frac{DH}{Dt} = D_m(h_2 - h_1)$$

h_1 et h_2 désignent les enthalpies massiques du fluide dans les conditions d'entrée (h_1) et de sortie (h_2).

D'où : $$D_m(h_2 - h_1) = D_m \cdot (W_m)_{is}$$

Et $$(W_m)_{is} = h_2 - h_1 = C_{p_m}(T_2 - T_1)$$

C_{p_m} est la capacité thermique massique à pression constante, soit :

$$C_{p_m} = C_P \frac{1}{M}$$

Finalement : $$\boxed{(W_m)_{is} = \frac{C_P}{M}(T_2 - T_1)}$$

<u>**Application numérique**</u> :

On a $\gamma = \frac{C_P}{C_V} \quad \frown \quad \frac{\gamma - 1}{\gamma} = \frac{R}{C_P}$

- $T_2 = 293\left(\frac{3}{1}\right)^{\frac{8,31}{21}}$, et $\boxed{T_2 \# 401K}$

- $(W_m)_{is} = \frac{29}{29.10^{-3}}(401 - 293)$, et $\boxed{W_m \# 108\ kJ.kg^{-1}}$

2) D'après la définition du coefficient de performance du compresseur, on a :

$$\eta = \frac{(W_m)_{is}}{(W_m)_{\text{réel}}} = \frac{\frac{C_P}{M}(T_2 - T_1)}{\frac{C_P}{M}(T_2' - T_1)} = \frac{T_2 - T_1}{T_2' - T_1}$$

D'où :

$$\boxed{(W_m)_{\text{réel}} = \frac{1}{\eta}(W_m)_{is} \quad \text{et} \quad T_2' = T_1 + \frac{1}{\eta}(T_2 - T_1)}$$

Application numérique :

- $\boxed{(W_m)_{\text{réel}} \# 136\ kJ.kg^{-1}}$
- $\boxed{T_2' = 429K}$

La compression du gaz n'est plus réversible mais reste adiabatique. Elle n'est donc plus isentropique, et on doit avoir s_2 (entropie massique en sortie) différent de s_1 (entropie massique en entrée). Pour évaluer la création d'entropie, établissons un ***bilan entropique*** associé au volume de contrôle $\mathcal{V}_c$.

Nous avons :

$$\frac{DS}{Dt} = D_m(s_2 - s_1) = 0 + \dot{\sigma}$$

Le "0" traduit l'absence d'échange d'énergie thermique avec l'extérieur.

$\dot{\sigma}$ correspond à la création d'entropie (grandeur définie positive) par unité de temps.

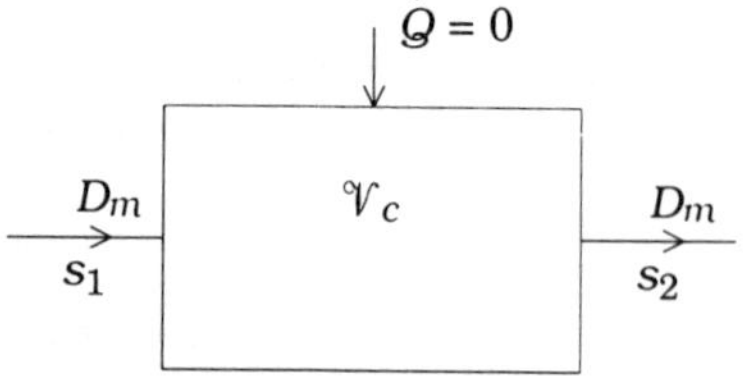

$\frac{\dot{\sigma}}{D_m}$ représentera ainsi la création d'entropie par unité de masse, grandeur que l'on cherche à déterminer. Notons-la σ_m, il vient :

$$\boxed{\sigma_m = s_2 - s_1 = s(T_2', P_2) - s(T_1, P_1)}$$

Or l'entropie d'un gaz parfait est donnée par :

$$s_{mol.}(T, P) = C_V \text{Ln}\left(\frac{PV^\gamma}{P_0 V_0^\gamma}\right) + s(T_0, P_0)$$

Soit avec $PV = RT$ (pour 1 mole)

$$s_{mol.}(T, P) = C_V \text{Ln}\frac{P^{1-\gamma}T^\gamma}{P_0^{1-\gamma}T_0^\gamma} + s_{mol.}(T_0, P_0)$$

et $s_{mol.}(T_2', P_2) - s_{mol.}(T_1, P_1) = C_V \text{Ln}\left[\left(\frac{P_2}{P_1}\right)^{1-\gamma}\left(\frac{T_2'}{T_1}\right)^\gamma\right]$

Soit pour l'unité de masse : $s_m(T, P) = \frac{1}{M}s_{mol.}(T, P)$

De plus, $\frac{C_V}{M} = \frac{1}{\gamma - 1}\frac{R}{M}$, d'où :

$$\sigma_m = \frac{1}{\gamma - 1}\frac{R}{M}\text{Ln}\left[\left(\frac{P_2}{P_1}\right)^{1-\gamma}\left(\frac{T_2'}{T_1}\right)^{\gamma}\right] \quad \textbf{(1)}$$

Mais dans le cas d'une transformation isentropique on aurait $\sigma_m = 0$ avec $T_2' = T_2$, soit :

$$\sigma_m = \frac{1}{\gamma - 1}\frac{R}{M}\text{Ln}\left(\frac{T_2'}{T_2}\right)^{\gamma} \quad \frown \quad \sigma_m = \frac{\gamma}{\gamma - 1}\frac{R}{M}\text{Ln}\left(\frac{T_2'}{T_2}\right)$$

D'où :

$$\boxed{\sigma_m = \frac{C_p}{M}\text{Ln}\left(\frac{T_2'}{T_2}\right)}$$

Application numérique :

$$\sigma_m \ \# \ 65 \ J.K^{-1}.kg^{-1}$$

Remarques :

- Traçons les courbes donnant T_2' et $\dfrac{\sigma_m M}{C_p}$ en fonction de η à T_1, P_1 et P_2 fixés.

Nous obtenons :

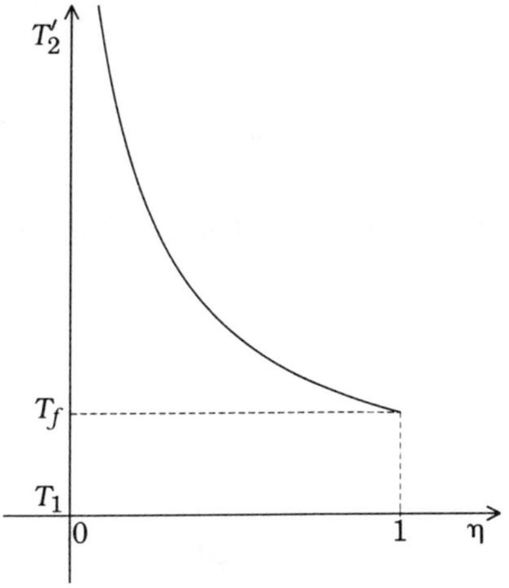

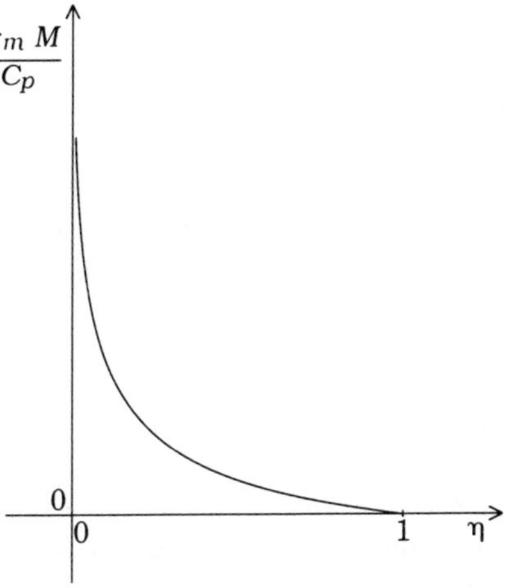

Plus le coefficient η est petit devant l'unité, plus le degré d'irréversibilité est important, ce qui correspond à une température T_2' plus élevée et à un travail mécanique plus grand.

- On pourrait chercher à représenter les transformations adiabatiques dans un diagramme (h, s). Rappelons à cet effet que pour un gaz parfait on a :

$$h = \frac{C_p}{M}T + \text{cte} \quad \text{et} \quad s = \frac{C_p}{M}\text{Ln}T - \frac{R}{M}\text{Ln}P + \text{cte}$$

(Pour la deuxième expression il suffit de reprendre la formule 1)

Les courbes isobares sont alors données par des équations du type :

$$h = \text{cte} + \frac{C_p}{M}\exp\left\{\frac{M}{C_p}s + \frac{R}{C_p}\text{Ln}P + \text{cte}\right\}, \text{ où l'on fera } P = \text{cte.}$$

soit $$h(s, P) = h_0 + \frac{C_p}{M}\left(\frac{P}{P_0}\right)^{\frac{R}{C_P}}\exp\frac{M}{C_P}(s - s_0)$$

Dessinons les isobares $P = P_1$ et $P = P_2 > P_1$:

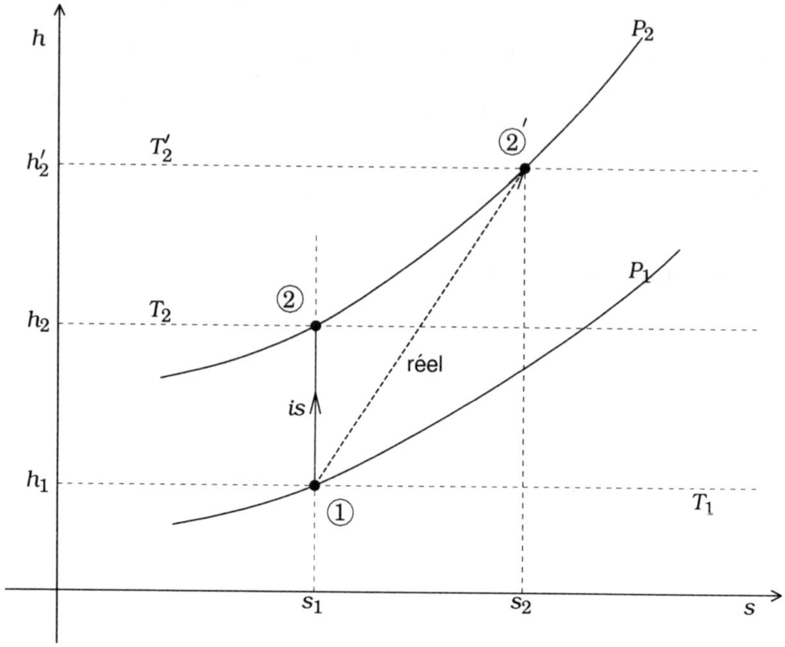

L'irréversibilité implique une création d'entropie σ_m et donc $T_2' > T_2$ soit $h_2' > h_2$

107 ENSI

Le cycle représenté ci-contre est constitué de trois transformations réversibles :

- une adiabatique,
- une isotherme,
- une isobare.

Le fluide décrivant ce cycle est un gaz parfait dont on supposera le coefficient γ $\left(\gamma = \frac{Cp}{Cv}\right)$ constant.

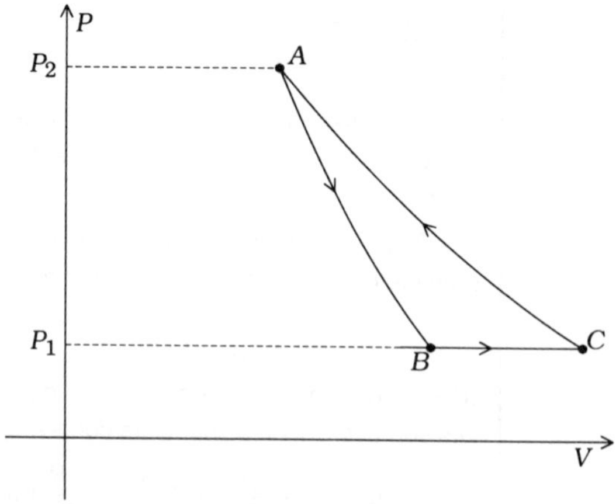

1) * Montrer que ce cycle peut être associé à une machine du type «pompe à chaleur» .

2) ** Déterminer son coefficient d'efficacité en fonction des températures T_A et T_B.

Application numérique pour $T_A = 450K$ et $T_B = 300K$.

Commentaires

Points de cours

- *Cycles thermiques,*
- *Pompe à chaleur.*

Indications

- *On distinguera l'isentropique de l'isotherme en comparant les pentes des deux courbes au point A. On vérifiera également que le cycle est «résistant» (il faut fournir du travail mécanique au fluide),*
- *L'énergie thermique transférée à la «source chaude» l'est lors de la transformation isotherme C → A.*

Solution

1)

- Le cycle comprend trois transformations, l'isobare $B \to C$, une isotherme et une isentropique (adiabatique réversible).

Une isotherme associée au gaz parfait admet pour équation :

$$PV = \text{cte} \qquad \textbf{(1)}$$

Soit une pente $\left(\frac{dP}{dV}\right)_T$ au point A du diagramme de Clapeyron, donnée à partir de **(1)** par :

$$VdP + PdV = 0 \quad \frown \quad \left(\frac{dP}{dV}\right)_T (A) = -\frac{P_A}{V_A}$$

De même, pour une isentropique avec $\gamma = \text{cte}$, on a :

$$PV^\gamma = \text{cte} \quad \frown \quad \frac{dP}{P} + \gamma \frac{dV}{V} = 0 \quad \text{(différentielle logarithmique)}$$

et donc $\left(\frac{dP}{dV}\right)_S (A) = -\gamma \frac{P_A}{V_A}$

Or $\gamma > 1$, on a donc :

$$|(dP)_S| > |(dP)_T|$$

Il en résulte que la transformation $A \to B$ est l'isentropique, et la transformation $C \to A$ l'isotherme.

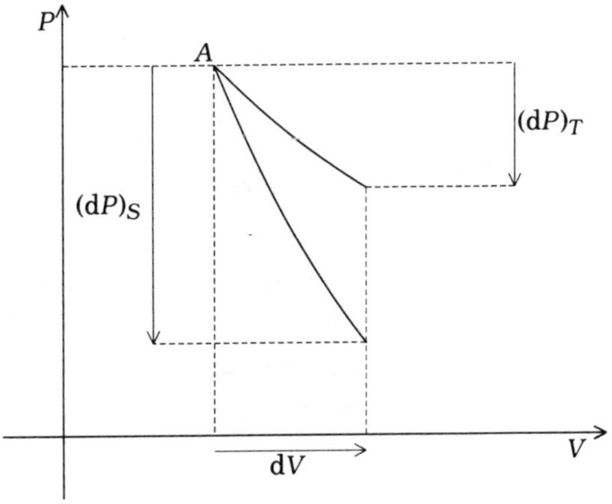

- D'autre part, le cycle est décrit dans le sens trigonométrique. Il n'est donc pas moteur. Le travail W échangé avec l'extérieur est bien reçu par le fluide décrivant le cycle, comme on peut le vérifier en notant que :

$$W = -\oint PdV$$

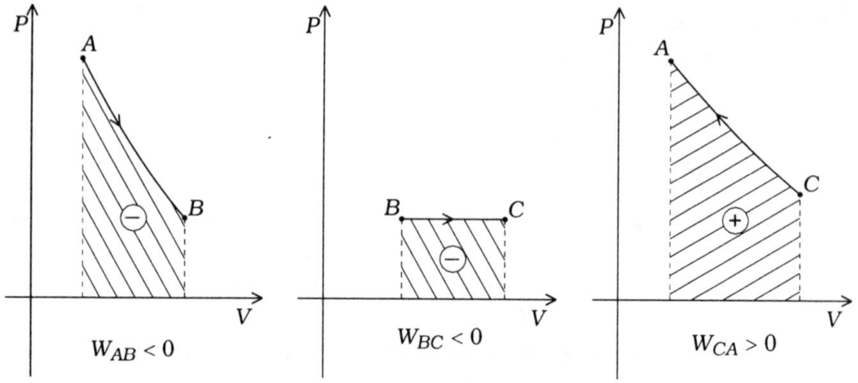

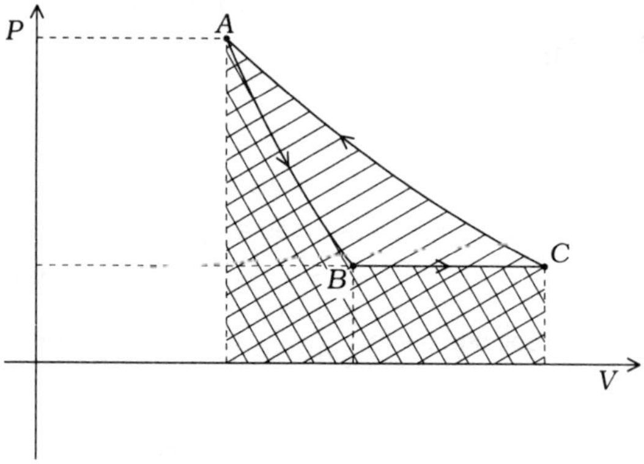

Soit au total :

Et le travail résultant :

$W = W_{AB} + W_{BC} + W_{CA}$

s'identifie à l'aire du cycle ABC.

- Echanges thermiques :

— Pendant la phase AB aucune énergie thermique n'est échangée avec l'extérieur. Le gaz y subit une détente isentropique. Sa pression diminuant, il en est de même de sa température. On a donc $T_B < T_A$.

Remarque :

> On a $P^{1-\gamma}T^{\gamma}$ = cte le long de $A \to B$, soit encore :
>
> $$P_A^{1-\gamma}T_A^{\gamma} = P_B^{1-\gamma}T_B^{\gamma} \quad \curvearrowright \quad T_B = T_A\left(\frac{P_B}{P_A}\right)^{\frac{\gamma-1}{\gamma}}$$
>
> $P_B < P_A$ entraîne bien $T_B < T_A$.

— Pour la transformation $B \to C$ (détente isobare du gaz) on aura :

$$Q_{BC} = \Delta H = H_C - H_B = n\,C_p(T_C - T_B) = n\,C_p(T_A - T_B)$$

(n représente le nombre de moles)

Or $T_A > T_B$ implique $Q_{BC} > 0$, et durant la phase $B \to C$, le gaz absorbe de l'énergie thermique.

Remarque :

> La réversibilité de la transformation BC implique que le gaz soit mis en contact avec une «multitude» de sources thermiques dont les températures s'échelonnent entre les valeurs T_A et T_B.

Il en résulte une variation réversible d'entropie de ce gaz donnée par :

$$\Delta S(B \to C) = n\, C_p \mathrm{Ln}\left(\frac{T_C}{T_B}\right) = n\, C_p \mathrm{Ln}\left(\frac{T_A}{T_B}\right) > 0$$

et une variation d'entropie opposée de l'ensemble des sources ...

— Enfin sur l'isotherme $C \to A$ nous avons :

$$\Delta U = n\, C_v(T_A - T_C) = 0 \quad \text{soit} \quad W_{CA} + \mathcal{Q}_{CA} = 0$$

D'où $\mathcal{Q}_{CA} = -W_{CA} < 0$ (puisque $W_{CA} > 0$))

Le fluide fournit donc de l'énergie thermique à l'extérieur lors de la phase $C \to A$.

— En définitive, on peut considérer que ce cycle est du type «***pompe à chaleur***» , le fluide :

- recevant le travail W,
- fournissant l'énergie thermique $(-\mathcal{Q}_{CA})$ à la source chaude de température T_A,
- prélevant l'énergie thermique $\mathcal{Q}_{BC}$ à «la source froide» en fait constituée d'un ensemble de sources dont les températures s'étalent continûment entre T_B et T_A.

2) Le coefficient d'efficacité d'une machine qui fonctionnerait selon ce cycle (et dans le cadre d'une fonction «pompe à chaleur») serait défini comme le rapport de l'énergie thermique cédée à la source chaude (soit $-\mathcal{Q}_{CA}$) sur le travail fourni à la machine (W) :

$$\eta = \frac{-\mathcal{Q}_{CA}}{W}$$

or $W + \mathcal{Q}_{BC} + \mathcal{Q}_{CA} = 0$ (1er principe)

$$\mathcal{Q}_{BC} = n\, C_p(T_A - T_B)$$

D'autre part, $C \to A$ étant une transformation isotherme réversible, il vient :

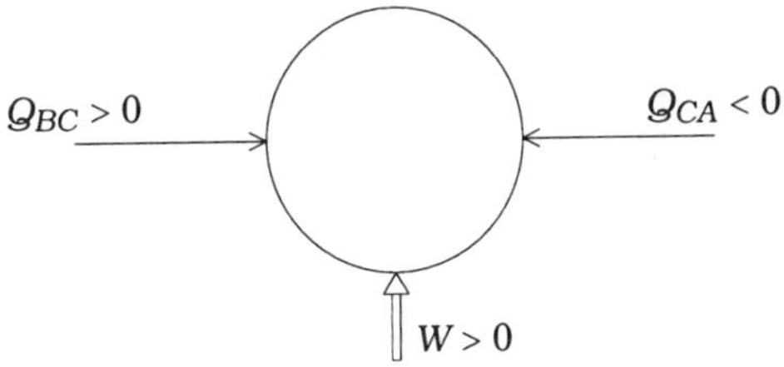

$$\mathcal{Q}_{CA} = T_A\, \Delta S_{CA}$$

Or, pour un gaz parfait :

$$S = n\, C_p \mathrm{Ln}\left[T P^{\frac{1-\gamma}{\gamma}}\right] + \text{cte}$$

D'où puisque $T_C = T_A$: $\Delta S = n\, C_p \mathrm{Ln}\left(\frac{P_A}{P_C}\right)^{\frac{1-\gamma}{\gamma}}$

Or $P_C = P_B$, d'où $\left(\frac{P_A}{P_C}\right)^{\frac{1-\gamma}{\gamma}} = \left(\frac{P_A}{P_B}\right)^{\frac{1-\gamma}{\gamma}}$

Mais $\frac{T_B}{T_A} = \left(\frac{P_B}{P_A}\right)^{\frac{\gamma-1}{\gamma}}$ (isentropique $A \to B$), d'où :

$$\left(\frac{P_A}{P_C}\right)^{\frac{\gamma-1}{\gamma}} = \left(\frac{T_B}{T_A}\right) \quad \frown \quad \Delta S_{CA} = n\, C_p \mathrm{Ln}\left(\frac{T_B}{T_A}\right)$$

Soit :

$$\boxed{\mathcal{Q}_{CA} = n\, C_p\, T_A \mathrm{Ln}\left(\frac{T_B}{T_A}\right)}$$

et une efficacité :

$$\eta = \frac{-Q_{CA}}{-Q_{CA} - Q_{BC}} = \frac{n\,C_p\,T_A \mathrm{Ln}\left(\frac{T_A}{T_B}\right)}{n\,C_p\,T_A \mathrm{Ln}\left(\frac{T_A}{T_B}\right) - n\,C_p(T_A - T_B)}$$

D'où :

$$\boxed{\eta = \frac{\mathrm{Ln}\left(\frac{T_A}{T_B}\right)}{\mathrm{Ln}\left(\frac{T_A}{T_B}\right) - \left(1 - \frac{T_B}{T_A}\right)}}$$

Application numérique :

$$\eta = 5,62$$

Remarque :

- On pourrait comparer «l'efficacité» d'une telle machine fonctionnant selon ce cycle avec celle associée à une pompe à chaleur ditherme de Carnot.

On impose alors les mêmes températures T_A et T_B et la même quantité d'énergie thermique cédée à la source chaude. Or le cycle de Carnot est constitué de deux isothermes et de deux adiabatiques, ce qui est représenté sur le diagramme ci-dessous.

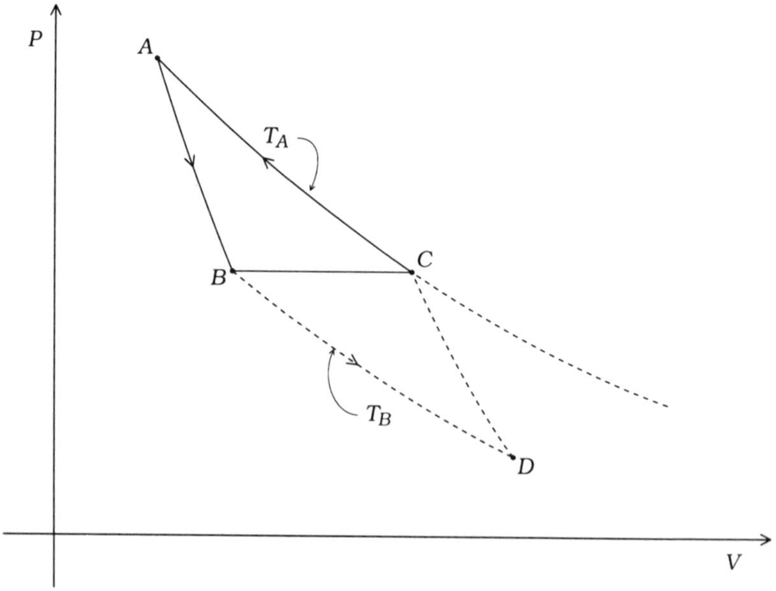

Cycle de Carnot $ABDCA$: (isothermes réversibles : $B \to D$ de température T_B, et $C \to A$ de température T_A ; isentropiques : $A \to B$ et $D \to C$), les points ABC étant déterminés par le cycle proposé dans l'exercice (ainsi Q_{CA} a la même valeur pour les deux cycles).

Les travaux W_{ABC} et W_{ABDCA} étant égaux aux aires des cycles correspondants, on a de façon évidente :

$$W_{ABDCA} > W_{ABC} \rightarrow \boxed{\eta_{ABDCA} < \eta_{ABC}}$$

Remarquons alors que l'on vient de comparer l'efficacité d'un cycle ditherme (celui de Carnot) à celle d'un cycle utilisant une multitude de sources thermiques ...
Vérifions ce résultat par le calcul. η_{ABDCA} est défini par :

$$\eta_{ABDCA} = \frac{T_A}{T_A - T_B}$$

On a donc $\eta_{ABDCA} < \eta_{ABC}$ pour :

$$\frac{\mathrm{Ln}\left(\frac{T_A}{T_B}\right)}{\mathrm{Ln}\left(\frac{T_A}{T_B}\right) - \left(1 - \frac{T_B}{T_A}\right)} > \frac{1}{1 - \frac{T_B}{T_A}}$$

$$\Longleftrightarrow \qquad 1 - \frac{T_B}{T_A} > 1 - \frac{\left(1 - \frac{T_B}{T_A}\right)}{\mathrm{Ln}\left(\frac{T_A}{T_B}\right)}$$

$$\Longleftrightarrow \qquad \mathrm{Ln}\left(\frac{T_A}{T_B}\right) < \frac{T_A}{T_B} - 1$$

Ce qui est bien vérifié (cf. dessin).

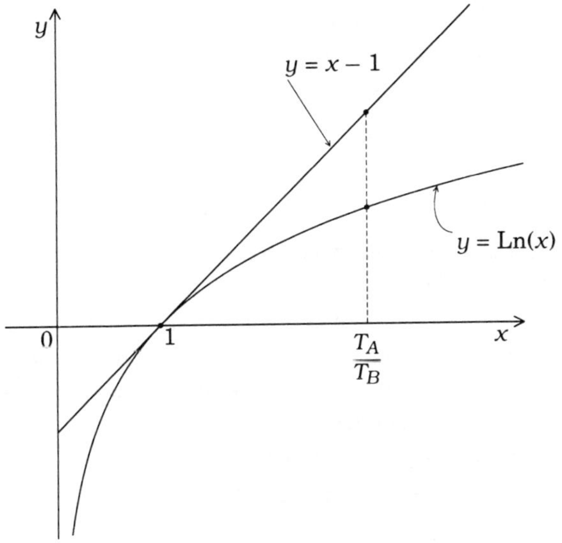

108 «ENSI»

De l'azote, assimilé à un gaz parfait diatomique (masse molaire $M = 28g$, $\gamma = 1,4$) s'écoule en régime permanent dans une turbine, avec un débit massique :

$$\dot{m} = 4kg.s^{-1}$$

Les conditions de l'écoulement sont :

- à l'entrée : pression $P_1 = 4$ bars, vitesse $v_1 = 20\ m.s^{-1}$
- à la sortie : pression $P_2 = 2$ bars, vitesse $v_2 = 180\ m.s^{-1}$.

La turbine fournit à l'extérieur une puissance $\mathcal{P} = 80Kw$, le gaz sortant à une température T_2 égale à la température extérieure $T_a = T_2 = 298K$.

1) * Dans l'hypothèse où la transformation subie par l'azote est isotherme, quelle est la puissance thermique $\dot{Q}$ reçue par le gaz ?
Calculer la variation d'entropie par seconde de l'azote, et en déduire la création d'entropie par seconde pour la turbine.

2) * Si le gaz a subi une transformation adiabatique, quelle est sa température à l'entrée de la turbine ?
En déduire la création d'entropie par seconde dans la turbine.

Commentaires

Points de cours

- *Premier principe et régime permanent,*
- *Irréversibilité des transformations.*

Indications

- *Utiliser la fonction enthalpie du gaz.*

Solution

1) Dans le cas d'un écoulement en régime permanent, le premier principe de la thermodynamique se traduit par la relation :

$$\Delta H + \Delta K = W_m + Q \quad \textbf{(1)}$$

H et K étant respectivement l'enthalpie et l'énergie cinétique de la masse de fluide considérée, Q la quantité d'énergie thermique et W_m le travail reçu par cette masse de fluide dans la machine qu'elle traverse.

Dans le cas présent, et ***pour une seconde***, on a :

$\Delta H = 0$ puisque $T_1 = T_2$ (transformation supposée isotherme),

$$\Delta K = \frac{1}{2}\dot{m}(v_2^2 - v_1^2)$$

$\dot{W}_m = -\mathcal{P}$ (le gaz ***reçoit*** $-\mathcal{P}$)

d'où : $\dot{Q} = \Delta H + \Delta K - \dot{W}_m$ **(2)**

$$\dot{Q} = \frac{1}{2}\dot{m}(v_2^2 - v_1^2) + \mathcal{P}$$

soit :

$$\dot{Q} = \frac{1}{2}\cdot 4\cdot(180^2 - 20^2) + 8\cdot 10^4$$

$$\dot{Q} = (64+80)10^3 W = \boxed{144\ kW}$$

La fonction entropie d'un gaz parfait peut s'écrire sous la forme :

$$S = n\, C_v \mathrm{Ln} P^{1-\gamma} T^{\gamma} + \mathrm{cte}$$

ce qui donne ici :

$$(\Delta\, S)_{\text{pour } 1s} = \frac{\dot{m}}{M} C_v \mathrm{Ln}\left(\frac{P_2}{P_1}\right)^{1-\gamma} = -\frac{\dot{m}}{M} R \mathrm{Ln}\frac{P_2}{P_1} = \frac{\dot{m}}{M} R \mathrm{Ln}\frac{P_1}{P_2}$$

(puisque $C_v = \frac{R}{\gamma - 1}$)

Soit : $$(\Delta\, S)_{\text{pour } 1s} = \frac{4}{28} \cdot 10^3 \cdot 8,31 \mathrm{Ln} 2 = \boxed{823\, J.K^{-1}.s^{-1}}$$

Dans la transformation, l'azote a reçu l'énergie thermique $\dot{Q}$ de l'extérieur, supposé à la température T_a, d'où une variation d'entropie de l'extérieur :

$$(\Delta\, S_{\text{ext}})_{1s} = -\frac{\dot{Q}}{T_a} = -483\, J.K^{-1}.s^{-1}$$

et une création d'entropie par seconde :

$$\frac{\mathrm{d}\sigma}{\mathrm{d}t} = (\Delta\, S)_{1s} + (\Delta\, S_{\text{ext}})_{1s} = \boxed{340\, J.K^{-1}.s^{-1}}$$

2) Si l'azote a subi une transformation adiabatique, $\dot{Q}' = 0$, et la relation **(2)** devient :

$$\Delta\, H' + \Delta\, K + \mathcal{P} = 0$$

ce qui implique $(\Delta\, H')_{1s} = -\Delta\, K - \mathcal{P} = -\dot{Q}$ (calculé au 1))

Or, pour un gaz parfait :

$$(\Delta\, H')_{1s} = n\, C_p\, \Delta\, T = \frac{\dot{m}}{M} \cdot \frac{\gamma\, R}{\gamma - 1}(T_2 - T_1)$$

avec $\gamma = 1,40$ pour un gaz diatomique ($C_p = \frac{7}{2}R$)

Ce qui donne ici : $$T_2 - T_1 = -\frac{M \cdot \dot{Q}}{\dot{m}\left(\frac{7R}{2}\right)} = -34,7K$$

et : $$T_1 = T_2 + 34,7 \simeq \boxed{333K}$$

La transformation étant adiabatique, la création d'entropie se confond avec la variation d'entropie du système, ici le gaz, soit :

$$(\Delta\, S')_{1s} = +\frac{\dot{m}}{M} R \mathrm{Ln}\frac{P_1}{P_2} + \frac{\dot{m}}{M} C_p \mathrm{Ln}\frac{T_2}{T_1}$$

$$(\Delta\, S')_{1s} = 823 - 457 = 366\, J.K^{-1}.s^{-1}$$

et : $$\frac{\mathrm{d}\sigma'}{\mathrm{d}t} = \boxed{366\, J.K^{-1}.s^{-1}}$$

Remarque :

> Dans les deux cas, on obtient $\frac{\mathrm{d}\sigma'}{\mathrm{d}t} > 0$, comme il se doit ...

109 ENSI

Un moteur thermique fonctionne à partir de deux sources d'énergie thermique : une source chaude $\mathscr{S}_2$ de température $T_2 = 500K$, et une source froide $\mathscr{S}_1$ de température $T_1 = 250K$. Lorsque la machine fournit le travail W (positif) elle prélève l'énergie thermique Q_2 à la source chaude et fournit l'énergie thermique Q_1 à la source froide.

1) * Définir l'efficacité η d'une telle machine, et en donner la valeur numérique.

2) * Pour augmenter le travail fourni à l'extérieur (pour une même énergie thermique prélevée Q_2) on propose d'associer au moteur thermique (MTH) précédent une machine frigorifique (MF) selon le schéma suivant :

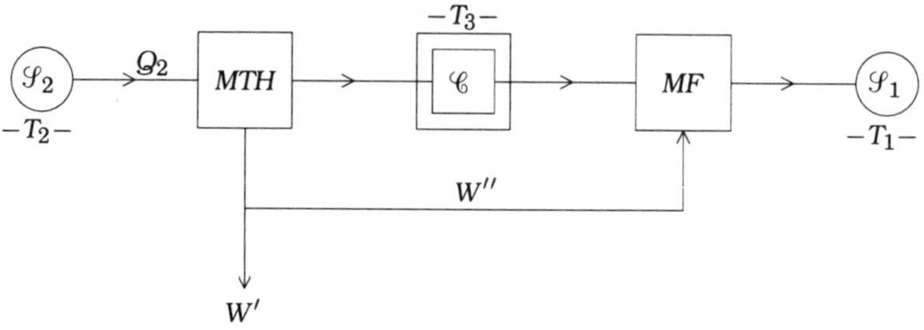

$\mathscr{C}$ représente une capacité thermique finie qui échange uniquement de l'énergie thermique avec les deux machines ; le dispositif envisagé doit maintenir sa température constante ($T_3 = 200K$).

Cette proposition vous paraît-elle judicieuse ? On répondra à cette question :

a) à partir d'un raisonnement simple,

b) par le calcul.

Commentaires

Points de cours

- *Machines dithermes,*
- *Premier principe – Second principe.*

Indications

- *L'efficacité est définie, pour une grandeur donnée, par le rapport de la quantité utile récupérée sur la quantité correspondante qu'il a fallu «payer».*
- *Pour le 2) on montrera que l'ensemble proposé peut se réduire à une seule machine, et que l'on est donc ramené au cas précédent.*

Solution

1) Dans la machine le fluide décrit des cycles. Quand elle produit un travail W, elle échange les énergies thermiques Q_1 avec la source $\mathscr{S}_1$ (Q_1 est positif dans le sens $MTH \rightarrow \mathscr{S}_1$) et Q_2 avec la source $\mathscr{S}_2$ ($Q_2 > 0$ dans le sens $\mathscr{S}_2 \rightarrow MTH$).

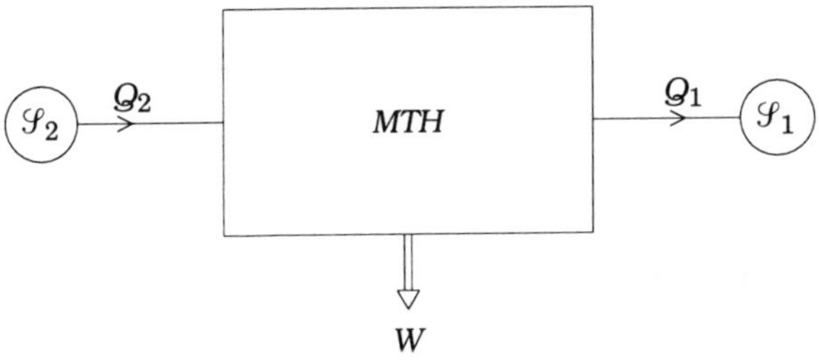

- Le premier principe appliqué au fluide circulant dans la machine donne :

$$Q_2 + (-Q_1) + (-W) = 0$$

Soit : $$\boxed{W = Q_2 - Q_1} \quad \textbf{(1)}$$

- Considérons maintenant le second principe appliqué au fluide (sur un cycle ou sur plusieurs) :

$$\Delta S = \delta S_{\text{échange}} + \delta S_{\text{création}}$$

En supposant la machine réversible, il vient $\delta S_{\text{création}} = 0$.

D'autre part les échanges thermiques s'effectuent avec les sources $\mathcal{S}_1$ et $\mathcal{S}_2$, de températures respectives T_1 et T_2, d'où :

$$\delta S_{\text{échange}} = \frac{Q_1}{T_1} + \frac{(-Q_2)}{T_2}$$

Enfin nous avons $\Delta S = 0$ ($S_f = S_i$ pour un ensemble de cycles, l'entropie étant une fonction d'état).

Finalement nous avons : $$\boxed{\frac{Q_1}{T_1} - \frac{Q_2}{T_2} = 0} \quad \textbf{(2)}$$

- Eliminons maintenant Q_1 entre les relations **(1)** et **(2)** :

$$Q_1 = Q_2 \frac{T_1}{T_2} \quad \frown \quad W = Q_2\left(1 - \frac{T_1}{T_2}\right)$$

L'efficacité d'une telle machine sera définie comme le rapport de l'énergie utile produite (ici le travail W) sur l'énergie dépensée (ici l'énergie thermique Q_2 puisée à la source chaude). D'où :

$$\boxed{\eta = \frac{W}{Q_2} = 1 - \frac{T_1}{T_2}}$$

Application numérique :

$$\eta = 1 - \frac{250}{500} \quad \frown \quad \boxed{\eta = 0,5}$$

2) a) $\mathcal{C}$ n'échange que de l'énergie thermique avec les deux machines.
Sa température devant rester constante, nous devons imposer $Q'_3 = Q''_3$ ($\mathcal{C}$ a une capacité thermique finie).
Ainsi globalement tout se passe comme si l'ensemble $\{MTH \oplus \mathcal{C} \oplus MF\}$ était équivalent à un moteur ditherme travaillant sur les sources $\mathcal{S}_2$ (T_2) et $\mathcal{S}_1$ (T_1).

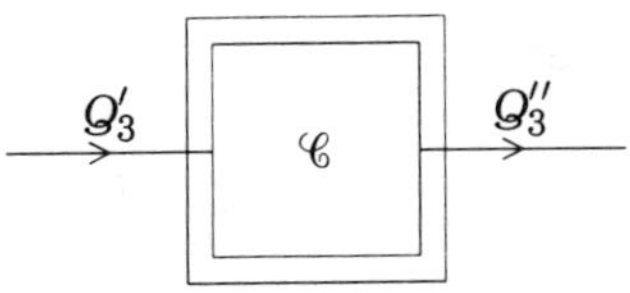

On est alors ramené au cas décrit au 1) et l'on a encore :

$$\eta' = \frac{W'}{Q_2} = 1 - \frac{T_1}{T_2} = \eta$$

L'ensemble produit, vers l'extérieur, le même travail W ($W' = W$) pour une même quantité d'énergie thermique Q_2 prélevée à la source chaude.

b) Etudions séparément le moteur thermique et la machine frigorifique.

- Moteur thermique :

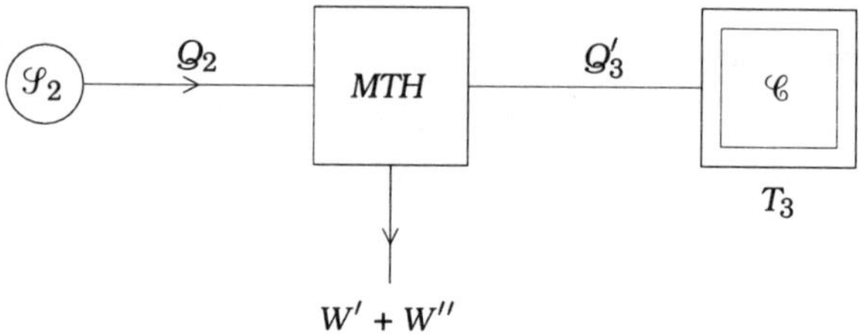

$\mathcal{C}$ est de température fixée (égale à T_3), on peut donc reprendre les calculs de 1). Il vient :

$$\begin{cases} W' + W'' = \eta_{MTH}\, Q_2 \quad \text{avec ici} \quad \eta_{MTH} = 1 - \dfrac{T_3}{T_2} \\ Q'_3 = Q_2 \dfrac{T_3}{T_2} \end{cases}$$

- Machine frigorifique :

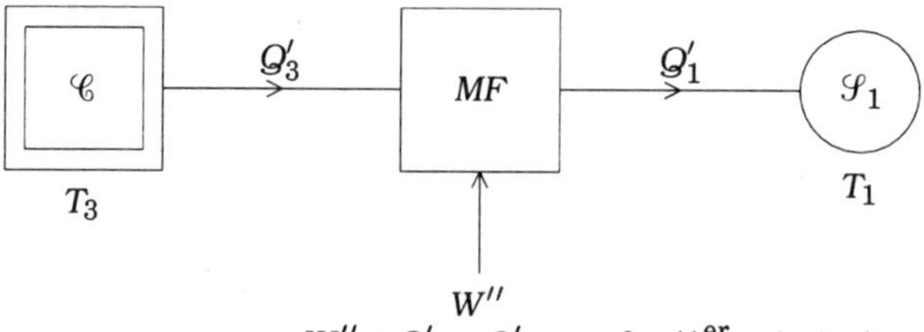

Nous avons :

$$W'' + Q'_3 - Q'_1 = 0 \quad (1^{\text{er}} \text{ principe})$$
$$\frac{Q'_1}{T_1} + \frac{(-Q'_3)}{T_3} = 0 \quad (2^{\text{ème}} \text{ principe})$$

D'où :

$$\begin{cases} W'' = Q'_3 \left(-1 + \dfrac{T_1}{T_3}\right) = \dfrac{1}{\eta_{MF}} Q'_3 \quad \text{où} \quad \eta_{MF} = \dfrac{1}{\dfrac{T_1}{T_3} - 1} \\ Q'_1 = Q'_3 \dfrac{T_1}{T_3} \end{cases}$$

- Soit en regroupant les résultats précédents :

$$W'' = \left(\frac{T_1}{T_3} - 1\right) Q_2 \frac{T_3}{T_2}$$

et $W' = \eta_{MTH}\, Q_2 - W'' = \left(1 - \dfrac{T_3}{T_2}\right) Q_2 - \dfrac{T_3}{T_2}\left(\dfrac{T_1}{T_3} - 1\right) Q_2.$

Soit :

$$\boxed{W' = Q_2 \cdot \left(1 - \frac{T_1}{T_2}\right)}$$

On a également $Q'_1 = \dfrac{T_1}{T_3} Q'_3 = \dfrac{T_1}{T_3}\dfrac{T_3}{T_2} Q_2 \quad \rightarrow \quad Q'_1 = \dfrac{T_1}{T_2} Q_2$

Pour une même énergie thermique Q_2, on obtient un même travail W ($W' = W$), et une même énergie thermique ($Q'_1 = Q_1$) est transférée à la source $\mathcal{S}_1$.

110 «CENTRALE»

Dans une turbine à gaz, le gaz entre dans les conditions (P_1, T_1) et en ressort à la pression $P_2 < P_1$. Elle fournit à l'extérieur un travail W_u (par unité de masse de gaz s'écoulant dans la turbine, écoulement que l'on supposera isentropique).

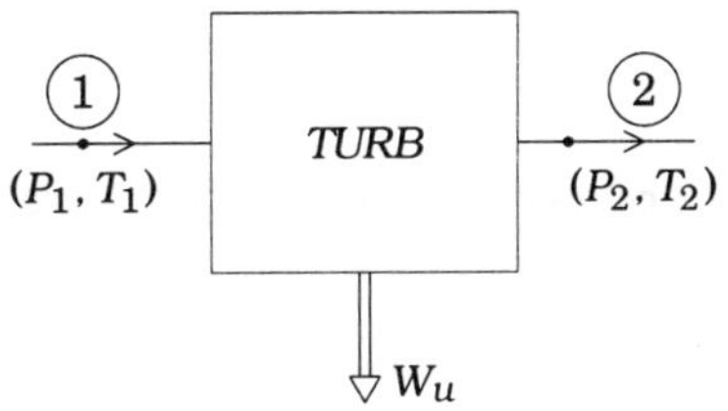

Afin d'améliorer le travail massique récupéré, on réalise une détente en trois étapes selon le schéma de principe suivant :

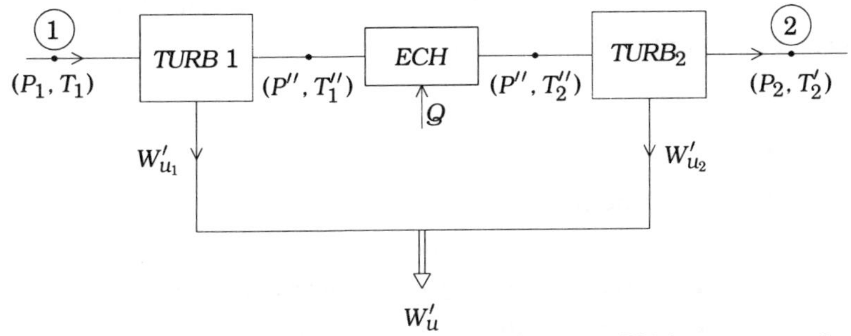

Les deux turbines *TURB* 1 et *TURB* 2 sont isentropiques. L'échangeur est isobare.

L'état initial du gaz est le même (P_1, T_1), la pression finale est la même P_2 ; les travaux W'_u sont rapportés à l'unité de masse ainsi que l'énergie thermique $Q > 0$ absorbée par le gaz dans l'échangeur.

On donne de plus ***l'allure*** dans le diagramme (s, h) des isobares et des isothermes.

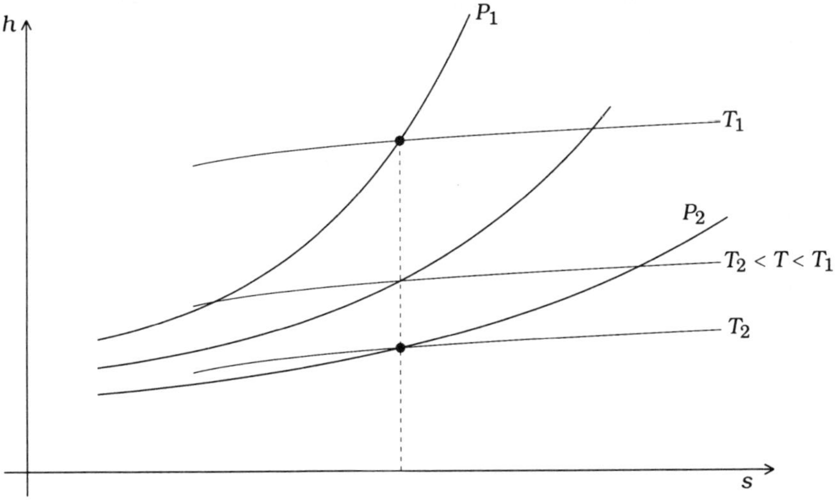

1) Montrer qualitativement que le deuxième système est plus «avantageux» que le premier.
2) Retrouver, par le calcul, le résultat précédent dans le cas du gaz parfait (masse molaire M ; $\gamma = \frac{C_p}{C_v}$ = cte).

En déduire l'expression du rapport $\eta = \frac{W'_u - W_u}{Q}$ représentant le gain d'énergie mécanique par unité d'énergie thermique supplémentaire qu'il faut fournir.

<u>**Application numérique**</u> :

On donne :

$$P_1 = 4 \text{ atm} \ , \ T_1 = 800K \ , \ P_2 = 1 \text{ atm} \ , \ P'' = 3 \text{ atm} \quad \text{et} \quad T'_2 = 600K \ ;$$
$$\gamma = 1,4 \ , \ M = 29\ 10^{-3} kg \quad \text{et} \quad R = 8,31 \text{ J.mol.}^{-1}\text{K}^{-1}.$$

Calculer les quantités W_u, W'_u, Q et η.

Commentaires

Points de cours

- *Ecoulements en régime stationnaire : turbine,*
- *Variations d'enthalpie – Loi de Laplace des gaz parfaits,*
- *Diagramme de Mollier.*

Indications

- *Pour la première question, on remarquera que dans le diagramme (s, h), les isobares sont représentées, pour des pressions plus élevées, par des courbes plus rapidement croissantes.*

Solution

1) Chaque détente isentropique va abaisser la pression du gaz et sa température.

Dans le système à une turbine on a donc :

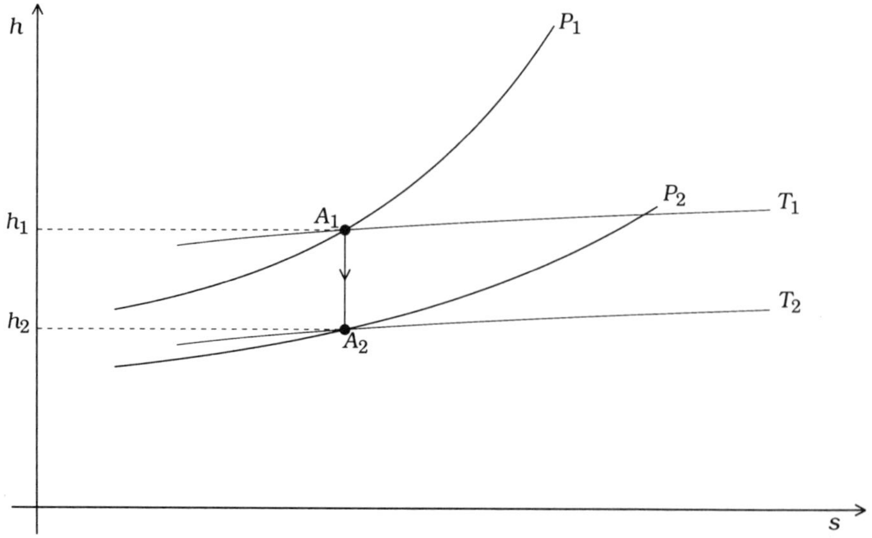

Et pour la deuxième machine :

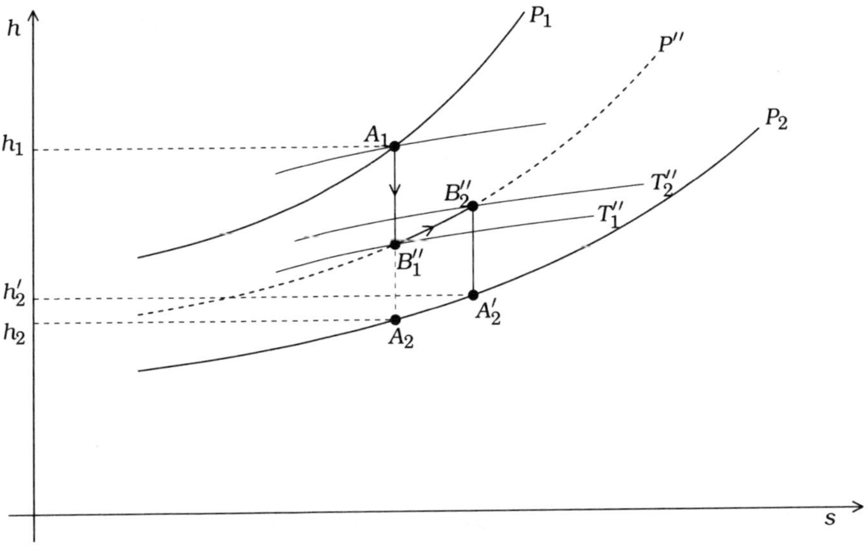

Dans le premier cas le travail massique fourni à l'extérieur est donné par :

$$\boxed{W_u = -(h_2 - h_1) = h(A_1) - h(A_2)}$$

Pour la machine à deux turbines nous aurons :

$$W_u' = W_{u_1}' + W_{u_2}'$$

avec $\quad W_{u_1}' = h(A_1) - h(B_1'')\quad$ et $\quad W_{u_2}' = h(B_2'') - h(A_2')$

Soit : $$\boxed{W_u' = h(B_2'') - h(A_2') + h(A_1) - h(B_1'')}$$

Ce système sera plus avantangeux que le premier si le travail récupéré est plus important. Il faut donc que :

$$W_u' > W_u$$

Ce qui s'écrit :

$$h(B_2'') - h(A_2') + h(A_1) - h(B_1'') > h(A_1) - h(A_2)$$

Soit encore :

$$h(A_2') - h(A_2) < h(B_2'') - h(B_1'') \quad \textbf{(1)}$$

Or la fonction $s \mapsto h(s)$, correspondant à une isobare, croît plus vite pour une pression plus importante (cf. diagramme $h(s)$). Il en résulte que l'inégalité est vérifiée.

On a bien :

$$\Delta h_{A_2 A_2'} < \Delta h_{B_1'' B_2''}$$

Ce que montre le dessin suivant :

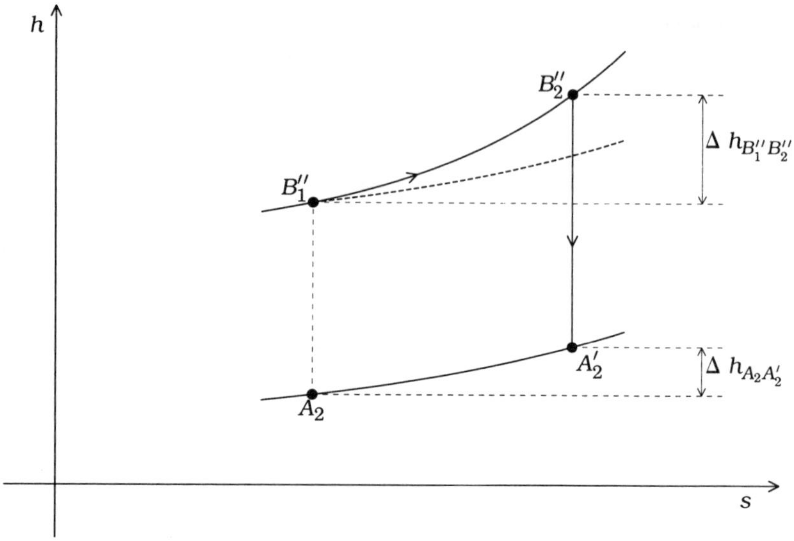

Ce gain en travail a été réalisé au prix d'une augmentation de la température du gaz dans l'échangeur d'énergie thermique isobare :

$$Q = h(B_2'') - h(B_1'') > 0 \quad \text{et} \quad T(B_2'') > T(B_1'')$$

Remarque :

- Un abaissement de la température $\left(T(B_1'') < T(B_2'')\right)$ aurait un effet inverse $(W_u' < W_u)$.
- On peut également remarquer que la température en sortie d'appareil est plus grande avec deux turbines qu'avec une seule $\left(T(A_2') > T(A_2)\right)$

En conclusion, le travail récupérable est d'autant plus grand que l'on «fractionne» la détente. Mais cela exige autant d'échangeurs d'énergie thermique qu'il est nécessaire.

2) Considérons maintenant le cas du gaz parfait pour lequel γ serait une constante. Dès lors, les deux membres de l'équation **(1)** s'écrivent :

$$h(A_2') - h(A_2) = C_{p_m}(T_2' - T_2) = \frac{\gamma}{\gamma - 1}\frac{R}{M}(T_2' - T_2)$$

$$h(B_2'') - h(B_1'') = C_{p_m}(T_2'' - T_1'') = \frac{\gamma}{\gamma - 1}\frac{R}{M}(T_2'' - T_1'')$$

L'inégalité doit se traduire alors par la relation :

$$T_2' - T_2 < T_2'' - T_1''$$

Soit encore : $$T_2'' - T_2' > T_1'' - T_2 \quad \frown \quad \frac{T_2'' - T_2'}{T_1'' - T_2} > 1 \quad \mathbf{(2)}$$

(on a en effet $T_1'' > T_2$).

Or les transformations $A_1 \rightarrow A_2$; $A_1 \rightarrow B_1''$ et $B_2'' \rightarrow A_2'$ sont par définition isentropiques, d'où :

$$A_1 \rightarrow B_1'' \;:\; P_1^{1-\gamma}T_1^{\gamma} = (P'')^{1-\gamma}T_1''^{\gamma} \quad \frown \quad \frac{T_1}{T_1''} = \left(\frac{P_1}{P''}\right)^{\frac{\gamma-1}{\gamma}}$$

$$A_1 \rightarrow A_2 \;:\; P_1^{1-\gamma}T_1^{\gamma} = P_2^{1-\gamma}T_2^{\gamma} \quad \frown \quad \frac{T_2}{T_1} = \left(\frac{P_2}{P_1}\right)^{\frac{\gamma-1}{\gamma}}$$

$$B_2'' \rightarrow A_2' \;:\; (P'')^{1-\gamma}T_2''^{\gamma} = P_2^{1-\gamma}T_2'^{\gamma} \quad \frown \quad \frac{T_2'}{T_2''} = \left(\frac{P_2}{P''}\right)^{\frac{\gamma-1}{\gamma}}$$

Les deux premières relations impliquent également :

$$\frac{T_2}{T_1''} = \left(\frac{P_2}{P''}\right)^{\frac{\gamma-1}{\gamma}}$$

L'inégalité **(2)** devient alors :

$$\frac{T_2''}{T_1''}\frac{\left(1-\dfrac{T_2'}{T_2''}\right)}{\left(1-\dfrac{T_2}{T_1''}\right)} > 1 \iff \frac{T_2''}{T_1''} > 1$$

Puisque, d'après ce qui précède, nous avons :

$$\frac{T_2'}{T_2''} = \frac{T_2}{T_1''} = \left(\frac{P_2}{P''}\right)^{\frac{\gamma-1}{\gamma}}$$

la condition est évidemment réalisée :

$$Q > 0 \quad \text{et} \quad Q = h(B_2'') - h(B_1'') = \frac{\gamma}{\gamma-1}\frac{R}{M}(T_2'' - T_1'') > 0$$

Déterminons maintenant le coefficient $\eta = \dfrac{W_u' - W_u}{Q}$:

on a $\eta = \dfrac{(T_2'' - T_2' + T_1 - T_1'') - (T_1 - T_2)}{(T_2'' - T_1'')}$

D'où : $$\eta = \frac{T_2'' - T_1'' + T_2 - T_2'}{T_2'' - T_1''} = 1 - \frac{T_2' - T_2}{T_2'' - T_1''}$$

Puisque $T_2' > T_2$ et $T_2'' > T_1''$ ce coefficient est inférieur à l'unité ($W_u' - W_u < Q$).

Or, d'après ce qui précède, nous avons :

$$\frac{T_2'}{T_2} = \frac{T_2''}{T_1''} \quad \text{et} \quad \frac{T_1''}{T_2} = \left(\frac{P''}{P_2}\right)^{\frac{\gamma-1}{\gamma}}$$

d'où :

$$\eta = 1 - \frac{T_2}{T_1''}\cdot\frac{\dfrac{T_2'}{T_2}-1}{\dfrac{T_2''}{T_1''}-1} = 1 - \frac{T_2}{T_1''} \quad \frown \quad \boxed{\eta = 1 - \left(\frac{P_2}{P''}\right)^{\frac{\gamma-1}{\gamma}}}$$

__Application numérique__ :

$P_1 = 4$ atm , $P_2 = 1$ atm et $P'' = 3$ atm ; $T_1 = 800K$

- On a $T_2 = T_1\left(\dfrac{P_2}{P_1}\right)^{\frac{\gamma-1}{\gamma}} = 800\left(\dfrac{1}{4}\right)^{\frac{0,4}{1,4}}$ $\frown$ $T_2 = 538K$
- $W_u = \dfrac{\gamma}{\gamma-1}\dfrac{R}{M}(T_1 - T_2) = \dfrac{1,4}{0,4}\dfrac{8,31}{29\ 10^{-3}}(800-538)$ $\frown$ $W_u = 262\ kJ.kg^{-1}$
- $T_1'' = T_1\left(\dfrac{P''}{P_1}\right)^{\frac{\gamma-1}{\gamma}}$ $\frown$ $T_1'' = 737K$
- $T_2'' = T_2'\left(\dfrac{P''}{P_2}\right)^{\frac{\gamma-1}{\gamma}}$ $\frown$ $T_2'' = 821K$

- Enfin $W'_u = \frac{\gamma}{\gamma - 1}\frac{R}{M}[T''_2 - T'_2 + T_1 - T''_1]$ ⟶ $\boxed{W'_u = 285\ kJ.kg^{-1}}$

Mais il a fallu fournir l'énergie thermique :

$$Q = \frac{\gamma}{\gamma - 1}\frac{R}{M}[T''_2 - T''_1] = \boxed{85\ kJ.kg^{-1}}$$

Le coefficient η est alors donné par :

$$\eta = \frac{W'_u - W_u}{Q} = \frac{285 - 262}{85} \longrightarrow \eta = 27\%$$

L'échangeur thermique et la détente à «deux étages» permettent de récupérer une quantité importante d'énergie mécanique mais au prix d'une énergie thermique à fournir encore plus grande.

Un tel dispositif est utilisé pour des machines thermiques dans lesquelles le fluide décrit des cycles permettant d'obtenir un travail plus grand correspondant à une efficacité de la machine plus faible ($W'_u - W_u < Q$ ...)

Remarque :

On peut également envisager un système similaire pour le compresseur («compresseur à deux étages avec échangeur thermique»). Cette fois-ci on diminuera le travail à fournir au compresseur en refroidissant le fluide dans un échangeur thermique ...

111 «CENTRALE»

Une machine thermique est constituée d'un compresseur, d'une turbine et de deux échangeurs d'énergie thermique.

- Le fluide subit une détente isentropique dans la turbine, et le travail ainsi récupéré est utilisé d'une part pour faire fonctionner le compresseur, d'autre part comme travail disponible à l'extérieur.

Les températures du fluide en entrée et sortie sont T_3 et T_4.

- Le compresseur fonctionne de façon isentropique, l'état du fluide passant de (P_1, T_1) à (P_2, T_2). On note $\tau = \frac{P_2}{P_1}$ le taux de compression.
- Les échangeurs d'énergie thermique sont isobares.

1) * Représenter sur un dessin le fonctionnement de cette machine en y précisant les échanges énergétiques.
Tracer le cycle suivi par le fluide, en diagramme de Clapeyron (P, V), puis en diagramme (S, T).

2) * Exprimer l'efficacité η de la machine en fonction de τ et de γ ($\gamma = \frac{C_p}{C_v}$ = constante). On suppose que le fluide reste à l'état gazeux durant tout le cycle et qu'il peut être assimilé à un gaz parfait.

3) * On fixe les températures T_1 et T_3 à l'entrée du compresseur et de la turbine. Pour quelle valeur τ_m du taux de compression τ le travail produit par la machine est-il maximal ? Quelle est alors la valeur du coefficient d'efficacité η ?

Application numérique :
On donne $T_1 = 293\ K$, $P_1 = 1$ atm, $T_3 = 773\ K$.
Déterminer la valeur de τ_m, la température T_2 correspondante ainsi que le coefficient η. On prendre $\gamma = 1,4$.

Commentaires

Points de cours

- *Machines thermiques – Efficacité,*
- *Transformation isentropique.*

Indications

- *On vérifiera que le fluide traverse successivement le compresseur (travail nécessaire prélevé sur la turbine), un échangeur thermique où il s'échauffe, la turbine (qui fournit du travail à l'extérieur et au compresseur) et un deuxième échangeur thermique où il se refroidit.*
- *Remarquer que le travail maximal récupéré ne correspond pas nécessairement à une valeur maximale du coefficient d'efficacité.*

Solution

1) La machine comprend :

- un compresseur isentropique qui fait passer le fluide de l'état (P_1, T_1) à l'état (P_2, T_2).

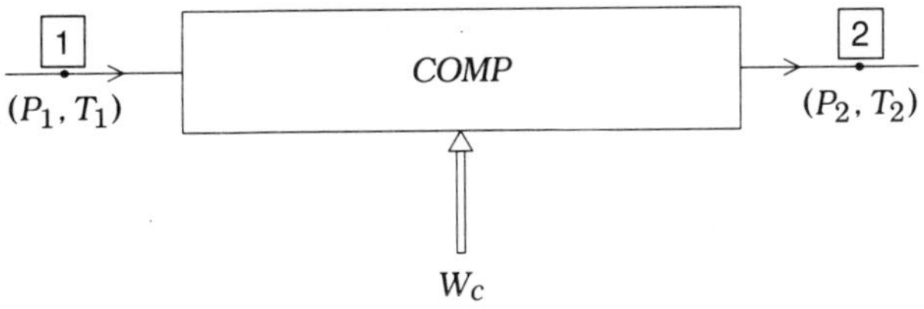

Le fonctionnement du compresseur requiert un travail W_c par unité de masse le traversant.

- une turbine où le gaz subit une détente isentropique de l'état $(P_3 = P_2, T_3)$ à l'état $(P_4 = P_1, T_4)$.

La turbine fournit le travail W_c au compresseur et un travail W_u utilisable à l'extérieur de la machine.

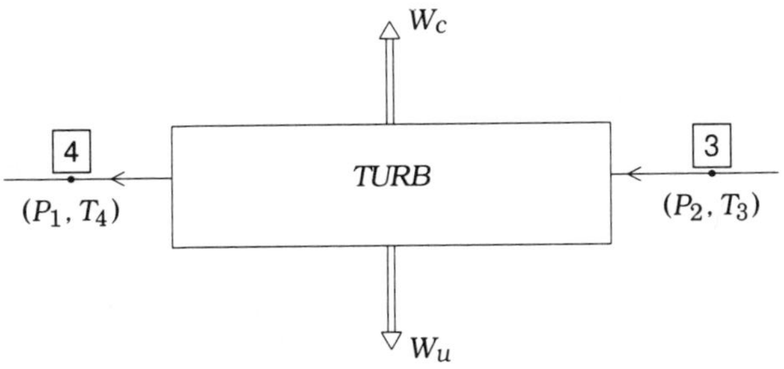

- Le compresseur et la turbine sont reliés par l'intermédiaire de deux échangeurs isobares d'énergie thermique. Dans le compresseur la température du gaz augmente alors qu'elle diminue dans la turbine. On a donc $T_2 > T_1$ et $T_3 > T_4$.

Si l'on veut qu'au cours d'un cycle il y ait effectivement production de travail ($W_u > 0$), il faut imposer $T_3 > T_2$ et donc $T_4 > T_1$ comme on peut le voir simplement sur le diagramme de Clapeyron (V, P).

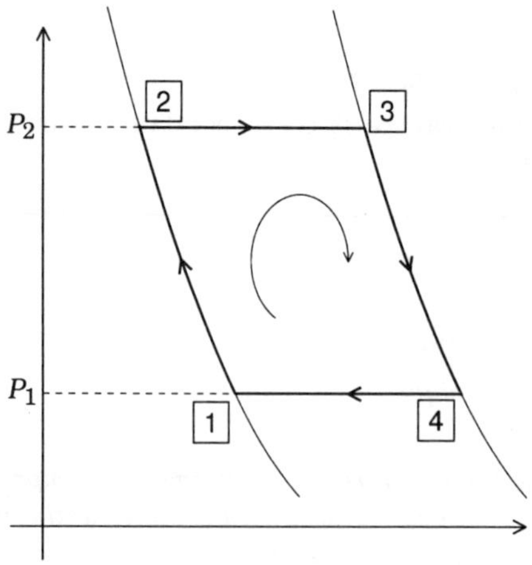

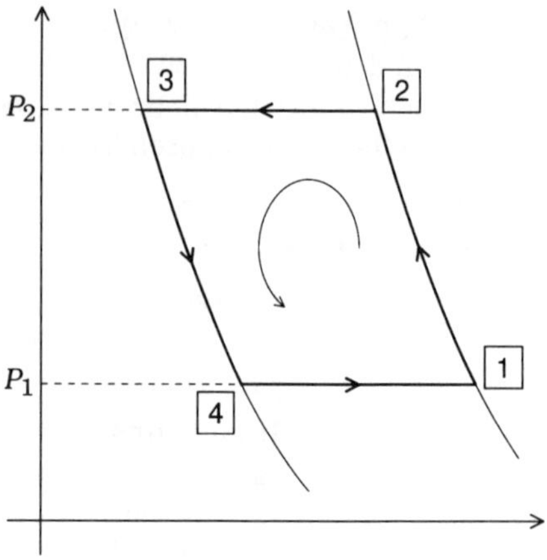

Ici $V_3 > V_2$ et $P_3 = P_2$ ce qui implique $T_3 > T_2$. De plus le cycle est décrit dans le sens des aiguilles d'une montre, et le travail total reçu est bien négatif (du travail est fourni à l'extérieur)

Ici $V_3 < V_2$ et $P_3 = P_2$ d'où $T_3 < T_2$. Le cycle est parcouru dans le sens trigonométrique. Il n'est plus moteur.

D'où le schéma d'installation :

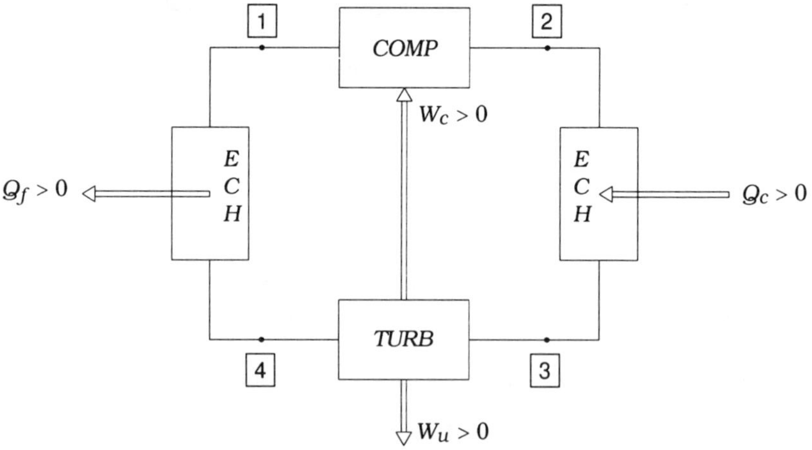

Donnons les représentations du cycle (dit cycle de Joule) suivi par le fluide :

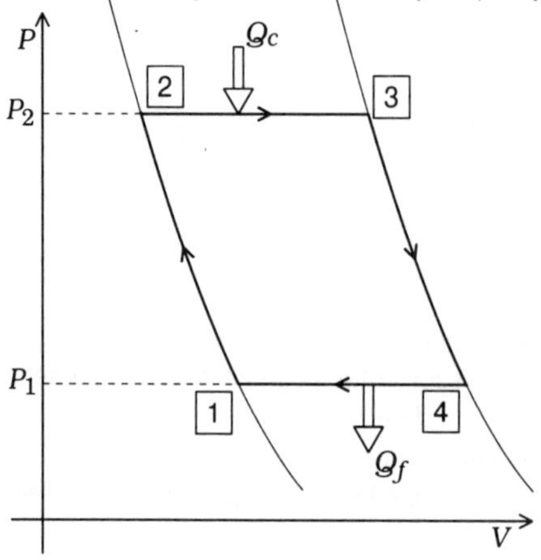

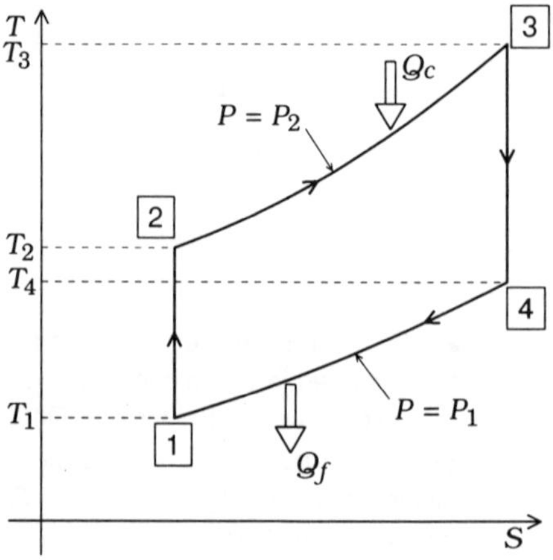

2) L'efficacité η de cette machine thermique sera définie par le rapport du travail utile disponible W_u sur l'énergie thermique $\mathcal{Q}_c$ qu'il faut prélever à la «source chaude» . D'où :

$$\eta = \frac{W_u}{\mathcal{Q}_c}$$

Or d'après le premier principe, pour une quantité donnée de fluide «recevant» globalement, au cours d'un cycle, le travail $-W_u$ et l'énergie thermique $\mathcal{Q}_c - \mathcal{Q}_f$:

$$\Delta U = 0 = -W_u + \mathcal{Q}_c - \mathcal{Q}_f, \quad \text{d'où} \quad W_u = \mathcal{Q}_c - \mathcal{Q}_f$$

et :

$$\eta = \frac{\mathcal{Q}_c - \mathcal{Q}_f}{\mathcal{Q}_c} \quad \frown \quad \boxed{\eta = 1 - \frac{\mathcal{Q}_f}{\mathcal{Q}_c}}$$

Raisonnons alors sur l'unité de masse du fluide.

Dans les échangeurs isobares, pour une masse unité débitée, nous avons :

$$\mathcal{Q}_c = h_3 - h_2$$

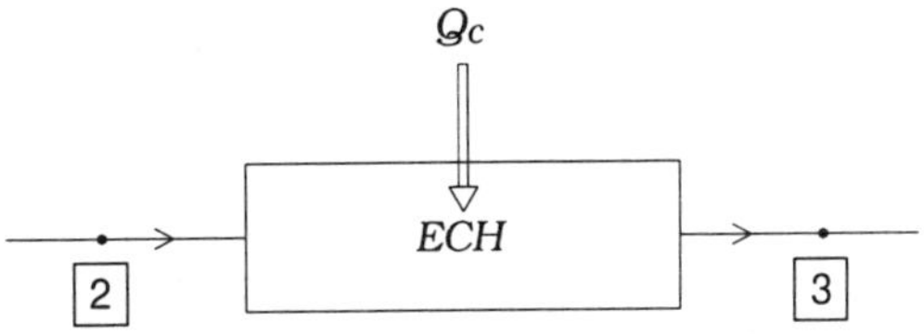

et

$$-\mathcal{Q}_f = h_1 - h_4$$

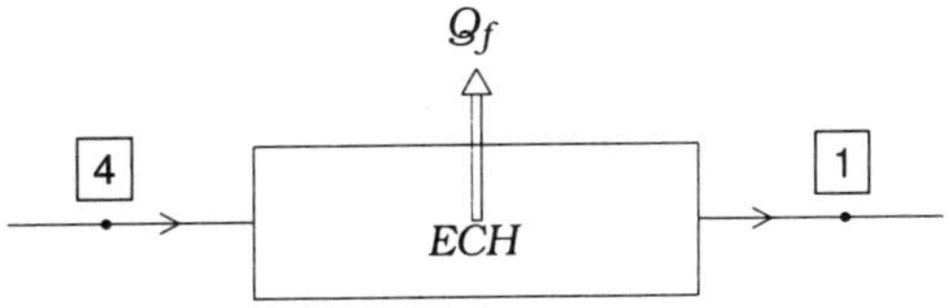

D'où :

$$\eta = 1 - \frac{h_4 - h_1}{h_3 - h_2}$$

Les h_i représentent les enthalpies massiques associées aux états [1], [2], [3] et [4].

Or pour un gaz parfait :

$$\begin{vmatrix} h_4 - h_1 & = & C_{p_m}(T_4 - T_1) \\ h_3 - h_2 & = & C_{p_m}(T_3 - T_2) \end{vmatrix}$$

Soit : $\eta = 1 - \dfrac{T_4 - T_1}{T_3 - T_2}$

Il reste à traduire que les transformations [1] → [2] et [3] → [4] sont isentropiques, ce qui donne :

$$P_1^{1-\gamma}T_1^{\gamma} = P_2^{1-\gamma}T_2^{\gamma} \quad \frown \quad \frac{T_2}{T_1} = \left(\frac{P_2}{P_1}\right)^{\frac{\gamma-1}{\gamma}}$$

$$P_2^{1-\gamma}T_3^{\gamma} = P_1^{1-\gamma}T_4^{\gamma} \quad \frown \quad \frac{T_4}{T_3} = \left(\frac{P_1}{P_2}\right)^{\frac{\gamma-1}{\gamma}} \qquad (P_3 = P_2 \text{ et } P_4 = P_1)$$

D'où

$$\frac{T_4}{T_3} = \frac{T_1}{T_2} = \frac{T_4 - T_1}{T_3 - T_2} = \left(\frac{P_1}{P_2}\right)^{\frac{\gamma-1}{\gamma}} = \tau^{-\left(\frac{\gamma-1}{\gamma}\right)}$$

Soit un coefficient d'efficacité η défini par :

$$\boxed{\eta = 1 - \tau^{-\left(\frac{\gamma-1}{\gamma}\right)}}$$

Cette efficacité est d'autant plus grande (c'est-à-dire proche de l'unité) que le taux de compression τ est élevé (mais T_2 augmente également ...)

3) On a fixé les températures T_1 et T_3.
Le travail utile récupérable est : $W_u = Q_c - Q_f$ (cf. 2)).
Soit pour l'unité de masse de fluide :

$$W_u = (h_3 - h_2) + (h_1 - h_4)$$
$$W_u = C_{p_m}[T_3 - T_2 + T_1 - T_4] \quad \text{avec de plus } T_1T_3 = T_2T_4$$

W_u apparaît alors comme une fonction de T_2 puisque T_1 et T_3 sont imposées :

$$W_u = C_{p_m}\left[(T_1 + T_3) - T_2 - \frac{T_1T_3}{T_2}\right]$$

Dérivons cette expression par rapport à T_2 :

$$\frac{dW_u}{dT_2} = -C_{p_m}\left[1 - \frac{T_1T_3}{T_2^2}\right]$$

Elle s'annule pour $T_2 = \sqrt{T_1T_3}$ et donc $T_4 = T_2 = \sqrt{T_1T_3}$.
Le travail W_u produit par la machine est alors maximal (dérivée positive pour $T_2 < \sqrt{T_1T_3}$ et négative pour $T_2 > \sqrt{T_1T_3}$).
Il correspond un taux de compression τ_m tel que :

$$\tau_m = \frac{P_2}{P_1} = \left(\frac{T_2}{T_1}\right)^{\frac{\gamma}{\gamma-1}} = \left(\frac{T_3}{T_1}\right)^{\frac{\gamma}{2(\gamma-1)}} \rightarrow \boxed{\tau_m = \left(\frac{T_3}{T_1}\right)^{\frac{\gamma}{2(\gamma-1)}}}$$

et un coefficient d'efficacité :

$$\eta = 1 - \tau_m^{-\left(\frac{\gamma-1}{\gamma}\right)} \rightarrow \boxed{\eta = 1 - \sqrt{\frac{T_1}{T_3}}}$$

Application numérique :

$$\tau_m = \left(\frac{773}{293}\right)^{\frac{1,4}{0,8}} \rightarrow \tau_m = 5,46$$

$$\eta = 1 - \sqrt{\frac{293}{773}} \rightarrow \eta = 0,38$$

$$T_2 = \sqrt{773 \times 293} \rightarrow T_2 = 476K$$

Remarque :

> Le rendement du cycle peut s'exprimer sous la forme $\eta = 1 - \frac{T_1}{T_2}$ (cf. 2)). Représentons différents cycles dans le diagramme (T, S) pour des températures T_1 et T_3 fixées, une pression P_1 donnée, et différentes valeurs de P_2 c'est-à-dire de T_2 :

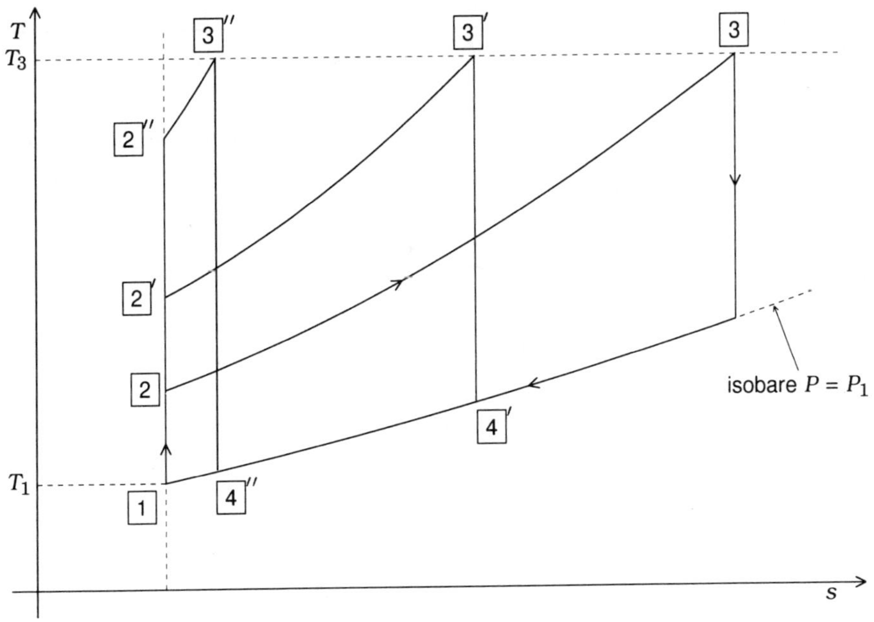

L'efficacité est maximale pour T_2 le plus grand possible, ce qui correspond ici à $T_2 = T_3$ $\left(\eta_{max} = 1 - \dfrac{T_1}{T_3}\right)$.
Dans une telle situation limite, le travail récupéré, qui est représenté par l'aire du cycle, devient nul.
Réciproquement, le travail maximal ne correspond pas à l'efficacité optimale.

112 MINES - P.

On modélise le fonctionnement d'un moteur à combustion du type Diesel par le cycle représenté sur la figure ci-dessous.

L'injection du carburant s'effectue en [2] et la combustion correspond aux transformations [2] → [3] → [4].

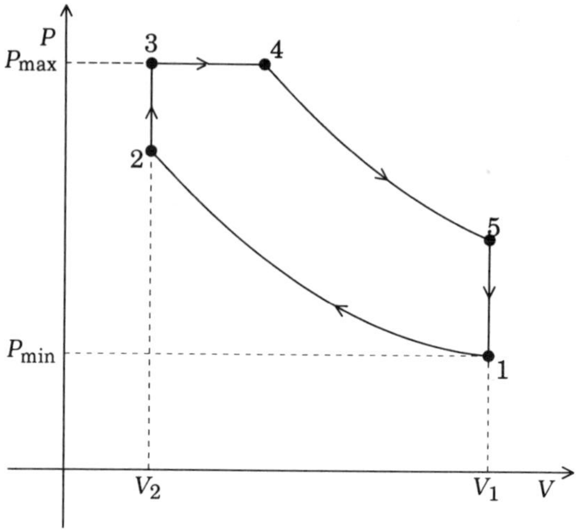

On donne :

- $P_{min} = P_1 = 10^5 Pa$, $T_1 = 293K$, $P_{max} = 60\ 10^5 Pa$,
- rapport volumétrique $\alpha = \dfrac{V_1}{V_2} = 15$,
- l'air et les gaz brulés sont assimilés à un gaz parfait de coefficient :

$$\gamma = 1,4 \quad \left(\gamma = \frac{C_p}{C_v}\right)$$

- la combustion correspond à un apport d'énergie thermique de $1,2\ 10^3 kJ$ par kilogramme d'air,
- les transformations [1] → [2] et [4] → [5] sont des adiabatiques réversibles.

* On demande de déterminer :

- la température maximale de l'air,
- le travail W_m fourni par le moteur (pour 1 *kg* d'air),
- le rendement théorique η du moteur.

On prendra $R = 8,31$ J.K.$^{-1}$mol.$^{-1}$.

Commentaires

Points de cours

- *Moteur thermique – Rendement,*
- *Transformations isobare, isochore, isentropique.*

Indications

- *On montrera que la température maximale est atteinte dans l'état [4]. L'énergie thermique «reçue de la source chaude» correspond ici à l'énergie thermique produite par la combustion.*

Solution

Le cycle comprend :

- une compression isentropique [1] → [2] qui fait passer l'air de l'état (P_1, T_1) à l'état (P_2, T_2). Il en résulte un échauffement $(T_2 > T_1)$,

- une combustion [2] → [4] composée d'une isochore [2] → [3] suivie d'une isobare [3] → [4]. Au cours de ces transformations le gaz absorbe l'énergie thermique $\mathcal{Q}_m$ résultant de la combustion, et sa température augmente $T_2 < T_3 < T_4$,

- une détente isentropique [4] → [5] qui se traduit par une diminution de la température, et $T_5 < T_4$,

- une transformation isochore [5] → [1] au cours de laquelle le gaz se refroidit $(T_1 < T_5)$ en cédant une énergie thermique $\mathcal{Q}'_m$ à l'extérieur ($\mathcal{Q}'_m$ rapporté à l'unité de masse de fluide).

La température maximale du gaz correspond donc à l'état [4] :

$$T_{\max} = T_4$$

Etudions chacune de ces transformations :

[1] — [2] : on a $P_1 V_1^\gamma = P_2 V_2^\gamma$, d'où $\boxed{P_2 = P_1\,\alpha^\gamma}$

De plus $\dfrac{P_2 V_2}{T_2} = \dfrac{P_1 V_1}{T_1}$, soit $T_2 = T_1 \left(\dfrac{P_2}{P_1}\right)\left(\dfrac{V_2}{V_1}\right)$ et $\boxed{T_2 = T_1\,\alpha^{\gamma - 1}}$

[2] — [3] — [4] : les gaz absorbent l'énergie thermique $\mathcal{Q}_m$ par unité de masse. On a donc :

$$\mathcal{Q}_m = \mathcal{Q}_m(2 \to 3) + \mathcal{Q}_m(3 \to 4)$$

avec $\mathcal{Q}_m(2 \to 3) = \Delta u$ et $\mathcal{Q}_m(3 \to 4) = \Delta h$

u et h désignant les énergie interne et enthalpie massiques.

Or $\left.\begin{aligned} \Delta u &= C_{v_m}(T_3 - T_2) \\ \Delta h &= C_{p_m}(T_4 - T_3) \end{aligned}\right\}$ gaz supposés parfaits avec $\gamma =$ cte.

De plus $C_{v_m} = \dfrac{1}{\gamma - 1}\dfrac{R}{M}$ et $C_{p_m} = \dfrac{\gamma}{\gamma - 1}\dfrac{R}{M}$ $\left(C_{p_m} - C_{v_m} = \dfrac{R}{M}\right.$ et $\left.\dfrac{C_{p_m}}{C_{v_m}} = \gamma\right)$

D'où :

$$\mathcal{Q}_m = \frac{1}{\gamma - 1}\frac{R}{M}\left[(T_3 - T_2) + \gamma\,(T_4 - T_3)\right]$$

La température T_3 peut s'obtenir directement par $(P_3 = P_{\max})$:

$$\frac{P_3 V_2}{T_3} = \frac{P_2 V_2}{T_2} \longrightarrow T_3 = T_2 \frac{P_{\max}}{P_2} \quad \text{et} \quad \boxed{T_3 = T_1 \frac{P_{\max}}{P_1} \cdot \frac{1}{\alpha}}$$

On en déduit la valeur de T_4 et donc de $T_{\max}$ $(T_{\max} = T_4)$:

$$T_{\max} = \frac{1}{\gamma}\left[T_2 + T_3(\gamma - 1) + (\gamma - 1)\frac{\mathcal{Q}_m M}{R}\right]$$

Soit :

$$\boxed{T_{\max} = \frac{1}{\gamma}\left[T_1\,\alpha^{\gamma - 1} + (\gamma - 1) T_1 \frac{P_{\max}}{\alpha\, P_1} + (\gamma - 1)\frac{\mathcal{Q}_m M}{R}\right]}$$

Application numérique :

$P_2 = 10^5 \times (15)^{1,4}$ ⟶ $P_2 = 44,3\ 10^5\ Pa$

$T_2 = 293 \times (15)^{0,4}$ ⟶ $T_2 = 866\ K$

$T_3 = 293 \dfrac{60}{1} \dfrac{1}{15}$ ⟶ $T_3 = 1172\ K$

Ce qui donne : $\boxed{T_{\max} = 2150\ K}$

▪ Pour déterminer le ***travail fourni*** W_m, notons que durant le cycle le fluide prélève de l'énergie thermique Q_m et restitue lors de la transformation $\boxed{5} \rightarrow \boxed{1}$ l'énergie thermique Q'_m. On a donc, d'après le premier principe :

$$(-W_m) + Q_m + (-Q'_m) = 0 \quad \text{et} \quad \boxed{W_m = Q_m - Q'_m}$$

Or $-Q'_m = C_{v_m}(T_1 - T_5) = \dfrac{1}{\gamma - 1} \dfrac{R}{M}(T_1 - T_5)$.

Il reste à écrire que la transformation $\boxed{4} \rightarrow \boxed{5}$ est isentropique, soit :

$$T_5 V_1^{\gamma - 1} = T_4 V_4^{\gamma - 1} \quad \longrightarrow \quad T_5 = T_4 \left(\frac{V_4}{V_1}\right)^{\gamma - 1}$$

Or $\dfrac{V_4}{T_4} = \dfrac{V_3}{T_3} = \dfrac{V_2}{T_3}$ ($V_3 = V_2$ et transformation $\boxed{3} \rightarrow \boxed{4}$ isobare)

D'où finalement $T_5 = T_4 \left[\dfrac{V_2}{V_1} \dfrac{T_4}{T_3}\right]^{\gamma - 1}$ ⟶ $\boxed{T_5 = \alpha^{1 - \gamma}\, T_4^{\gamma} T_3^{1 - \gamma}}$

Application numérique :

$T_5 = 15^{(-0.4)}(2150)^{1.4}(1172)^{-0,4}$ → $\boxed{T_5 = 927\ K}$

Q'_m # $455\ kJ.kg^{-1}$ et $\boxed{W_m = 745\ kJ.kg^{-1}}$

▪ Enfin le rendement d'un tel moteur peut s'exprimer comme le rapport du travail mécanique récupéré W_m sur l'énergie thermique Q_m absorbée lors de la combustion.

$$\eta = \frac{W_m}{Q_m} \quad \longrightarrow \quad \boxed{\eta = 62\%}$$

Remarque :

> On peut donner le rendement η en fonction des températures T_1, T_2, T_3, T_4 et T_5.
> En effet, on a :
>
> $$\eta = \frac{W_m}{Q_m} \quad \text{avec} \quad W_m = Q_m - Q'_m$$
>
> Soit $\eta = 1 - \dfrac{Q'_m}{Q_m}$
>
> Or $-Q'_m = C_{v_m}(T_1 - T_5)$ et $Q_m = C_{v_m}(T_3 - T_2) + C_{p_m}(T_4 - T_3)$
>
> D'où : $\eta = 1 - \dfrac{C_{v_m}(T_5 - T_1)}{C_{v_m}(T_3 - T_2) + C_{p_m}(T_4 - T_3)}$
>
> et avec $\gamma = \dfrac{C_{p_m}}{C_{v_m}}$: $\boxed{\eta = 1 - \dfrac{T_5 - T_1}{(T_3 - T_2) + \gamma\,(T_4 - T_3)}}$

113 «CENTRALE»

Une machine frigorifique est utilisée pour abaisser la température d'un courant d'eau liquide (débit massique $D_{m_e} = 10 kg \cdot s^{-1}$) de la température $\theta_i = 25°C$ à la température $\theta_f = 10°C$.

Le fluide caloporteur dans la machine est de l'eau. Il pénètre dans un compresseur adiabatique sous forme de vapeur, dans les conditions $\theta_1 = 3,89°C$ et $P_1 = 0,008$ bar, d'où il en repart dans l'état $\theta_2 = 242,7°C$ et $P_2 = 0,07$ bar. Puis il passe dans un condenseur isobare d'où il ressort sous forme de liquide saturé ($\theta_3 = 38,9°C$). Il traverse alors un détendeur adiabatique qui abaisse sa pression à la valeur P_1 (sa température θ_1 étant celle du mélange liquide – vapeur). Enfin, le liquide finit de se vaporiser dans un évaporateur isobare où il échange de l'énergie thermique avec le courant d'eau liquide à refroidir.

Valeurs numériques :

θ (°C)	P (bar)	$h(kJ.kg^{-1})$		$s(kJ.kg^{-1}.K^{-1})$	
		liquide	vapeur	liquide	vapeur
3,89	0,008	16,33	2508	0,0594	9,056
242,7	0,07	/	2963	/	9,243
38,9	0,07	162,8	2409	0,557	7,723

Le courant d'eau liquide est à une pression de 1 atm (1,013 bar) ; la capacité thermique de cette eau sera prise égale à $c = 4,186\ kJ.kg^{-1}$.

1) * Déterminer la puissance mécanique P_u nécessaire au bon fonctionnement du compresseur.

2) * Quelle est l'efficacité η de la machine frigorifique. Déterminer le titre en vapeur à la sortie du détendeur.

3) ** Calculer la puissance mécanique P' que l'on pourrait théoriquement récupérer au niveau du condenseur, du détendeur et de l'évaporateur en imaginant des transformations réversibles entre les mêmes états thermodynamiques, transformations pour lesquelles les seules échanges thermiques s'effectueraient avec le milieu extérieur de température T_0 fixée (ici $\theta_0 = 25°C$).

De la même façon, donner la puissance perdue dans le compresseur, et en déduire l'expression de la puissance totale P'_T perdue dans la machine.

Définir alors un rendement thermodynamique pour l'installation.

Commentaires

☞ Points de cours

- *Machines thermiques : machine frigorifique,*
- *Premier et second principes de la thermodynamique : applications aux écoulements stationnaires.*

Indications

- *On aura intérêt à représenter, sur un diagramme de Clapeyron, le cycle de transformations suivi par le fluide caloporteur,*
- *On cherchera à relier le débit du fluide dans la machine frigorifique à celui du courant d'eau liquide à refroidir (à cet effet on fera un bilan d'énergie au niveau de l'évaporateur).*

Solution

1)

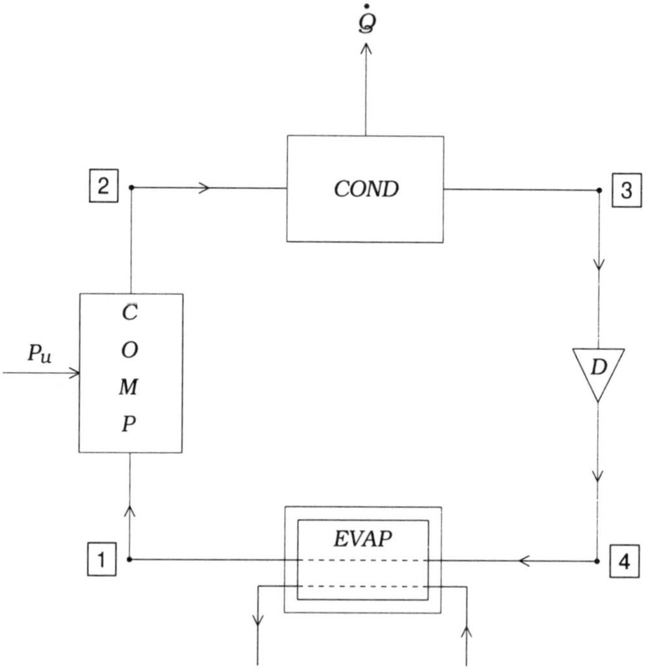

Le fluide caloporteur (ici de l'eau) subit la suite de transformations :

$$\boxed{1} \rightarrow \boxed{2} \rightarrow \boxed{3} \rightarrow \boxed{4} \rightarrow \boxed{1}$$

$\boxed{1} \rightarrow \boxed{2}$: compression supposée adiabatique, l'eau étant sous forme de vapeur. Le compresseur reçoit une puissance mécanique P_u.

$\boxed{2} \rightarrow \boxed{3}$: refroidissement isobare, le fluide passant de l'état vapeur à celui de liquide de saturation. Il y a transfert d'une puissance thermique $\dot{Q}$ vers l'extérieur.

$\boxed{3} \rightarrow \boxed{4}$: détente ***isenthalpique*** du fluide (le détendeur est supposé adiabatique et aucun travail utile n'est échangé avec l'extérieur). Cette détente s'accompagne d'une vaporisation partielle du liquide. On notera x le titre en vapeur.

$\boxed{4} \rightarrow \boxed{1}$: réchauffement isobare du fluide qui se vaporise à pression constante. On supposera que toute l'énergie thermique nécessaire à cette transformation est prélevée au courant d'eau liquide que l'on cherche à refroidir. Le fluide caloporteur y reçoit donc une puissance thermique $\dot{Q}'$.

- Nous pouvons représenter le cycle [1] → [2] → [3] → [4] dans un diagramme de Clapeyron.

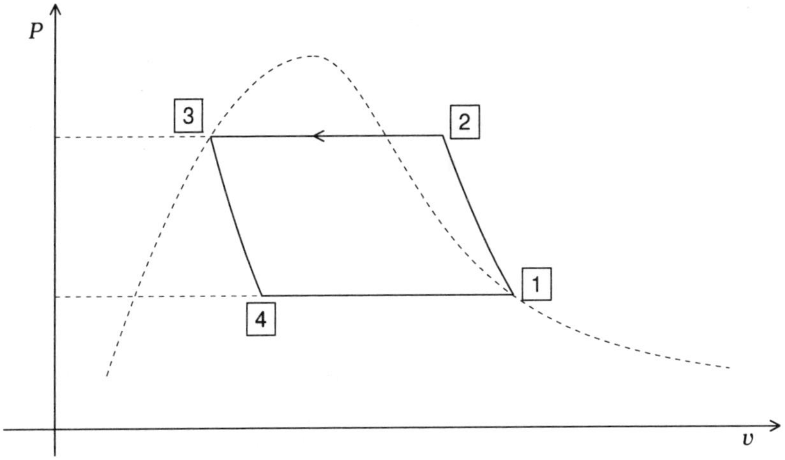

Le premier principe appliqué au fluide en écoulement dans le compresseur (variations d'énergies cinétique et potentielle négligées) donne :

$$(h_2 - h_1) = W_m + 0 \qquad (Q = 0)$$

Soit en notant D_m le débit massique de fluide dans la machine frigorifique :

$$P_u = D_m \cdot W_m$$

(produit du débit massique par le travail à fournir pour l'unité de masse traversant le compresseur).

Soit : $$\boxed{P_u = D_m(h_2 - h_1)}$$

Pour déterminer D_m, faisons un bilan d'énergie au niveau de l'évaporateur qui n'est rien d'autre qu'un échangeur thermique :

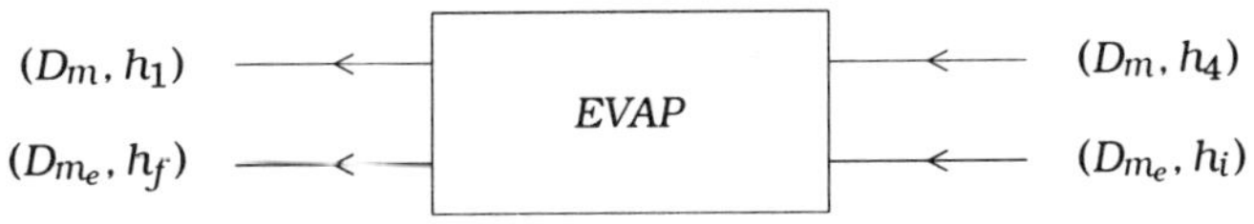

Le régime étant stationnaire, l'enthalpie du «système évaporateur» doit être constante et le flux sortant d'enthalpie doit être nul (aucun échange d'énergie thermique avec l'extérieur, et pas de travail fourni ou récupéré). Nous avons donc :

$$D_m h_4 + D_{m_e} h_i = D_m h_1 + D_{m_e} h_f$$

D'où : $$D_m(h_1 - h_4) = D_{m_e}(h_i - h_f)$$

La puissance mécanique à fournir au compresseur s'écrit alors :

$$\boxed{P_u = D_{m_e} \frac{(h_2 - h_1)(h_i - h_f)}{h_1 - h_4}}$$

Dans cette expression, $h_f - h_i$ est associé à la variation d'enthalpie de l'eau à refroidir qui passe de la température θ_i à la température θ_f. Elle s'évalue selon :

$$h_f - h_i = c(\theta_f - \theta_i)$$

L'enthalpie h_1 correspond à la ***vapeur*** saturée dans l'état :

$$P = 0,008 \text{ bar} \quad \text{et} \quad \theta = 3,89°C : \quad h_1 = 2508 \ kJ.kg^{-1}$$

L'enthalpie h_2 est associée à la vapeur sèche pour :

$$P = 0,07 \text{ bar} \quad \text{et} \quad \theta = 242,7°C : \quad h_2 = 2963 \ kJ.kg^{-1}$$

L'enthalpie h_4 s'identifie à h_3 (la transformation $\boxed{3} \to \boxed{4}$ est assimilée à une détente isenthalpique), et h_3 est l'enthalpie massique du liquide de saturation dans l'état :

$$P = 0,07 \text{ bar} \quad \text{et} \quad \theta = 38,9°C \text{ d'où : } \quad h_4 = h_3 = 162,8 \ kJ.kg^{-1}$$

L'application numérique donne alors :

$$P_u = 10\frac{(2963 - 2508) \times (4,186 \times (25 - 10))}{(2508 - 162,8)} \quad \curvearrowright \quad \boxed{P_u = 122 \ kW.kg^{-1}}$$

2)

- L'efficacité du système est définie comme le rapport de la puissance thermique prélevée au courant d'eau liquide à refroidir sur la puissance motrice liée au compresseur.

$$\left.\begin{aligned} \text{Soit} \quad \eta &= \frac{\dot{Q}'}{P_u} \\ \text{Or} \quad \dot{Q}' &= D_m(h_1 - h_4) = D_{m_e}(h_i - h_f) \end{aligned}\right\} \quad \eta = \frac{h_1 - h_4}{h_2 - h_1}$$

<u>**Application numérique**</u> :

$$\eta = \frac{2508 - 162,8}{2963 - 2508} \quad \text{et} \quad \boxed{\eta = 5,15} \quad (h_4 = h_3)$$

- La transformation $\boxed{3} \to \boxed{4}$ est isenthalpique, on a donc : $h_4 = h_3$.

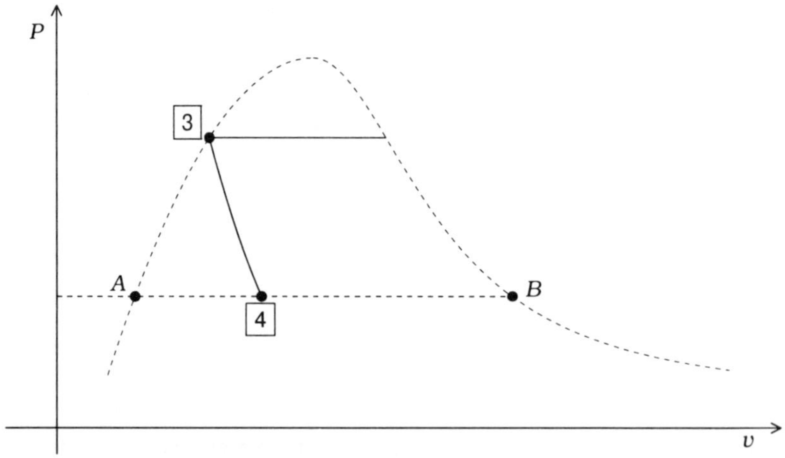

D'autre part, l'enthalpie dans l'état $\boxed{4}$ peut se calculer à partir des enthalpies h_L du liquide de saturation (point A) et h_V de la vapeur saturante (point B). Si x désigne le titre en vapeur, $1 \ kg$ de fluide contient $x \ kg$ de vapeur et $(1 - x) \ kg$ de liquide, d'où :

$$h_4 = xh_V + (1 - x)h_L = h_3$$

D'où :

$$x[h_V - h_L] = h_3 - h_L \quad \text{et} \quad \boxed{x = \frac{h_3 - h_L}{h_V - h_L}}$$

On a ici $h_V = h_1$.

<u>**Application numérique**</u> :

$$x = \frac{162,8 - 16,33}{2508 - 16,33} \quad \text{soit} \quad \boxed{x = 0,059}$$

3)

- <u>Pour le condenseur</u> :

$$D_m(h_3 - h_2) = 0 + (-\dot{Q}) \quad \mathbf{(1)}$$

Pour une transformation réversible entre les mêmes états thermodynamiques, nous avons :

$$D_m(h_3 - h_2) = P''_{\text{rev}} + \dot{Q}''_{\text{rev}}$$

où $\dot{Q}''_{\text{rev}} = T_0 D_m(s_3 - s_2)$ d'après le second principe (le système n'échange alors d'énergie thermique qu'avec le milieu extérieur assimilé à une source de température T_0, et cet échange doit être réversible).

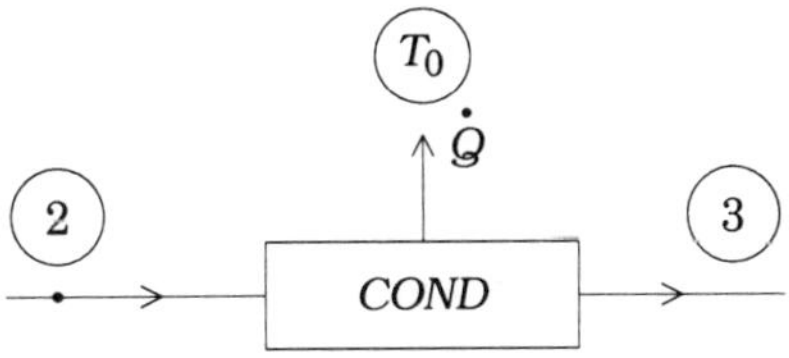

D'où : $$D_m(h_3 - h_2) = P''_{\text{rev}} + T_0 D_m(s_3 - s_2) \quad \mathbf{(1')}$$

Les relations **(1)** et **(1')** donnent :

$$-\dot{Q} = P''_{\text{rev}} + T_0(s_3 - s_2)D_m$$

Soit : $$\boxed{P''_{\text{rev}} = -\dot{Q} - D_m T_0(s_3 - s_2)}$$

<u>Remarque</u> :

Pour la transformation réelle, le second principe prend la forme :

$$\frac{DS}{Dt} \underset{\uparrow}{=} D_m(s_3 - s_2) = \frac{(-\dot{Q})}{T_0} + \underset{\uparrow}{\dot{\sigma}} \qquad \text{(le fluide reçoit } -\dot{Q})$$

régime stationnaire — création d'entropie > 0

D'où :

$$-\dot{Q} - D_m T_0(s_3 - s_2) = -T_0\,\dot{\sigma} < 0 \quad \text{et} \quad P''_{\text{rev}} < 0$$

La puissance P'_1 que l'on a théoriquement perdue est donc :

$$\boxed{P'_1(\text{cond}) = D_m T_0(s_3 - s_2) + \dot{Q}}$$

- <u>Pour le détendeur</u> :

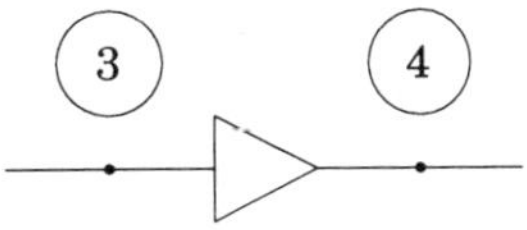

La même démarche conduit à :

$D_m(h_4 - h_3) = 0$ (détenteur adiabatique)

$D_m(h_4 - h_3) = P''_{\text{rev}} + T_0 D_m(s_4 - s_3)$

D'où : $\boxed{P'(\text{détendeur}) = D_m T_0(s_4 - s_3)}$

- <u>Pour l'évaporateur</u> :

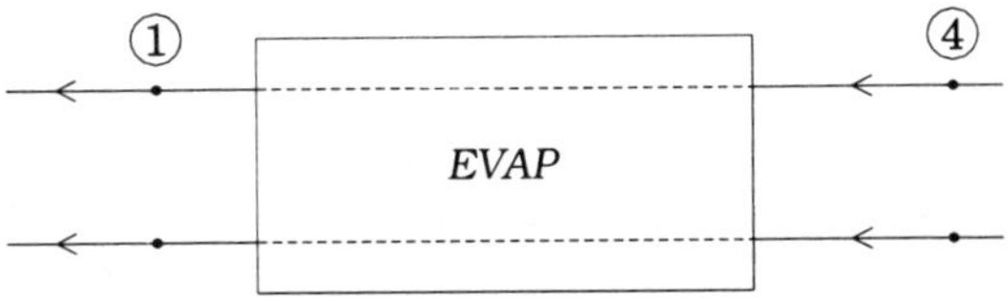

$$\begin{aligned} D_m(h_1 - h_4) + D_{m_e}(h_f - h_i) &= 0 \\ D_m(h_1 - h_4) + D_{m_e}(h_f - h_i) &= P''_{\text{rev}} + T_0 D_m(s_1 - s_4) + T_0 D_{m_e}(s_f - s_i) \end{aligned}$$

d'où : $$\boxed{P'(\text{évaporateur}) = T_0\left[D_m(s_1 - s_4) + D_{m_e}(s_f - s_i)\right]}$$

- Pour le compresseur :

D'une part $D_m(h_2 - h_1) = P_u$ (compresseur adiabatique).

Et $D_m(h_2 - h_1) = (P_u)_{\text{rev}} + D_m T_0(s_2 - s_1)$.

Soit une puissance perdue P'(compresseur) $= P_u - (P_u)_{\text{rev}} = D_m T_0(s_2 - s_1)$

Soit au total :

$$P'_T = P'(\text{ condenseur }) + P'(\text{ détendeur }) + P'(\text{ évaporateur }) + P'(\text{ compresseur })$$

$$P'_T = D_m T_0 \left[(s_3 - s_2) + (s_4 - s_3) + (s_2 - s_1) + (s_1 - s_4)\right] + D_{m_e} T_0(s_f - s_i) + \dot{Q}$$

$$P'_T = T_0 \left[D_{m_e}(s_f - s_i)\right] + \dot{Q}$$

Soit finalement :

$$\boxed{P'_T = T_0 D_{m_e}(s_f - s_i) + \dot{Q}}$$

Pour évaluer P'_T on écrira $s_f - s_i = c\text{Ln}\left(\frac{T_f}{T_i}\right)$ ce qui revient notamment à prendre c constant sur l'intervalle (θ_i, θ_f) ...

D'où :

$$P'_T \ \# \ T_0 D_{m_e} c\text{Ln}\left(\frac{T_f}{T_i}\right) + \dot{Q}$$

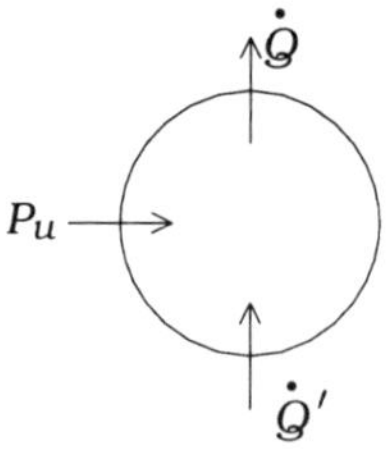

D'autre part, le fluide caloporteur décrivant un cycle, nous avons :

$$P_u + \dot{Q}' - \dot{Q} = 0 \quad \text{avec} \quad \eta = \frac{\dot{Q}'}{P_u}$$

Soit : $\dot{Q} = P_u(1 + \eta)$

et : $$\boxed{P'_T \ \# \ T_0 D_{m_e} c\text{Ln}\left(\frac{T_f}{T_i}\right) + P_u(1 + \eta)}$$

Application numérique :

$$P'_T \ \# \ 298,15 \times 10 \times 4,186\text{Ln}\left(\frac{283,15}{298,15}\right) + 122(1 + 5,15)$$

$$P'_T \ \# \ 105 \ kW.kg^{-1}$$

On peut alors définir un rendement thermodynamique de l'installation par :

$$\eta' = \frac{P_u - P'_T}{P_u}$$

($P_u - P'_T$ représente la puissance qu'il faudrait fournir dans le cadre de la réversibilité de toutes les transformations).

D'où : $$\eta' = \frac{122 - 106}{122} \quad \text{et} \quad \eta' \simeq 13\%$$

Remarque :

Les causes d'irréversibilité dans le condenseur et dans l'évaporateur proviennent d'échanges thermiques entre éléments présentant des différences de température non nulles.

114 «CENTRALE»

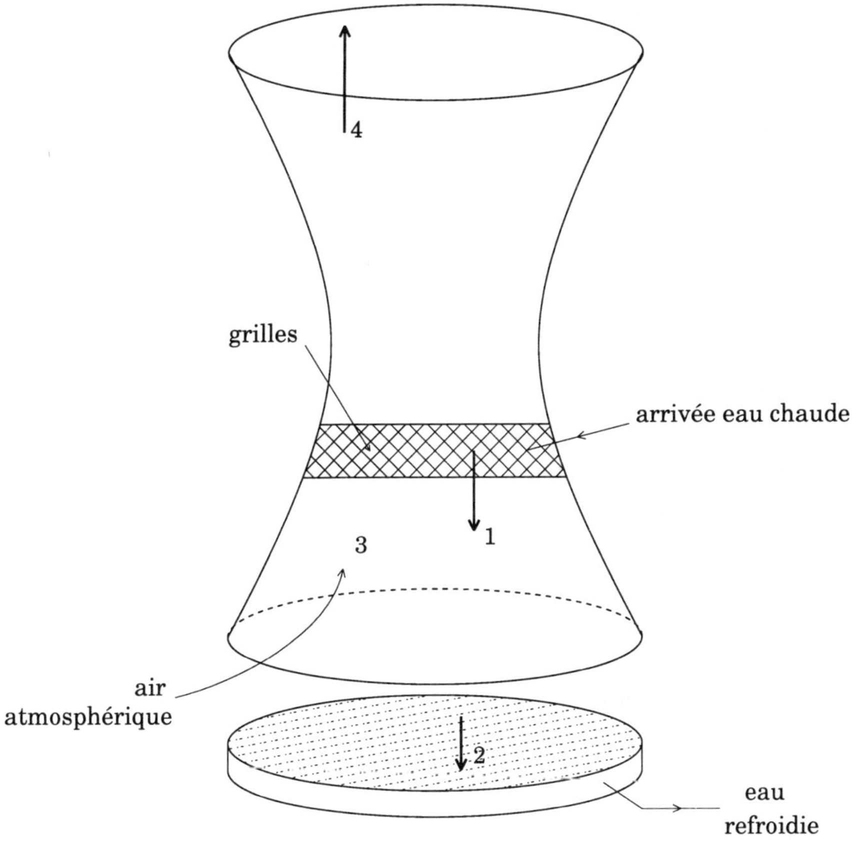

Une tour de refroidissement sert à refroidir de l'eau venant d'un échangeur thermique (par exemple, le condenseur d'une centrale électrique).

Cette eau chaude est pulvérisée à une certaine hauteur dans la tour, et tombe en pluie dans un bassin à la base de celle-ci. Elle se refroidit au contact de l'air atmosphérique qui circule de bas en haut en se réchauffant et en se chargeant en humidité.

On considère le fonctionnement en régime permanent, avec les conditions suivantes :

- en (1), l'eau arrive à la température $\theta_1 = 35°C$, sous la pression P_0 ($P_0 = 10^5 Pa$), avec un débit massique w_1,

- en (2), l'eau sort à la température $\theta_2 = 15°C$, sous la pression P_0, avec un débit massique w_2 ($w_2 < w_1$: une partie de l'eau s'est vaporisée ...),

- l'air atmosphérique pénètre en (3) à la base de la tour, à la température $\theta_3 = 12°C$; il est légèrement humide, c'est-à-dire que la pression partielle de la vapeur d'eau vaut $P_{H_2O} = r\, P_{S_3}$, avec $r = 0,4$ et P_{S_3} pression de vapeur saturante de la vapeur d'eau à la température θ_3 (r est le taux d'humidité) ; la pression totale de cet air humide est P_0,

- cet air ressort en (4), à la température $\theta_4 = 25°C$ avec un taux d'humidité $r' = 0,9$ ($P'_{H_2O} = r' \cdot P_{S_4}$), sous la pression totale P_0.

Ce courant d'air humide est caractérisé par un débit d'air ***sec*** noté q_0.

On négligera les variations d'énergie cinétique dans les écoulements.

Données :

- Pressions de vapeur saturante de la vapeur d'eau :

à $\theta_3 = 12°C$: $P_{S_3} = 1382\ Pa$

à $\theta_4 = 25°C$: $P_{S_4} = 3124\ Pa$.

- Enthalpies massiques de l'eau (liquide et vapeur) en $kJ.kg^{-1}$:

à $\theta_1 = 35°C$:	$h_\ell = 146,53$	$h_v = 2564,9$
à $\theta_2 = 15°C$:	$h_\ell = 62,93$	$h_v = 2528,6$
à $\theta_3 = 12°C$:		$h_v = 2523,0$
à $\theta_4 = 25°C$:		$h_v = 2546,8$

L'air sera considéré comme un gaz parfait diatomique de masse molaire $M = 29 \cdot 10^{-3}\ kg$ ($R = 8,31\ \text{J.mol.}^{-1}\text{K}^{-1}$). La vapeur d'eau sera, si nécessaire, assimilée à un gaz parfait.

1) * Exprimer, en fonction de q_0 et des données, les débits massiques w_3 et w_4 de la vapeur d'eau dans l'air à la base et au sommet de la tour.
En déduire une relation entre w_1, w_2 et q_0.

2) ** Exprimer l'énergie thermique $\dot{Q}$ transmise par seconde du circuit d'eau à refroidir à l'atmosphère :
   - en fonction de w_1, w_2 et des données,
   - en fonction de q_0 et des données.

3) * On donne : $\dot{Q} = 2 \cdot 10^9$ watts.
Calculer numériquement q_0, w_1 et $w_1 - w_2$. Commenter.

Commentaires

Points de cours

- *Ecoulements en régime stationnaire,*
- *Mélange de gaz et vapeur.*

Indications

- *Considérer le mélange { air + vapeur } comme un mélange idéal de gaz parfaits.*
- *Appliquer les lois de conservation (masse et énergie) dans un écoulement.*

Solution

1) Si le mélange { air + vapeur d'eau } peut être considéré comme un mélange idéal de gaz parfaits, on a addition des pressions partielles, soit ici :

$$P_{\text{air}} + P_{\text{eau}} = P_0$$

pour un taux d'humidité r : $P_{\text{eau}} = rP_S$

et :

$$P_{\text{air}} = P_0 - rP_S$$

les pressions partielles étant proportionnelles aux nombres de moles, il vient, pour une seconde :

$$\frac{P_{air}}{n_{air}} = \frac{P_{eau}}{n_{eau}} \curvearrowright \frac{(P_0 - rP_S)}{q_0} M_{air} = \frac{rP_S}{w} M_{eau}$$

ou, en introduisant la densité $d = \dfrac{M_{eau}}{M_{air}}$ de la vapeur d'eau $\left(d = \dfrac{18}{29} \simeq 0,62\right)$:

$$\frac{P_0 - rP_S}{q_0} = \frac{\mathrm{d}rP_S}{w}$$

soit :

$$w = q_0 \frac{\mathrm{d}rP_S}{P_0 - rP_S}$$

et :

$$\begin{cases} w_3 = q_0 \dfrac{\mathrm{d}rP_{S_3}}{P_0 - rP_{S_3}} = \alpha_3\, q_0 \quad \text{avec} \quad \alpha_3 = 3,45 \cdot 10^{-3} \\ w_4 = q_0 \dfrac{\mathrm{d}r' P_{S_4}}{P_0 - rP_{S_4}} = \alpha_4\, q_0 \quad \text{avec} \quad \alpha_4 = 18,0 \cdot 10^{-3} \end{cases}$$

Le régime étant permanent, la conservation de la masse de l'eau circulant dans la tour implique :

$$w_1 + w_3 - w_2 - w_4 = 0$$

soit :

$$w_1 - w_2 = w_4 - w_3 = (\alpha_4 - \alpha_3) \cdot q_0$$

2) La conservation de l'énergie donne (premier principe appliqué aux écoulements stationnaires) en négligeant les variations d'énergie cinétique et en notant $h_a(\theta)$ l'enthalpie massique de l'air :

$$w_1 \cdot h_\ell(\theta_1) - w_2 \cdot h_\ell(\theta_2) + q_0 h_a(\theta_3) + w_3 h_v(\theta_1) - q_0 h_a(\theta_4) - w_4 h_v(\theta_4) = 0$$

Or, les deux premiers termes représentent les enthalpies transformées par l'écoulement d'eau liquide, à l'entrée et à la sortie. La pression étant constante :

$$\dot{Q} = w_1 h_\ell(\theta_1) - w_2 h_\ell(\theta_2)$$

ou encore :

$$\dot{Q} = q_0 \left(h_a(\theta_4) - h_a(\theta_3)\right) + w_4 h_v(\theta_4) - w_3 h_v(\theta_3)$$

Il reste à remplacer w_3 et w_4 par les expressions trouvées au 1) :

$$\boxed{\dot{Q} = q_0 \left[h_a(\theta_4) - h_a(\theta_3) + \alpha_4\, h_v(\theta_4) - \alpha_3\, h_v(\theta_3)\right]}$$

3) Pour calculer q_0, il faut déterminer la fonction $h_a(\theta)$: enthalpie massique de l'air, considéré comme un gaz parfait diatomique :

$$\frac{\mathrm{d}h_a}{\mathrm{d}\theta} = \frac{1}{M_{air}} C_P = \frac{1}{M_{air}} \cdot \frac{7}{2} R = 1,003\ kJ.kg.K^{-1}$$

D'où :

$$\begin{aligned} h_a(\theta_4) - h_a(\theta_3) &= \left(\frac{\mathrm{d}h_a}{\mathrm{d}\theta}\right) \cdot (\theta_4 - \theta_3) \\ h_a(\theta_4) - h_a(\theta_3) &= 13,038\ kJ.kg^{-1} \end{aligned}$$

et :

$$\begin{aligned} \dot{Q} &= q_0 [13,038 + 18,0 \cdot 2,5468 - 3,45 \cdot 2,523] \cdot 10^3 \\ q_0 &= \frac{\dot{Q}}{50,176 \cdot 10^3} = \boxed{39,9 \cdot 10^3\ kg.s^{-}1} \end{aligned}$$

soit près de 40 tonnes par seconde ... ce qui explique les très grandes dimensions de ces tours dans les centrales électriques nucléaires (l'ordre de grandeur $\dot{Q}$ correspond à l'énergie à «évacuer» pour une «tranche» nucléaire de 900 MW électriques ...).

D'autre part, d'après le 1) :

$$w_1 - w_2 = (\alpha_4 - \alpha_3)q_0$$

soit numériquement :

$$w_1 - w_2 = (18,0 - 3,45) \cdot 39,86$$
$$w_1 - w_2 \simeq \boxed{580\ kg.s^{-1}}$$

Cette quantité correspond à $w_4 - w_3$, c'est-à-dire à la quantité d'eau vaporisée par seconde dans l'atmosphère.

Enfin, pour calculer w_1, reprenons l'expression de $\dot{Q}$:

$$\dot{Q} = w_1 \cdot h_\ell(\theta_1) - w_2 \cdot h_\ell(\theta_2)$$

$$\dot{Q} = w_1 \cdot h_\ell(\theta_1) - \big(w_1 - (w_1 - w_2)\big) \cdot h_\ell(\theta_2)$$

$$\dot{Q} = w_1 \cdot \big[h_\ell(\theta_1) - h_\ell(\theta_2)\big] + (w_1 - w_2) \cdot h_\ell(\theta_2)$$

$$w_1 = \frac{\dot{Q} - (w_1 - w_2) \cdot h_\ell(\theta_2)}{h_\ell(\theta_1) - h_\ell(\theta_2)}$$

$$w_1 = \boxed{23,9 \cdot 10^3\ kg.s^{-1}}$$

c'est-à-dire environ $24\ m^3.s^{-1}$, ce qui est considérable !

Pour un tel débit, l'énergie cinétique de l'écoulement n'est certainement pas négligeable, mais la quantité d'eau évaporée étant très faible, la variation d'énergie cinétique est bien négligeable ...

Les énergies cinétiques de l'écoulement de l'air atmosphérique sont beaucoup plus faibles, les vitesses restant peu importantes : il s'agit d'un mouvement de convection naturelle (par gradient de densité : l'air chaud tend à s'élever ...) avec une très grande section de passage.

115 «ENSI»

Un cylindre adiabatique contient de l'eau pure surfondue dans l'état $P = 1$ atm et $t = -6°C$. Il est muni d'un piston adiabatique de masse négligeable, la pression extérieure étant fixée à 1 atm. Le piston est libre de se déplacer sans frottement.

On perturbe cet état d'équilibre métastable (vibration, introduction d'un germe de glace ...).

1) * Déterminer l'état d'équilibre final.

2) * Quelle est la variation d'entropie du système rapportée à l'unité de masse de fluide ?

Les données sont :

- la capacité thermique de l'eau liquide entre les températures $t = 0°C$ et $t = -6°C$ supposée constante et de valeur $C_\ell = 4,22\ kJ.kg^{-1}$.
- la chaleur latente de fusion de l'eau à $0°C$: $L = 333\ kJ.kg^{-1}$.

Commentaires

Points de cours

- *Bilan d'enthalpie – changement d'état,*
- *Irréversibilité.*

Indications

- *On remarquera que l'eau n'échange que du travail avec le milieu extérieur (enceinte adiabatique), et que la pression dans l'état final est la même que celle de l'état initial (elle s'identifie à P_{ext}).*
- *La transformation est irréversible, elle doit donc s'accompagner d'une création d'entropie.*

Solution

1)

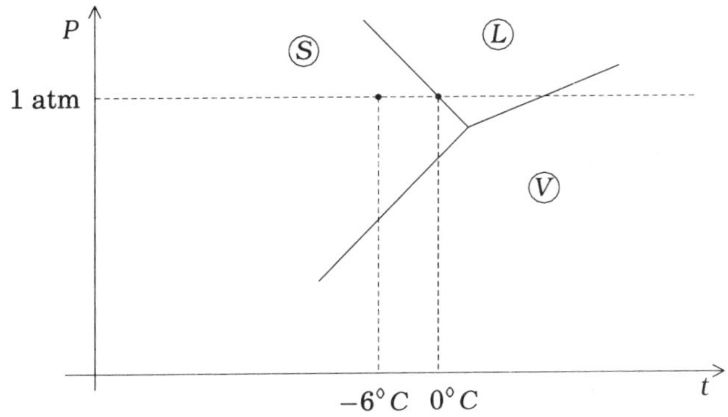

Si on examine le diagramme (t, P) pour l'eau, on s'aperçoit que l'état normal d'équilibre, dans les conditions $P = 1$ atm et $t = -6°C$, est l'état solide.

L'eau liquide dans ces mêmes conditions est dans un état métastable : phénomène de ***surfusion*** (ou encore de retard à la solidification).

Une petite perturbation peut être suffisante pour amorcer la retour vers l'équilibre stable. Le système est isolé thermiquement de l'extérieur, et l'état final peut correspondre :

- soit à un mélange liquide – solide aux conditions d'équilibre $P = 1$ atm et $t = 0°C$,
- soit à une seule phase solide de température intermédiaire entre $t = -6°C$ et $t = 0°C$.

Le faible écart de température laisse à prévoir que la première hypothèse est la bonne, hypothèse que l'on retiendra par la suite.

Du point de vue énergétique, le système reçoit un travail $W = -P_{ext}\,\Delta V$ et n'échange aucun énergie thermique ($Q = 0$), d'où en lui appliquant le premier principe :

$$\Delta U = U_f - U_i = W + Q = -P_{ext}\,\Delta V + 0$$

D'où : $$\left(U_f + P_{ext}V_f\right) = (U_i + P_{ext}V_i) \quad \mathbf{(1)}$$

L'équilibre mécanique pour les états initial et final impose ici :

$$P_i = P_f = P_{ext} = 1 \text{ atm}$$

et la relation **(1)** se traduit par l'égalité des enthalpies :

$$\boxed{H_f = H_i} \qquad (H = U + PV)$$

Il reste donc à évaluer H_f et H_i.

- Enthalpie dans l'état final $(P = 1 \text{ atm} \ , \ t = 0°C)$

Notons m la masse de fluide, et x la fraction à l'état solide.

Si $h_\ell(1 \text{ atm}, 0°C)$ et $h_g(1 \text{ atm}, 0°C)$ désignent les enthalpies massiques de l'eau à l'état liquide puis à l'état solide, dans les conditions d'équilibre $P = 1$ atm et $t = 0°C$, nous avons :

$$H_f = mxh_g(1 \text{ atm}, 0°C) + m(1-x)h_\ell(1 \text{ atm}, 0°C)$$

$$\boxed{H_f = mx\left[h_g(1 \text{ atm}, 0°C) - h_\ell(1 \text{ atm}, 0°C)\right] + mh_\ell(1 \text{ atm}, 0°C)} \quad \textbf{(2)}$$

- Enthalpie dans l'état initial

L'état initial correspond à de l'eau liquide dans l'état $P = 1$ atm, $t = -6°C$. Il est alors possible de déterminer H_i à partir de $h_\ell(1 \text{ atm}, 0°C)$ sachant que pour une pression fixée, $P = 1$ atm, la variation d'enthalpie de l'eau ***liquide*** s'écrit :

$$dH = mC_\ell dT \quad \text{et} \quad H_i - mh_\ell(1 \text{ atm}, 0°C) = mC_\ell \int_{T_f}^{T_i} dT$$

D'où : $$H_i = mh_\ell(1 \text{ atm}, 0°C) - mC_\ell(T_f - T_i) \quad \textbf{(3)}$$

Les équations **(2)** et **(3)** donnent alors après simplification par m :

$$x\left[hg(1 \text{ atm}, 0°C) - h_\ell(1 \text{ atm}, 0°C)\right] = -C_\ell(T_f - T_i)$$

Or la chaleur latente de fusion L s'identifie à :

$$L = h_\ell(1 \text{ atm}, 0°C) - h_g(1 \text{ atm}, 0°C)$$

Et le nouvel équilibre se caractérise par :

$$xL = C_\ell(T_f - T_i) \quad \frown \quad \boxed{x = \frac{C_\ell(T_f - T_i)}{L}}$$

Application numérique :

$$x = \frac{6 \times 4,22}{333} \quad \text{et} \quad \boxed{x = 0,076}$$

Pour $1kg$ d'eau surfondue on obtient dans l'état final $76g$ de glace : $7,6\%$ en masse d'eau liquide a été congelée ...

Remarque :

La valeur positive de x justifie pleinement l'hypothèse faite plus haut (état final = mélange glace – eau liquide).

2) La variation d'entropie du système se réduit à celle du fluide (absence d'échange thermique avec l'extérieur). D'autre part, la transformation envisagée est irréversible et l'entropie ne peut qu'augmenter.

En appliquant le second principe à l'eau, nous obtenons :

$$\Delta S = \underbrace{(\delta S)_{\text{échange}}}_{0 \text{ ici}} + \underbrace{\sigma}_{\text{création } (>0)} \quad \frown \quad \boxed{\Delta S = \sigma > 0}$$

Or $\Delta S = S_f - S_i$

Pour le calcul de S_f et S_i, reprenons la démarche qui a permis d'aboutir à H_f et H_i. Ainsi :

$$S_f = m(1-x)S_\ell(1 \text{ atm}, 0°C) + mxS_g(1 \text{ atm}, 0°C)$$
$$S_f = mS_\ell(1 \text{ atm}, 0°C) - mx\left[S_\ell(1 \text{ atm}, 0°C) - S_g(1 \text{ atm}, 0°C)\right]$$

Or le changement d'état solide → liquide s'effectue réversiblement à $0°C$ ($T_0 = 273,15K$) pour une pression P de 1 atm. On a donc en notant que $T_f = T_0$:

$$L = Q_{\text{rev}} = T_f\ \Delta\ S = T_f\left[S_\ell(1\ \text{atm}, 0°C) - S_g(1\ \text{atm}, 0°C)\right]$$

Soit :
$$\boxed{S_f = mS_\ell(1\ \text{atm}, 0°C) - m\frac{xL}{T_f}} \quad \textbf{(4)}$$

D'autre part, les états eau liquide (1 atm, 0° C) et eau liquide (1 atm, −6° C) présentent une différence d'entropie égale à :

$$dS = mC_\ell\frac{dT}{T} \quad \longrightarrow \quad S_\ell(1\ \text{atm}, 0°C) - S_i = mC_\ell\int_{T_i}^{T_f}\frac{dT}{T}$$

D'où :
$$S_i = S_\ell(1\ \text{atm}, 0°C) - mC_\ell \text{Ln}\left(\frac{T_f}{T_i}\right) \quad \textbf{(5)}$$

Les équations **(4)** et **(5)** fournissent la variation totale d'entropie :

$$\Delta\ S = S_f - S_i = m\left[C_\ell \text{Ln}\left(\frac{T_f}{T_i}\right) - \frac{xL}{T_f}\right]$$

Et en y reportant la valeur de x obtenue au 1) :

$$\boxed{\Delta\ S = mC_\ell\left[\text{Ln}\left(\frac{T_f}{T_i}\right) - \left(\frac{T_f - T_i}{T_f}\right)\right]}$$

Application numérique :

$$\frac{\Delta\ S}{m} = 4,22\left[\text{Ln}\left(\frac{273,15}{267,15}\right) - \left(\frac{+6}{273,15}\right)\right]$$

$$\boxed{\frac{\Delta\ S}{m} = 1,0\ J.kg^{-1}.K^{-1}}$$

116 «ENSI»

On note $(C_S)_{\text{liq}}$ et $(C_S)_{\text{vap}}$ les capacités thermiques de l'eau pour le liquide de saturation et la vapeur saturante.

On désire comparer les valeurs de ces capacités, dans les conditions $P = 1,013\ 10^5 Pa$ et $t = 100°C$, à celles des capacités à pression constante du liquide (C_ℓ) et de la vapeur sèche (C_p).

On prendra $C_\ell = 4,18\ kJ.K^{-1}.kg^{-1}$.

1) * Définir les grandeurs $(C_S)_{\text{liq}}$ et $(C_S)_{\text{vap}}$ et montrer que l'on a :

$$C_S = \left(\frac{dH}{dT}\right)_s - V\left(\frac{dP}{dT}\right)_s$$

L'indice s au niveau des dérivées signifie «le long de la courbe de saturation» .

2) * On relève sur les tables les valeurs suivantes :

$t(°C)$	$P \times 10^5 (Pa)$	$(H_S)_\ell$	$(H_S)_v$	$(S_S)_\ell$	$(S_S)_v$
99	0,9776	414,8	2674,4	1,2956	7,367
101	1,050	423,3	2677,6	1,3182	7,343

Avec $(V_S)_\ell = 1,044.10^{-3}\ m^3.kg^{-1}$ et $(V_S)_v = 1,673\ m^3.kg^{-1}$
à $100°C$ et $P = 1,013\ 10^5 Pa$

Et pour la vapeur sèche à une pression $P = 1,013.10^5 Pa$

$$H_v = 2686,1\ kJ.kg^{-1} \text{ à } t = 105°C$$
$$H_v = 2676,0\ kJ.kg^{-1} \text{ à } t = 100°C$$

En déduire les valeurs des capacités thermiques $(C_S)_\ell$ et $(C_S)_v$. Commenter.

Commentaires

Points de cours

- *Capacités thermiques,*
- *Equilibre liquide - vapeur.*

Indications

- *On reliera les capacités thermiques C_S aux variations d'entropie le long des courbes de saturation (liquide de saturation d'une part et vapeur saturante d'autre part).*

Solution

1) On peut définir une capacité thermique C_X par la relation :

$$C_X = \left(\frac{\delta Q}{dT}\right)_X$$

La transformation envisagée est réversible. Le système considéré échange de l'énergie thermique δQ alors que sa température varie de dT avec une contrainte X imposée (par exemple à volume constant $X \equiv V$ et $C_X \equiv C_V$, ou à pression constante $X \equiv P$ et $C_X = C_p$ ...).

Nous aurons donc ici $C_S = \left(\frac{\delta Q}{dT}\right)_s$, la transformation prise en compte s'effectuant le long des courbes de saturation.

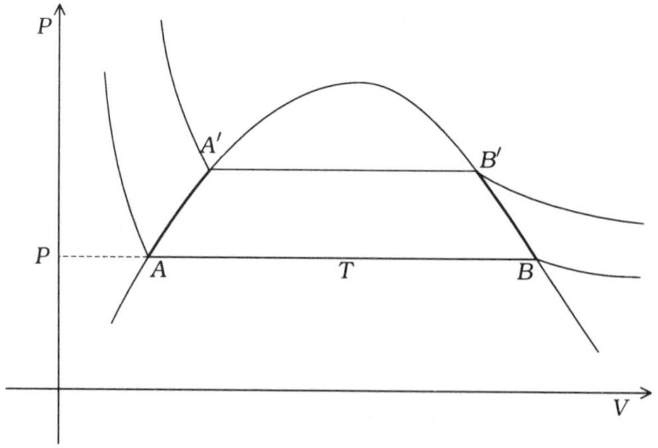

Notons déjà que selon ces courbes (cf. AA' et BB') il y a variation à la fois du volume, de la température et de la pression.

On peut donc déjà prévoir que les capacités thermiques C_S seront différentes de C_v et C_p (ces différences étant sans doute plus affirmées pour la vapeur).

D'une autre manière, on peut relier C_S à l'entropie selon :

$$C_S = T\left(\frac{dS}{dT}\right)_s \quad \textbf{(1)} \qquad (TdS = \delta Q_{rev})$$

Cette relation définit C_S de façon tout à fait générale.

Quand on passe de B à B' (deux états infiniment voisins sur la courbe de vapeur saturante) l'unité de masse de fluide voit son enthalpie, son entropie, sa pression et sa température varier de $\mathrm{d}H, \mathrm{d}S, \mathrm{d}P$ et $\mathrm{d}T$ avec :

$$\mathrm{d}H = T\mathrm{d}S + V\mathrm{d}P$$

ou encore $\left(\frac{\mathrm{d}H}{\mathrm{d}T}\right)_S = T\left(\frac{\mathrm{d}S}{\mathrm{d}T}\right)_S + V\left(\frac{\mathrm{d}P}{\mathrm{d}T}\right)_S$ **(2)**

<u>Remarque</u> :

> En effet on a $H = U + PV$.
> $\mathrm{d}H = \mathrm{d}U + P\mathrm{d}V + V\mathrm{d}P$ avec $\mathrm{d}U = T\mathrm{d}S - P\mathrm{d}V$
> Ce qui donne bien $\mathrm{d}H = T\mathrm{d}S + V\mathrm{d}P$.

La définition **(1)** de C_S et la relation **(2)** donnent :

$$\boxed{C_S = \left(\frac{\mathrm{d}H}{\mathrm{d}T}\right)_S - V\left(\frac{\mathrm{d}P}{\mathrm{d}T}\right)_S}$$

H et V étant rapportés à l'unité de masse, il en sera de même de la capacité thermique C_S.

2) Les relevés des tables donnent les valeurs de T, P et H pour des températures voisines, $t = 99°C$ et $t = 101°C$, encadrant la température $t = 100°C$. On évaluera donc les dérivées $\left(\frac{\mathrm{d}H}{\mathrm{d}T}\right)_S$ et $\left(\frac{\mathrm{d}P}{\mathrm{d}T}\right)_S$ en les assimilant aux quantités $\left(\frac{\Delta H}{\Delta T}\right)_S$ et $\left(\frac{\Delta P}{\Delta T}\right)_S$.

- <u>Pour la vapeur saturante (cf. tables)</u> :

$$\begin{aligned}(\Delta H)_S &= H(101) - H(95) = 2677,6 - 2674,4 = 3,2\ kJ.kg^{-1}\\ (\Delta P)_S &= (1,050 - 0,9776)\cdot 10^5 = 7,24\ 10^3 Pa\\ (\Delta T)_S &= 2K\end{aligned}$$

et $(C_S)_{\text{vap}} \simeq \left(\frac{3,2}{2}\right) - 1,673\left(\frac{7,24\ 10^3}{2}\right)\cdot \underbrace{10^{-3}}_{\text{résultat en } kJ}$

Soit $\boxed{(C_S)_{\text{vap}} \simeq -4,46\ kJ.K^{-1}.kg^{-1}}$

Pour vérifier la cohérence des résultats on peut également déterminer une valeur de C_S par :

$$C_S = T\left(\frac{\mathrm{d}S}{\mathrm{d}T}\right)_S \simeq T\left(\frac{\Delta S}{\Delta T}\right)_S$$

Ce qui donne ici (cf. tables) :

$$C_S \simeq 373,15 \times \left(\frac{7,343 - 7,367}{2}\right) = -4,48\ kJ.K^{-1}.kg^{-1}$$

Ces deux résultats de $(C_S)_{\text{vap}}$ sont bien équivalents (à moins de 1% près) compte tenu des approximations faites.

Il nous faut maintenant comparer $(C_S)_{\text{vap}}$ à la capacité thermique C_P de la vapeur sèche.

Nous avons : $C_P = \left(\frac{\mathrm{d}H}{\mathrm{d}T}\right)_P$.

Pour évaluer C_P nous allons là aussi confondre la dérivée avec $\left(\frac{\Delta H}{\Delta T}\right)_P$, d'où :

$$C_P \simeq \frac{(2686,1 - 2676,0)}{(105 - 100)} \quad \frown \quad \boxed{C_P \simeq 2,02 \ kJ.K^{-1}kg^{-1}}$$

Conclusion :

Les valeurs de C_P et $(C_S)_{\text{vap}}$ sont profondément différentes (la première est positive et la seconde négative !). Les variations d'enthalpie $\left(\frac{\mathrm{d}H}{\mathrm{d}T}\right)_P$ et $\left(\frac{\mathrm{d}H}{\mathrm{d}T}\right)_s$ sont bien du même ordre de grandeur, l'effet prédominant étant lié au terme $-V\left(\frac{\mathrm{d}P}{\mathrm{d}T}\right)_s$.

- Pour le lilquide de saturation :

On procède de la même manière :

$$(\Delta H)_S = 423,3 - 414,8 = 8,5 \ kJ.kg^{-1}$$

$$(C_S)_{\text{liq}} = \left(\frac{8,5}{2}\right) - 1,044 \cdot 10^{-3}\left(\frac{7,24\ 10^3}{2}\right) \cdot 10^{-3}$$

Ainsi $\boxed{(C_S)_{\text{liq}} \simeq 4,25 \ kJ.K^{-1}.kg^{-1}}$

De même on doit avoir ($A \rightarrow A'$) :

$$(C_S)_{\text{liq}} = T\left(\frac{\mathrm{d}S}{\mathrm{d}T}\right)_s \simeq T\left(\frac{\Delta S}{\Delta T}\right)_s$$

Soit : $(C_S)_{\text{liq}} = 373,15 \times \left(\frac{1,3182 - 1,22956}{2}\right) = 4,22 \ kJ.K^{-1}.kg^{-1}$

Les deux valeurs de $(C_S)_{\text{liq}}$ sont là encore similaires (à mieux de 1% près).

Conclusion :

On peut remarquer que pour l'état liquide il y a peu de différence entre $(C_S)_{\text{liq}}$ et C_P (ou C_v) l'influence du terme $-V\left(\frac{\mathrm{d}P}{\mathrm{d}T}\right)_s$ devenant faible (dans les conditions considérées ici le volume massique du liquide est de l'ordre de 2000 fois plus petit que celui de la vapeur saturante).

117 «ENSI»

L'eau liquide à $T = 298K$ et $P = 1$ atm est caractérisée par les valeurs numériques suivantes :

- $C_P \simeq C_v = 4,18 \ kJ.kg^{-1}.K^{-1}$,
- $\alpha = 256\ 10^{-6}K^{-1}$ (coefficient de dilatation isobare),
- $X_T = 456 \cdot 10^{-12}Pa^{-1}$ (coefficient de compressibilité isotherme),
- $V_m = 1,00 \ dm^3.Kg^{-1}$ (volume massique).

On demande d'évaluer dans ces conditions :

1) * la variation relative $\dfrac{C_P - C_v}{C_P}$

2) * l'effet de la pression sur la capacité thermique C_P. On donne à cet effet $\left(\frac{\partial \alpha}{\partial T}\right)_p = 9,6 \cdot 10^{-6}K^{-2}$.

Commentaires

Points de cours

- *Coefficients calorimétriques – Coefficients thermoélastiques,*
- *Capacités thermiques C_p, C_v.*

Indications

- *On écrira deux expressions de la différentielle* dS *de l'entropie, l'une en fonction des variables T et V, l'autre en fonction de T et P.*
- *Le calcul de la dérivée $\left(\frac{\partial C_p}{\partial p}\right)_T$ permettra d'évaluer l'effet de la pression sur la capacité thermique C_p.*

Solution

1) Il nous faut relier la différence des capacités thermiques respectivement à pression constante (C_p) et à volume constant (C_v) aux coefficients thermoélastiques α et X_T ainsi qu'aux variables d'état T, V.

A cet effet envisageons une transformation élémentaire au cours de laquelle les variables thermodynamiques (T, V, P) varient de dT, dV et dP. On a alors pour la variation d'entropie du système :

$$\begin{aligned} TdS &= C_v dT + \ell\, dV \\ \text{et}\quad TdS &= C_p dT + h dP \end{aligned} \qquad (\ell \text{ et } h \text{ coefficients calorimétriques})$$

L'égalité de ces deux expressions donne :

$$C_p dT + h dP = C_v dT + \ell\, dV$$

Et en ne conservant par exemple que les variables T et V :

$$C_v dT + \ell\, dV = C_p dT + h\left[\left(\frac{\partial P}{\partial V}\right)_T dV + \left(\frac{\partial P}{\partial T}\right)_V dT\right]$$

Cette dernière égalité devant être vérifiée quelles que soient les variations infinitésimales dT et dP nous devons avoir :

$$C_p = C_v - h\left(\frac{\partial P}{\partial T}\right)_V$$

Il reste à exprimer le coefficient h. Pour se faire nous pouvons revenir aux différentielles de l'enthalpie H et de l'entropie S.

Nous avons :

$$\begin{aligned} dS &= \frac{C_p}{T}dT + \frac{h}{T}dP \\ dU &= \delta Q + \delta W = C_p dT + h dP - P dV \\ \text{et}\quad dH &= dU + d(PV) = C_p dT + (h + V)dP \end{aligned}$$

dS et dH étant des différentielles, cela se traduit par les relations aux dérivées partielles :

- $\frac{\partial}{\partial P}\left(\frac{C_p}{T}\right) = \frac{\partial}{\partial T}\left(\frac{h}{T}\right) \frown \frac{1}{T}\left(\frac{\partial C_p}{\partial P}\right)_T = -\frac{h}{T^2} + \frac{1}{T}\left(\frac{\partial h}{\partial T}\right)_p$ **(1)**
- $\left(\frac{\partial C_p}{\partial P}\right)_T = \frac{\partial}{\partial T}(h + V) = \left(\frac{\partial h}{\partial T}\right)_p + \left(\frac{\partial V}{\partial T}\right)_p$ **(2)**

Des relations **(1)** et **(2)** nous déduisons :

$$\boxed{h = -T\left(\frac{\partial V}{\partial T}\right)_p \quad \text{et} \quad \left(\frac{\partial C_p}{\partial P}\right)_T = -T\left(\frac{\partial^2 V}{\partial T^2}\right)_P} \qquad \textbf{(3)}$$

On a donc :

$$C_p - C_v = T\left(\frac{\partial V}{\partial T}\right)_p \left(\frac{\partial P}{\partial T}\right)_V = TV\alpha\left(\frac{\partial P}{\partial T}\right)_V$$

puisque le coefficient de dilatation isobare est défini par $\alpha = \frac{1}{V}\left(\frac{\partial V}{\partial T}\right)_p$.

Pour calculer la dérivée $\left(\frac{\partial P}{\partial T}\right)_V$ il suffit de se rappeler que les variables T, V, P étant reliées par une équation d'état $F(T, V, P) = 0$, on a :

$$\left(\frac{\partial P}{\partial T}\right)_V = -\left(\frac{\partial P}{\partial V}\right)_T \left(\frac{\partial V}{\partial T}\right)_P \quad \textbf{(4)}$$

Soit encore en fonction des coefficients thermoélastiques α et $X_T = -\frac{1}{V}\left(\frac{\partial V}{\partial P}\right)_T$:

$$\left(\frac{\partial P}{\partial T}\right)_V = +\frac{1}{VX_T}V\alpha = \frac{\alpha}{X_T}$$

D'où la relation cherchée :

$$\boxed{C_p - C_v = \frac{TV\alpha^2}{X_T}}$$

Application numérique :

$$C_p - C_v = \frac{298 \cdot 1,00\ 10^{-3} \times (256\ 10^{-6})^2}{(456.10^{-12})} \# \ \underline{43\ J.K^{-1}.kg^{-1}}$$

et $\frac{C_p - C_v}{C_p} \sim \frac{43}{4,18\ 10^3} \frown \boxed{\frac{C_p - C_v}{C_p} \simeq 1\%}$

Remarque :

Pour établir l'équation **(4)** on peut procéder comme suit :

$$dP = \left(\frac{\partial P}{\partial V}\right)_T dV + \left(\frac{\partial P}{\partial T}\right)_V dT$$

$$dV = \left(\frac{\partial V}{\partial P}\right)_T dP + \left(\frac{\partial V}{\partial T}\right)_P dT$$

Soit en éliminant dV entre ces deux équations :

$$dP\left[1 - \left(\frac{\partial P}{\partial V}\right)_T \left(\frac{\partial V}{\partial P}\right)_T\right] = \left[\left(\frac{\partial P}{\partial T}\right)_V + \left(\frac{\partial P}{\partial V}\right)_T \left(\frac{\partial V}{\partial T}\right)_p\right] dT$$

P et T étant des variables indépendantes, les deux crochets doivent être identiquement nuls, ce qui conduit à :

$$\underline{\left(\frac{\partial P}{\partial T}\right)_V = -\left(\frac{\partial P}{\partial V}\right)_T \cdot \left(\frac{\partial V}{\partial T}\right)_p} \quad \text{et} \quad \left(\frac{\partial P}{\partial V}\right)_T = \left[\left(\frac{\partial V}{\partial P}\right)_T\right]^{-1}$$

2) L'effet de la pression sur la capacité thermique C_p se déduit de la détermination de la dérivée $\left(\frac{\partial C_p}{\partial P}\right)_T$.

Or les calculs précédents (cf. 1)) ont permis d'établir que :

$$\left(\frac{\partial C_p}{\partial P}\right)_T = -T\left(\frac{\partial^2 V}{\partial T^2}\right)_p$$

Or $\alpha = \frac{1}{V}\left(\frac{\partial V}{\partial T}\right)_p$ et $\left(\frac{\partial \alpha}{\partial T}\right)_p = \frac{1}{V}\left(\frac{\partial^2 V}{\partial T^2}\right)_p - \frac{1}{V^2}\left(\frac{\partial V}{\partial T}\right)_p^2$

D'où $\left(\frac{\partial^2 V}{\partial T^2}\right)_p = V\left[\left(\frac{\partial \alpha}{\partial T}\right)_p + \alpha^2\right]$

Finalement : $$\boxed{\left(\frac{\partial C_p}{\partial P}\right)_p = -TV\left[\alpha^2 + \left(\frac{\partial \alpha}{\partial T}\right)_p\right]}$$

Application numérique :

$$\left(\frac{\partial C_p}{\partial P}\right)_T = -298 \times 1,00 \cdot 10^{-3}\left[(256 \cdot 10^{-6})^2 + 9,6 \cdot 10^{-6}\right]$$

$$\left(\frac{\partial C_p}{\partial P}\right)_T = -2,9\ 10^{-6} m^3.kg^{-1}.K^{-1}$$

Ainsi un accroissement de pression de $10^5 Pa$ (à la température de $298K$) entraîne une variation relative de C_p égale à :

$$\left|\frac{\Delta C_p}{C_p}\right| \simeq 2,9\ 10^{-6} \times \frac{10^5}{4,18\ 10^3} \quad \frown \quad \left|\frac{\Delta C_p}{C_p}\right| \sim 7.10^{-3}\%$$

ce qui est très faible.

118 «MINES»

On étudie quelques évolutions d'un fil droit en acier de longueur $L_0 = 1\,m$ à la température initiale $T_0 = 293K$.

On donne les coefficients, supposés constants, λ (de dilatation linéaire) et E (module d'Young), définis par :

$$\lambda = \frac{1}{L}\left(\frac{\partial L}{\partial T}\right)_f \quad \text{et} \quad E = \frac{L}{s}\left(\frac{\partial f}{\partial L}\right)_T$$

$$\lambda = 2\ 10^{-5} K^{-1} \quad \text{et} \quad E = 2.10^{11} Pa$$

On négligera toute variation de la section s du fil. f représente la force de traction avec laquelle on va tirer sur le fil.

1) * On envisage une traction adiabatique réversible du fil, l'état final étant caractérisé par une force de traction $f_1 = 50\,N$.

Déterminer la variation de température ΔT du fil (on supposera que ΔT reste faible devant T_0).

Application numérique :

Calculer ΔT avec :

$\rho = 7,8\ 10^3 kg.m^{-3}$ (masse volumique),

$c'_f = 470\ J.K^{-1}.kg^{-1}$ (capacité thermique massique à f constant),

$s = 10^{-6} m^2$.

2) * A partir du même état initial on fait passer réversiblement la valeur de f de 0 à $f_2 = 10\,N$, la longueur du fil restant constante.
Montrer qu'il est alors nécessaire d'élever progressivement la température du fil jusqu'à une valeur $T = T_0 + \Delta T'$. Donner la valeur de $\Delta T'$.

<u>Application numérique</u> :
Calculer $\Delta T'$.

Commentaires

Points de cours

- *Coefficients calorimétriques – Coefficients thermoélastiques.*

Indications

- *La première transformation est adiabatique réversible : elle est isentropique ; on traduira donc que* $dS = 0$.
- *La deuxième transformation réversible s'effectue à longueur constante : on écrira* $dL = 0$ *en considérant* $L = L(T, F)$.

Solution

1) En introduisant les coefficients C_f (capacité thermique du fil à traction constante) et $h = T\left(\frac{\partial S}{\partial f}\right)_T$ nous avons :

$$TdS = C_f dT + hdf$$

l'état du système dépendant des variables thermodynamiques T (température), L (longueur) et f (traction) reliées par l'équation d'état $\phi(T, L, f) = 0$.

La transformation envisagée étant isentropique elle vérifie :

$$C_f dT + \ell\, df = 0 \quad \textbf{(1)}$$

Calculons le coefficient ℓ.

- <u>$1^{\text{ère}}$ méthode</u>

On transpose les résultats obtenus pour un gaz (cf. Ex. 117)

$\delta W = -PdV = Pd[-V]$	$\delta W = fdL$
$TdS = C_P dT + hdP$	$TdS = C_f dT + hdf$
$h = -T\left(\frac{\partial V}{\partial T}\right)_P$	$\boxed{h = T\left(\frac{\partial L}{\partial T}\right)_f}$

- <u>$2^{\text{ème}}$ méthode</u>

On peut remarquer que l'on a d'après l'expression de dS :

$$TdS = C_f dT + hdf \quad \frown \quad h = T\left(\frac{\partial S}{\partial f}\right)_T$$

Il reste à faire intervenir une autre fonction d'état «adaptée» aux variables T et f. Partons de l'énergie interne U :

$$dU = TdS + fdL$$

d'où $H = U - fL \quad \frown \quad dH = TdS - Ldf$

et enfin $F = H - TS \quad \frown \quad dF = -SdT - Ldf$

dF étant une différentielle nous devons avoir :

$$\left(\frac{\partial S}{\partial f}\right)_T = \left(\frac{\partial L}{\partial T}\right)_f \quad \text{soit} \quad h = T\left(\frac{\partial L}{\partial T}\right)_f$$

Remarque :

> La fonction thermodynamique F est appelée énergie libre du fil.

On a donc : $\boxed{h = TL\,\lambda}$

Et l'équation **(1)** devient :

$$C_f \mathrm{d}T + TL\,\lambda\,\mathrm{d}f = 0$$

Soit encore : $\dfrac{\mathrm{d}T}{T} = -\dfrac{\lambda L}{C_f}\mathrm{d}f$

La capacité thermique du fil peut se calculer à partir de c_f' (capacité thermique massique) :

$$C_f = c_f' \cdot m \quad \text{où} \quad m = \rho\, sL \quad \frown \quad C_f = c_f'\,\rho\, sL$$

et $\dfrac{\mathrm{d}T}{T} = -\dfrac{\lambda}{\rho\, sc_f'}\mathrm{d}f.$

La variation de température étant supposée petite on peut intégrer l'équation précédente sous la forme :

$$\frac{\Delta T}{T_0} \# -\frac{\lambda}{\rho\, sc_f'}f_1 \quad \text{et} \quad \boxed{\Delta T \# -\frac{\lambda T_0}{\rho\, sc_f'}f_1}$$

Application numérique :

$$\Delta T = -\frac{2\,10^{-5} \times 293}{7{,}8\,10^3 \cdot 10^{-6} \times 470} \times 50 \quad \text{et} \quad \underline{\Delta T = -8{,}0\,10^{-2}K}$$

La traction isentropique du fil s'accompagne donc d'un abaissement de sa température.

2) On peut exprimer dans le cas général la variation infinitésimale $\mathrm{d}L$ de la longueur L du fil en fonction des variations $\mathrm{d}T$ et $\mathrm{d}f$ de sa température et de la force de traction.

$$\mathrm{d}L = \left(\frac{\partial L}{\partial T}\right)_f \mathrm{d}T + \left(\frac{\partial L}{\partial f}\right)_T \mathrm{d}f$$

Soit avec $\lambda = \dfrac{1}{L}\left(\dfrac{\partial L}{\partial T}\right)_f$ et $E = \dfrac{L}{s}\left(\dfrac{\partial f}{\partial L}\right)_T$:

$$\mathrm{d}L = \lambda\, L\mathrm{d}T + \frac{L}{Es}\mathrm{d}f$$

La transformation envisagée devant s'effectuer à longueur constante nous devons écrire $\mathrm{d}L = 0$, d'où :

$$\mathrm{d}T = -\frac{1}{\lambda\, Es}\mathrm{d}f$$

La température passe de $T = T_0$ à $T = T_0 + \Delta T'$ pendant que f varie de 0 à f_2, soit :

$$\boxed{\Delta T' = -\frac{1}{\lambda\, Es}f_2}$$

Application numérique :

$$\Delta T' = -\frac{1}{2\,10^{-5} \times 2\,10^{11} \cdot 10^{-6}} \cdot 10 \quad \frown \quad \underline{\Delta T' = -2{,}5K}$$

Lors d'une traction le fil conservera sa longueur initiale si l'on abaisse sa température ($\lambda > 0$ et $E > 0$).

119 «CENTRALE»

Déshumidification et chauffage

Pour réaliser la déshumidification et le chauffage d'un air humide, on propose la méthode suivante :

- l'air chargé d'humidité, à la température t_1, est aspiré avec un débit volumique $\dot{v}_1$,
- il passe à travers un échangeur thermique (E_1) à la température t_0, dans lequel la vapeur d'eau en excès passe à l'état liquide : l'air en ressort – saturé d'humidité – à la température t_0,
- il est alors envoyé dans un autre échangeur thermique (E_2) dans lequel il se réchauffe jusqu'à une température t_2.

L'énergie thermique nécessaire dans l'échangeur (E_2) est fournie par une pompe à chaleur qui «récupère» l'énergie thermique dégagée dans l'échangeur (E_1) par la condensation partielle de l'eau et le refroidissement de t_1 à t_0 de l'air.

On supposera que l'écoulement de l'air humide se fait à pression totale constante $P_0 = 1,013.10^5 Pa$.

On donne :

$$T_1 = 300K (t_1 = 27°C) \quad , \quad T_0 = 285K (t_0 = 12°C) \quad \dot{v}_1 = 850\, m^3/h$$

la pression partielle maximale de la vapeur d'eau $P_s(t)$ dans l'air humide vaut :

$$P_s(t_1) = 3600\, Pa \quad , \quad P_s(t_0) = 1400\, Pa$$

Enthalpie massique de la vapeur d'eau à 27° C :

$$h_{1\ eau} = 2,5505.10^6\ kJ.kg^{-1}$$

Enthalpie massique de l'eau liquide à 12° C :

$$h_{0\ eau} = 50,4.10^3\ kJ.kg^{-1}$$

L'installation (pompe à chaleur et ventilateurs) consomme une puissance électrique totale $\mathcal{P}_m = 1,8\, kW$ et fonctionne de façon adiabatique. On négligera toutes les énergies cinétiques des fluides en écoulement, et on supposera le régime permanent.

Le mélange { air + vapeur d'eau } sera assimilé à un mélange idéal de gaz parfaits.

Masse molaire de l'air : $M = 29\, g.mol^{-1}$.

Masse molaire de l'eau : $M' = 18\, g.mol^{-1}$.

Capacité frigorifique massique à pression constante de l'air :

$$C_p = 10^3\ J.kg^{-1}.K^{-1}$$

et de la vapeur d'eau : $C'_p = 1,81.10^3\ J.kg^{-1}.K^{-1}$.

Constante des gaz parfaits : $R = 8,31\ J.mol^{-1}.K^{-1}$.

1) Calculer numériquement la masse d'eau liquide obtenue dans le condenseur, dans les deux cas suivants :
   a) l'air aspiré est à 50% d'humidité relative,
   b) l'air aspiré est à 60% d'humidité relative.
   (humidité relative : rapport de la pression partielle de la vapeur d'eau et de la pression partielle maximale à cette température).

2) En déduire la température de sortie t_2 de l'air réchauffé dans les cas a) et b).
3) Quelle est l'efficacité globale de l'installation, considérée comme une pompe à chaleur ?
Faire le bilan des échanges énergétiques pour le fluide utilisé dans le circuit de la pompe à chaleur : l'efficacité de la pompe à chaleur se confond-elle avec l'efficacité globale de l'installation ?

Commentaires

Points de cours

- *Mélange idéal de gaz parfaits : pressions partielles,*
- *Bilans d'énergie pour les écoulements de fluides.*

Indications

- *Tenir compte des variations du débit volumique avec la température et la pression,*
- *Ecrire d'abord le bilan énergétique pour* ***l'ensemble*** *du dispositif.*

Solution

1) Notons x le taux d'humidité relative de l'air aspiré.
Sa pression partielle dans le mélange est donc $P' = xP_S(t_1)$ et celle de l'air :

$$P = P_0 - P' = P_0 - xP_S(t_1)$$

On en déduit les masses d'air et d'eau dans le mélange gazeux aspiré (***par unité de temps***) :

$$m_{air} = \frac{MP\dot{v}_1}{RT_1} \quad , \quad m_{eau} = \frac{M'P'\dot{v}_1}{RT_1}$$

A la sortie du condenseur, l'air s'est refroidi, et est saturé de vapeur d'eau : la pression partielle de l'air est donc maintenant :

$$P_{air} = P_0 - P_S(t_0)$$

la masse d'air étant restée la même, le débit volumique est devenu :

$$\dot{v}_0 = m_{air}\frac{RT_0}{MP_{air}}$$

et la quantité de vapeur d'eau contenue dans ce volume a pour expression :

$$m'_{eau} = \frac{M'P_S(t_0)\cdot\dot{v}_0}{RT_0}$$

d'où la masse d'eau condensée $m = m_{eau} - m'_{eau}$.

Regroupons les résultats numériques dans un tableau :

	$x = 0,5$	$x = 0,6$	unités
$P' = xP_S(t_1)$	1800	2160	Pa
$P = P_0 - P'$	99 500	99 140	Pa
$m_{air} = \frac{MP\dot{v}_1}{RT_1}$	983,8	980,3	kg/h
$m_{eau} = \frac{M'P'\dot{v}_1}{RT_1}$	11,05	13,26	kg/h
$t = t_2 \;:\; \dot{v}_0 = m_{air}\frac{RT_0}{MP_{air}}$	804,3	801,4	m^3/h
m'_{eau}	8,56	8,53	kg/h
masse condensée m	2,49	4,73	kg/h

2) Il s'agit d'un écoulement adiabatique, en régime permanent, pour lequel on néglige les énergies cinétiques. Le premier principe de la thermodynamique s'écrit dans ce cas, pour une durée τ :

$$\Sigma\Delta H = \mathcal{P}_m \cdot \tau$$

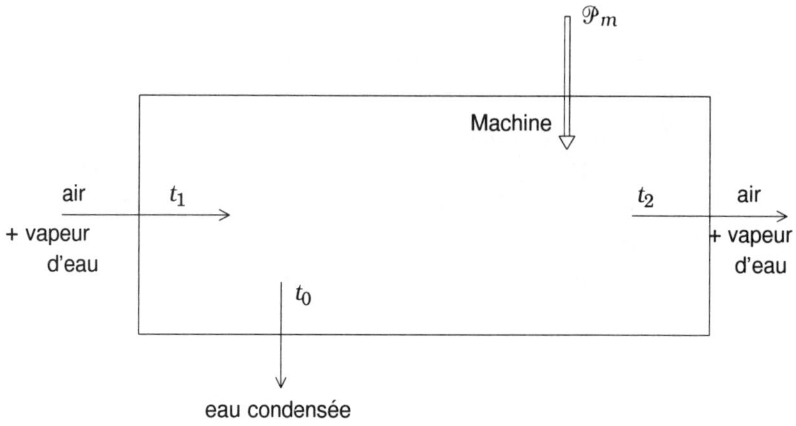

Evaluons les variations d'enthalpie :

- une masse m d'eau s'est liquéfiée :

$$\Delta H_{\text{condens}} = m\left(h_\ell(t_0) - h_v(t_1)\right)$$
$$\Delta H_{\text{condens}} = m(h_0 - h_1)$$

- la masse m_{air} d'air est passée (à pression totale constante) de t_1 à t_2 :

$$\Delta H_{\text{air}} = m_{\text{air}} C_p (t_2 - t_1)$$

- ainsi que la masse m'_{eau} de vapeur d'eau non condensée :

$$\Delta H_{\text{vapeur}} = m'_{\text{eau}} C'_p (t_2 - t_1)$$

D'où le bilan :

$$\Delta H_{\text{air}} + \Delta H_{\text{vapeur}} + \Delta H_{\text{condens}} = \mathcal{P}_m \cdot \tau$$
$$(m_{\text{air}} C_p + m'_{\text{eau}} C'_p) \cdot (t_2 - t_1) + m(h_0 - h_1) = \mathcal{P}_m \cdot \tau$$

et finalement :

$$t_2 = t_1 + \frac{\mathcal{P}_m \cdot \tau + m(h_1 - h_0)}{m_{\text{air}} \cdot Cp + m'_{\text{eau}} \cdot C'_p}$$

L'application numérique donne, pour les deux valeurs de x :

	$x = 0,5$	$x = 0,6$
$t_2 - t_1$	$12,7°C$	$18,4°C$
t_2	$39,7°C$	$45,4°C$

3) Finalement, l'installation consomme une énergie électrique $\tau \cdot \mathcal{P}_m$ pour chauffer de l'air (avec plus ou moins de vapeur d'eau ...). L'énergie thermique fournie à cet air vaut, d'après le bilan de la question précédente :

$$\Delta H' = \Delta H - m(h_0 - h_1) = \mathcal{P}_m \tau + m(h_1 - h_0)$$

On définira donc logiquement l'efficacité de l'installation par le rapport :

$$\eta = \frac{\Delta H'}{\tau \cdot \mathcal{P}_m} = 1 + \frac{m(h_1 - h_0)}{\tau \cdot \mathcal{P}_m}$$

soit numériquement :

pour $x = 0,5$: $\eta = 1 + \dfrac{2,49 \times 2,5001 \times 10^6}{3600 \times 1,8 \cdot 10^3} = 1,96$

pour $x = 0,6$: $\eta = 1 + \dfrac{4,73 \times 2,5001 \times 10^6}{3600 \times 1,8 \cdot 10^3} = 2,82$

Remarque :

> L'énergie «récupérée» du fait de la condensation d'une partie de la vapeur d'eau correspond – en termes économiques – à un apport «gratuit» pour le chauffage de l'air : l'avantage est double, l'air est moins humide et son chauffage est moins coûteux ... (Un tel système peut être utilisé pour le chauffage de l'air du hall d'une piscine couverte).

Si on considère la pompe à chaleur (*P.A.C.*) en elle-même, elle utilise le condenseur comme source froide pour alimenter en énergie l'échangeur E_2, suivant le schéma ci-dessous :

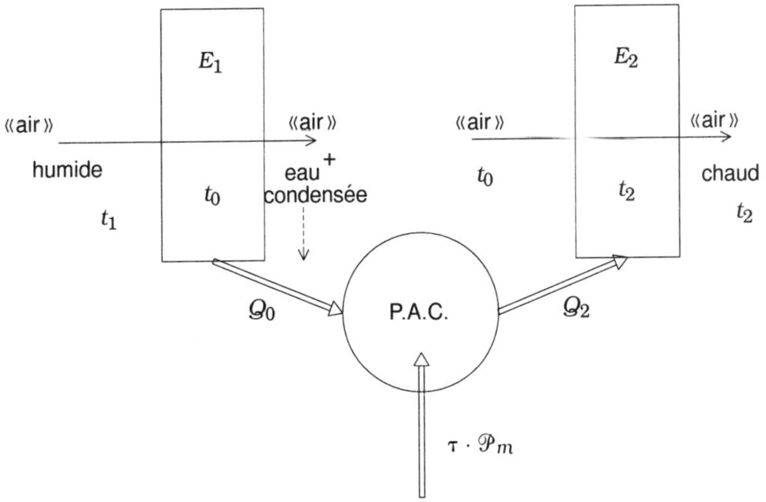

Son bilan énergétique s'écrit donc :

$$\Delta H_{\text{cycle}} = 0 = \mathcal{Q}_0 + \tau \cdot \mathcal{P}_m - \mathcal{Q}_2$$

et son efficacité se définit par le rapport :

$$\eta' = \frac{\mathcal{Q}_2}{\tau \cdot \mathcal{P}_m}$$

avec $\mathcal{Q}_2 = (m_{\text{air}} C_p + m'_{\text{eau}} C'_p) \cdot (t_2 - t_0)$

Or, d'après le 2) :

$$m_{\text{air}} C_p + m'_{\text{eau}} C'_p = \frac{\tau \cdot \mathcal{P}_m + m(h_1 - h_0)}{t_2 - t_1}$$

d'où : $\eta' = \dfrac{t_2 - t_0}{t_2 - t_1} \cdot \dfrac{\tau \cdot \mathcal{P}_m + m(h_1 - h_0)}{\tau \cdot \mathcal{P}_m}$

$$\boxed{\eta' = \frac{t_2 - t_0}{t_2 - t_1} \cdot \eta}$$

et, numériquement :

$$\eta' = 2,18 \cdot \eta = 4,27 \quad \text{pour} \quad x = 0,5$$
$$\eta' = 1,81 \cdot \eta = 5,12 \quad \text{pour} \quad x = 0,6$$

ce qui correspond bien à des ordres de grandeurs plausibles lorsque les écarts de température sont – comme ici – assez faibles.

Remarque :

> On a considéré que l'énergie électrique consommée par la pompe à chaleur était $\tau \cdot \mathcal{P}_m$, ce qui revient à négliger l'énergie absorbée par les ventilateurs chargés d'aspirer l'air ... pour lesquels aucune donnée n'est fournie.

Chapitre II

Transferts thermiques

201 ENSI

On considère deux sphères concentriques de rayons R_1 et R_2 ($R_2 > R_1$).

Elles sont maintenues à des températures constantes T_1 et T_2. Le milieu solide les séparant est homogène, isotrope et présente une conductivité thermique K indépendante de la température.

* Déterminer la puissance thermique transférée en régime permanent.

Commentaires

Points de cours

- *Transport d'énergie thermique par conduction : loi de Fourier,*
- *Notion de résistance thermique.*

Indications

- *On exploitera la symétrie sphérique (les grandeurs ne dépendent que de r) et la stationnarité (le régime étant indépendant du temps, il ne peut pas y avoir accumulation ou déperdition d'énergie thermique au sein du matériau).*

Solution

Le régime stationnaire $\left(\frac{\partial}{\partial t} = 0\right)$ et la symétrie sphérique impliquent :

$$T = T(r) \text{ avec } \begin{cases} T(R_1) = T_1 \\ T(R_2) = T_2 \end{cases}$$

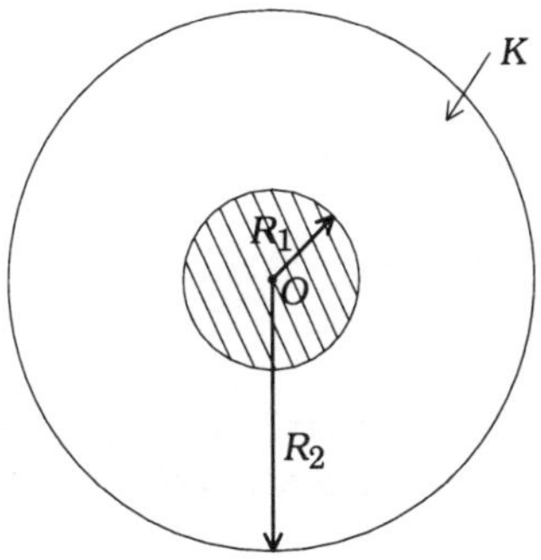

La stationnarité ne peut s'obtenir ici que si le flux thermique traversant une sphère de rayon r (avec $R_1 < r < R_2$) ne dépend pas de r.

Or le vecteur densité volumique de courant d'énergie thermique est donné par la ***loi de Fourier*** :

$$\boxed{\overrightarrow{j_q} = -K\overrightarrow{\nabla}T \quad \text{soit} \quad \overrightarrow{j_q} = -K\frac{\mathrm{d}T}{\mathrm{d}r}\overrightarrow{e_r}}$$

On a donc $\oint_{\Sigma} \overrightarrow{j_q} \cdot \overrightarrow{n}\, \delta\Sigma = \text{cte}$ où Σ est une sphère de rayon r.

Cette constante s'identifie à la puissance thermique P_{th} émise par la sphère de rayon R_1 (pour $T_1 > T_2$) et reçue par la sphère de rayon R_2.

D'où :
$$-K\frac{\mathrm{d}T}{\mathrm{d}r}4\,\pi\,r^2 = P_{th} \quad \text{et} \quad \frac{\mathrm{d}T}{\mathrm{d}r} = -\frac{P_{th}}{4\,\pi\,Kr^2}$$

Soit, en intégrant l'expression précédente entre $r = R_1$ et $r = R_2$:

$$\int_{R_1}^{R_2}\left(\frac{\mathrm{d}T}{\mathrm{d}r}\right)\mathrm{d}r = -\frac{P_{th}}{4\,\pi\,K}\int_{R_1}^{R_2}\frac{\mathrm{d}r}{r^2}$$

d'où :
$$T(R_2) - T(R_1) = \frac{P_{th}}{4\,\pi\,K}\left(\frac{1}{r}\right)_{R_1}^{R_2}$$

$$T_2 - T_1 = \frac{P_{th}}{4\,\pi\,K}\left(\frac{1}{R_2} - \frac{1}{R_1}\right)$$

soit encore :

$$T_1 - T_2 = P_{th}\frac{1}{4\,\pi\,K}\frac{R_2 - R_1}{R_2R_1} \quad \textbf{(1)}$$

Soit un flux d'énergie thermique :

$$\boxed{P_{th} = 4\,\pi\,K\frac{R_2R_1}{R_2 - R_1}(T_1 - T_2)} \quad \textbf{(2)}$$

Cette quantité est bien positive pour $T_1 > T_2$.

Remarque :

La relation **(1)** permet de définir une ***résistance thermique*** R_{th} telle que :

$$T_1 - T_2 = R_{th}\,\dot{q}$$

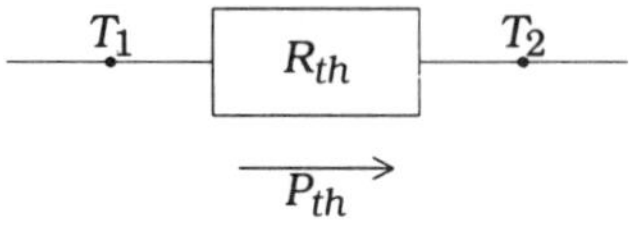

Ici nous avons :

$$R_{th} = \frac{1}{4\,\pi\,K}\frac{R_2 - R_1}{R_2R_1}$$

Cette expression est évidemment analogue à celle de la résistance d'un milieu de conductivité électrique γ placé entre deux électrodes sphériques concentriques de rayons R_1 et R_2 ($K \longleftrightarrow \gamma$) ...

202 «MINES - P.»

Un tube de rayon R_1 (conduite d'eau chaude, fil électrique) est entouré d'un manchon (rayon intérieur R_1, rayon extérieur R_2, conductivité thermique λ) qui «l'isole» du milieu extérieur (ici l'air à la température constante T_0).
Les échanges thermiques entre la surface du tube et l'isolant sont caractérisés par un coefficient de transfert h : la puissance thermique échangée par unité de surface est donnée par l'expression $h(T_1 - T_1')$ où T_1 représente la température du tube en $r = R_1$ et T_1' celle de l'isolant au «contact» .

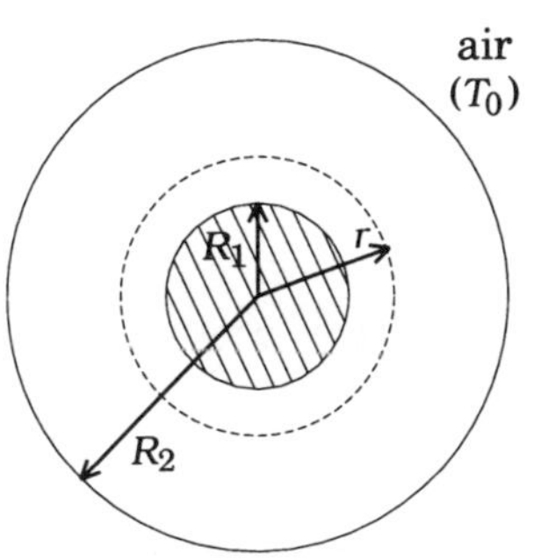

De même les échanges thermiques isolant/air sont associés à un coefficient h'.

1) * Déterminer la puissance thermique ϕ_{th} échangée, en régime permanent, entre le tube et l'air. On supposera que la température ne dépend que de r distance à l'axe, et on exprimera ϕ_{th} en fonction de $T_1 - T_0$.

Interpréter le résultat obtenu.

2) * Etudier les variations de ϕ_{th} avec R_2, à R_1, h', λ, T_1 et T_0 donnés et pour h «infini» (contact parfait).

Quelles remarques vous suggèrent ces résultats ?

Commentaires

Points de cours

- *Transport de l'énergie thermique par conduction,*
- *Echange d'énergie thermique en surface (effet de conduction – convection).*

Indications

- *Les propriétés du système ne dépendent que de r.*

On a donc $T = T(r)$ et $\overrightarrow{j_q} = j_q(r)\overrightarrow{e_r}$. Le régime étant stationnaire, on écrira que le flux d'énergie thermique, à travers un cylindre de rayon r, est indépendant de r.

Solution

1)

Le système est à symétrie de révolution autour de l'axe Oz. On a donc $T = T(r)$; et au sein de l'isolant, d'après ***la loi de Fourier*** :

$$\overrightarrow{j_q} = -\lambda\, \overrightarrow{\text{grad}}T = -\lambda \frac{dT}{dr}\overrightarrow{e_r}$$

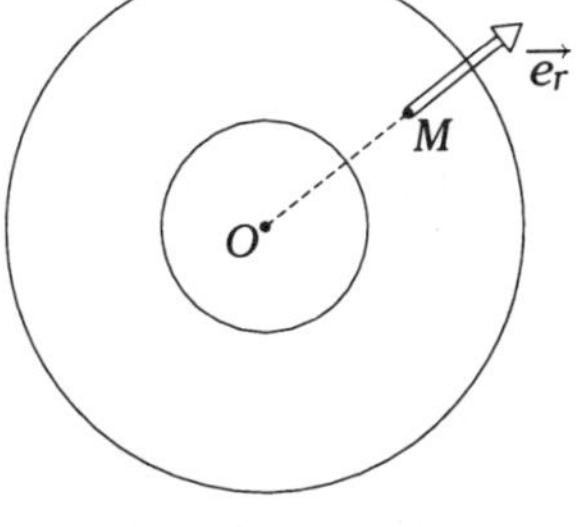

Le flux d'énergie thermique ϕ_{th} traversant le cylindre de longueur ℓ et de rayon r ($R_1 < r < R_2$) est donné par l'expression :

$$\phi_{th} = \int \overrightarrow{j_q} \cdot \overrightarrow{n}^{\text{ext}}\, \delta\Sigma = -\lambda \frac{dT}{dr} 2\pi r \ell \quad \textbf{(1)}$$

Cette quantité ne doit pas dépendre de r puisqu'il ne peut y avoir, en régime permanent, ni dissipation ni accumulation d'énergie thermique dans le matériau (capacité thermique finie). Il est alors possible d'intégrer la relation **(1)** pour obtenir la répartition de température dans l'isolant. Ainsi :

$$\frac{\mathrm{d}T}{\mathrm{d}r} = -\frac{\phi_{th}}{2\,\pi\lambda\ell}\frac{1}{r}$$

$$\text{et}\quad T(r) = -\frac{\phi_{th}}{2\,\pi\lambda\ell}\mathrm{Ln}\left(\frac{r}{R_1}\right) + \mathrm{cte}$$

D'après le texte, on note $T_1' = T(R_1)$, d'où cte $= T_1'$ et :

$$\boxed{T(R_1 < r < R_2) = T_1' - \frac{\phi_{th}}{2\,\pi\lambda\ell}\mathrm{Ln}\left(\frac{r}{R_1}\right)} \quad \textbf{(2)}$$

Il reste à traduire les échanges thermiques aux deux interfaces :

- Interface conduite – manchon :

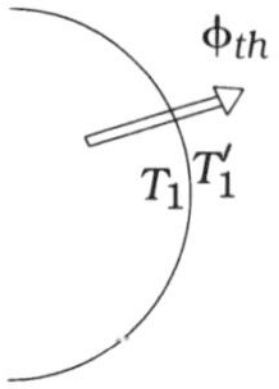

Le flux thermique pour un élément de longueur ℓ doit être égal à ϕ_{th} défini précédemment (continuité du flux thermique). D'où :

$$\phi_{th} = h\left(T_1 - T_1'\right)\Sigma_1$$

Or $\Sigma_1 = 2\,\pi\,R_1\,\ell$, d'où : $\boxed{\phi_{th} = h\left(T_1 - T_1'\right)2\,\pi\,R_1\,\ell}$ **(3)**

- Interface manchon – air :

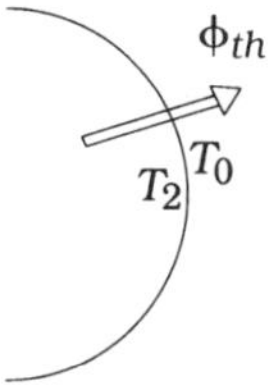

De la même façon, il vient : $\boxed{\phi_{th} = h'(T_2 - T_0)2\,\pi\,R_2\,\ell}$ **(4)**

Les résultats **(2)**, **(3)** et **(4)** permettent d'exprimer ϕ_{th} uniquement en fonction des températures T_1 (température de surface du tube) et T_0 (température de l'air).

$$T_1' - T_2 = \frac{\phi_{th}}{2\,\pi\lambda\ell}\mathrm{Ln}\left(\frac{R_2}{R_1}\right)$$

$$T_1 - T_1' = \frac{\phi_{th}}{2\,\pi\,R_1 h\,\ell}$$

$$T_2 - T_0 = \frac{\phi_{th}}{2\,\pi\,R_2 h'\,\ell}$$

Soit, en faisant la somme de ces trois égalités :

$$\boxed{(T_1 - T_0) = \phi_{th}\left[\frac{1}{2\,\pi\,R_1 h\,\ell} + \frac{1}{2\,\pi\lambda\ell}\mathrm{Ln}\left(\frac{R_2}{R_1}\right) + \frac{1}{2\,\pi\,R_2 h'\,\ell}\right]}$$

Ce résultat peut s'interpréter en terme de ***résistances thermiques*** dont la définition est donnée par : $T - T' = R_{th}\,\phi_{th}$
(par analogie avec $V_A - V_B = Ri$ ...)
On a donc ici :

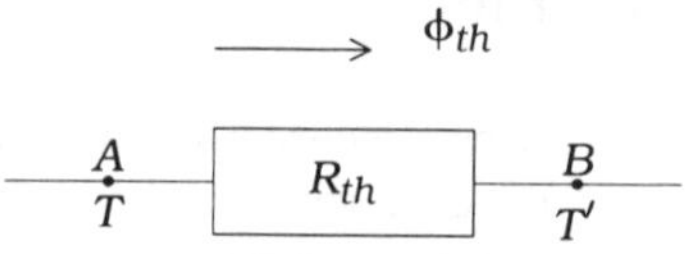

$$T_1 - T_0 = \phi_{th}\left[(R_{th})_1 + (R_{th})_2 + (R_{th})_3\right]$$

$(R_{th})_1$ est la résistance thermique de «surface» tube/manchon :

$$(R_{th})_1 = \frac{1}{h\,\Sigma_1} \quad \text{où } \Sigma_1 = 2\,\pi\,R_1\,\ell \qquad \text{(pour une longueur } \ell\text{)}$$

De même $(R_{th})_3 = \dfrac{1}{h'\,\Sigma_2}$ et $(R_{th})_2 = \dfrac{1}{2\,\pi\lambda\ell}\mathrm{Ln}\left(\dfrac{R_2}{R_1}\right)$; cette dernière expression est l'analogue de la résistance électrique associée à un milieu de conductivité électrique γ

compris entre les deux électrodes cylindriques d'un condensateur de rayons R_1 et R_2 et de longueur ℓ.

Ces résistances sont associées ***en série***. On pourrait représenter le système par le schéma suivant :

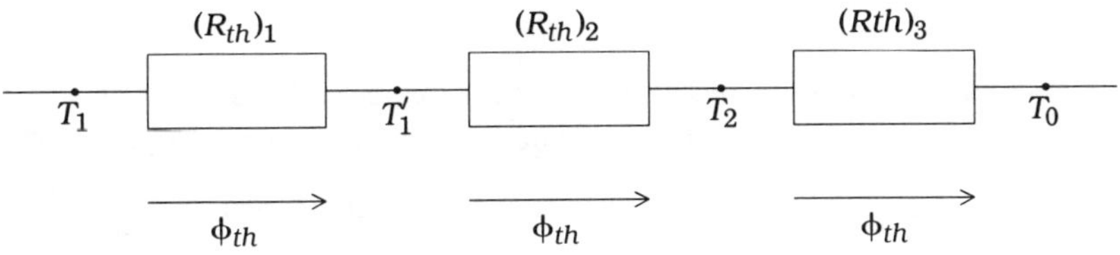

2) Pour étudier les variations de ϕ_{th} en fonction de R_2, à R_1, h, h', λ, T_1 et T_0 fixés (ainsi que pour une longueur ℓ donnée du système), il suffit d'examiner les variations de la résistance thermique totale $R_{th} = R_{th_2} + R_{th_3}$ en fonction de R_2 ($R_{th_1} = 0$ pour h «infini»).

Or $$R_{th} = \frac{1}{2\,\pi\ell}\left[\frac{1}{\lambda}\mathrm{Ln}\left(\frac{R_2}{R_1}\right) + \frac{1}{h'R_2}\right]$$

D'où $$\frac{\mathrm{d}R_{th}}{\mathrm{d}R_2} = \frac{1}{2\,\pi\ell}\left[\frac{1}{\lambda\,R_2} - \frac{1}{h'R_2^2}\right] = \frac{1}{2\,\pi\ell\lambda}\frac{1}{R_2^2}\left[R_2 - \frac{\lambda}{h'}\right]$$

R_{th} présente donc un minimum pour $R_2 = R_{2c} = \dfrac{\lambda}{h'}$.

Deux cas peuvent se présenter :

- 1er cas : $R_1 > \dfrac{\lambda}{h'}$: la résistance thermique est une fonction croissante de R_2 ($R_2 > R_1$) et ϕ_{th} une fonction décroissante.

Dans ce cas, le manchon peut être utilisé pour isoler le tube de l'extérieur. Son efficacité est d'autant plus importante que son épaisseur est grande, mais le coût est d'autant plus élevé.

- 2ème cas : $R_1 < \dfrac{\lambda}{h'}$: cette fois-ci la résistance thermique présente un minimum pour $R_2 = \dfrac{\lambda}{h'} > R_1$. Il lui correspond une valeur maximale du flux thermique.

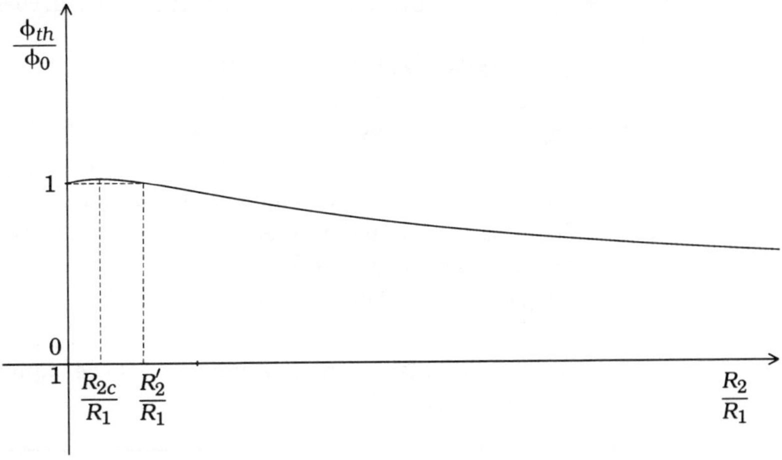

On a tracé la courbe $\dfrac{\phi_{th}}{\phi_0} = f\left(\dfrac{R_2}{R_1}\right)$ en notant $\phi_0 = 2\,\pi\ell\, R_1 h(T_1 - T_0)$ (ϕ_0 représenterait alors le flux d'énergie thermique échangée avec l'air en l'absence de manchon) :

$$\frac{\phi}{\phi_0} = \frac{1}{\dfrac{R_1}{R_2} + \dfrac{R_1}{R_{2c}}\mathrm{Ln}\left(\dfrac{R_2}{R_1}\right)} \quad \text{avec} \quad \frac{R_1}{R_{2c}} = 0,8$$

Ce système présenterait un effet «inattendu» si on voulait l'utiliser pour isoler, par exemple, une conduite d'eau chaude. Le flux thermique serait plus important avec l'isolant thermique ($\phi_{th} > \phi_0$) pour des valeurs de R_2 inférieures à une valeur R_2' telle que $\dfrac{\phi_{th}}{\phi_0}\left(\dfrac{R_2'}{R_1}\right) = 1$! Par contre, si l'on désire transférer un maximum d'énergie thermique (cas d'un fil électrique parcouru par un courant important dont on veut maintenir la température à une valeur raisonnable), on pourra exploiter cette configuration en choisissant $R_2 \sim R_{2c}$.

Remarque :

Ces résultats s'expliquent par des variations en sens contraire des résistances thermiques de conduction $(R_{th})_2$ et de convection $(R_{th})_3$. Ainsi $(R_{th})_2$ augmente en même temps que R_2 (l'épaisseur traversée étant plus importante), alors que $(R_{th})_3$ diminue quand R_2, c'est-à-dire la surface extérieure, croît.

203 «ENSI»

La toiture d'un véhicule est constituée, de l'extérieur vers l'intérieur, d'une paroi métallique (épaisseur e_1, conductivité thermique λ_1), d'une couche isolante (épaisseur e_2, conductivité thermique λ_2) et d'un revêtement (épaisseur e_3, conductivité thermique λ_3).

On donne :

$$e_1 = 0,8\,mm \quad , \quad e_2 = 2\,mm \quad , \quad e_3 = 2\,mm$$

$$\lambda_1 = 50\,W.m^{-1}.K^{-1} \quad , \quad \lambda_2 = 0,02\,W.m^{-1}.K^{-1} \quad , \quad \lambda_3 = 0,05\,W.m^{-1}.K^{-1}$$

La température extérieure est $\theta_e = 25°\,C$ et la température intérieure $\theta_i = 45°\,C$.

Les échanges thermiques en surface sont caractérisés par des puissances thermiques surfaciques proportionnelles à l'écart de température, avec un coefficient de proportionnalité :

h_e (métal/extérieur) $= 8\,W.m^{-2}.K^{-1}$

h_i (revêtement/intérieur) $= 1\,W.m^{-2}.K^{-1}$

1) * Calculer les températures sur les faces externe et interne de la toiture.

2) ** On suppose maintenant que la toiture, assimilée à un corps opaque, absorbe en surface un flux ϕ_0 dû au rayonnement solaire. L'absorption sur la face externe métallique se traduit par la création de deux flux, l'un ϕ_1 vers l'intérieur du métal et l'autre ϕ_2 vers l'extérieur.

Déterminer, en fonction de ϕ_0, la température T_s de la face extérieure de la toiture.

Montrer l'existence d'une valeur minimale de ϕ_0 au-delà de laquelle les flux ϕ_1 et ϕ_2 sont bien définis positifs.

Commentaires

Points de cours

- *Conduction thermique, convection, rayonnement,*
- *Résistances thermiques.*

Indications

- *Dans tout l'exercice, il sera utile d'introduire les résistances thermiques (de conduction et de «contact»), ou les conductances thermiques associées* $\left(G_{th} = \dfrac{1}{R_{th}}\right)$.

Solution

1) Les contacts thermiques entre les différents milieux (métal/isolant et isolant/revêtement) sont supposés parfaits. Le régime étant stationnaire, on peut analyser le système en terme de résistances thermiques.

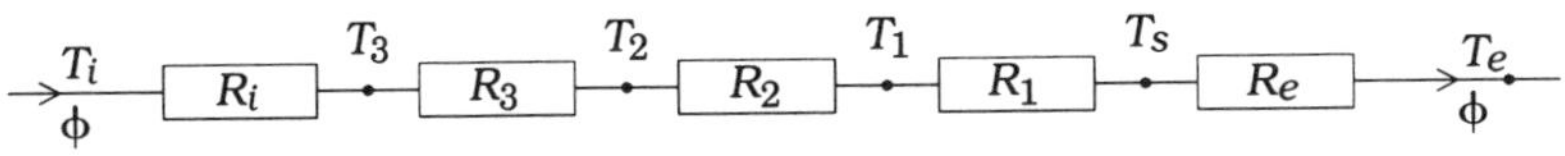

On a donc :

$$\phi = h_i S(T_i - T_3) \quad \frown \quad T_i - T_3 = \frac{1}{h_i S}\,\phi \text{ et } R_i = \frac{1}{h_i S}$$

A l'intérieur du revêtement, la température décroît linéairement en fonction de l'épaisseur traversée $\left(j_q = \text{cte} = -k\dfrac{\mathrm{d}T}{\mathrm{d}x}\right)$, d'où :

$$\phi = -\,\lambda_3\, S\frac{T_2 - T_3}{e_3} \quad \frown \quad T_3 - T_2 = \frac{e_3}{\lambda_3\, S}\,\phi \text{ et } R_3 = \frac{e_3}{\lambda_3\, S}$$

De même, nous aurons : $R_2 = \dfrac{e_2}{\lambda_2\, S}$ et $R_1 = \dfrac{e_1}{\lambda_1\, S}$.

Et, pour l'interface métal – extérieur : $R_e = \dfrac{1}{h_e S}$.

Soit au total $T_i - T_e = (R_i + R_1 + R_2 + R_3 + R_e)\,\phi$.

Ce qui permet de déterminer les températures des faces interne (T_3) et externe (T_s) de la toiture :

$$T_i - T_3 = R_i\,\phi \quad \frown \quad \boxed{T_3 = T_i - \frac{R_i}{R_i + R_1 + R_2 + R_3 + R_e}(T_i - T_e)}$$

$$T_s - T_e = R_e\,\phi \quad \frown \quad \boxed{T_s = T_e + \frac{R_e}{R_i + R_1 + R_2 + R_3 + R_e}(T_i - T_e)}$$

Application numérique :

$$\theta_3 = 32,7^\circ C \quad \text{et} \quad \theta_s = 26,5^\circ C$$

De plus, donnons les valeurs des résistances thermiques, en $W^{-1}.K$, pour une surface de $1\,m^2$:

$$R_i = 1 \quad , \quad R_e = \frac{1}{8} \quad , \quad R_1 = 1,6.10^{-5} \quad , \quad R_2 = 0,1 \quad , \quad R_3 = 0,04$$

2)

En surface, est absorbé un flux total ϕ_0 qui se «transforme» d'une part en flux conductif ϕ_1 au sein de la paroi métallique et d'autre part en flux extérieur ϕ_2.

Nous avons donc : $\boxed{\phi_0 = \phi_1 + \phi_2}$

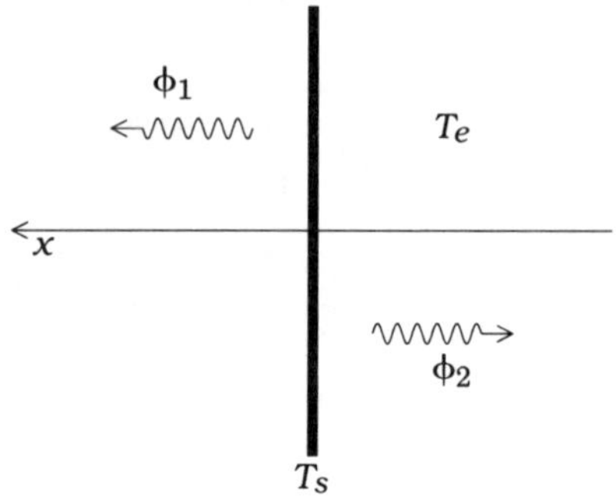

- ϕ_1 représente le flux traversant les différents matériaux et l'interface revêtement / habitacle de la toiture.

Nous avons donc :

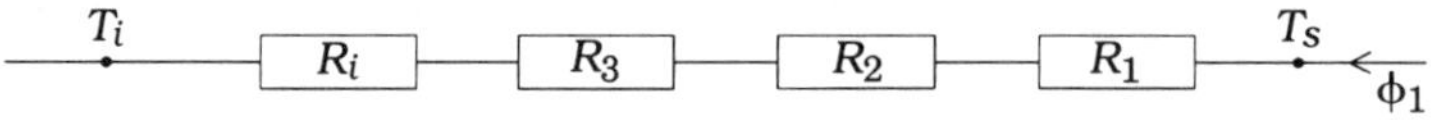

$T_S - T_i = (R_1 + R_2 + R_3 + R_i)\,\phi_1$

ou encore : $\boxed{\phi_1 = G(T_S - T_i)}$ où $G = \dfrac{1}{R_1 + R_2 + R_3 + R_i}$

- ϕ_2 est le flux thermique dirigé de la surface vers le milieu ambiant. Il comprend le rayonnement émis par le métal ainsi que les transferts par convection dûs à l'air. On supposera que ces deux phénomènes sont contenus dans la définition du coefficient h_e (on a , par exemple, linéarisé une expression comme $T_S^4 - T_e^4$ ...), de sorte que :

$$\boxed{\phi_2 = h_e S(T_S - T_e)} \quad \text{soit} \quad \phi_2 = G_e(T_S - T_e) \quad \text{où} \quad G_e = \frac{1}{R_e}$$

Pour calculer T_S, éliminons ϕ_1 et ϕ_2 entre ces trois équations :

$$\phi_0 = G(T_S - T_i) + G_e(T_S - T_e)$$

D'où : $\phi_0 = (G + G_e)T_S - (GT_i + G_eT_e)$

Finalement : $$\boxed{T_S = \frac{\phi_0}{G + G_e} + \frac{GT_i + G_eT_e}{G + G_e}}$$

<u>Remarque</u> :

- Pour $\phi_0 = 0$, on retrouve bien l'expression de T_S établie au 1) :

$$T_S = \frac{GT_i + G_eT_e}{G + G_e}$$

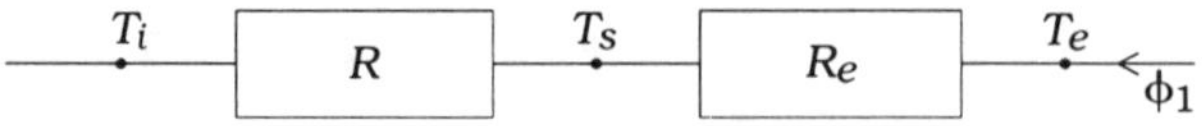

$\phi_1 = \dfrac{1}{R_e}(T_e - T_S) = G_e(T_e - T_S)$, $\phi_1 = \dfrac{1}{R}(T_S - T_i) = G(T_S - T_i)$

d'où : $G_e(T_e - T_S) = G(T_S - T_i)$

Ce qui donne la relation cherchée pour la température T_S.

- Pour $\phi_0 \neq 0$, on peut représenter le système par le diagramme ci-dessous :

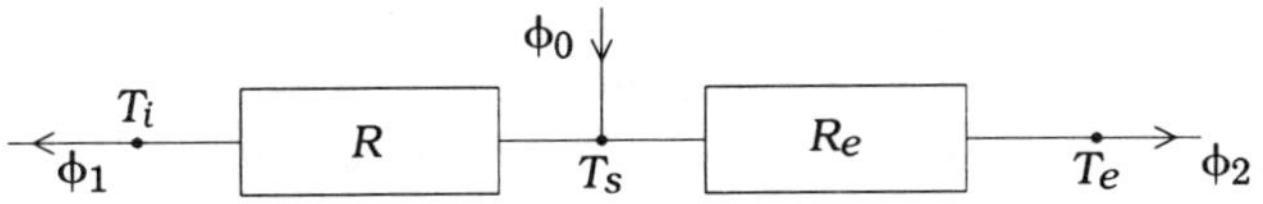

On a alors $T_s = \dfrac{GT_i + G_eT_e + \phi_0}{G + G_e}$

Cette écriture est l'***analogue du théorème de Millman*** en électrocinétique :

$$V_0 = \frac{G_1V_1 + G_2V_2 + i_0}{G_1 + G_2}$$

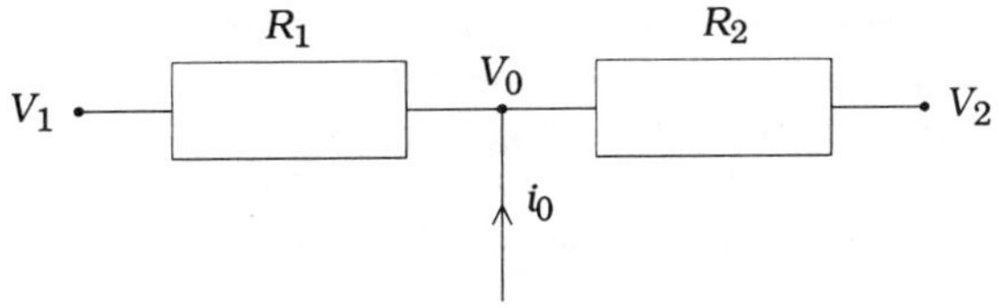

où $G_1 = \dfrac{1}{R_1}$ et $G_2 = \dfrac{1}{R_2}$

Calculons alors les flux ϕ_1 et ϕ_2 :

$$\phi_1 = G(T_s - T_i) = \frac{G\left[\phi_0 + GT_i + G_eT_e - (G + G_e)T_i\right]}{G + G_e}$$

D'où :

$$\boxed{\phi_1 = \frac{G}{G + G_2}\left[\phi_0 - G_e(T_i - T_e)\right]}$$

De même :

$$\phi_2 = G_e(T_s - T_e) = \frac{G_e\left[\phi_0 + GT_i + G_eT_e - (G + G_e)T_e\right]}{G + G_e}$$

D'où :

$$\boxed{\phi_2 = \frac{G_e}{G + G_e}\left[\phi_0 + G(T_i - T_e)\right]}$$

Le flux ϕ_2 est donc toujours positif alors que ϕ_1 s'annule pour une valeur ϕ_{0c} de ϕ_0 définie par :

$$\phi_{0c} = G_e(T_i - T_e) = h_eS(T_i - T_e)$$

D'où le diagramme :

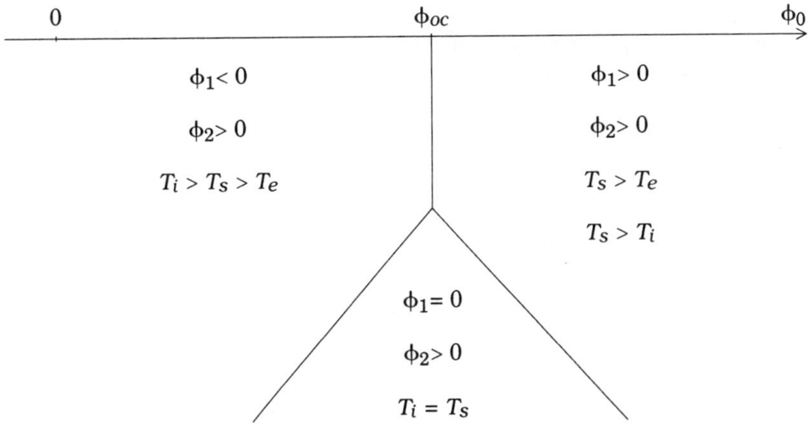

204 «ENSI»

Une vitre d'une automobile est assimilée à une lame plane semi-transparente d'épaisseur e et de conductivité thermique λ.

L'absorption d'une certaine plage de fréquences du rayonnement solaire se traduit par la création d'une puissance thermique de densité volumique $\mathcal{P}_v$ de la forme :

$$\mathcal{P}_v = \frac{I_0}{\delta} e^{-\frac{x}{\delta}}$$

δ est une grandeur caractéristique du matériau et x désigne la profondeur.

Les transferts thermiques entre la face extérieure ($x = 0$) et le milieu ambiant sont associés à un coefficient h_e (puissance thermique échangée proportionnelle à la différence des températures et à la surface considérée). On néglige, en $x = L$, les échanges thermiques entre la vitre et l'intérieur du véhicule.

On note $\overrightarrow{j_q} = j_q(x)\overrightarrow{e_x}$ le vecteur densité volumique de courant d'énergie thermique.

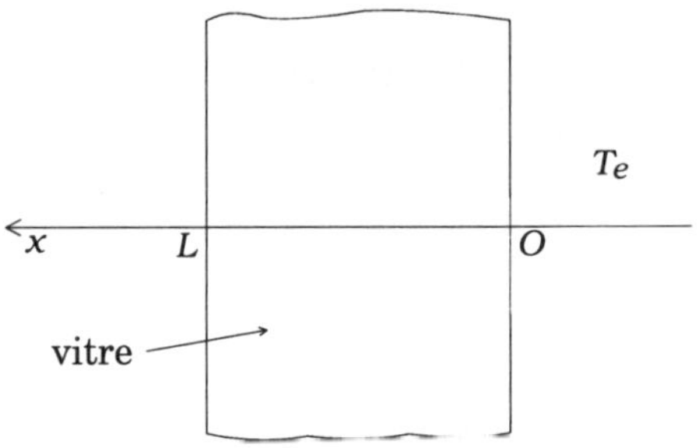

1) * Déterminer $j_q(x)$ en tout point de la vitre.

2) * En déduire la répartition de température.

Commentaires

Points de cours

- *Conduction thermique,*
- *Transferts thermiques en surface.*

Solution

1)

Etablissons un bilan thermique sur une tranche d'épaisseur dx (cela revient à appliquer le premier principe) :

$$0 = -\delta\phi_S + \delta P_{th}$$

$\delta\phi_S$ est le flux sortant d'énergie thermique, et δP_{th} représente la production d'énergie thermique.

Soit ici :

$$\delta\phi_S = j_q(x + \mathrm{d}x)S - j_q(x)S$$

$$\left(\overrightarrow{j_q} = j_q(x)\overrightarrow{e_x}\right)$$

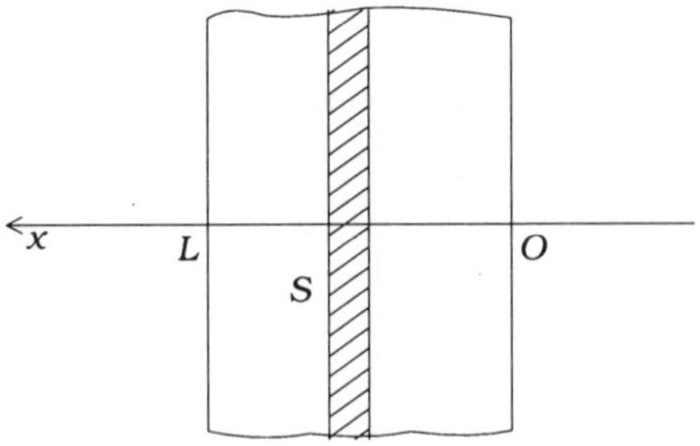

Et, d'après la loi de Fourier $j_q(x) = -\lambda \dfrac{\mathrm{d}T}{\mathrm{d}x}$, d'où :

$$\delta\phi_S = -\lambda \frac{\mathrm{d}^2T}{\mathrm{d}x^2} S\mathrm{d}x$$

Quant au terme de production, il prend la valeur :

$$\delta P_{th} = \mathcal{P}_v \, S\mathrm{d}x = \frac{I_0}{\delta} e^{-\frac{x}{\delta}} S\mathrm{d}x$$

L'équation du bilan s'écrit alors :

$$\boxed{\lambda \frac{d^2T}{dx^2} + \frac{I_0}{\delta} e^{-\frac{x}{\delta}} = 0}$$

Soit, avec $j_q = -\lambda \frac{dT}{dx}$: $\frac{dj_q}{dx} = \frac{I_0}{\delta} e^{-\frac{x}{\delta}}$

Intégrons cette équation avec la condition, en $x = L$, imposée par le texte ($j_q(L) = 0$) :

$$j_q(x) = -I_0 e^{-\frac{x}{\delta}} + \text{cte} \quad \rightharpoonup \quad j_q(x) = I_0 \left(e^{-\frac{L}{\delta}} - e^{-\frac{x}{\delta}} \right)$$

$$\boxed{j_q(x) = I_0 e^{-\frac{L}{\delta}} \left(1 - e^{-\frac{(x-L)}{\delta}} \right)} \quad \textbf{(1)}$$

2) Pour obtenir la répartition de température au sein de la vitre, intégrons l'équation **(1)** précédente :

$$\frac{dT}{dx} = -\frac{I_0}{\lambda} \left(e^{-\frac{L}{\delta}} - e^{-\frac{x}{\delta}} \right)$$

Soit $\quad T(x) = -\frac{I_0}{\lambda} \left[x e^{-\frac{L}{\delta}} + \delta\, e^{-\frac{x}{\delta}} + \text{cte} \right]$

Et en introduisant $T_S = T(0)$ la température de la surface extérieure de la vitre :

$$T(x) = T_S - \frac{I_0}{\lambda} \left[x e^{-\frac{L}{\delta}} + \delta \left(e^{-\frac{x}{\delta}} - 1 \right) \right]$$

Il reste à faire le lien avec le milieu ambiant de température T_e. A cet effet, écrivons la continuité du flux thermique en $x = 0$:

$\phi_{cond} = \phi_{conv}$ s'écrit ici :

$$-\lambda \left. \frac{dT}{dx} \right|_0 = h_e(T_e - T(0))$$

Soit :

$$+I_0 \left(e^{-\frac{L}{\delta}} - 1 \right) = h_e(Te - T_S)$$

D'où :

$$\boxed{T_S = T_e + \frac{I_0}{h_e} \left(1 - e^{\frac{L}{\delta}} \right)}$$

$(T_S > T_e)$

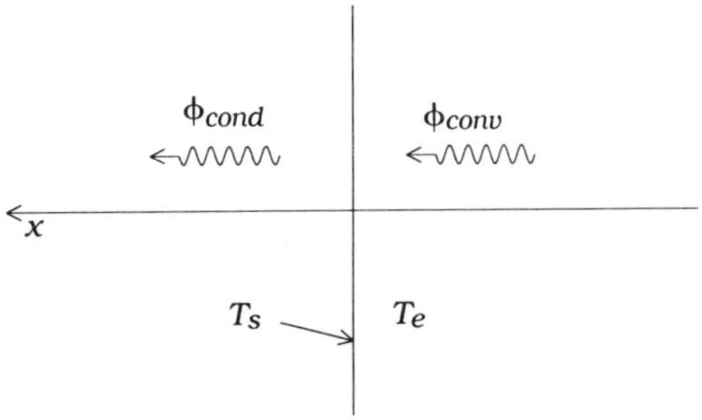

205 ENSI

Un barreau d'Uranium a la forme d'un cylindre de rayon $a = 10^{-2} m$. Des réactions nucléaires y produisent une puissance thermique P par unité de volume.

La conductivité thermique de l'Uranium, dans le domaine de température considéré, est $\lambda = 38\ W.m^{-1}.K^{-1}$.

* Déterminer la puissance maximale (rapportée à l'unité de volume) que l'on peut extraire du barreau si l'on ne veut pas que la température dépasse le valeur de $600° C$ à l'intérieur du barreau.

La température de surface est fixée à $400° C$.

L'étude se fera en régime stationnaire.

Commentaires

Points de cours

- *Conduction thermique avec production d'énergie thermique.*

Indications

- *On supposera la longueur du barreau très supérieure à son rayon et on considérera donc un problème à symétrie cylindrique. Le régime étant stationnaire et le matériau indéformable, il suffira d'établir un bilan thermique sur une tranche d'épaisseur* $\mathrm{d}r$ *et de hauteur* H.

Solution

La longueur L du barreau est supposée très supérieure à son rayon, de sorte qu'il est envisageable de le modéliser par un cylindre infini (effets de bords négligés ...). La température, en régime permanent, devient alors une fonction de la seule variable r (distance à l'axe).
D'où :

$$T = T(r) \quad \text{et} \quad \overrightarrow{j_q} = -\lambda \frac{\mathrm{d}T}{\mathrm{d}r}\overrightarrow{e_r}$$

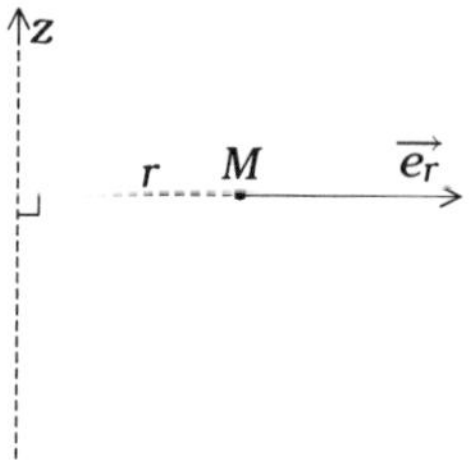

Le flux thermique traversant le cylindre de rayon $r < a$ et de hauteur H est donné par :

$$\phi = j_q(r)\,\Sigma = j_q(r) 2\pi r H = -\lambda \frac{\mathrm{d}T}{\mathrm{d}r} 2\pi r H$$

Faisons un bilan d'énergie en considérant le volume de contrôle délimité par les cylindres de hauteur H et de rayon r et $r + \mathrm{d}r$.

La stationnarité implique :

$$0 = -\delta\phi_S + \delta\mathcal{P}_{th}$$

ϕ_S est le flux thermique sortant du volume de contrôle $\mathcal{V}_c$ et donc traversant les surfaces cylindriques de rayon r et $r + \mathrm{d}r$.

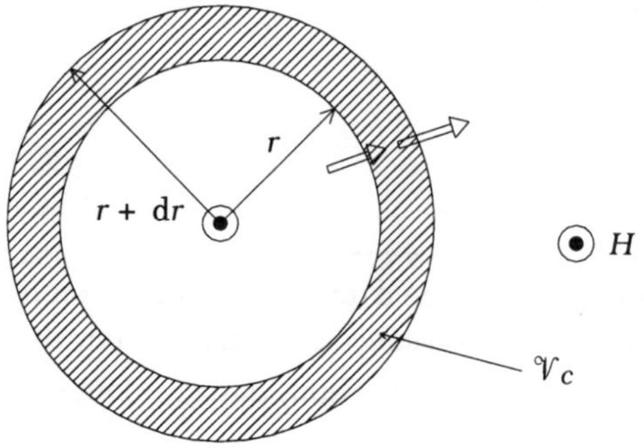

$$\delta\phi_S = j_q(r + \mathrm{d}r)\,\Sigma_{r+\mathrm{d}r} - j_q(r)\,\Sigma_r$$

$$\delta\phi_S = -\lambda\left[\left(\frac{\mathrm{d}T}{\mathrm{d}r}\right)_{r+\mathrm{d}r} 2\pi(r + \mathrm{d}r)H - \left(\frac{\mathrm{d}T}{\mathrm{d}r}\right)_r 2\pi r H\right]$$

et :

$$\delta\phi_S = -2\pi\lambda H\left[\left(r\frac{\mathrm{d}T}{\mathrm{d}r}\right)_{r+\mathrm{d}r} - \left(r\frac{\mathrm{d}T}{\mathrm{d}r}\right)_r\right]$$

D'où : $$\boxed{\delta\phi_S = -2\,\pi\lambda\, H\,\mathrm{d}r\frac{\mathrm{d}}{\mathrm{d}r}\left[r\frac{\mathrm{d}T}{\mathrm{d}r}\right]}$$

$\delta\mathcal{P}_{th}$ représente la puissance thermique produite dans le volume de contrôle, et dont l'origine physique est due ici aux réactions nucléaires, soit :

$$\delta\mathcal{P}_{th} = P\,\delta\tau = P2\,\pi\, r\,\mathrm{d}rH$$

L'équation du bilan s'écrit alors :

$$0 = 2\,\pi\lambda\, H\frac{\mathrm{d}}{\mathrm{d}r}\left[r\frac{\mathrm{d}T}{\mathrm{d}r}\right] + 2\,\pi\, HrP$$

Soit : $$\frac{\mathrm{d}}{\mathrm{d}r}\left[r\frac{\mathrm{d}T}{\mathrm{d}r}\right] = -\frac{P}{\lambda}r$$

Intégrons cette équation :

$$r\frac{\mathrm{d}T}{\mathrm{d}r} = -\frac{P}{2\,\lambda}r^2 + \mathrm{cte}$$

La constante doit être nulle puisqu'en $r = 0$, $\frac{\mathrm{d}T}{\mathrm{d}r}$ ne peut pas devenir infini, soit :

$$\frac{\mathrm{d}T}{\mathrm{d}r} = -\frac{P}{2\,\lambda}r$$

Une nouvelle intégration donne : $$\boxed{T(r) - T(a) = -\frac{P}{4\,\lambda}(r^2 - a^2)}$$

On a donc une température maximale au centre du barreau, température que l'on peut exprimer à l'aide de la température de surface $T_S = T(a)$:

$$\boxed{T_{\max} = T_S + \frac{Pa^2}{4\,\lambda}}$$

La puissance maximale correspond alors à une valeur $T_{\max} - T_S = 200°\,C$.

D'où : $$P_{\max} = 200 \times \frac{4\,\lambda}{a^2} = 200 \times \frac{4 \times 38}{10^{-4}}$$

$$\boxed{P_{\max} = 3,0\;10^8\;W.m^{-3}}$$

206 ENSI

Une barre conductrice (conductivité électrique σ) est parcourue par un courant électrique de densité volumique uniforme $\vec{j} = j_0\vec{e_x}$.

Les extrémités de cette barre sont maintenues à des températures T_1 et T_2. On suppose nulles les pertes thermiques par la surface latérale (barre calorifugée) et on note K le coefficient de conductivité thermique.

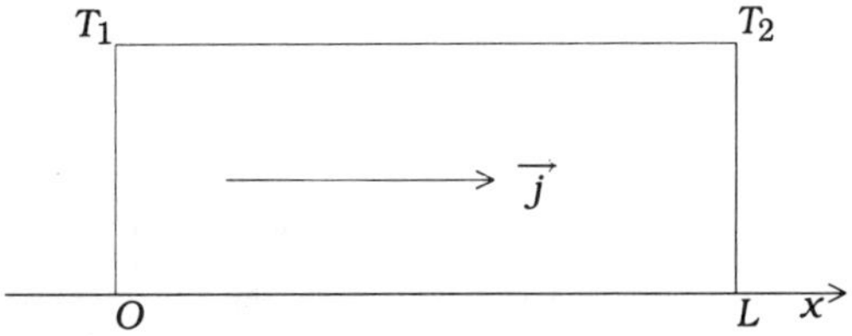

1) * Déterminer, en régime permanent, la loi de distribution $T(x)$ de la température dans la barre.

2) * A quelle condition, portant sur les températures T_1 et T_2, $T(x)$ admet-il un maximum ?

Commentaires

Points de cours

- *Conduction thermique, bilan d'énergie.*

Indications

- *Appliquer le premier principe à une tranche élémentaire d'épaisseur* dx *en tenant compte du travail électrique reçu (elle constitue, d'un point de vue électrique, un élément résistif parcouru par un courant) et des échanges thermiques.*

Solution

1)

Considérons une tranche de matériau d'épaisseur dx.

Appliquons-lui le premier principe sous la forme (taux de variation dans le temps) :

$$\frac{d[\delta U]}{dt} = \delta P_{el} + \delta P_{th}$$

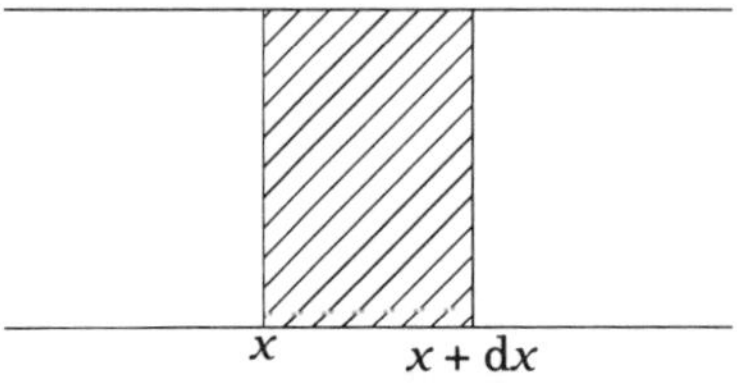

δU désigne l'énergie interne élémentaire du système, δP_{el} et δP_{th} représentent les puissances électrique et thermique reçues. Le matériau est supposé indéformable.

- La puissance thermique δP_{th} résulte du flux thermique à travers les sections d'abscisses x et $x + dx$. Nous avons en effet :

$$\delta P_{th} = j_q(x)S - j_q(x + dx)S$$

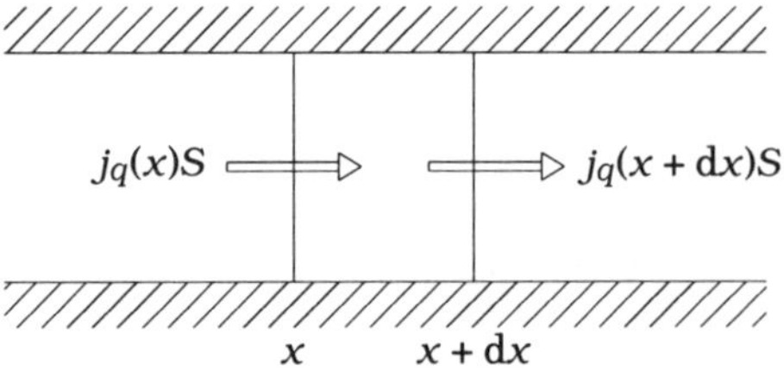

Soit, avec la ***loi de Fourier*** :

$$j_q(x) = -K\frac{dT}{dx}$$

$$\delta P_{th} = -KS\left[\frac{dT}{dx}(x) - \frac{dT}{dx}(x + dx)\right] = KSdx\left(\frac{d^2T}{dx^2}\right)$$

- Quant à la puissance électrique, elle s'exprime par la relation :

$$\delta P_{el} = i\,\delta u$$

(i est le courant total traversant la barre et δu la différence de potentiel entre les sections x et $x + dx$).

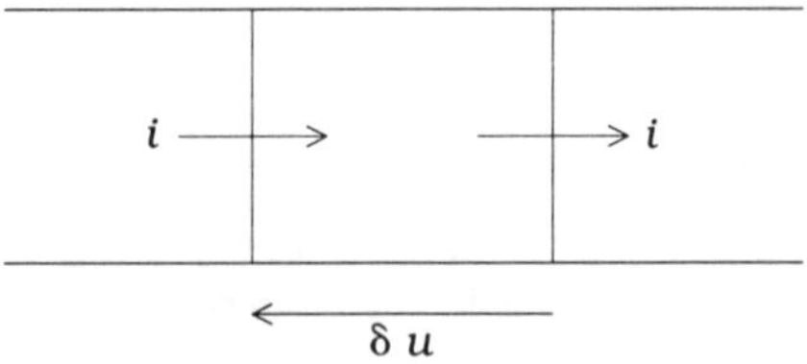

Or $\delta u = (\delta R)i$ où δR est la résistance électrique du tronçon considéré, soit :

$$\delta R = \frac{1}{\sigma}\frac{dx}{S} \quad \text{et} \quad \boxed{\delta P_{el} = \frac{1}{\sigma S}i^2 dx} \quad (\text{avec } i = j_0 S)$$

- L'équation du bilan énergétique s'écrit donc :

$$\frac{d[\delta U]}{dt} = K\frac{d^2T}{dx^2}Sdx + \frac{i^2}{\sigma S}dx$$

Or $\frac{d[\delta U]}{dt} = 0$ (régime stationnaire ; la température est localement fixée en régime permanent, et le volume est supposé invariable).

D'où l'équation différentielle :

$$\frac{d^2T}{dx^2}KS + \frac{j_0^2 S}{\sigma} = 0 \quad \frown \quad \boxed{\frac{d^2T}{dx^2} + \frac{j_0^2}{K\sigma} = 0}$$

Intégrons cette équation, nous obtenons :

$$T(x) = -\frac{j_0^2}{2K\sigma}x^2 + \alpha\, x + \beta$$

Avec $T(0) = T_1$ et $T(L) = T_2$, d'où :

$$\beta = T_1 \quad \text{et} \quad -\frac{j_0^2}{2K\sigma}L^2 + \alpha\, L + T_1 = T_2$$

Finalement : $T(x) = -\frac{j_0^2}{2K\sigma}x^2 + \left[\frac{T_2 - T_1}{L} + \frac{j_0^2}{2K\sigma}L\right]x + T_1$

où :

$$\boxed{T(x) = \left\{T_1 + (T_2 - T_1)\frac{x}{L}\right\} + \left\{\frac{j_0^2}{2K\sigma}x(L - x)\right\}}$$

Cette expression est la somme de deux termes dont l'interprétation physique est donnée ci-dessous à titre de remarques.

Remarques :

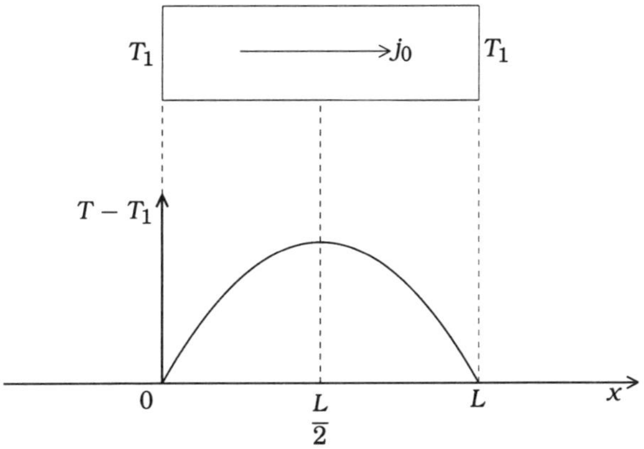

- Le terme en $\frac{j_0^2}{2K\sigma}x(L - x)$ correspondrait à l'écart de température (par rapport à une barre de température uniforme T_1) dû au courant traversant la barre. Il lui est associé un vecteur $(\vec{j_q})_1$ défini par :

$$(\vec{j_q})_1 = -K\frac{dT}{dx}\vec{e_x} = \frac{j_0^2}{\sigma}\left(x - \frac{L}{2}\right)$$

Ce flux est nul en $x = \frac{L}{2}$, milieu de la barre, et l'énergie thermique s'évacue de la même façon par les deux extrémités.

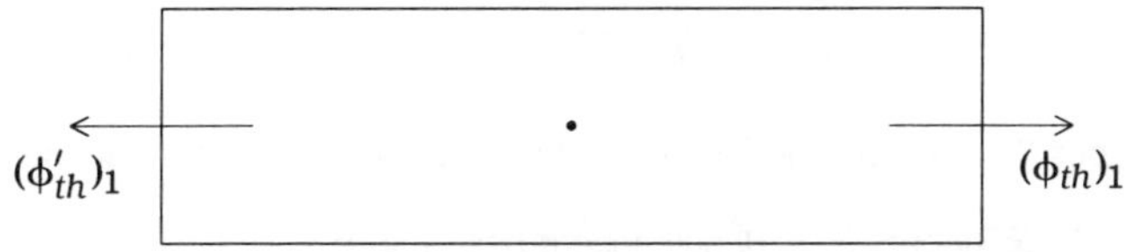

$$(\phi_{th})_1 = j_{q_1}(L)\cdot S = \frac{j_0^2}{2\,\sigma}LS$$
$$\left(\phi'_{th}\right)_1 = -j_{q_1}(0)\cdot S = \frac{j_0^2}{2\,\sigma}LS$$

On a bien $(\phi_{th})_1 + \left(\phi'_{th}\right)_1 = \dfrac{j_0^2}{\sigma}v$ où v est le volume total du matériau. Cette quantité représente l'énergie «dissipée» par ***effet Joule*** dans la barre.

- Le terme en $(T_2 - T_1)\dfrac{x}{L}$ représente «l'accroissement» de température au sein de la barre lorsque l'une des ses extrémités voit sa température «augmentée» de :

$$\Delta\, T = T_2 - T_1$$

Les dessins qui suivent correspondent au cas $T_1 > T_2$, le flux d'énergie thermique s'effectuant dans le sens positif de l'axe des x.

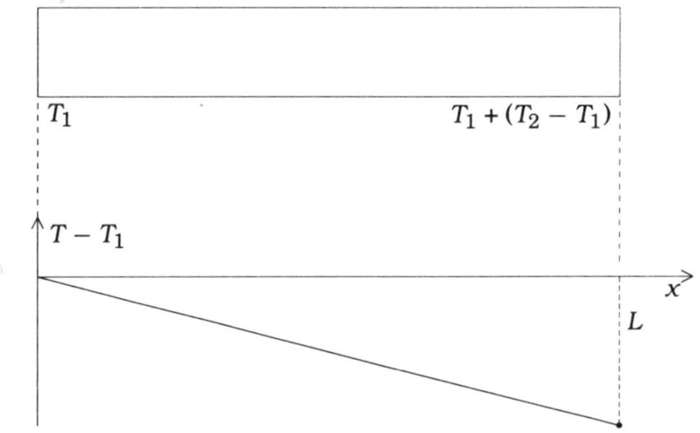

Le vecteur $\overrightarrow{j_q}$ vaut ici :

$$\left(\overrightarrow{j_q}\right)_2 = -K\frac{\mathrm{d}T}{\mathrm{d}x}\overrightarrow{e_x} = -K\frac{(T_2 - T_1)}{L}\overrightarrow{e_x}$$

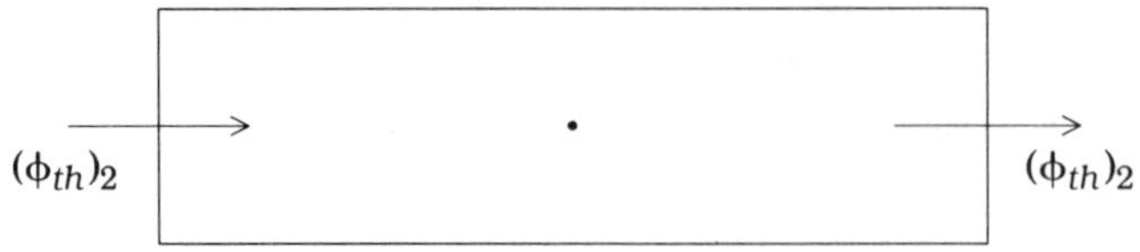

Au total, on a bien :

$$\begin{cases} T - T_1 = \dfrac{j_0^2}{2K\,\sigma}x(L - x) + (T_2 - T_1)\dfrac{x}{L} \\ \overrightarrow{j_q} = \overrightarrow{j_{q_1}} + \overrightarrow{j_{q_2}} \end{cases}$$

2) Supposons $T_1 > T_2$. On cherche à discuter l'existence d'un extremum de température pour $0 \leqslant x < L$, défini par $\dfrac{\mathrm{d}T}{\mathrm{d}x} = 0$, soit encore par $\overrightarrow{j_q} = \overrightarrow{0}$.

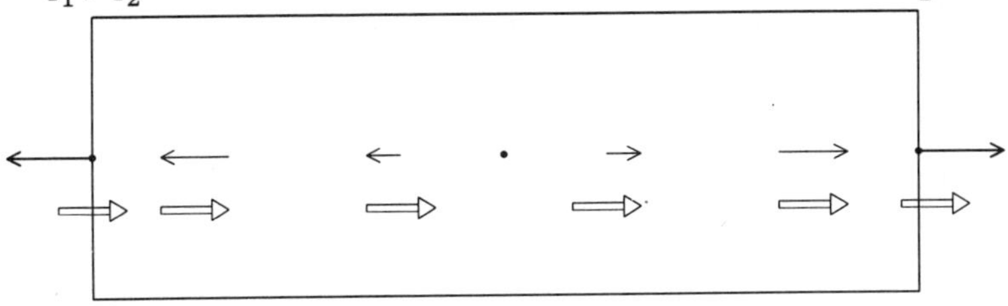

Flèches simples $\left(\overrightarrow{j_{q_1}}\right)$

Flèches doubles $\left(\overrightarrow{j_{q_2}}\right)$

Le dessin ci-dessus représente les vecteurs flux d'énergie thermique dus d'une part au courant i circulant dans la barre et d'autre part au décalage des températures imposé aux extrémités de la barre. On constate alors, dans le cas de figure où $T_1 > T_2$, qu'un tel extremum ne peut avoir lieu que pour $0 < x < \frac{L}{2}$ et à condition qu'il existe une valeur x_m de x pour laquelle $\left(j_{q_2}\right) = \left(-j_{q_1}\right)$.

Ce qui s'écrit ici : $\frac{K}{L}(T_1 - T_2) = \frac{j_0^2}{\sigma}\left(\frac{L}{2} - x_m\right)$

Soit encore :
$$x_m = \frac{L}{2} - \frac{\sigma K}{j_0^2 L}(T_1 - T_2)$$

L'existence de x_m implique $T_1 - T_2 < \frac{L^2 j_0^2}{2\,\sigma\,K}$ (pour $T_1 > T_2$).

On peut reproduire le même raisonnement pour $T_2 > T_1$ (il suffit de prendre l'origine à l'autre extrémité de la barre et de changer le sens de l'axe des x).

Il faut donc :

$$\boxed{|T_1 - T_2| < \frac{L^2 j_0^2}{2\,\sigma\,K}}$$

Remarquons qu'il s'agit bien d'un maximum. Reprenant le dessin présenté plus haut, on a dans ce cas ($T_1 > T_2$) :

$$\begin{cases} j_q(x) = -K\frac{\mathrm{d}T}{\mathrm{d}x} = j_{q_1} + j_{q_2} > 0 \text{ pour } x > x_m \text{ et } \frac{\mathrm{d}T}{\mathrm{d}x} < 0 \\ j_q(x) = -K\frac{\mathrm{d}T}{\mathrm{d}x} = j_{q_1} + j_{q_2} < 0 \text{ pour } x < x_m \text{ et } \frac{\mathrm{d}T}{\mathrm{d}x} > 0 \end{cases}$$

On a tracé ci-dessous les courbes donnant $\frac{T - T_1}{T_1 - T_2} = f(X, \eta)$ où $X = \frac{x}{L}$ et $\eta = \frac{j_0^2}{2K\,\sigma\,(T_1 - T_2)}$, pour $T_1 > T_2$, $0 \leqslant X \leqslant 1$ et η prenant successivement les valeurs :

$$0\ ;\ 0{,}5\ ;\ 1\ ;\ 2\ ;\ 5\ ;\ 10$$

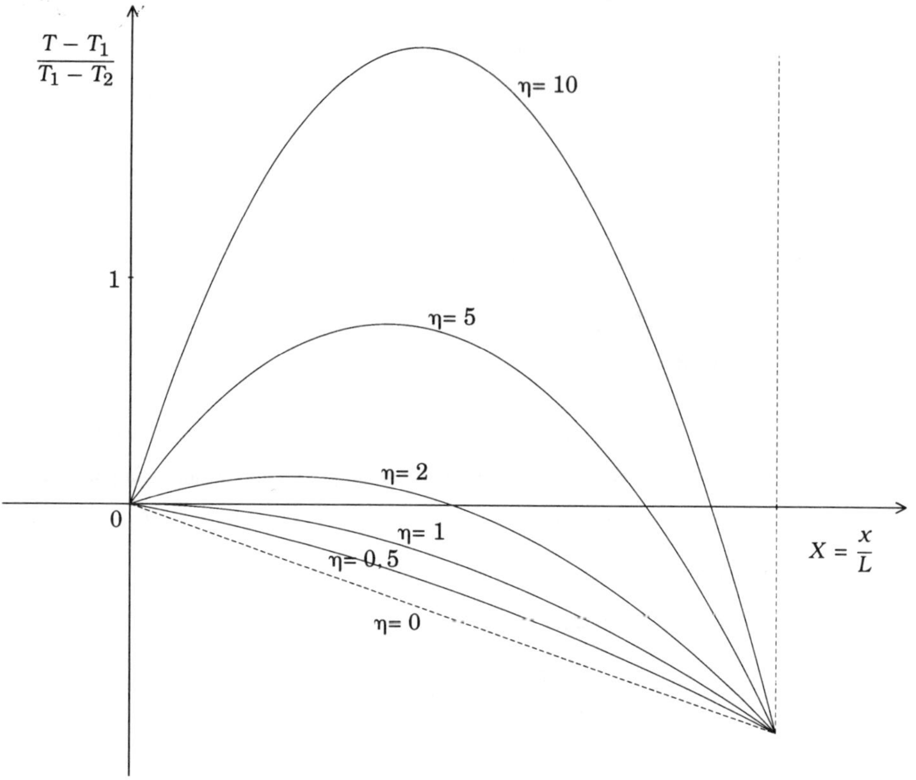

On a $\frac{T - T_1}{T_1 - T_2} = -X + \eta\, X(1 - X)$.

207 «MINES - P.»

Une vitre d'un panneau de fenêtre est constituée d'un verre de surface $S = 0,50\ m^2$ et d'épaisseur $e = 2\ mm$. Sa conductivité thermique est $\lambda = 1,16.W.m^{-1}.K^{-1}$.
La température de la pièce est $\theta_i = 19°\,C$ et la température extérieure $\theta_e = 4°\,C$.
On se placera en régime permanent.

1) * Calculer la puissance thermique traversant la vitre par conduction.

2) * En réalité, il faut tenir compte des échanges d'énergie thermique par convection et rayonnement entre le verre et l'air.
Il leur correspond une puissance thermique proportionnelle à l'aire de la surface de contact et à la différence des températures entre l'air et la surface du verre. Le coefficient de proportionnalité vaut $h = 9,3\ W.m^{-2}.K^{-1}$.
Déterminer la puissance thermique perdue à travers la vitre et comparer le résultat à celui établi à la première question.

3) * On considère maintenant un double vitrage constitué de deux vitres, d'épaisseurs $e_1 = 2\ mm$ et $e_2 = 4\ mm$, enfermant, sur une épaisseur $d = 35\ mm$, de l'air sec de conductivité thermique $\lambda' = 2,3\ 10^{-2}\ W.m^{-1}.K^{-1}$.
On négligera les phénomènes de convection et de rayonnement dans l'espace occupé par l'air sec.
Reprendre la question précédente.

Commentaires

Points de cours

- *Conduction thermique,*
- *Transferts thermiques en surface.*

Indications

- *Le régime étant stationnaire, le flux thermique traversant une surface* x = cte *est indépendant de* x*. Ceci implique une variation linéaire de la température dans les milieux où le transport d'énergie thermique s'effectue par conduction.*
- *Les échanges thermiques aux interfaces verre / air ont pour effet d'y créer des sauts de température et par là-même une diminution du gradient de température dans le verre.*

  Le flux thermique traversant la vitre est alors plus faible (en comparaison à celui obtenu en ne prenant en compte que la seule conduction thermique).

Solution

1)

Notons ϕ_{th} la puissance thermique traversant la vitre de l'intérieur vers l'extérieur.
Le régime envisagé étant stationnaire, ce flux ne dépend pas de x et la température varie linéairement avec x :

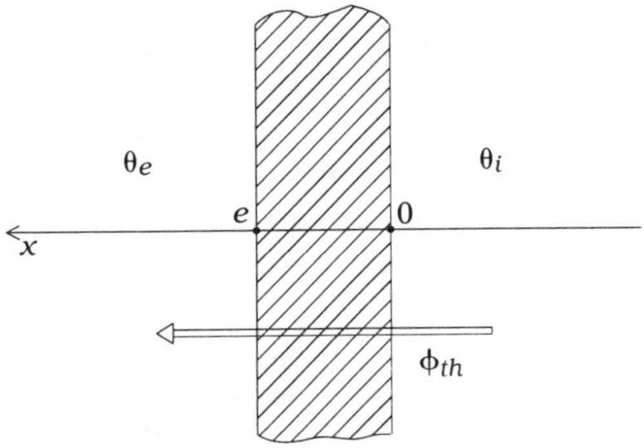

$$\phi_{th} = -\lambda \frac{d\theta}{dx} S = \text{cte} \quad \rightarrow \quad \theta = ax + b$$

D'où $\phi_{th} = -\lambda S \frac{(\theta_e - \theta_i)}{e} \quad \rightarrow \quad \boxed{\phi_{th} = \frac{\lambda S}{e}(\theta_i - \theta_e)}$

Application numérique :

$$\phi_{th} = \frac{1,16 \times 0,5}{2\ 10^{-3}}(19 - 4) \quad \rightarrow \quad \phi_{th} = 4,35\ 10^3 W$$

Remarque :

Exprimée en kilowatts, $\phi_{th} = 4,35\ kW$, ce qui est manifestement irréaliste : un radiateur d'une puissance de 2 ou 3 kW suffit à maintenir une température de $19° C$ dans une pièce d'habitation de dimensions normales ...

2)

On tient compte désormais des phénomènes de convection et de rayonnement.
Il apparaît alors une discontinuité de température entre les surfaces de la vitre et l'air environnant. Le régime étant stationnaire, le flux thermique ne dépend pas de x. La puissance thermique perdue à travers la vitre est bien plus faible, ce qui peut s'expliquer aisément en terme de résistance thermique.

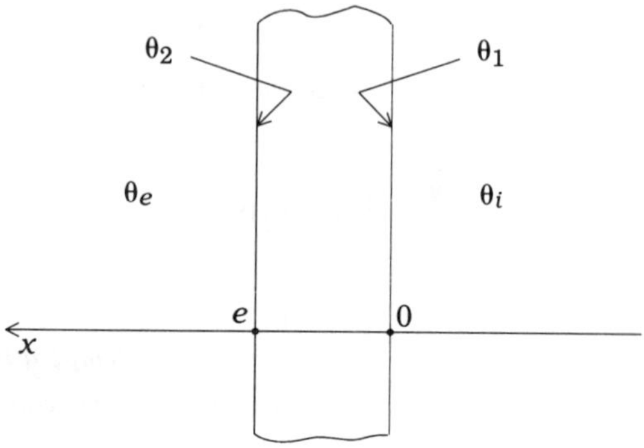

Dans le premier cas, on avait :

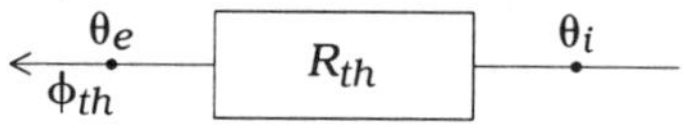

avec $R_{th} = \dfrac{1}{\lambda}\dfrac{e}{S}$

Et dans le second cas :

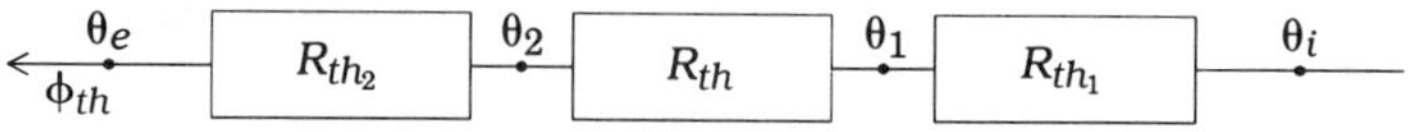

$$\text{avec } R_{th_1} = R_{th_2} = \frac{1}{hS}$$

La résistance thermique totale R'_{th}, tenant compte de la conduction au sein de la vitre, de la convection et du rayonnement en surface, est alors bien supérieure à R_{th} (conduction seule). En effet :

$$\begin{cases} R'_{th} = R_{th} + R_1 + R_2 & \text{et} \quad \theta_e - \theta_i = R'_{th}\,\phi'_{th} \\ R_{th} \text{ seule} & \text{et} \quad \theta_e - \theta_i = R_{th}\,\phi_{th} \end{cases}$$

$$R'_{th} > R_{th} \;\Rightarrow\; \phi'_{th} < \phi_{th}$$

D'autre part : $\dfrac{\phi'_{th}}{\phi_{th}} = \dfrac{R_{th}}{R'_{th}} = \dfrac{1}{1 + \dfrac{2}{h}\dfrac{\lambda}{e}}$

Or $\dfrac{\lambda}{e} = \dfrac{1,16}{2\;10^{-3}} = 580\;W.m^{-2}.K^{-1} \gg h$, de sorte que :

$$\frac{\phi'_{th}}{\phi_{th}} \# \frac{he}{2\lambda} \# \frac{9,3}{2 \times 580} = 8\;10^{-3} \sim \underline{\left|\,10^{-2}\right.}$$

On a donc à l'intérieur de la vitre :

$$\phi_{th} = \text{cte} = -\lambda\,\frac{d\theta}{dx}S \quad \text{soit} \quad \theta = ax + b$$

Notons θ_1 et θ_2 les températures en $x = 0^+$ et en $x = e^-$, il vient alors :

$$\phi_{th} = +\frac{\lambda\,S}{e}(\theta_1 - \theta_2) \quad \text{(cf. 1))}$$

De même, aux interfaces nous devons avoir la continuité du flux thermique (discontinuité de la température θ, mais continuité de sa dérivée), soit :

$$\phi_{th} = hS(\theta_2 - \theta_e)$$

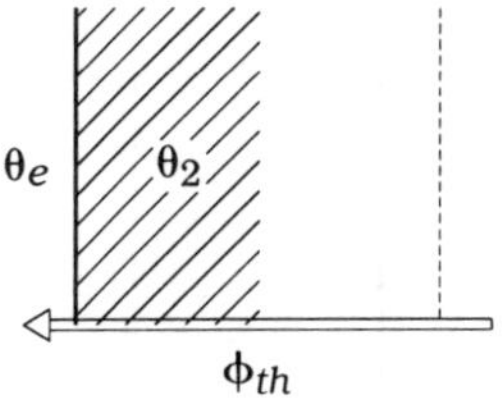

et

$$\phi_{th} = hS(\theta_i - \theta_1)$$

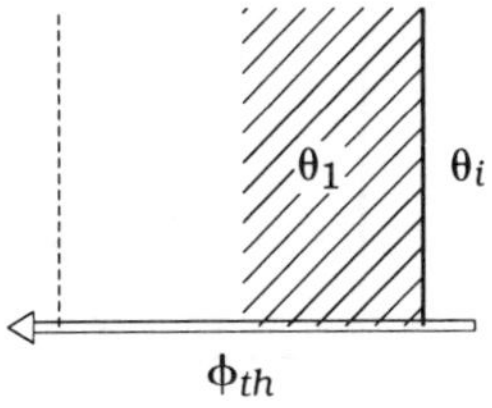

Exprimons le flux thermique en fonction de l'écart de température $\theta_i - \theta_e$:

$$\left.\begin{aligned} \theta_1 - \theta_2 &= \frac{e}{\lambda\, S}\,\phi_{th} \\ \theta_i - \theta_1 &= \frac{1}{hS}\,\phi_{th} \\ \theta_2 - \theta_e &= \frac{1}{hS}\,\phi_{th} \end{aligned}\right\} \quad \boxed{\theta_i - \theta_e = \left[\frac{e}{\lambda\, S} + \frac{2}{hS}\right]\phi_{th}}$$

Application numérique :

$$\phi_{th} = \frac{(19-4)\times 0,5}{\dfrac{2\;10^{-3}}{1,16} + \dfrac{2}{9,3}} \quad \rightharpoonup \quad \phi_{th} \;\#\, 34,6\,W$$

Les pertes d'énergie thermiques sont de l'ordre de cent fois moins importantes et donc plus raisonnables.

Remarques :

- Les échanges d'énergie en surface (délibérement négligés à la première question) reviendraient, dans le cadre du 1), à considérer une vitre d'épaisseur effective e' telle que :

$$\frac{e'}{\lambda\, S} = \frac{e}{\lambda\, S} + \frac{2}{hS} \quad \rightharpoonup \quad e' = e + \frac{2\,\lambda}{h} = e + \Delta\, e$$

Ici $\quad \Delta\, e = \dfrac{2 \cdot 1,16}{9,3} = 0,25\,m = 250\,mm$!

- Donnons également les valeurs de θ_1 et θ_2 :

$$hS(\theta_i - \theta_1) = \frac{\theta_i - \theta_e}{\dfrac{e}{\lambda\, S} + \dfrac{2}{hS}} \quad \rightharpoonup \quad \theta_i - \theta_1 = (\theta_i - \theta_e)\frac{1}{2\left(1 + \dfrac{eh}{2\,\lambda}\right)}$$

$$hS(\theta_2 - \theta_e) = hS(\theta_i - \theta_1) \quad \rightharpoonup \quad \theta_2 + \theta_1 = \theta_i + \theta_e$$

AN : $\theta_1 = 11,56^\circ C$ et $\theta_2 = 11,44^\circ C$

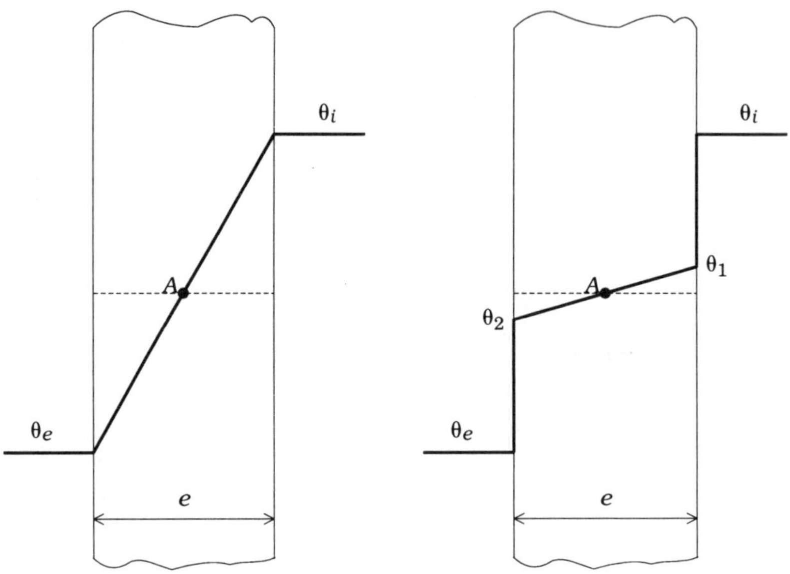

Cas 1
– «conduction seule» –

Cas 2
– conduction et échanges en surface –

3) Double vitrage :

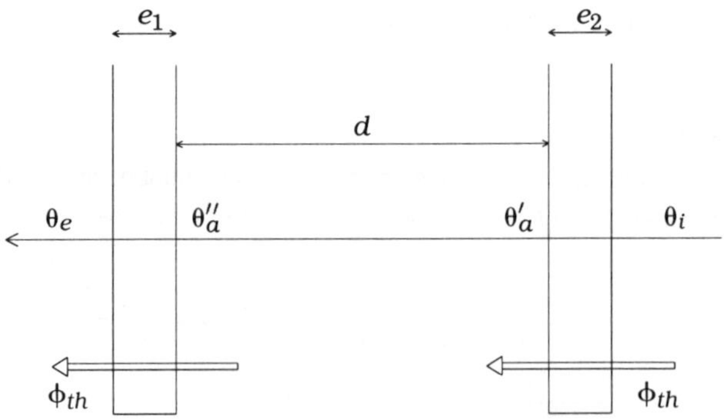

Il suffit de prendre en compte toutes les résistances thermiques, ce qui peut se représenter par le schéma ci-dessous :

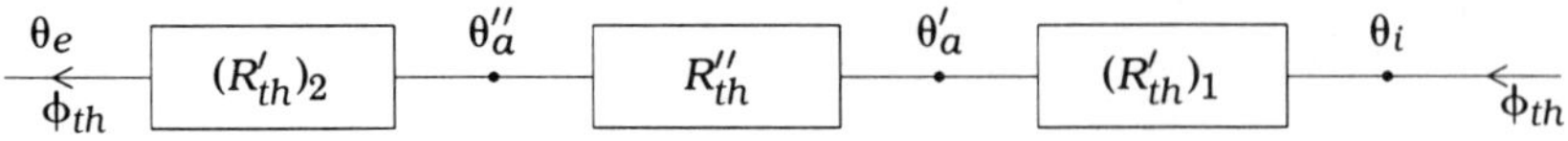

Avec :

$$\left(R'_{th}\right)_i = \frac{e_i}{\lambda\,S} + \frac{1}{hS} \quad \text{(convection et rayonnement par une seule face)}$$

$$R''_{th} = \frac{d}{\lambda'\,S} \quad \text{(conduction thermique associée au matelas d'air)}$$

Finalement : $\theta_i - \theta_e = \left(R''_{th} + R'_{th_1} + R'_{th_2}\right)\,\phi_{th}$

et $(\theta_i - \theta_e) = \left(\frac{e_T}{\lambda\,S} + \frac{2}{hS} + \frac{d}{\lambda'\,S}\right)\phi_{th}$ où $e_T = e_1 + e_2$

$$\text{Or } \frac{e_T}{\lambda\,S} = \frac{6\cdot 10^{-3}}{1,16\times 0,5} \quad \# \quad 0,01\ W^{-1}.m.K$$

$$\frac{2}{hS} = \frac{2}{9,3\times 0,5} \quad \# \quad 0,43\ W^{-1}.m.K$$

$$\frac{d}{\lambda'\,S} = \frac{0,035}{2,3\cdot 10^{-2}\times 0,5} \quad \# \quad 3,0\ W^{-1}.m.K$$

Les effets de la conduction thermique dans le verre sont bien moins importants que ceux associés aux échanges en surface par convection et rayonnement, eux-mêmes inférieurs à la conduction thermique dans l'air sec.

On a maintenant : $\phi_{th} = 4,3\ W$

Et le système est ***thermiquement*** plus avantageux.

On a gagné un facteur 8 par rapport à la vitre simple.

208 ENSI

Une barre cylindrique, de longueur ℓ et de section S, est contituée d'un matériau de conductivité thermique K.

Les températures aux deux extrémités sont maintenues constantes (T_1 et T_2). La barre échange avec l'extérieur (température T_0), au niveau de sa surface latérale de température T, une puissance thermique par unité de longueur $P = \alpha\,(T - T_0)$.

On supposera que la température est uniforme dans toute section de la barre.

* Déterminer, en régime établi, la répartition de température $T(x)$.

Commentaires

Points de cours

- *Conduction thermique : loi de Fourier,*
- *Echanges thermiques à l'interface solide – fluide.*

Indications

- *On fera un bilan d'énergie thermique (qui n'est rien d'autre ici que l'expression du premier principe) sur une tranche de la barre d'épaisseur* dx. *Puis on intégrera l'équation différentielle en tenant compte des conditions aux limites.*

Solution

Considérons la tranche de matériau située entre les sections d'abscisses x et $x+dx$. Le régime étant stationnaire, le flux thermique total «entrant » dans le volume considéré doit être nul, soit :

$$P_{th}(x) - P_{th}(x+dx) + \delta\phi_L = 0$$

La barre est le siège d'un flux d'énergie thermique donné par la loi de Fourier :

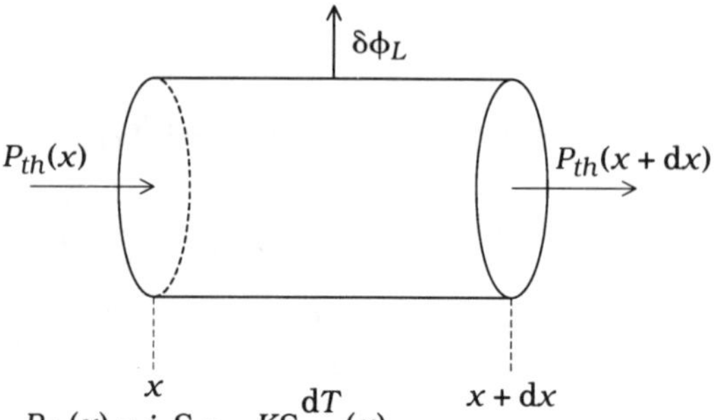

$$\overrightarrow{j_q} = -K\frac{dT}{dx}\overrightarrow{e_x} \quad \text{d'où} \quad P_{th}(x) = j_q S = -KS\frac{dT}{dx}(x)$$

D'autre part, le flux $\delta\phi_L$ correspond à la puissance thermique échangée avec l'extérieur :

$$\delta\phi_L = \ominus\, \alpha\,(T - T_0)dx \quad \text{(flux entrant, d'où le signe } \ominus)$$

D'où le bilan : $$-KS\frac{dT}{dx}(x) + KS\frac{dT}{dx}(x+dx) - \alpha\,(T - T_0)dx = 0$$

Soit encore :

$$KS\frac{d^2T}{dx^2} = \alpha\,(T - T_0) \quad \frown\!\!\rightarrow \quad \frac{d^2T}{dx^2} = \frac{\alpha}{KS}(T - T_0)$$

Posons $\lambda = \sqrt{\dfrac{KS}{\alpha}}$ grandeur homogène à une longueur :

$$\boxed{\frac{d^2}{dx^2}(T - T_0) - \frac{1}{\lambda^2}(T - T_0) = 0} \quad \textbf{(1)}$$

La solution à cette équation s'écrit :

$$T(x) - T_0 = A\,\mathrm{ch}\left(\frac{x}{\lambda}\right) + B\,\mathrm{sh}\left(\frac{x}{\lambda}\right)$$

Avec les conditions aux limites $T(0) = T_1$ et $T(\ell) = T_2$, soit

$$T_1 - T_0 = A \quad \text{et} \quad T_2 - T_0 = A\,\mathrm{ch}\left(\frac{\ell}{\lambda}\right) + B\,\mathrm{sh}\left(\frac{\ell}{\lambda}\right)$$

D'où : $$T(x) - T_0 = (T_1 - T_0)\,\mathrm{ch}\left(\frac{x}{\lambda}\right) + \left\{\frac{(T_2 - T_0)}{\mathrm{sh}\left(\frac{\ell}{\lambda}\right)} - (T_1 - T_0)\frac{\mathrm{ch}\left(\frac{\ell}{\lambda}\right)}{\mathrm{sh}\left(\frac{\ell}{\lambda}\right)}\right\}\mathrm{sh}\left(\frac{x}{\lambda}\right)$$

$$\boxed{T(x) = T_0 + (T_2 - T_0)\frac{\mathrm{sh}\left(\frac{x}{\lambda}\right)}{\mathrm{sh}\left(\frac{\ell}{\lambda}\right)} + (T_1 - T_0)\frac{\mathrm{sh}\left(\frac{\ell - x}{\lambda}\right)}{\mathrm{sh}\left(\frac{\ell}{\lambda}\right)}}$$

Remarque :

- Pour $\ell \ll \lambda$, on doit retrouver, à la limite, une répartition de température s'identifiant à celle d'une barre calorifugée :

$$T(x) = T_1 + (T_2 - T_1)\frac{x}{\ell}$$

- Pour $\ell \gg \lambda$, la température au sein de la barre est peu différente de T_0, sauf sur un voisinage de chaque extrémité, d'autant plus étroit que l'inégalité est forte.

Pour confirmer ces analyses, on a tracé ci-dessous les courbes donnant $y = \dfrac{T(x) - T_0}{T_1 - T_0}$ en fonction de la variable $X = \dfrac{x}{\ell}$ et du paramètre $u = \dfrac{\ell}{\lambda}$, soit :

$$y(x) = \frac{1}{\mathrm{sh}(u)}\left[\mathrm{sh}\left\{(1 - X)u\right\} + a\,\mathrm{sh}(Xu)\right]$$

On a pris $a = 10$ et $u = 0,001$; 1 ; 2 ; 10.

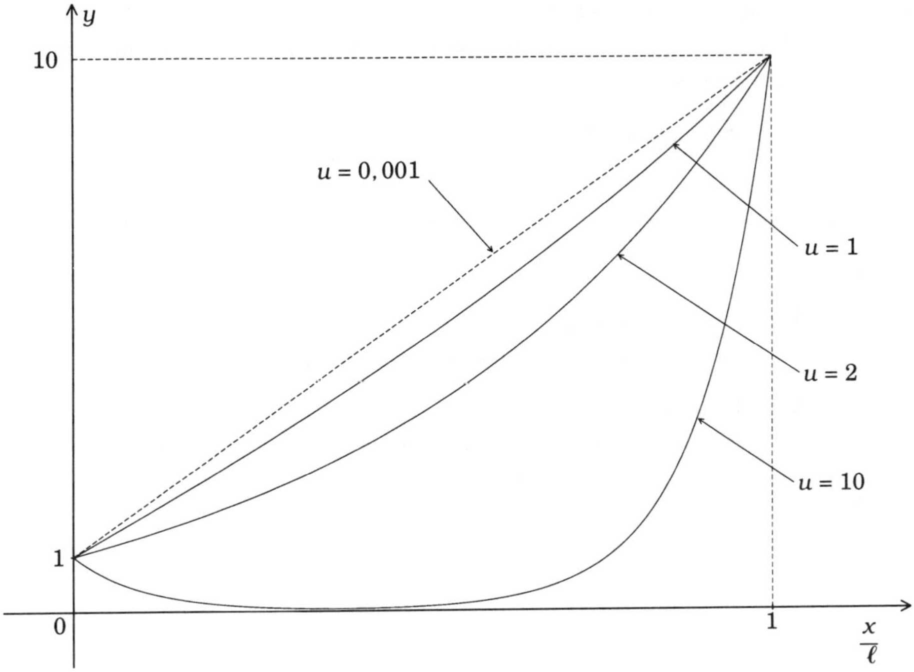

209 CENTRALE

Pour maintenir une plaque plane à température T_1 constante, on cherche à évacuer de l'énergie thermique par l'intermédiaire d'une barre cylindrique (longueur ℓ, rayon a) constituée d'un matériau présentant une conductivité thermique k.

Les échanges thermiques avec l'air ambiant sont caractérisés par une puissance surfacique égale à $h(T_S - T_0)$ où T_S représente la température de surface au point considéré.

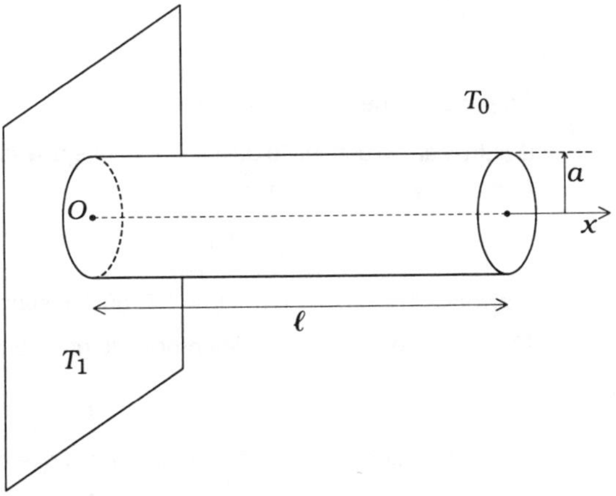

On fait les hypothèses suivantes :

a) la température est uniforme sur une section donnée du cylindre,

b) on assimile la barre à un cylindre de longueur infinie,

c) l'étude est faite en régime stationnaire,

d) le contact thermique entre la plaque et la barre est supposé parfait.

On notera $\lambda = \sqrt{\dfrac{ka}{2h}}$.

1) * Pouvez-vous justifier les hypothèses a) et b) ?

2) ** En déduire la répartition de température $T(x)$ au sein du cylindre, puis l'efficacité du système.

Application numérique :

$k = 300\ W.m^{-1}.K^{-1}$, $h = 15\ W.m^{-2}.K^{-1}$, $a = 1\ mm$

Commentaires

Points de cours

- *Conduction, échanges thermiques en surface.*

Indications

- *Evaluer les écarts de température perpendiculairement à l'axe et les comparer à $(T - T_0)$,*
- *L'efficacité sera définie comme le rapport des flux thermiques «prélevés» à la plaque, avec ou sans barre, et pour une surface S donnée de cette plaque.*

Solution

1)

- Repérons un point M, au sein de la barre, par ses coordonnées cylindriques (x, r). On pourra négliger les variations de température avec r devant celles avec x si l'on a :

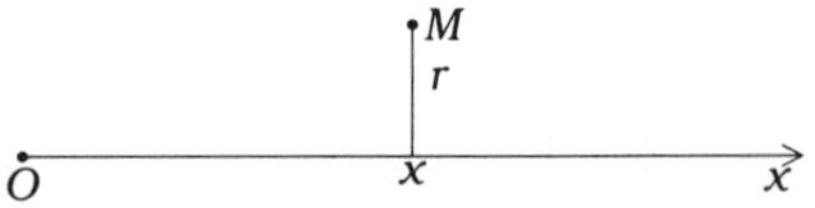

$$\left|\frac{\partial T}{\partial r}\right| \ll \left|\frac{\partial T}{\partial x}\right| \quad \textbf{(1)}$$

Or, par symétrie $\dfrac{\partial T}{\partial r}(r = 0) = 0$.

D'autre part, la continuité du flux thermique à la surface de la barre s'écrit, pour une surface élémentaire $\delta\Sigma = 2\pi a dx$:

$$k\left.\frac{\partial T}{\partial r}\right|_{r=a} \delta\Sigma = h\left[T(r = a) - T_0\right]\delta\Sigma \quad \textbf{(2)}$$

Ecrivons $T(r = a) = T(r = 0) + \delta T$ où l'on suppose $\delta T \ll T(r = 0)$

(2) s'écrit alors au niveau des ordres de grandeur :

$$k\frac{\delta T}{a} \sim h(T - T_0) \quad \text{où} \quad T \sim T(r = 0) \sim T(r = a)$$

L'approximation est d'autant mieux justifiée que δT est petit devant $T - T_0$. Soit :

$$\frac{\delta T}{T - T_0} = \frac{ha}{k} \ll 1$$

La condition cherchée s'écrit donc : $\boxed{\dfrac{ha}{k} \ll 1}$

Application numérique :

$$k = 300\ W.m^{-1}.K^{-1} \quad , \quad h = 15\ W.m^{-2}.K^{-1}$$

D'où : $$a \ll \frac{300}{15} \quad \rightharpoonup \quad a \ll 20\,m\ !$$

Ce qui justifie l'approximation faite (notons que cette étude n'a de sens que dans la mesure où la dimension transversale reste suffisamment petite devant la longueur ℓ de la barre : cf. suite).

Remarque :

> Notons λ la longueur caractéristique associée aux variations de la température en fonction de x, alors :
>
> $$\left|\frac{\partial T}{\partial x}\right| \sim \frac{T - T_0}{\lambda}$$
>
> L'inégalité **(1)** devient :
>
> $$k\frac{(T - T_0)}{\lambda} \gg h(T - T_0) \quad \rightharpoonup \quad \lambda \ll \frac{k}{h} \quad \textbf{(3)}$$
>
> Le bilan énergétique se traduira par l'équation différentielle :
>
> $$k\frac{\partial^2 T}{\partial x^2}\pi\, a^2 = h(T - T_0)2\,\pi\, a$$
>
> D'où l'on tire : $k\dfrac{(T - T_0)}{\lambda^2}a^2 \sim h(T - T_0)a$
>
> Soit $\dfrac{ka}{\lambda^2} \sim h$, et l'inégalité **(3)** devient :
>
> $$\frac{ka}{h} \ll \frac{k^2}{h^2} \quad \text{d'où} \quad \boxed{a \ll \frac{k}{h}}$$

■ La barre pourra être assimilée à une barre infinie lorsque sa longueur sera grande devant λ, soit pour :

$$\boxed{\ell \gg \sqrt{\frac{ka}{h}}} \quad \textbf{(4)}$$

Remarquons qu'alors $\dfrac{\ell}{a} \gg \sqrt{\dfrac{k}{ha}}$ soit $\dfrac{\ell}{a} \gg 1$ comme il se doit.

De plus, **(4)** peut s'écrire :

$$h\,\ell^2 \gg ka \quad \rightharpoonup \quad h(T_1 - T_0)\,\ell\, a \gg \frac{ka^2}{\ell}(T_1 - T_0)$$

ou encore : $$h(T_1 - T_0)\,\Sigma_L \gg \frac{kS}{\ell}(T_1 - T_0)$$

Le premier terme de cette inégalité représente la puissance thermique totale échangée entre la barre et l'extérieur à travers la surface latérale (du moins tant que ℓ est suffisamment grand devant λ). Le deuxième terme est associé à la puissance thermique véhiculée le long de la barre si l'on néglige les fuites latérales ($h = 0$), et pour des températures aux extrémités T_1 et T_0.

Remarque :

Le résultat **(4)** est physiquement cohérent puisque ℓ doit être d'autant plus grand que la conductivité thermique de la barre est importante et que les «fuites thermiques» sont faibles. La variation avec a est également prévisible puisque les flux thermiques sont proportionnels à a^2 (cf. section de la barre) pour la conductivité thermique et à a (cf. périmètre du cylindre) pour le transport latéral.

2) Faisons le bilan énergétique pour l'élément de longueur dx. Son énergie interne reste invariable (régime stationnaire et système indéformable), d'où :

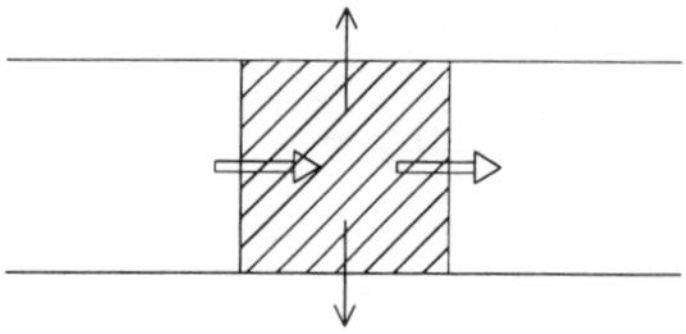

$$\frac{d\,\delta u}{dt} = 0 = \delta P_{th}$$

Or

$$\delta P_{th} = j_q(x)S - j_q(x+dx)S - h\left[T(x) - T_0\right]\,\delta\Sigma_L$$

et $\delta P_{th} = -S\frac{dj_q}{dx}dx - h\left[T(x) - T_0\right]\,\delta\Sigma_L$

Pour une barre cylindrique de section circulaire de rayon a, nous avons :

$$S = \pi a^2 \quad , \quad \delta\Sigma_L = 2\pi a dx$$

d'où :
$$\delta P_{th} = \left\{-\pi a^2\frac{dj_q}{dx} - h\left(T(x) - T_0\right)2\pi a\right\}dx$$

Et avec la loi de Fourier $j_q(x) = -k\frac{dT}{dx}$:

$$\delta P_{th} = \left\{\pi a^2 k\frac{d^2T}{dx^2} - h\left[T(x) - T_0\right]2\pi a\right\}dx = 0$$

Ce qui donne finalement :

$$\boxed{\frac{d^2T}{dx^2} - \frac{2h}{ka}\left(T(x) - T_0\right) = 0}$$

Il apparaît une longueur caractéristique $\lambda = \sqrt{\frac{ka}{2h}}$:

$$\frac{d^2(T - T_0)}{dx^2} - \frac{\left(T(x) - T_0\right)}{\lambda^2} = 0$$

dont la solution est donnée par :

$$T - T_0 = Ae^{-\frac{x}{\lambda}} + Be^{+\frac{x}{\lambda}}$$

On fait ici l'approximation d'une barre infinie ce qui implique alors $B = 0$, d'où :

$$\boxed{T(x) - T(0) \# (T_1 - T_0)e^{-\frac{x}{\lambda}}} \quad \text{(puisque } T(0) = T_1\text{)}$$

Remarque :

La modélisation d'une barre infinie sera, en fait, envisageable dès que $e^{+\frac{\ell}{\lambda}} \gg 1$. En effet, pour une barre de longueur ℓ on aurait :

- $T = T_1$ en $x = 0$, d'où $A + B = T_1 - T_0$
- continuité du flux thermique en $x = \ell$: $\phi_{th}(\ell^-) = \phi_{th}(\ell^+)$

Or :

$$\phi_{th}(\ell^-) = -kS\frac{\mathrm{d}T}{\mathrm{d}x}\bigg]_\ell = \frac{kS}{\lambda}\left[Ae^{-\frac{\ell}{\lambda}} - Be^{+\frac{\ell}{\lambda}}\right]$$

$$\phi_{th}(\ell^+) = h\left[T(\ell^-) - T_0\right]S = h\left[Ae^{-\frac{\ell}{\lambda}} + Be^{\frac{\ell}{\lambda}}\right]S$$

Soit : $\left(Ae^{-\frac{\ell}{\lambda}} - Be^{\frac{\ell}{\lambda}}\right) = \dfrac{h\,\lambda}{k}\left(Ae^{-\frac{\ell}{\lambda}} + Be^{\frac{\ell}{\lambda}}\right)$

D'où : $\begin{cases} A + B = T_1 - T_0 \\ B = \left(\dfrac{1 - \dfrac{h\,\lambda}{k}}{1 + h\dfrac{\lambda}{k}}\right) e^{-\frac{2\ell}{\lambda}} A = \left(\dfrac{1 - \dfrac{a}{2\,\lambda}}{1 + \dfrac{a}{2\,\lambda}}\right) e^{-\frac{2\ell}{\lambda}} A \end{cases}$

Or $\dfrac{h\,\lambda}{k} \ll 1$ et $B \sim e^{-\frac{2\ell}{\lambda}} A \ll A$ dès que $\dfrac{\ell}{\lambda} \gg 1$

- Pour mesurer l'efficacité de la présence de cette barre, et dans le cadre d'approximations précisées plus haut $\left(a \ll \dfrac{k}{h}\;;\; \ell \gg \sqrt{\dfrac{ka}{h}}\right)$, comparons les flux thermiques «évacués» , avec et sans barre, pour une même surface S de la plaque .

$$\phi_{th}\ \text{(sans barre)} = h(T_1 - T_0)S = \phi$$

$$\phi_{th}\ \text{(avec barre)} = -kS\frac{\mathrm{d}T}{\mathrm{d}x}\bigg]_{x=0} = \phi'$$

En effet, dans le deuxième cas, le flux thermique total à l'interface barre / milieu extérieur doit s'identifier au flux thermique entrant dans la barre par sa section située en $x = 0$ (état de la barre invariable).

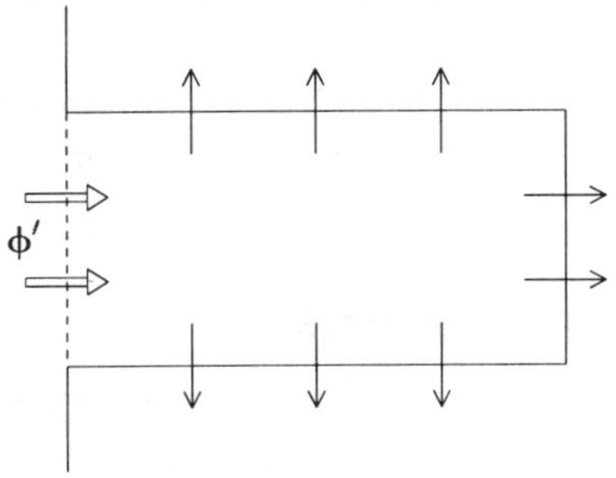

D'où :

$$\phi' \;\#\; + \frac{kS}{\lambda}(T_1 - T_0)$$

On définira alors un coefficient d'efficacité η selon :

$$\eta = \frac{\phi'}{\phi} = \frac{\dfrac{kS}{\lambda}(T_1 - T_0)}{h(T_1 - T_0)S} = \frac{k}{\lambda\,h} \quad \frown\!\!\rightarrow \quad \boxed{\eta = \frac{k}{\lambda\,h}}$$

On peut remarquer que ce coefficient prend des valeurs importantes dès que les approximations sont réalisées (cf. **(3)**).

Ainsi pour les valeurs numériques fournies par l'énoncé, il vient avec $a = 1\,mm$:

$$\eta = \frac{k}{h}\sqrt{\frac{2h}{ka}} \quad , \quad \eta = \sqrt{\frac{2k}{ha}} = \sqrt{\frac{2 \cdot 300}{15 \cdot 10^{-3}}} = \underline{200}$$

Remarque :

On peut vérifier que l'on a également :

$$\phi' = \int_0^\infty h\big(T(x) - T_0\big)\,\delta\Sigma \quad \text{où} \quad \delta\Sigma = 2\,\pi\,a\mathrm{d}x$$

Soit encore :

$$\phi' = h(T_1 - T_0) 2\pi a \int_0^{\infty} e^{-\frac{x}{\lambda}} dx \quad \text{où} \quad \int_0^{\infty} e^{-\frac{x}{\lambda}} dx = \lambda$$

D'où : $\phi' = h\lambda\, 2\pi a (T_1 - T_0)$

Or : $\lambda = \sqrt{\dfrac{ka}{2h}} \rightarrow h = \dfrac{1}{2}\dfrac{ka}{\lambda^2}$

et $\phi' = \dfrac{k\pi a^2}{\lambda}(T_1 - T_0)$

On retrouve bien le résultat précédent ($S = \pi a^2$)

210 CENTRALE

Deux solides $\mathcal{S}_1$ et $\mathcal{S}_2$, de capacités calorifiques C_1 et C_2 et de conductibilités thermiques infinies, sont reliés par une tige de section S, de longueur L, de conductivité thermique K et de capacité calorifique négligeable (on la prendra nulle).

Le système est calorifugé et, à l'instant $t = 0$, les températures de $\mathcal{S}_1$ et $\mathcal{S}_2$ sont respectivement $T_1 = T_{10}$ et $T_2 = T_{20}$ (avec $T_{10} > T_{20}$).

On supposera qu'il n'y a pas de saut de température aux contacts solides /tige.

1) ** Evaluer la quantité $R_{th} = \dfrac{T_1(t) - T_2(t)}{\phi}$ où ϕ représente le flux d'énergie thermique traversant la tige.

Comment évoluent T_1 et T_2 ?

On pourra poser $T_f = \dfrac{C_1}{C_1 + C_2} T_{10} + \dfrac{C_2}{C_1 + C_2} T_{20}$ et $\Delta T = T_{10} - T_{20}$.

2) * Comment varie l'entropie du système ?

Commentaires

Points de cours

- *Transport d'énergie thermique par conduction : loi de Fourier,*
- *Résistance thermique,*
- *Entropie.*

Indications

- *On pourra considérer, qu'à chaque instant t_0, la barre présente une répartition des températures s'identifiant à celle que l'on obtiendrait, en régime permanent, avec des températures aux extrémités invariables $T_1(t_0)$ et $T_2(t_0)$. L'évolution des températures des «sources» s'obtiendra à partir de bilans d'énergie les concernant, le flux d'énergie thermique fourni par l'une étant égal à celui reçu par l'autre.*

Solution

1) ▪ La capacité thermique de la tige étant négligée (idéalement nulle), cela revient à considérer, qu'à chaque instant, la tige est le siège d'une répartition de température correspondant au «quasi-équilibre» avec des conditions aux limites $T_1(t)$ et $T_2(t)$.

Une autre façon de traduire cette hypothèse est d'écrire, qu'à un instant donné t, le flux ϕ d'énergie thermique traversant une section d'abscisse x de la tige est indépendant de x.

Soit, $\overrightarrow{j_q} = j_q(x, t)\overrightarrow{e_x}$ désignant le vecteur densité volumique de courant d'énergie thermique :

$$j_q(x, t) \cdot S = j_q(x + \mathrm{d}x, t)S = \phi\,(t)$$

(avec $\overrightarrow{j_q} = -K\overrightarrow{\mathrm{grad}}T = -K\dfrac{\partial T}{\partial x}\overrightarrow{e_x}$: loi de Fourier).

D'où : $-K\dfrac{\partial T}{\partial x} = \dfrac{\phi\,(t)}{S}$

et $T(x, t) = -\dfrac{1}{KS}\,\phi\,(t)x + T_1(t)$

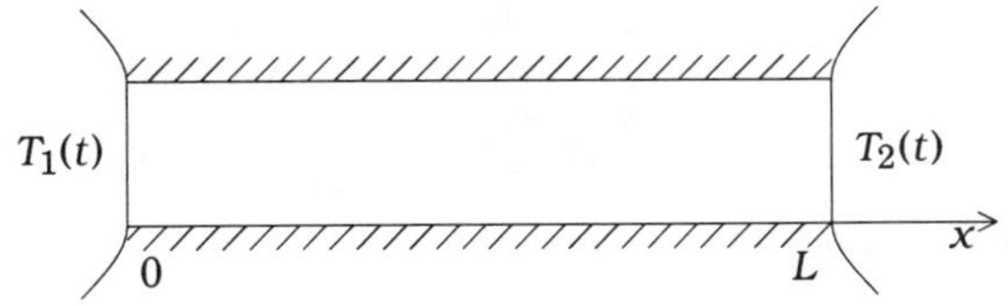

D'autre part : $T(L, t) = T_2(t)$, d'où :

$$T_2(t) = -\frac{1}{KS}\,\phi\,(t)L + T_1(t) \quad \text{soit} \quad \phi\,(t) = \frac{KS}{L}\left(T_1(t) - T_2(t)\right)$$

Dès lors :

$$\boxed{R_{th} = \frac{T_1(t) - T_2(t)}{\phi\,(t)} = \frac{1}{K}\frac{L}{S}}$$ (***résistance thermique***)

Remarque :

- Notons les analogies avec l'électrocinétique. Considérons, à cet effet, une résistance R parcourue par un courant i.

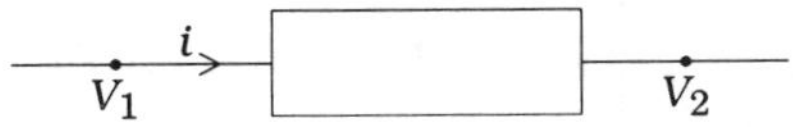

On a : $V_1 - V_2 = R\,i$ avec $R = \dfrac{1}{\gamma}\dfrac{L}{S}$ (γ représente le coefficient de conductivité électrique du conducteur)

- Pour le système thermique proposé on avait également :

$$T_1 - T_2 = R_{th}\,\phi \quad \text{où} \quad R_{th} = \frac{1}{K}\frac{L}{S}$$

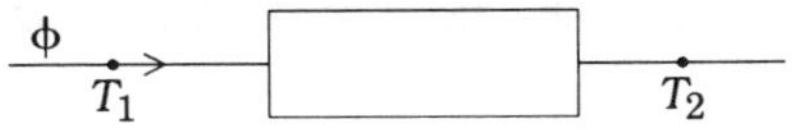

- On peut également rapprocher la loi de Fourier $\overrightarrow{j_q} = -K\overrightarrow{\text{grad}}T$ de la loi d'Ohm de l'électrocinétique $\overrightarrow{j} = -\gamma\,\overrightarrow{\text{grad}}V$. (Notion de résistance thermique)

- Les températures des corps $\mathcal{S}_1$ et $\mathcal{S}_2$ sont uniformes, (conductibilités thermiques infinies), et vont évoluer selon les équations de bilan (1er principe) :

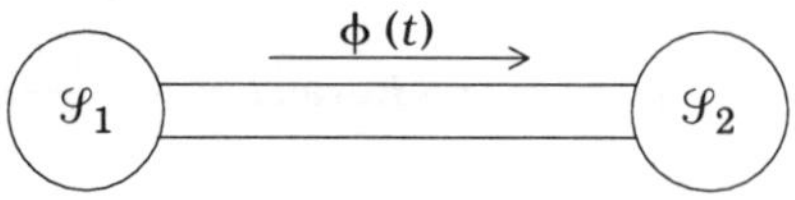

$$C_1\frac{dT_1}{dt} = -\phi(t) = -C_2\frac{dT_2}{dt}$$

Soit :

$$\boxed{C_1T_1 + C_2T_2 = C_1T_{10} + C_2T_{20}} \quad \textbf{(1)}$$

D'où :

$$\begin{cases} C_1\dfrac{dT_1}{dt} &= -\dfrac{1}{R_{th}}(T_1 - T_2) \\ C_2\dfrac{dT_2}{dt} &= \dfrac{1}{R_{th}}(T_1 - T_2) \end{cases}$$

Ces deux dernières équations donnent encore :

$$\frac{d}{dt}(T_1 - T_2) = -\frac{1}{R_{th}}\left(\frac{1}{C_1} + \frac{1}{C_2}\right)(T_1 - T_2)$$

et après intégration :

$$\textbf{(2)}\ \boxed{T_1(t) - T_2(t) = (T_{10} - T_{20})e^{-\frac{t}{\tau}}} \quad \text{où } \tau = \frac{R_{th}C_1C_2}{C_1 + C_2}$$

Des équations **(1)** et **(2)**, nous tirons :

$$\begin{cases} T_1 &= T_f + \dfrac{C_2}{C_2 + C_1}(T_{10} - T_{20})e^{-\frac{t}{\tau}} \\ T_2 &= T_f - \dfrac{C_1}{C_1 + C_2}(T_{10} - T_{20})e^{-\frac{t}{\tau}} \end{cases}$$

D'où :

$$\boxed{\begin{aligned} T_1 &= T_f + \frac{C_2}{C_2 + C_1}\,\Delta T\,e^{-\frac{t}{\tau}} \\ T_2 &= T_f - \frac{C_1}{C_2 + C_1}\,\Delta T\,e^{-\frac{t}{\tau}} \end{aligned}}$$

L'état final correspond bien évidemment à une température uniforme égale à :

$$(C_1 + C_2)T_f = C_1T_{10} + C_2T_{20}$$

c'est-à-dire

$$T_f = \frac{C_1}{C_1 + C_2}T_{10} + \frac{C_2}{C_1 + C_2}T_{20}$$

Remarque :

Ce dernier résultat peut être déduit de l'application du premier principe à l'ensemble du système.
$\Delta U = 0$ (le système $\{\mathcal{S}_1 \cup \mathcal{S}_2 \cup$ tige$\}$ est isolé thermiquement de l'extérieur et ne reçoit aucun travail).

Or $U = U(\mathcal{S}_1) + U(\mathcal{S}_2) + U(\text{tige})$

$\Delta U(\text{tige}) = 0$ (capacité calorifique nulle).

D'où :

$$\Delta U = \Delta U(\mathcal{S}_1) + \Delta U(\mathcal{S}_2) = C_1(T_{1f} - T_{10}) + C_2(T_{2f} - T_{20}) = 0$$

2) ▪ L'entropie du matériau associé à la tige est constante (capacité calorifique nulle, variations de volume négligées). Le second principe appliqué à la tige donne alors :

$$\frac{\mathrm{d}S_b}{\mathrm{d}t} = 0 = \{\text{terme d'échange}\} + \{\text{taux de création}\}$$

$$\text{soit} \quad \frac{\mathrm{d}S_b}{\mathrm{d}t} = \left(\frac{\delta S}{\mathrm{d}t}\right)_{ech} + \dot{\sigma}_b$$

Or la tige reçoit la puissance thermique $\phi(t)$ du corps $\mathcal{S}_1$ et fournit la même puissance au corps $\mathcal{S}_2$. Dès lors :

$$\left(\frac{\delta S}{\mathrm{d}t}\right)_{ech} = \frac{\phi(t)}{T_1} - \frac{\phi(t)}{T_2}$$

Soit :

$$\dot{\sigma}_b = \phi(t)\left(\frac{1}{T_2} - \frac{1}{T_1}\right) \quad \textbf{(2)}$$

On a toujours $T_1(t) > T_2(t)$ (puisque $T_{10} > T_{20}$) et $\dot{\sigma}_b > 0$ (création d'entropie). Il en résulte que $\phi(t)$ est positif, l'énergie thermique est véhiculée, à travers la tige, du corps chaud au corps froid.

▪ De même pour les deux sources de ***températures uniformes***, il vient :

$$\frac{\mathrm{d}S_1}{\mathrm{d}t} = \left(\frac{\delta S_1}{\mathrm{d}t}\right)_{ech} + 0 \quad \text{et} \quad \frac{\mathrm{d}S_2}{\mathrm{d}t} = \left(\frac{\delta S_2}{\mathrm{d}t}\right)_{ech} + 0$$

Soit encore :

$$\frac{\mathrm{d}S_1}{\mathrm{d}t} = -\frac{\phi}{T_1(t)} \quad \text{et} \quad \frac{\mathrm{d}S_2}{\mathrm{d}t} = +\frac{\phi}{T_2(t)}$$

Et au total, en désignant par S_T l'entropie du système ($S_T = S_1 + S_2 + S_b$) :

$$\boxed{\frac{\mathrm{d}S_t}{\mathrm{d}t} = \phi(t)\left(\frac{1}{T_2(t)} - \frac{1}{T_1(t)}\right) = \frac{1}{R_{th}}\frac{(T_1 - T_2)^2}{T_1 T_2} > 0}$$

Cette quantité s'identifie en fait à $\dot{\sigma}_b$.

Remarques :

▪ On peut aussi écrire :

$$\frac{\mathrm{d}S_t}{\mathrm{d}t} = \frac{\mathrm{d}S_1}{\mathrm{d}t} + \frac{\mathrm{d}S_2}{\mathrm{d}t} + 0 = C_1\frac{1}{T_1}\frac{\mathrm{d}T_1}{\mathrm{d}t} + C_2\frac{1}{T_2}\frac{\mathrm{d}T_2}{\mathrm{d}t}$$

D'où $\Delta S_T = C_1 \mathrm{Ln}\left(\frac{T_{1f}}{T_{10}}\right) + C_2 \mathrm{Ln}\left(\frac{T_{2f}}{T_{20}}\right)$

Or $T_{1f} = T_{2f} = T_f$, d'où :

$$\Delta S_T = C_1 \mathrm{Ln}\left(\frac{T_f}{T_{10}}\right) + C_2 \mathrm{Ln}\left(\frac{T_f}{T_{20}}\right) = \mathrm{Ln}\left[\frac{T_f^{C_1+C_2}}{T_{10}^{C_1} T_{20}^{C_2}}\right]$$

On a donc :

$$T_f \geqslant T_{10}^{\frac{C_1}{C_1+C_2}} T_{20}^{\frac{C_2}{C_1+C_2}}$$

(Pour $C_1 = C_2$, on aurait $T_f \geqslant \sqrt{T_{10}T_{20}}$)

- Déterminons la création d'entropie par unité de volume de la tige.

D'après la formule **(2)**, on peut écrire pour la tranche d'épaisseur dx :

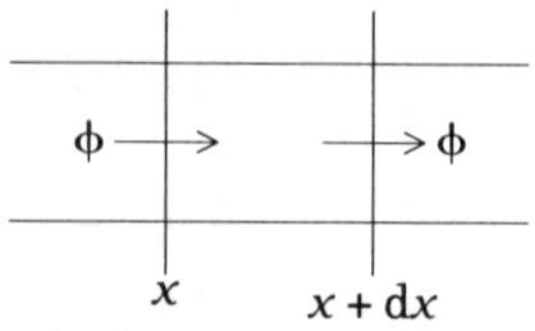

$$\delta \dot{\sigma}_b = \phi \left(\frac{1}{T(x+\mathrm{d}x)} - \frac{1}{T(x)} \right) = \phi \frac{\mathrm{d}}{\mathrm{d}x} \left(\frac{1}{T} \right) \mathrm{d}x$$

Or $\phi = j_q S$ d'où $\dfrac{\delta \dot{\sigma}_b}{S\mathrm{d}x} = j_q \dfrac{\mathrm{d}}{\mathrm{d}x} \left(\dfrac{1}{T} \right)$

Et en revenant à l'écriture vectorielle :

$$\boxed{\frac{\delta \dot{\sigma}_b}{\delta \vartheta} = \vec{j_q} \cdot \vec{\nabla} \left(\frac{1}{T} \right)}$$

Remarquons que ce résultat reste vrai dans le cas général ($\vec{j_q}(x, t)$). On a bien :

$$\vec{j_q} \cdot \vec{\nabla} \left(\frac{1}{T} \right) = (-K \vec{\nabla} T) \cdot \left(-\frac{\vec{\nabla} T}{T^2} \right) = \frac{K}{T^2} (\vec{\nabla} T)^2 > 0$$

211 MINES - PONTS

Une barre, de longueur L, section S, chaleur massique C_B, masse volumique ρ et de conductivité thermique K, est reliée à deux corps $\mathscr{C}_1$ et $\mathscr{C}_2$.

On admettra que la température est continue en $x = 0$ et $x = L$ et que les volumes des corps et de la barre sont invariables.

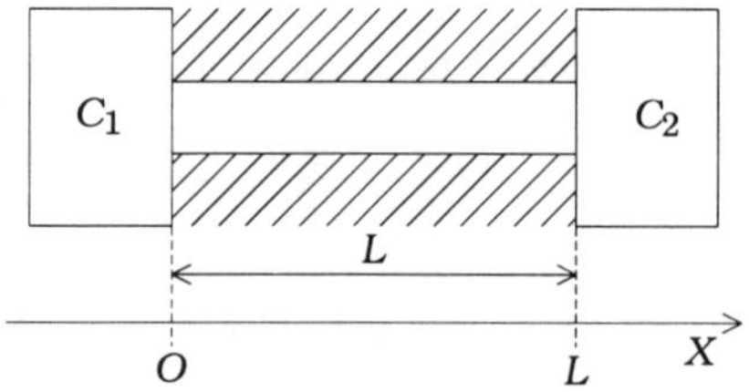

1) * On suppose que $\mathscr{C}_1$ et $\mathscr{C}_2$ sont deux sources d'énergie thermique de températures fixées T_1 et T_2. Calculer $T(x)$ en régime établi.

2) ** $\mathscr{C}_1$ et $\mathscr{C}_2$ sont désormais deux corps de capacités calorifiques C_1 et C_2 finies et de températures initiales T_{10} et T_{20}.

Déterminer le temps au bout duquel $(T_2 - T_1) = \dfrac{1}{2}(T_{10} - T_{20})$; on fera l'hypothèse $(C_1, C_2) \gg C_B \, \rho \, LS$.

Commentaires

Points de cours

- *Conduction thermique : loi de Fourier.*

Indications

- *Lorsque $\mathscr{C}_1$ et $\mathscr{C}_2$ constituent des sources d'énergie thermique, leurs températures sont invariables ; et, en régime établi, le flux d'énergie thermique doit être invariant selon x.*
- *Dans la deuxième question, les corps $\mathscr{C}_1$ et $\mathscr{C}_2$ possèdent des capacités thermiques finies et leurs températures vont donc varier, mais suffisamment lentement (d'après l'hypothèse retenue) pour que l'on puisse admettre, à chaque instant, une distribution de température de «régime permanent» associée aux conditions aux limites $T_1(t)$ et $T_2(t)$.*

Solution

1) En régime établi, la température au sein de la barre ne dépend que de x : le flux d'énergie thermique traversant une section de barre doit être le même pour tout x ($0 \leqslant x \leqslant L$).

On a donc d'après la ***loi de Fourier*** :

$$P_{th} = j_q S = -KS\frac{\partial T}{\partial x} = \text{cte}$$

$T(x)$ est une fonction affine de x :

$$T(x) = ax + b \text{ avec } T(0) = T_1 \text{ et } T(L) = T_2$$

d'où :

$$\boxed{T(x) = T_1 + (T_2 - T_1)\frac{x}{L}} \quad \textbf{(1)}$$

2) L'évolution de la température des corps $\mathscr{C}_1$ et $\mathscr{C}_2$ s'obtient simplement à l'aide du premier principe (volumes invariables) :

$$\frac{\mathrm{d}U_1}{\mathrm{d}t} = -P_{th}(x = 0, t) = KS\frac{\partial T(0, t)}{\partial x}$$

D'où :

$$\boxed{C_1\frac{\mathrm{d}T_1}{\mathrm{d}t} = KS\frac{\partial T(0, t)}{\partial x}} \quad \textbf{(2)}$$

De même :

$$\frac{\mathrm{d}U_2}{\mathrm{d}t} = P_{th}(x = L, t) = -KS\frac{\partial T(L, t)}{\partial x}$$

et :

$$\boxed{C_2\frac{\mathrm{d}T_2}{\mathrm{d}t} = -KS\frac{\partial T(L, t)}{\partial x}} \quad \textbf{(3)}$$

Quant à l'évolution de la température dans la barre, elle est donnée par l'équation de la diffusion.

Pour l'établir, considérons une tranche infinitésimale de longueur $\mathrm{d}x$ et de capacité thermique $\delta C = C_B\, \rho\, S\mathrm{d}x$:

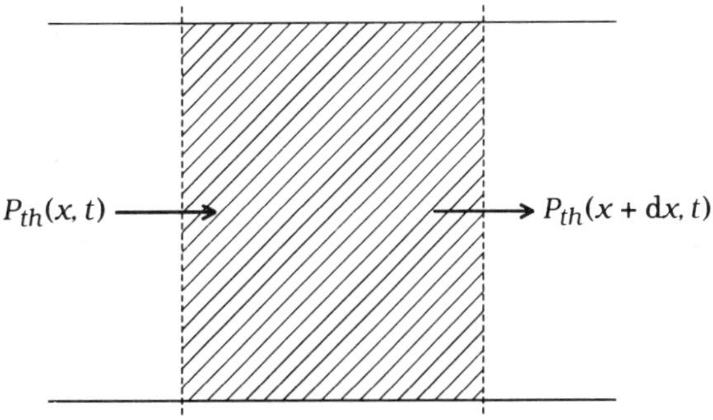

$$\delta C\frac{\partial T}{\partial t} = P_{th}(x, t) - P_{th}(x + \mathrm{d}x, t)$$
$$= -\frac{\partial P_{th}}{\partial x}\mathrm{d}x$$
$$= KS\mathrm{d}x\frac{\partial^2 T}{\partial x^2}$$

D'où :

$$C_B\, \rho\, S\mathrm{d}x\frac{\partial T}{\partial t} = KS\mathrm{d}x\frac{\partial^2 T}{\partial x^2} \longrightarrow \boxed{D\frac{\partial^2 T}{\partial x^2} = \frac{\partial T}{\partial t}} \quad \textbf{(4)}$$

avec $D = \dfrac{K}{C_B\,\rho}$.

On peut faire apparaître une durée caractéristique τ_D de diffusion pour la barre de longueur L. Soit, en remplaçant l'équation **(4)** par des ordres de grandeur :

$$\frac{D}{L^2} \simeq \frac{1}{\tau_D} \longrightarrow \tau_D \simeq \frac{L^2}{D} \text{ et } \tau_D \simeq \frac{L^2 C_B\,\rho}{K}$$

Soit τ le temps caractéristique définissant l'évolution de $T_1(t)$ et $T_2(t)$ (cf. ci-après) ; nous allons nous placer dans le cas où τ_D est bien plus petit que τ. Cela revient à dire, qu'à «chaque instant» , la température $T(x, t)$ au sein de la barre est celle que l'on obtiendrait à «l'équilibre» avec des températures des corps $\mathscr{C}_1$ et $\mathscr{C}_2$ «gelées» aux valeurs $T_1(t)$ et $T_2(t)$.

Dans l'approximation précisée ci-dessus, nous avons donc (d'après **(1)**) :

$$T(x, t) = T_1(x) + \left[T_2(t) - T_1(t)\right] \frac{x}{L}$$

Soit :

$$\frac{\partial T}{\partial x} = \frac{T_2(t) - T_1(t)}{L}$$

Les équations **(2)** et **(3)** s'écrivent alors :

$$\begin{cases} \dfrac{dT_1}{dt} = \dfrac{KS}{C_1 L}\left[T_2(t) - T_1(t)\right] \\ \dfrac{dT_2}{dt} = -\dfrac{KS}{C_2 L}\left[T_2(t) - T_1(t)\right] \end{cases}$$

Faisons la différence de ces deux équations :

$$\frac{d}{dt}(T_2 - T_1) = -\frac{KS}{L}\left(\frac{1}{C_2} + \frac{1}{C_1}\right)[T_2 - T_1]$$

Et en posant $\boxed{\dfrac{1}{\tau} = \dfrac{KS}{L}\left(\dfrac{1}{C_2} + \dfrac{1}{C_1}\right)}$ il vient :

$$\frac{d}{dt}(T_2 - T_1) + \frac{1}{\tau}(T_2 - T_1) = 0$$

Soit après intégration :

$$\boxed{T_2 - T_1 = (T_{20} - T_{10})e^{-\frac{t}{\tau}}}$$

Ce résultat est bien entendu identique à celui obtenu à l'exercice 210 . Il s'agit ici de préciser la nature des approximations effectuées (cf. fin).

La différence des températures des corps $\mathscr{C}_2$ et $\mathscr{C}_1$ aura été divisée par deux au bout d'un temps Δt tel que :

$$\frac{1}{2} = e^{-\frac{\Delta t}{\tau}} \longrightarrow \Delta t = \tau \,\text{Ln}2$$

Soit :

$$\boxed{\Delta t = \frac{C_2 C_1}{C_2 + C_1}\frac{L}{KS}\text{Ln}2}$$

Remarque :

- Dans l'approximation considérée, on a également :

$$\frac{d}{dt}(C_1 T_1 + C_2 T_2) = 0 \text{ soit } C_1 T_1 + C_2 T_2 = C_1 T_{10} + C_2 T_{20}$$

Ce qui permet d'en déduire $T_1(t)$ et $T_2(t)$:

$$\begin{cases} T_1(t) = \dfrac{C_1 T_{10} + C_2 T_{20}}{C_1 + C_2} - \dfrac{C_2}{C_1 + C_2}(T_{20} - T_{10})\, e^{-\frac{t}{\tau}} \\ T_2(t) = \dfrac{C_1 T_{10} + C_2 T_{20}}{C_1 + C_2} + \dfrac{C_1}{C_1 + C_2}(T_{20} - T_{10})\, e^{-\frac{t}{\tau}} \end{cases}$$

D'où les courbes $\left(T_{10} = 283K\ ,\ T_{20} = 373K \text{ et pour } C_1 = C_2\right)$:

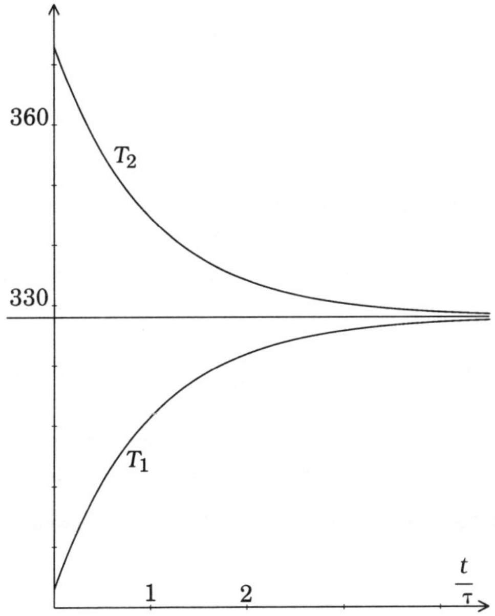

- Retour sur l'approximation. Nous avons obtenu :

$$\tau_D \simeq \frac{L^2 C_B\, \rho}{K} \quad \text{et} \quad \tau \simeq \frac{C_2 C_1}{C_2 + C_1} \frac{L}{KS}$$

Il faut donc que $\tau_D \ll \tau$, ce qui s'écrit :

$$\frac{L^2 C_B\, \rho}{K} \ll \frac{C_2 C_1}{C_2 + C_1} \frac{L}{KS} \quad \text{soit} \quad L C_B\, \rho\, S \ll \frac{C_2 C_1}{C_2 + C_1}$$

La quantité $C_B\, \rho\, LS$ représente la capacité thermique totale de la barre. L'inégalité est bien réalisée lorsque les capacités thermiques des deux corps $\mathscr{C}_1$ et $\mathscr{C}_2$ sont très grandes devant celle de la barre.

La conductivité thermique K intervient à deux niveaux : elle assure les transports d'énergie thermique au sein de la barre et elle «contrôle» les échanges d'énergie thermique entre les corps $\mathscr{C}_1$, $\mathscr{C}_2$ et la barre. Ceci explique que les constantes de temps τ_D et τ dépendent de la même façon de K (τ_D et τ proportionnels à $\frac{1}{K}$) et que la conductivité thermique ne joue aucun rôle dans l'approximation envisagée ...

212 «CENTRALE»

Un fluide s'écoule dans une conduite cylindrique, de rayon a, dont la paroi est maintenue à température constante T_0 (par exemple, par contact avec un mélange liquide – vapeur).

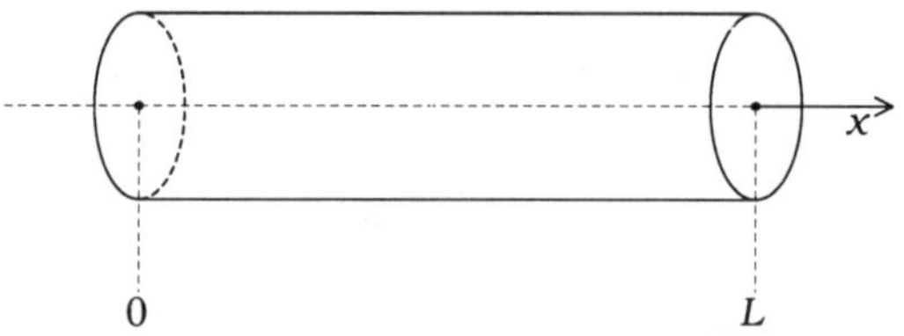

On modélise le système par un écoulement unidimensionnel d'un fluide parfait :

- la température du fluide ne dépend que de l'abscisse x (il s'agit d'une température «moyenne» définie sur une section donnée),
- D_m et C_p désignent respectivement le débit massique dans la conduite et la capacité thermique à pression constante de l'unité de masse du fluide. Ces grandeurs sont supposées constantes.
- les échanges thermiques entre le fluide et la paroi sont caractérisés par un coefficient de transfert (convection, rayonnement) h_s (puissance thermique surfacique proportionnelle à l'écart de température entre le fluide et la paroi). On néglige la conduction thermique, le long de l'axe x, au sein du fluide.

Le régime étudié est stationnaire et il n'y a pas de variations d'énergie cinétique.

Le fluide entre dans la conduite à la température T_1.

** Déterminer la répartition de température $T(x)$ ainsi que la température de sortie T_2.

Commenter les résultats obtenus.

Commentaires

Points de cours

- *Echanges thermiques en surface (transfert par convection et rayonnement),*
- *Premier principe et écoulement en régime stationnaire.*

Indications

- *Pour déterminer une équation différentielle en $T(x)$, on appliquera le premier principe à une tranche de fluide d'épaisseur dx. On négligera toute variation d'énergie cinétique et on fera un bilan d'enthalpie.*

Solution

Considérons l'élement de fluide qui se trouve à l'instant t entre les sections x et $x + dx$.

Entre t et $t + dt$, l'enthalpie δH qui lui est associée varie de $d[\delta H]$. Cette variation correspond à un gain en aval :

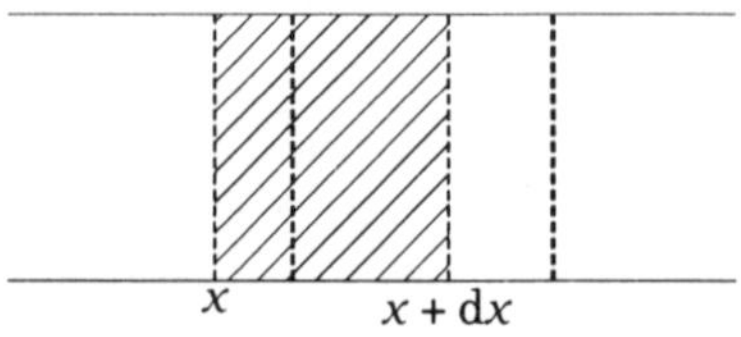

$\delta m\, h(x + dx) = D_m dt\, h(x + dx)$

et à une perte en amont :

$-\,\delta m\, h(x) = -D_m dt\, h(x)$

où $\delta m = D_m dt$ est la masse qui traverse une section donnée de la conduite pendant dt, $h(x)$ désigne l'enthalpie massique du fluide en x.

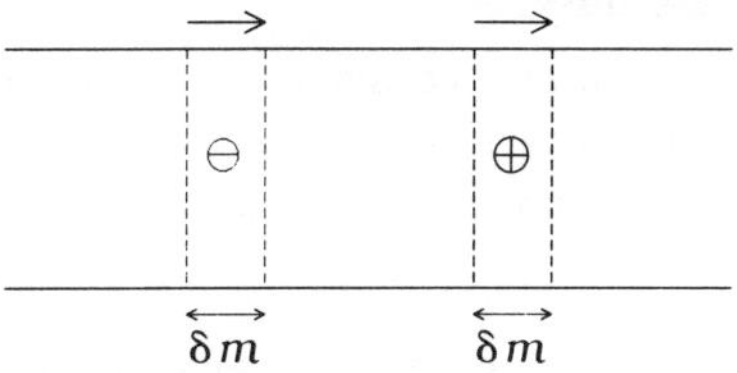

Au total : $d[\delta H] = D_m dt\left[h(x + dx) - h(x)\right]$

Soit encore : $$\frac{d[\delta H]}{dt} = D_m\left[h(x + dx) - h(x)\right]$$

Appliquons alors le premier principe à l'élément de fluide considéré (système fermé). Son énergie cinétique ne variant pas, le premier principe prend ici la forme :

$$\frac{d[\delta H]}{dt} = \delta P_{th} \quad (P_{th} \equiv \text{puissance thermique})$$

Le fluide échange de l'énergie thermique par convection et rayonnement.

Ces transferts correspondent, pour une longueur infiniment petite de la conduite, à une puissance δP_{th} proportionnelle à la différence de température $T_0 - T(x)$ et à la surface de contact $\delta\Sigma = 2\pi a dx$ entre le fluide et la conduite. Soit :

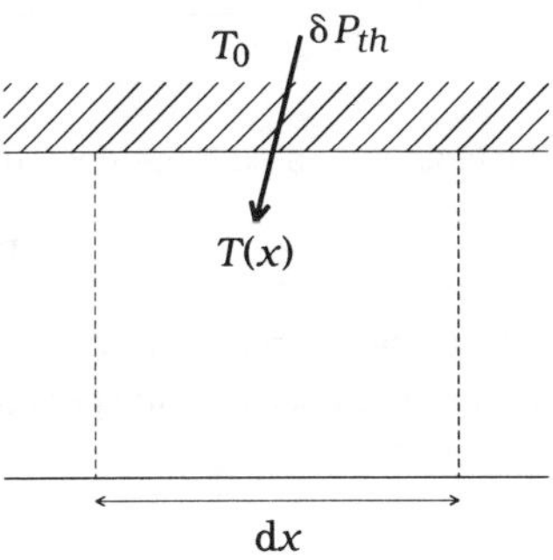

$$\delta P_{th} = h_s\left(T_0 - T(x)\right) 2\pi a dx$$

(δP_{th} est positive pour $T_0 - T(x) > 0$).

Finalement, nous obtenons :

$$D_m\left[h(x + dx) - h(x)\right] = h_s 2\pi a\left[T_0 - T(x)\right] dx$$

Soit :

$$D_m \frac{dh}{dx} = 2\pi a h_s\left(T_0 - T(x)\right)$$

D'autre part, nous avons $\frac{dh}{dx} = C_p \frac{dT}{dx}$ (C_p = cte), d'où :

$$\boxed{D_m C_p \frac{dT}{dx} = 2\pi a h_s\left(T_0 - T(x)\right)}$$

Faisons apparaître une longueur caractéristique λ :

$$\frac{d(T - T_0)}{dx} + \frac{(T - T_0)}{\lambda} = 0 \quad \text{où} \quad \boxed{\lambda = \frac{D_m C_p}{2\pi a h_s}} \quad \textbf{(1)}$$

L'intégration de cette équation donne :

$$T(x) - T_0 = A e^{-\frac{x}{\lambda}}$$

Avec $T(0) = T_1$ soit $T_1 - T_0 = A$.

La distribution des températures devient :

$$\boxed{T(x) - T_0 = (T_1 - T_0)\exp\left(-\frac{x}{\lambda}\right)}$$

Remarque :

> On peut constater que la longueur λ, caractérisant les variations de la température, est d'autant plus faible que h_S est grand (transferts importants d'énergie thermique en surface) et que la quantité $D_m C_p$ est petite (faible débit et faible capacité thermique massique).

Deux cas peuvent alors être envisagés selon que T_1 est inférieur ou supérieur à T_0.

- 1er cas : $T_1 > T_0$

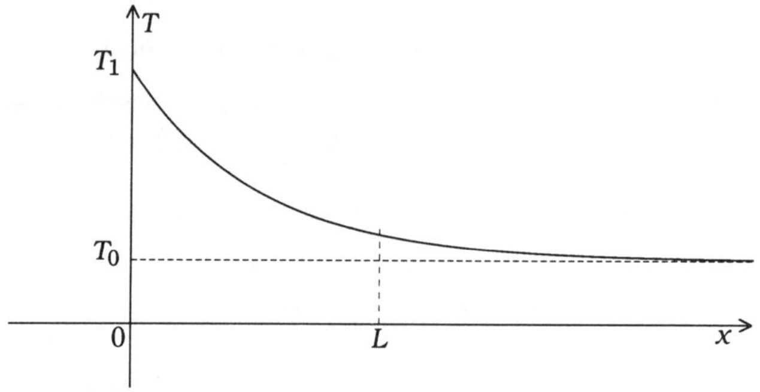

La température du fluide décroît régulièrement de la valeur T_1 à la valeur T_2 définie par :

$$T_2 = T_0 + (T_1 - T_0)\exp\left(-\frac{L}{\lambda}\right)$$

(Pour une conduite de longueur infinie, ou pratiquement de longueur suffisamment grande devant λ, T_2 atteint la température T_0 imposée par la conduite).

- 2ème cas : $T_1 < T_0$

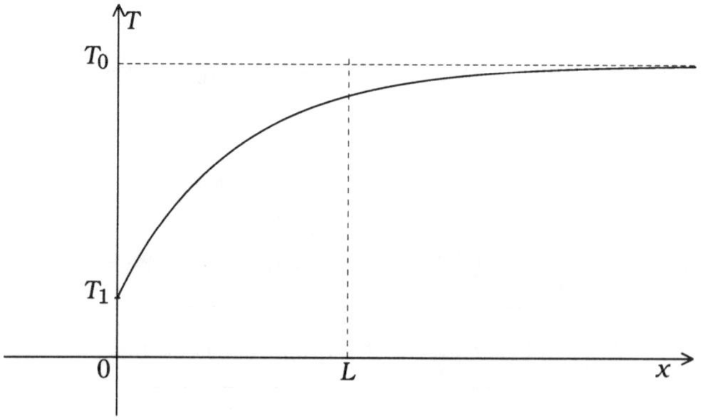

Cette fois-ci le fluide s'échauffe en prélevant de l'énergie thermique à l'extérieur via la conduite. La valeur limite de la température est encore T_0.

Dans les deux cas, la puissance thermique totale ***reçue*** par le fluide, pour une longueur L de conduite, s'écrit :

$$P_{th}(L) = h_S 2\,\pi\, a \int_0^L \big(T_0 - T(x)\big)\,\mathrm{d}x$$

D'où : $P_{th}(L) = 2\,\pi\, a h_S (T_0 - T_1) \displaystyle\int_0^L e^{-\frac{x}{\lambda}}\,\mathrm{d}x$

et $$P_{th}(L) = 2\,\pi\, a h_S\, \lambda\, (T_0 - T_1)\left(1 - e^{-\frac{L}{\lambda}}\right)$$

Or $2\,\pi\, a h_S\, \lambda = D_m C_p$ $\quad\frown\quad$ $P_{th}(L) = D_m C_p (T_0 - T_1)\left(1 - e^{-\frac{L}{\lambda}}\right)$

Ce résultat est conforme au bilan global que l'on aurait pu effectuer en prenant comme système l'ensemble du fluide contenu dans la conduite :

$$\boxed{D_m(h_2 - h_1) = P_{th}(L)}$$

avec $h_2 - h_1 = C_p(T_2 - T_1)$

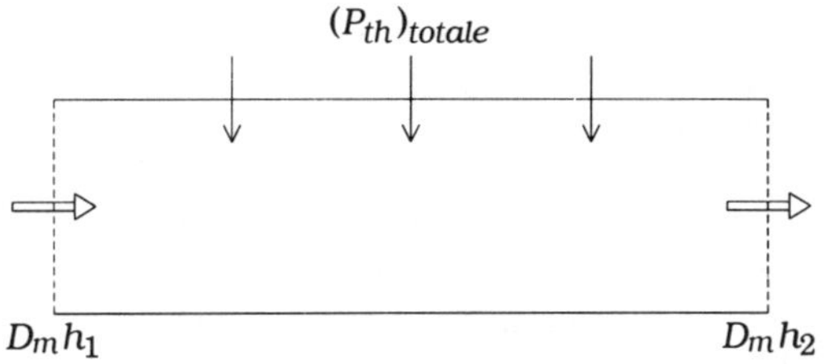

Remarque :

On constate bien que, pour $L \gg \lambda$ (pratiquement pour $e^{-\frac{L}{\lambda}}$ négligeable devant l'unité), le transfert de puissance thermique a atteint sa valeur optimale $D_m C_p (T_0 - T_1)$.
Ainsi pour :

- $L = 2\,\lambda$: $\quad \dfrac{P_{th}(\infty) - P_{th}(L)}{P_{th}(\infty)} = e^{-\frac{L}{\lambda}}$ # 14%
- $L = 5\,\lambda$: $\quad \dfrac{P_{th}(\infty) - P_{th}(L)}{P_{th}(\infty)}$ # 7 ‰

Le système décrit dans cet exercice peut correspondre à un ***évaporateur***.
A l'extérieur le fluide **(2)** se vaporise à la température constante T_0 de l'équilibre liquide – vapeur (à la pression considérée), et l'énergie thermique nécessaire est prélevée au fluide **(1)** qui circule dans la «conduite » et qui voit sa température s'abaisser de T_1 à T_2.

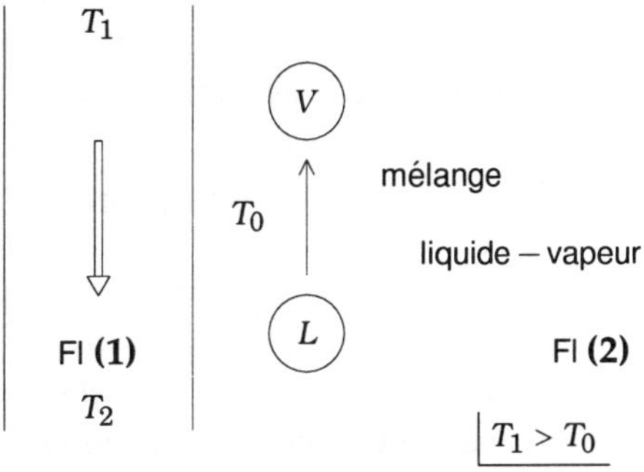

Il peut également s'agir d'un ***condenseur*** avec cette fois-ci $T_1 < T_0$.
La liquéfaction du fluide **(2)** libère de l'énergie thermique qui va réchauffer le fluide **(1)** circulant dans la conduite. On aura alors $T_2 > T_1$.

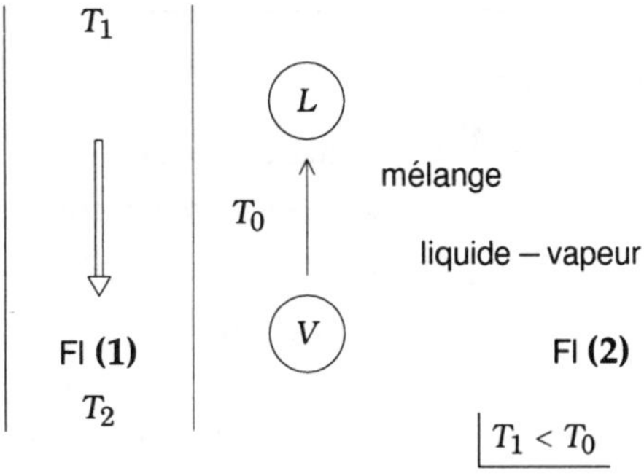

213 «MINES - P.»

Un échangeur de chaleur est modélisé par deux conduites parallélépipédiques de longueur L et de largeur ℓ.

La conduite supérieure est parcourue par un «fluide chaud» dont la température $T_2(x)$ est supposée ne dépendre que de l'abscisse x le long de la conduite.

On note D_{m_2} et c_{p_2} les débit et capacité thermique (à pression constante) massiques de ce fluide : ces grandeurs sont des constantes du problème.

De même, circule dans la conduite inférieure un «fluide froid» dont les caractéristiques sont données par $T_1(x)$, D_{m_1} et c_{p_1}.

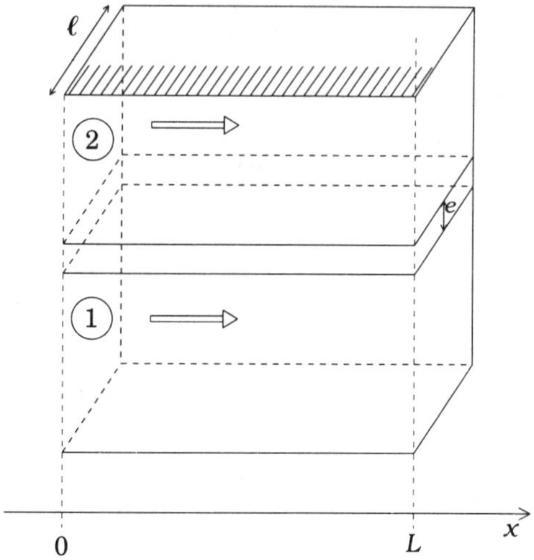

Les échanges thermiques entre les deux fluides s'effectuent par l'intermédiaire d'une plaque d'épaisseur e constituée d'un matériau de conductivité thermique λ. Les coefficients de transfert aux interfaces plaque – fluide chaud et plaque – fluide froid sont notés h_2 et h_1 (on supposera qu'ils ne dépendent pas de x).

(On négligera tout effet de bord et toute variation d'énergie cinétique).

1) * Exprimer le flux thermique $\delta\phi$ transféré du fluide chaud vers le fluide froid à travers un élément de plaque de largeur ℓ et de longueur dx. On donnera le résultat en fonction de $T_2(x) - T_1(x)$.

On posera h_{eq} tel que $\dfrac{1}{h_{eq}} = \dfrac{1}{h_1} + \dfrac{1}{h_2} + \dfrac{e}{\lambda}$.

2) ** Déterminer les répartitions des températures $T_1(x)$ et $T_2(x)$, les températures à l'entrée de l'échangeur ($x = 0$) ayant les valeurs T_{10} et T_{20}.

Commenter les résultats obtenus.

Commentaires

Points de cours

- *Conduction thermique, échanges thermiques en surface,*
- *Ecoulement stationnaire et premier principe.*

Indications

- *Pour le 1), on s'intéressera aux transferts thermiques à travers la plaque et on exploitera la stationnarité et la continuité du flux thermique,*
- *Pour le 2), on fera un bilan d'enthalpie pour des éléments de fluide chaud (puis froid) qui, à l'instant t, se trouvent entre les abscisses x et $x + \mathrm{d}x$.*

Solution

1) Représentons la distribution des températures au sein de la ***plaque***.

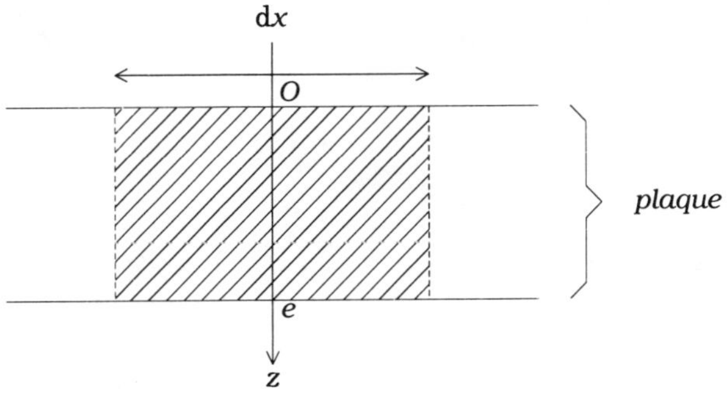

Considérons une tranche dx sur laquelle on pourra admettre que la température ne varie pratiquement pas avec x. Le régime étant stationnaire, un flux thermique constant (avec z) la traverse dans la direction $z'z$, et la répartition de température est une fonction linéaire de z, à x fixé (loi de Fourier).

Ainsi : $$T(x, z) = T(x, 0) + \left[T(x, e) - T(x, 0)\right]\frac{z}{e}$$

De plus, les échanges thermiques en surface impliquent des sauts de température, ce que l'on peut représenter sur le schéma ci-dessous :

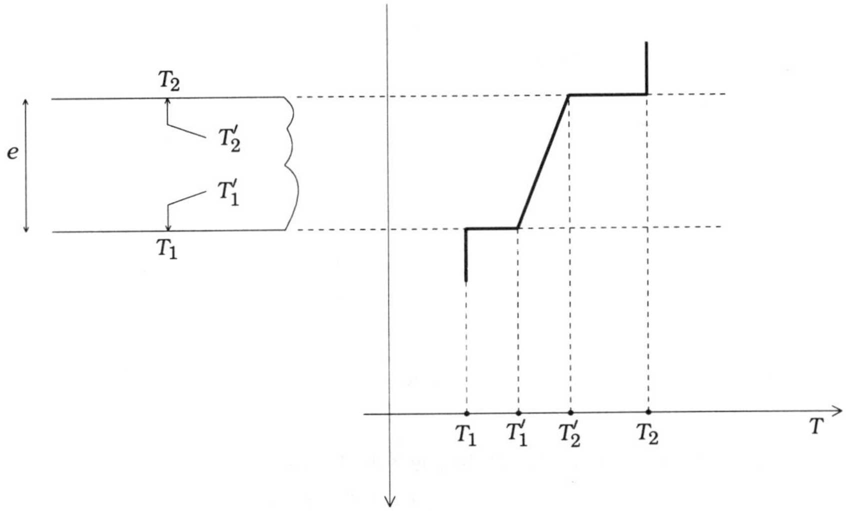

Dans la plaque circule, selon z, un flux thermique :

$$\delta\phi = -\lambda\delta\Sigma\,\frac{\partial T}{\partial z} \quad \text{où} \quad \delta\Sigma = \ell\,dx$$

Or $$\frac{\partial T}{\partial z} = \frac{T(x, e) - T(x, 0)}{e} = \frac{T_1'(x) - T_2'(x)}{e}$$

$T_1'(x)$ et $T_2'(x)$ désignent les températures régnant sur les faces de la plaque, respectivement en contact avec le fluide froid et le fluide chaud.

D'où : $$\delta\phi = +\frac{\lambda\ell}{e}dx\left[T_2'(x) - T_1'(x)\right]$$

D'autre part, on doit écrire la continuité du flux thermique aux interfaces fluide chaud – plaque et plaque – fluide froid, soit :

$$\delta\phi = h_2\, \ell\, \mathrm{d}x \left(T_2(x) - T_2'(x)\right)$$

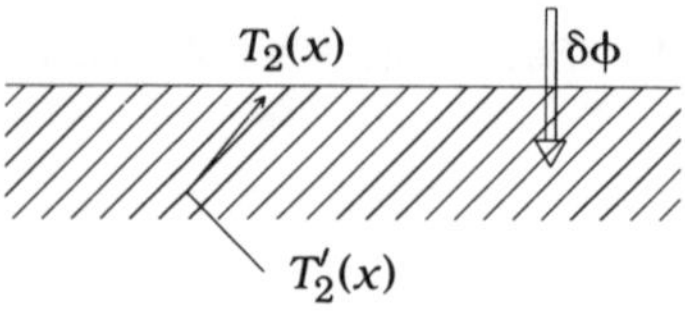

et $$\delta\phi = h_1\, \ell\, \mathrm{d}x \left(T_1'(x) - T_1(x)\right)$$

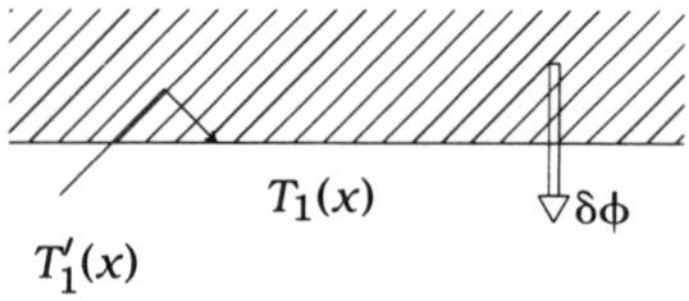

On a donc :

$$\left.\begin{array}{rcl} T_2'(x) - T_1'(x) & = & \dfrac{e}{\lambda \ell\, \mathrm{d}x}\, \delta\phi \\ T_2(x) - T_2'(x) & = & \dfrac{1}{h_2\, \ell\, \mathrm{d}x}\, \delta\phi \\ T_1'(x) - T_1(x) & = & \dfrac{1}{h_1\, \ell\, \mathrm{d}x}\, \delta\phi \end{array}\right\} T_2(x) - T_1(x) = \left(\frac{e}{\lambda} + \frac{1}{h_2} + \frac{1}{h_1}\right) \frac{\delta\phi}{\ell\, \mathrm{d}x}$$

Soit finalement :

$$\boxed{\delta\phi = \frac{\ell\, \mathrm{d}x}{\dfrac{e}{\lambda} + \dfrac{1}{h_1} + \dfrac{1}{h_2}} \left[T_2(x) - T_1(x)\right]} \quad \mathbf{(1)}$$

Remarque :

Comme il a déjà été mentionné dans les exercices précédents, on peut interpréter ce résultat en terme d'association en série, pour l'élément $\mathrm{d}x$, de résistances thermiques :

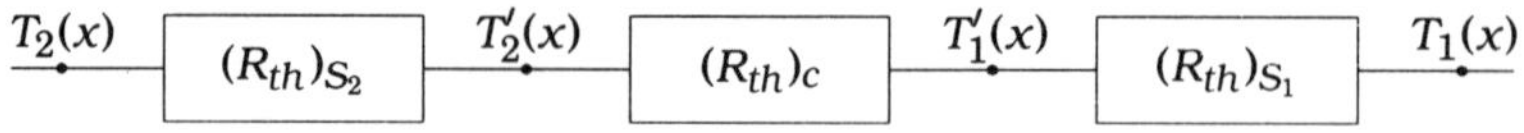

avec $(R_{th})_{S_2} = \dfrac{1}{h_2\, \ell\, \mathrm{d}x}$, $(R_{th})_{S_1} = \dfrac{1}{h_1\, \ell\, \mathrm{d}x}$, $(R_{th})_C = \dfrac{1}{\lambda} \dfrac{e}{\ell\, \mathrm{d}x}$

Avec la définition de h_{eq} fournie dans le texte, **(1)** devient :

$$\delta\phi = h_{eq}\, \ell\, \mathrm{d}x \left[T_2(x) - T_1(x)\right]$$

2) Appliquons le premier principe à la tranche de fluide chaud (respectivment de fluide froid) qui se trouve à l'instant t entre les plans d'abscisse x et $x + \mathrm{d}x$.

Il n'y a pas de variations d'énergie cinétique à prendre en compte et le système considéré reçoit la puissance thermique $-\ \delta\phi$ (respectivement $+\ \delta\phi$ pour le fluide froid). Aucun travail n'est échangé autre qu'un éventuel travail des forces de pression comptabilisé dans l'enthalpie.

Nous obtenons dans le cadre de la stationnarité :

$$\begin{array}{rrcl} & D_{m_2}\left(h_2(x + \mathrm{d}x) - h_2(x)\right) & = & -\ \delta\phi \\ \text{et} & D_{m_1}\left(h_1(x + \mathrm{d}x) - h_1(x)\right) & = & +\ \delta\phi \end{array}$$

Remarque :

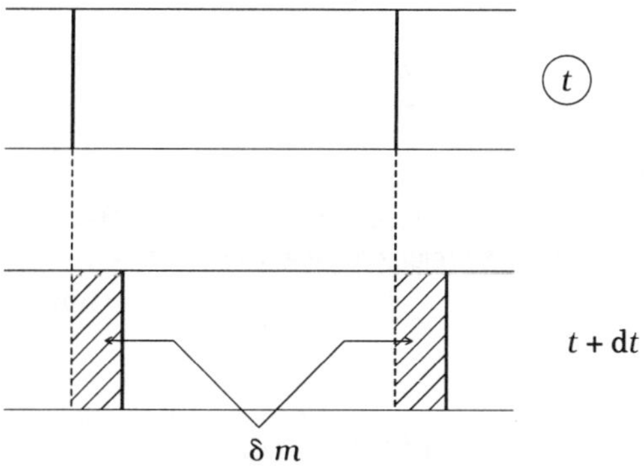

On a bien, entre les instants t et $t + \mathrm{d}t$, pour l'élément de fluide considéré :

$$\mathrm{d}[\delta H] = \delta m\, h_2(x + \mathrm{d}x) - \delta m\, h_2(x)$$

où $h_2(x)$ représente l'enthalpie massique en x, et δm la masse de fluide traversant toute section pendant $\mathrm{d}t$.

$$\delta m = D_m \mathrm{d}t$$

Le premier principe prend ici la forme :

$$\frac{\mathrm{d}[\delta H]}{\mathrm{d}t} = (\delta\phi)_{\text{reçu}}$$

Or $h_2(x + \mathrm{d}x) - h_2(x) = c_{p_2}\dfrac{\mathrm{d}T_2}{\mathrm{d}x}$ et $h_1(x + \mathrm{d}x) - h_1(x) = c_{p_1}\dfrac{\mathrm{d}T_1}{\mathrm{d}x}\mathrm{d}x$

Soit :

$$\left\| \begin{aligned} D_{m_2} c_{p_2}\frac{\mathrm{d}T_2}{\mathrm{d}x} &= -h_{eq}\,\ell\,\left[T_2(x) - T_1(x)\right] \\ D_{m_1} c_{p_1}\frac{\mathrm{d}T_1}{\mathrm{d}x} &= +h_{eq}\,\ell\,\left[T_2(x) - T_1(x)\right] \end{aligned} \right\| \quad \textbf{(2)}$$

- Pour résoudre de système, faisons apparaître la quantité $\dfrac{\mathrm{d}}{\mathrm{d}x}(T_2 - T_1)$:

$$\frac{\mathrm{d}}{\mathrm{d}x}(T_2 - T_1) = -h_{eq}\,\ell\left[\frac{1}{D_{m_2} c_{p_2}} + \frac{1}{D_{m_1} c_{p_1}}\right](T_2 - T_1) = -\frac{1}{\lambda}(T_2 - T_1)$$

On a posé $\dfrac{1}{\lambda} = h_{eq}\,\ell\left[\dfrac{1}{D_{m_2} c_{p_2}} + \dfrac{1}{D_{m_1} c_{p_1}}\right]$

Une simple intégration fournit, avec les conditions imposées en $x = 0$ ($T_1(0) = T_{10}$ et $T_2(0) = T_{20}$) :

$$\boxed{T_2(x) - T_1(x) = (T_{20} - T_{10})\exp\left(-\frac{x}{\lambda}\right)}$$

Soit, en reportant dans **(2)** :

$$\frac{\mathrm{d}T_2}{\mathrm{d}x} = -\frac{h_{eq}\,\ell}{D_{m_2} c_{p_2}}(T_{20} - T_{10})e^{-\frac{x}{\lambda}}$$

Ce qui donne :

$$T_2(x) - T_{20} = -(T_{20} - T_{10})\frac{h_{eq}\,\ell\lambda}{D_{m_2} c_{p_2}}\left(1 - \exp\left(-\frac{x}{\lambda}\right)\right)$$

or $\dfrac{h_{eq}\,\ell\lambda}{D_{m_2} c_{p_2}} = \dfrac{D_{m_1} c_{p_1}}{D_{m_1} c_{p_1} + D_{m_2} c_{p_2}}$, d'où :

$$\begin{aligned} T_2(x) - T_{20} &= -\frac{D_{m_1} c_{p_1}}{D_{m_1} c_{p_1} + D_{m_2} c_{p_2}}(T_{20} - T_{10}) \left[1 - \exp\left(-\frac{x}{\lambda}\right)\right] \\ T_1(x) - T_{10} &= \frac{D_{m_2} c_{p_2}}{D_{m_1} c_{p_1} + D_{m_2} c_{p_2}}(T_{20} - T_{10}) \left[1 - \exp\left(-\frac{x}{\lambda}\right)\right] \end{aligned} \quad \textbf{(3)}$$

<u>**Commentaires**</u> :

Pour un échangeur de longueur théoriquement infinie les températures des fluides froid et chaud finissent par se rejoindre en atteignant la valeur T_∞ définie par :

$$T_\infty = \lim_{x \to +\infty} T_2(x) = \lim_{x \to +\infty} T_1(x)$$

Soit :

$$T_\infty = \frac{D_{m_2} c_{p_2} T_{20} + D_{m_1} c_{p_1} T_{10}}{D_{m_1} c_{p_1} + D_{m_2} c_{p_2}} \quad \textbf{(4)}$$

On aurait pu établir directement l'expression de cette température limite en faisant un bilan d'enthalpie sur le système global dont l'enthalpie est une grandeur conservative (les échanges thermiques sont intérieurs) d'où :

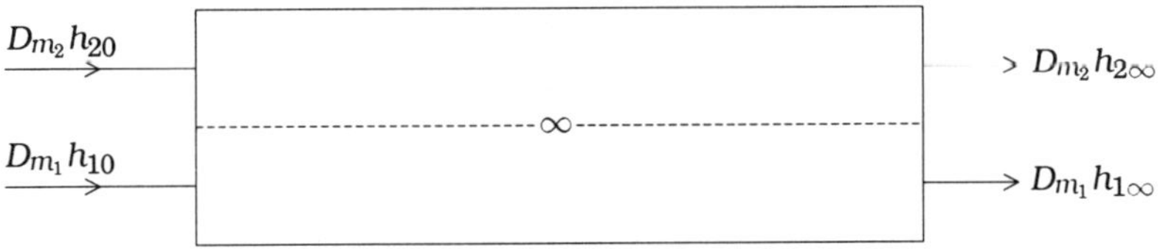

$$D_{m_2} h_{20} + D_{m_1} h_{10} = D_{m_2} h_{2\infty} + D_{m_1} h_{1\infty}$$
$$D_{m_2} (h_{2\infty} - h_{20}) + D_{m_1} (h_{1\infty} - h_{10}) = 0$$

Soit encore :

$$D_{m_2} c_{p_2} (T_\infty - T_{20}) + D_{m_1} c_{p_1} (T_\infty - T_{10}) = 0$$

Relation qui redonne **(4)**

- D'où les courbes donnant $x \mapsto T_1(x)$ et $x \mapsto T_2(x)$:

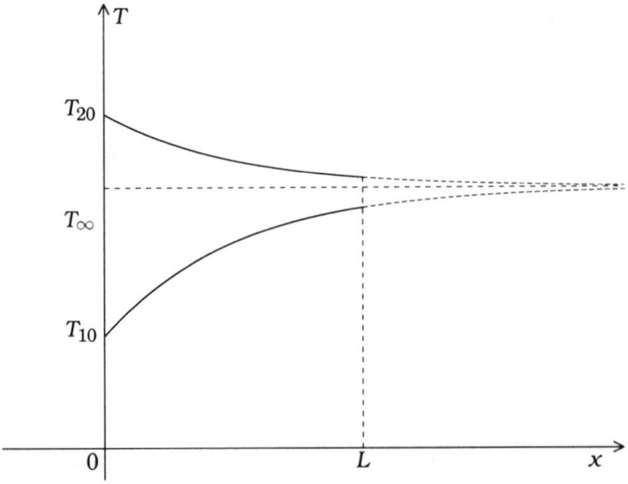

- La longueur caractéristique λ est d'autant plus faible que le coefficient de transfert h_{eq} est grand et que les quantités $D_{m_i} c_{p_i}$ sont petites (débits peu importants et capacités thermiques massiques faibles).
- Si l'on fait tendre $D_{m_2} c_{p_2}$ vers l'infini, $D_{m_1} c_{p_1}$ restant fini, nous obtenons :

$$T_2(x) = T_{20}$$

$$T_1(x) = T_{10} + (T_{20} - T_{10})\left(1 - e^{-\frac{x}{\lambda}}\right) \quad \text{où} \quad \lambda = \frac{h_{eq}\,\ell}{D_{m_1} c_{p_1}}$$

On retrouve bien entendu la situation d'un échangeur pour lequel la «température extérieure» est maintenue constante, comme c'est le cas lorsque le milieu extérieur est constitué d'un système diphasé.

Remarque :

Le flux thermique total échangé sur toute la longueur L de l'échangeur peut s'évaluer de deux façons différentes.

- $\phi_{th} = \displaystyle\int_0^L h_{eq}\,\ell\,\mathrm{d}x\big(T_2(x) - T_1(x)\big)$

Soit :

$$\phi_{th} = h_{eq}\,\ell\,(T_{20} - T_{10}) \int_0^L e^{-\frac{x}{\lambda}}\mathrm{d}x = h_{eq}\,\ell\lambda\,(T_{20} - T_{10})\left(1 - e^{-\frac{L}{\lambda}}\right)$$

Or $\quad h_{eq}\,\ell\lambda = \dfrac{D_{m_2} c_{p_2} D_{m_1} c_{p_1}}{D_{m_2} c_{p_2} + D_{m_1} c_{p_1}}$

et :

$$\boxed{\phi_{th} = \frac{D_{m_2} c_{p_2} D_{m_1} c_{p_1}}{D_{m_2} c_{p_2} + D_{m_1} c_{p_1}}(T_{20} - T_{10})\left(1 - e^{-\frac{L}{\lambda}}\right)}$$

- Bilan enthalpique :

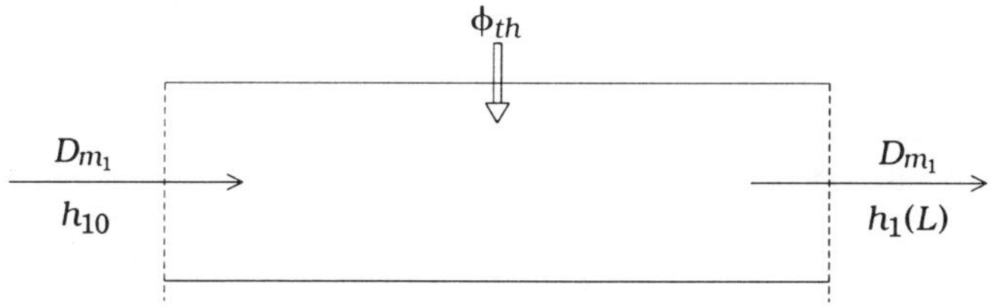

$$D_{m_1}[h_1(L) - h_{10}] = \phi_{th}$$

d'où :

$$\phi_{th} = D_{m_1} c_{p_1}[T_1(L) - T_{10}] = \frac{D_{m_1} c_{p_1} D_{m_2} c_{p_2}}{D_{m_1} c_{p_1} + D_{m_2} c_{p_2}}(T_{20} - T_{10})\left(1 - e^{-\frac{L}{\lambda}}\right)$$

- On peut comparer ce flux au flux théorique maximal qui correspond, pour $D_{m_1} c_{p_1} < D_{m_2} c_{p_2}$, à $(T_1)_f = T_{20}$:

$$\phi_{\max} = D_{m_1} c_{p_1}(T_{20} - T_{10})$$

On définit alors un coefficient d'efficacité par :

$$\eta = \frac{\phi_{th}}{\phi_{\max}} = \frac{D_{m_2} c_{p_2}}{D_{m_1} c_{p_1} + D_{m_2} c_{p_2}}\left(1 - e^{-\frac{L}{\lambda}}\right)$$

Nous donnons ci-dessous la courbe $\dfrac{L}{\lambda} \mapsto \eta\left(\dfrac{L}{\lambda}\right)$ pour $\dfrac{D_{m_2} c_{p_2}}{D_{m_1} c_{p_1}} = 3$

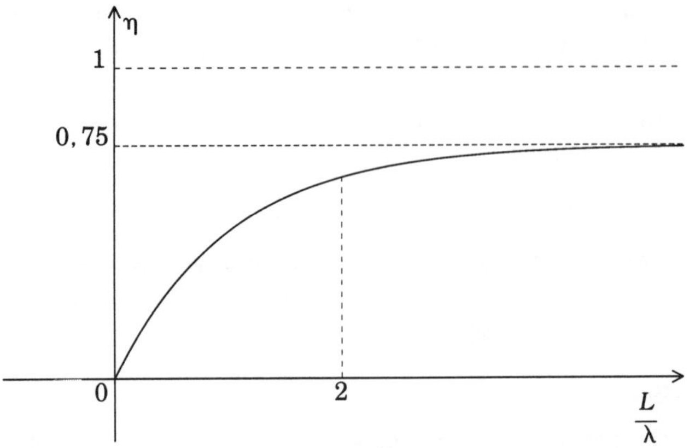

Remarquons que l'efficacité est d'autant meilleure que L est grand ce qui n'est guère surprenant.

- Toute l'étude qui précède s'intéresse à des échangeurs pour lesquels les courants des deux fluides s'effectuent dans le même sens. On pourrait étudier de la même façon des ***échangeurs à contre-courants*** pour lesquels on aurait, par exemple, en reprenant les notations du texte $D_{m_1} > 0$ et $D_{m_2} < 0$ ...

214 ENSI

On désire étudier l'évolution de la température du sol, notée $T(z, t)$, en fonction de ses variations à sa surface.
On suppose à cet effet que :

$$T(0, t) = T_0 + \alpha \cos \omega t$$

et $$T(\infty, t) = T_0$$

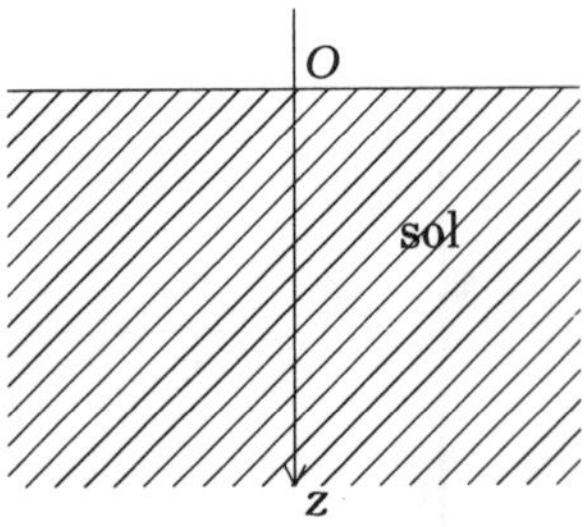

1) ** Déterminer $T(z, t)$. On notera C la capacité thermique volumique de la terre et K son coefficient de conductivité thermique.

On posera $\lambda = \sqrt{\dfrac{2K}{C\omega}}$.

2) * On désire décrire les effets, en profondeur, des variations annuelles des températures à la surface du sol. On prendra une température de $-10°C$ à la date $t = 0$ et une température de $30°C$ à $t = \frac{1}{2}\Delta t_0$ ($\Delta t_0 = 1$ an).

Déterminer l'amplitude des variations de température à la profondeur $h = 2\,m$.

On donne $D = \dfrac{K}{C} = 1,5 \cdot 10^{-7} m^2 s^{-1}$.

3) * Que pensez-vous de l'effet des variations journalières de température ?

Commentaires

Points de cours

- *Equation de diffusion de la chaleur,*
- *Solution en régime forcé sinusoïdal.*

Indications

- *En l'absence de variations de la température au niveau du sol, on aurait $T(z, t) = T_0$. On posera donc $T(z, t) = T_0 + u(z, t)$ et on cherchera une solution de régime établi $u(z, t)$ sinusoïdale. Il sera plus commode d'adopter la notation complexe.*

Solution

1)

Le milieu est le siège d'un gradient de température selon Oz auquel correspond un flux d'énergie thermique lié à la loi de Fourier :

$$\overrightarrow{j_q} = -K\overrightarrow{\text{grad}}T = -K\frac{\partial T}{\partial z}\overrightarrow{e_z}$$

Considérons alors un petit cylindre de hauteur dz et de surface de base S.

La puissance thermique reçue est donnée par :

$$\delta\mathcal{P}_{th} = S\left[j_q(z) - j_q(z + dz)\right] = -S\frac{\partial j_q}{\partial z}dz$$

D'où : $\delta\mathcal{P}_{th} = KS\dfrac{\partial^2 T}{\partial z^2}dz$

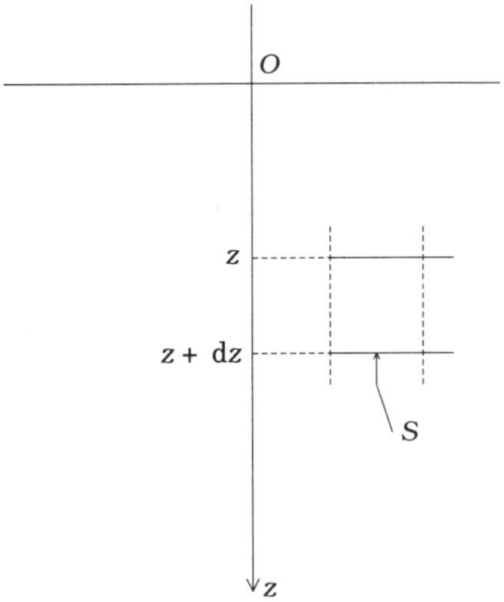

Il lui correspond une variation locale de température $\dfrac{\partial T}{\partial t}$ qui s'obtient en appliquant le premier principe au petit volume considéré :

$$dU = CS\,dz\frac{\partial T}{\partial t} = \delta\mathcal{P}_{th} = KS\frac{\partial^2 T}{\partial z^2}dz$$

D'où : $\boxed{\dfrac{\partial T}{\partial t} = \dfrac{K}{C}\dfrac{\partial^2 T}{\partial z^2}}$ **(1)** $D = \dfrac{K}{C}$ (***diffusivité thermique***)

- Cherchons une solution de la forme $T(z, t) = T_0 + u(z, t)$ avec $u(0, t) = \alpha \cos \omega t$.

$u(z, t)$ est également solution de l'équation **(1)**.

Nous étudions ici la réponse forcée par les variations de surface. Elle s'effectue donc à la même pulsation ω. Posons alors :

$$u(z, t) = \Re e\left(\underline{u}(z, t)\right) \quad \text{avec} \quad \underline{u}(z, t) = \underline{U}e^{j\omega t}$$

En reportant l'expression complexe de u dans **(1)** – équation linéaire, nous obtenons :

$$j\,\omega\,C\underline{U} = K\frac{d^2\underline{U}}{dz^2} \quad \frown \quad \frac{d^2\underline{U}}{dz^2} - j\frac{C\,\omega}{K}\underline{U} = 0 \quad \textbf{(2)}$$

Posons $\lambda = \sqrt{\dfrac{2K}{C\,\omega}}$, dès lors :

$$(+j)\frac{C\,\omega}{K} = (+2j)\frac{C\,\omega}{2K} = \left[(1+j)\frac{1}{\lambda}\right]^2$$

L'équation **(2)** devient :

$$\frac{d^2\underline{U}}{dz^2} = \left(\frac{1+j}{\lambda}\right)^2 \underline{U}$$

La solution générale est de la forme :

$$\underline{U}(z) = \underline{a}\exp\left[(1+j)\frac{z}{\lambda}\right] + \underline{b}\exp\left[-(1+j)\frac{z}{\lambda}\right]$$

La première exponentielle est à rejeter car elle entraînerait une augmentation infinie de la température en profondeur ($e^{\frac{z}{\lambda}} \to \infty$ quand $\frac{z}{\lambda} \to +\infty$). Il reste :

$$\underline{U}(z) = \underline{b}\exp\left[-(1+j)\frac{z}{\lambda}\right]$$

Or $u(0, t) = \alpha \cos \omega t$, soit $\underline{U}(0) = \alpha$ et donc $\underline{b} = \alpha$.

Finalement : $$\underline{u}(z, t) = \alpha\, e^{-\frac{z}{\lambda}} e^{j\left(\omega t - \frac{z}{\lambda}\right)}$$

et $$\boxed{T(z, t) = T_0 + \alpha\, e^{-\frac{z}{\lambda}} \cos\left(\omega t - \frac{z}{\lambda}\right)}$$

On constate que les oscillations de température qui se produisent à la surface du sol se propagent sous forme «d'onde de chaleur» amortie.

La longueur caractéristique δ de pénétration de cette onde est en général donnée par la distance pour laquelle l'amplitude est divisée par le coefficient e. Soit ici :

$$\delta = \lambda = \sqrt{\frac{2K}{C\,\omega}}$$

Elle est d'autant plus faible que ω est grand, c'est-à-dire que les variations de température dans le temps se font à des échelles plus petites.

Application numérique :

- Variations diurnes $\omega = \frac{2\,\pi}{T'}$ avec $T' = 24\,h$, soit :

$$\lambda = \sqrt{\frac{2 \times 1,5\;10^{-7} \times 24 \times 3600}{2\,\pi}} \quad \frown \quad \boxed{\lambda = 6,4\,cm}$$

- Variations annuelles $T = 365$ jours $\frown$ $\boxed{\lambda = 1,23\,m}$

2) Le modèle présenté ici veut tenir compte des variations de température durant une année. Nous avons donc $\omega = \frac{2\,\pi}{\Delta t_0}$. De plus, à la surface du sol, nous prendrons :

- à $t = 0$ (1er janvier par exemple) : $\theta = -10°\,C$
- à $t \simeq 6$ mois soit $\frac{\Delta t_0}{2}$: $\theta = 30°\,C$.

Or $\theta\,(t) = \theta_0 + \alpha \cos \omega\, t$ avec $\omega = \frac{2\,\pi}{\Delta t_0}$.

D'où : $$-10 = \theta_0 + \alpha \quad \text{et} \quad 30 = \theta_0 - \alpha$$

Soit $\theta_0 = 10°\,C$ et $\alpha = -20°\,C$:

$$\boxed{\theta(t) = +10 - 20\cos\left(2\pi\frac{t}{\Delta t_0}\right)}$$

A la profondeur h, la température Celsius θ varie comme :

$$\theta(z, t) = \theta_0 + \alpha\, e^{-\frac{h}{\lambda}}\cos\left(2\pi\frac{t}{\Delta t_0} - \frac{h}{\lambda}\right)$$

Les variations de température présentent, à cette profondeur, une amplitude :

$$\delta\theta = |\alpha|\exp\left(-\frac{h}{\lambda}\right)$$

$$\delta\theta = 20\exp\left(-\frac{2}{1,23}\right) \quad \rightharpoondown \quad \boxed{\delta\theta = 3,9°C}$$

3) Si l'on fait la même étude à l'échelle d'une journée, on constate que la longueur caractéristique λ qui mesure la pénétration de «l'onde de température» est environ 20 fois plus faible. Et l'effet ne se fera ressentir qu'au voisinage du sol.

Ainsi pour $h = 2\,m$, on aurait une amplitude $\delta\theta$ telle que :

$$\delta\theta = 20\exp\left(\frac{-2}{6,4\;10^{-2}}\right) \quad \rightharpoondown \quad \delta\theta \simeq 5\cdot 10^{-13}\,!$$

Remarques :

- On a établi que $\lambda = \sqrt{\dfrac{2K}{C\omega}}$, soit encore en notant $D = \dfrac{K}{C}$, $\lambda^2 \sim DT'$ (avec $\omega = \dfrac{2\pi}{T'}$) relation caractéristique du phénomène de diffusion (les échelles de longueur, ici λ, sont reliées aux échelles de temps, ici T', par une relation du type $\dfrac{\lambda^2}{T'}$ = cte).
- L'équation de diffusion **(1)** est analogue à celle régissant les variations des champs $\vec{E}$ et $\vec{B}$ dans un milieu conducteur de conductivité finie γ. λ y est remplacé par la ***longueur de peau*** $\delta = \sqrt{\dfrac{2}{\mu_0\gamma\omega}}$.

215 «CENTRALE»

On considère un lac où l'eau liquide est en permanence à la température de congélation $T_i = 273\,K$. L'air au-dessus du lac est à la température constante T_a ($T_a < T_i$). On prendra $T_a = 263\,K$.

Libre de glace à l'instant initial $t = 0$, le lac se couvre progressivement d'une couche de glace dont l'épaisseur, à l'instant t, est notée $\ell(t)$.

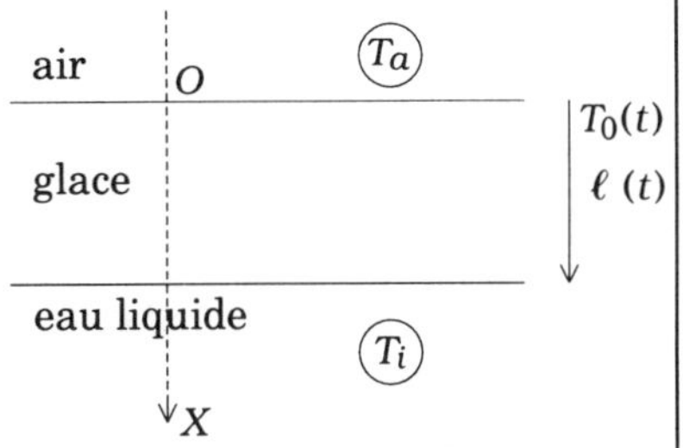

La glace a une masse volumique $\rho = 9\cdot 10^2 kg\cdot m^{-3}$, une conductivité thermique $k = 5\cdot 10^{-4} k\,cal\cdot m^{-1}\cdot s^{-1}\cdot K^{-1}$. Sa capacité calorifique sera négligée, et sa chaleur latente de fusion a pour valeur $L_f = 80\,kcal\cdot kg^{-1}$ ($1cal = 4,18J$).

D'autre part, les échanges thermiques entre la surface libre de la glace et l'air s'effectuent par convection. L'énergie thermique transférée, pendant dt et pour une surface S de glace, est donnée par : $\delta Q = h_1 \left[T_0(t) - T_a \right] S dt$

où $T_0(t)$ représente la température de la glace en $x = 0$.

On prendra $h_1 = 10^{-2} kcal \cdot m^{-2} \cdot s^{-1} \cdot K^{-1}$.

1) * Déterminer la distribution de température $T(x, t)$ dans la glace en fonction de $T_0(t)$, T_i, $\ell(t)$ et x.

2) ** Etablir deux relations entre $\ell(t)$ et $T_0(t)$. En déduire l'expression de $\ell(t)$.

On posera $\ell_0 = \dfrac{k}{h_1}$ et $\tau = \dfrac{k \rho L_f}{2h_1^2(T_i - T_a)}$.

Donner les valeurs numériques de ℓ_0 et τ ainsi que de $\dfrac{d\ell}{dt}$.

3) * Comment évolue la température à la surface du lac ?

Commentaires

Points de cours

- *Conduction thermique,*
- *Transferts en surface (convection ...),*
- *Changement d'état.*

Indications

- *La glace, de capacité thermique négligeable, sera traversée par un flux thermique indépendant de x (à un instant t donné),*
- *On écrira que l'énergie thermique dégagée par la formation de glace est évacuée, à travers la glace, par l'atmosphère. On doit également assurer la continuité du flux thermique à l'interface glace – air.*

Solution

1) Le problème est à une dimension x. L'équation de diffusion de l'énergie thermique s'écrit :

$$\rho C \frac{\partial T}{\partial t} = k \frac{\partial^2 T}{\partial x^2}$$

La capacité thermique de la glace étant ici négligée ($C = 0$), il vient :

$$\frac{\partial^2 T}{\partial x^2} = 0 \quad \text{et} \quad T(x, t) = a(t)x + b(t)$$

Or à l'instant t, l'épaisseur de la glace est $\ell(t)$. Nous avons :

$$T(0, t) = T_0(t)$$
$$T(\ell(t), t) = T_i$$

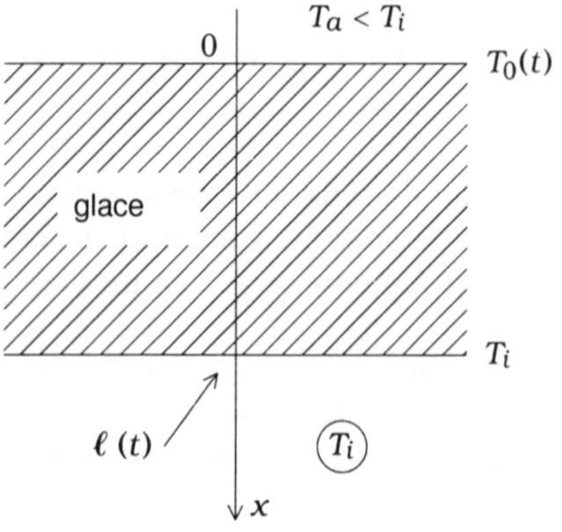

T_i : température de l'interface glace – eau liquide où s'effectue la congélation de l'eau. D'où :

$$T_0(t) = b(t)$$
$$\text{et } T_i = a(t)\,\ell(t) + T_0(t)$$

Soit :

$$\boxed{T(x, t) = T_0(t) + \left[T_i - T_0(t) \right] \frac{x}{\ell(t)}} \quad \textbf{(1)}$$

2)

- Entre les instants t et $t + \mathrm{d}t$, l'épaisseur de glace est passée de :

$$\ell\,(t) \quad \text{à} \quad \ell\,(t + \mathrm{d}t) = \ell\,(t) + \mathrm{d}\ell$$

ce qui correspond à une masse de glace formée, par unité de surface perpendiculaire à Ox, égale à $\mathrm{d}m$ avec :

$$\mathrm{d}m = \rho \cdot \mathrm{d}\ell \cdot 1$$

La création de cette masse de glace s'accompagne d'une énergie thermique $\delta\, Q$ dégagée par la solidification à l'interface eau liquide – glace :

$$\delta\, Q = L\mathrm{d}m = \rho\, L\mathrm{d}\ell$$

Cette énergie thermique est conduite à travers la glace vers la surface air – glace où elle est transmise à l'atmosphère par convection et rayonnement.

Pendant $\mathrm{d}t$, l'énergie thermique transmise dans l'atmosphère, par unité de surface, est par définition :

$$\delta\, Q' = h_1\big(T_0(t) - T_a\big)\mathrm{d}t \cdot 1$$

Nous avons donc $\delta\, Q = \delta\, Q'$ soit $\rho\, L\mathrm{d}\ell = h_1\big[T_0(t) - T_a\big]\mathrm{d}t$.

D'où :

$$\boxed{\rho\, L\frac{\mathrm{d}\ell}{\mathrm{d}t} = h_1\big[T_0(t) - T_a\big]} \quad \textbf{(2)}$$

- De plus, à l'interface air – glace, nous pouvons traduire la continuité de flux d'énergie thermique :

$$-\left(-k\left[\frac{\partial\, T}{\partial\, x}\right]_{x=0}\right) = h_1\big[T_0(t) - T_a\big]$$

Le premier signe (–) se justifie en considérant que l'axe Ox est orienté en sens opposé à la normale $\vec{n}$ glace → air.

En tenant compte de **(1)**, nous obtenons :

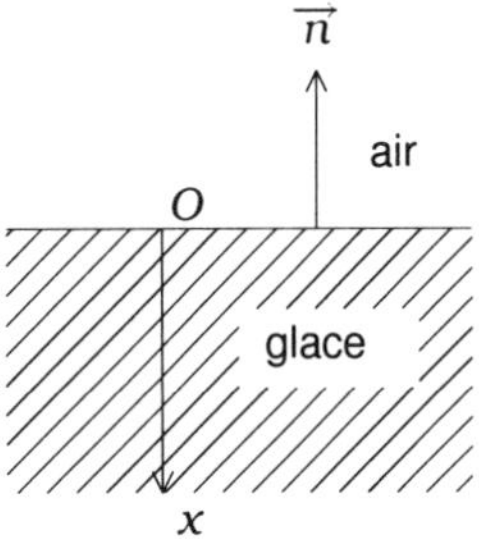

$$\frac{k}{\ell\,(t)}\big[T_i - T_0(t)\big] = h_1\big[T_0(t) - T_a\big]$$

Soit :

$$\boxed{T_0(t) = \frac{T_i + \dfrac{h_1\,\ell}{k}T_a}{1 + \dfrac{h_1\,\ell}{k}}} \quad \textbf{(3)}$$

- Eliminons $T_0(t)$ entre les équations **(2)** et **(3)**, il vient :

$$\rho\, L_f\left(1 + \frac{h_1\,\ell}{k}\right)\frac{\mathrm{d}\ell}{\mathrm{d}t} = h_1(T_i - T_a)$$

et en intégrant :

$$\ell + \frac{h_1}{2k}\,\ell^2 = \frac{h_1}{\rho\, L_f}(T_i - T_a)t$$

D'où :

$$\boxed{\ell\,(t) = \frac{k}{h_1}\left[\sqrt{1 + \frac{2h_1^2}{k\,\rho\, L_f}(T_i - T_a)t} - 1\right]} \qquad (\text{à } t = 0, \ell = 0)$$

Soit :

$$\ell\,(t) = \ell_0\left[\sqrt{1 + \frac{t}{\tau}} - 1\right] \quad \left(\ell_0 = \frac{k}{h_1} \ \text{ et } \ \tau = \frac{k\,\rho\, L_f}{2h_1^2(T_i - T_a)}\right)$$

L'application numérique donne $\ell_0 = 5\,cm$ et $\tau = 1,8 \cdot 10^4 s \sim 5$ heures.

D'où :

$$\ell_{cm}(t) = 5\left[\sqrt{1+\frac{t}{5}} - 1\right] \quad \begin{cases} \ell(t) \text{ en cm} \\ t \text{ en heure} \end{cases}$$

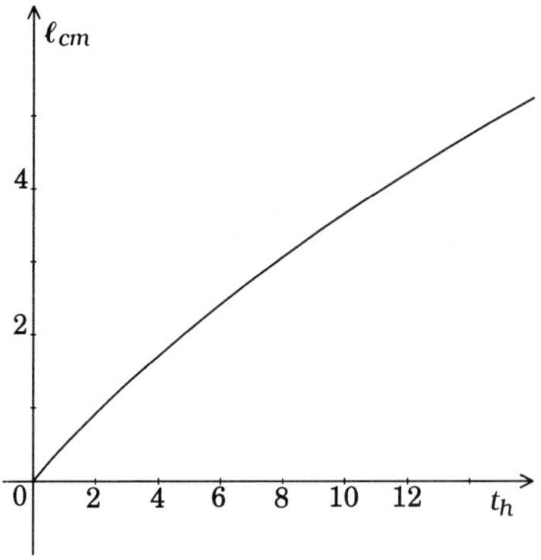

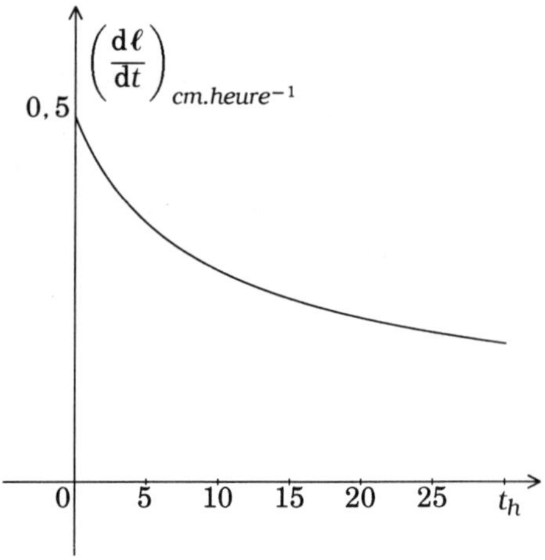

Le taux d'accroissement de l'épaisseur de la glace par unité de temps est donné par l'expression $\frac{d\ell}{dt}$, soit ici :

$$\frac{d\ell}{dt} = \frac{\dfrac{\ell_0}{\tau}}{2\sqrt{1+\dfrac{t}{\tau}}} \quad \text{soit} \quad 0,5\,cm/\text{ heure à } t = 0$$

3) La température de la glace à la surface air glace est fournie par la relation **(3)** :

$$T_0(t) = \frac{T_i + T_a\dfrac{\ell}{\ell_0}}{1+\dfrac{\ell}{\ell_0}} = T_a + \frac{T_i - T_a}{1+\dfrac{\ell}{\ell_0}}$$

Nous avons donc :

$T_0(t=0) = T_i$ et $T_0(t \to +\infty) = T_a$

T_0 est une fonction monotone décroissante, de T_i à T_a, pour t variant de zéro à l'infini.

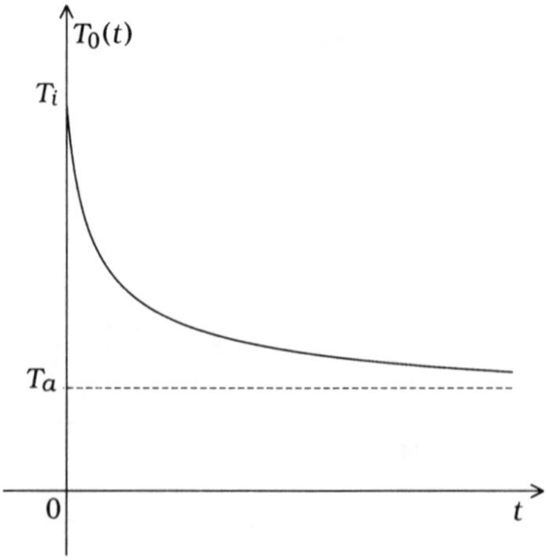

216 MINES - P.

Un matériau, compris entre les plans $x = 0$ et $x = \ell$, possède une conductivité thermique K, une capacité calorifique massique C et une masse volumique ρ (grandeurs considérées comme invariables).

A $t = 0$, la température du milieu est donnée par la relation :

$$T(x, t = 0) = T_0 + \theta_0 \sin\left(\frac{\pi x}{\ell}\right)$$

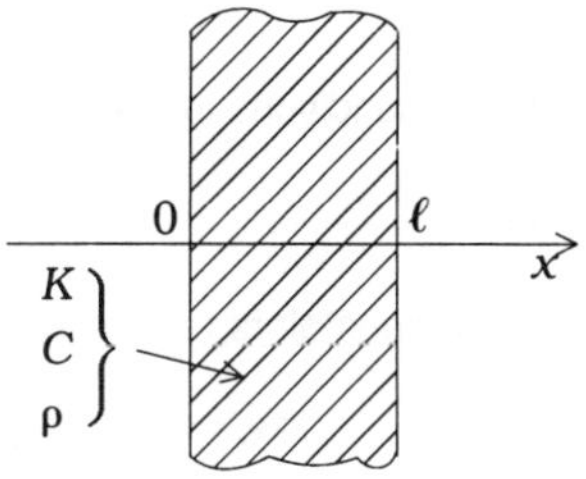

On le plonge à cet instant dans un thermostat de température T_0.

** Déterminer $T(x, t)$.

Commentaires

Points de cours

- *Equation de diffusion de l'énergie thermique : solution instationnaire,*
- *Problèmes avec conditions aux limites : méthode de séparation des variables.*

Indications

- *On cherchera une solution sous la forme :*

$$T(x, t) = T_0 + g(t) \sin\left(\frac{\pi x}{\ell}\right)$$

où $g(t)$ doit tendre vers zéro quand t devient suffisamment grand (en fait, $t \gg \tau \sim \frac{\rho C \ell^2}{K}$, grandeur homogène à un temps que l'on peut former à partir des grandeurs caractéristiques du problème ρ, C, K et ℓ).

Solution

- La répartition en température $T(x, 0)$ ne pourra se maintenir dans le matériau bien que l'on ait $T(0, 0) = T(\ell, 0) = T_0$. En effet, à l'instant $t = 0$, le vecteur courant volumique d'énergie thermique est donné par :

$$\overrightarrow{j_q}(x, 0) = -K \frac{\partial T}{\partial x} \overrightarrow{e_x} = -K \theta_0 \frac{\pi}{\ell} \cos\left(\frac{\pi x}{\ell}\right) \overrightarrow{e_x}$$

Il en résulte un flux thermique, dépendant de x, qui ne peut pas être associé à un régime stationnaire (indépendant du temps).

La répartition des températures va donc évoluer dans le temps. Le seul état permanent pouvant se maintenir indéfiniment correspond, bien évidemment, à une température uniforme T_0.

Posons donc $T(x, t) - T_0 = f(x, t)$ et donnons les équations vérifiées par la fonction $f(x, t)$. Nous devons avoir :

$$\begin{cases} f(x,0) = \theta_0 \sin\left(\dfrac{\pi x}{\ell}\right) & \textbf{(1)} \\ f(0,t) = 0 \text{ pour tout } t \quad (T = T_0) & \textbf{(2)} \\ f(0,\ell) = 0 \text{ pour tout } t \quad (T = T_0) & \textbf{(3)} \end{cases}$$

(1) : conditions initiales , **(2)** et **(3)** : conditions aux limites.

et : $$\frac{\partial^2 f}{\partial x^2} = \frac{\rho C}{K}\frac{\partial f}{\partial t}$$ (équation de la diffusion de la chaleur)

Cherchons alors une solution de la forme :

$$f(x,t) = \theta_0\, g(t) \sin\left(\frac{\pi x}{\ell}\right)$$ (méthode de séparation des variables)

Cette solution a l'avantage d'être compatible avec **(1)**, **(2)** et **(3)** si l'on pose $g(0) = 1$.

Il reste à vérifier **(4)**, ce qui se traduit par :

$$-\theta_0\, g(t)\left(\frac{\pi}{\ell}\right)^2 \sin\left(\frac{\pi x}{\ell}\right) = \frac{\rho C}{K}\theta_0\, g'(t) \sin\left(\frac{\pi x}{\ell}\right)$$

Equation qui doit être vérifiée pour tout x appartenant à l'intervalle $(0, \ell)$, d'où :

$$g'(t) + \frac{K}{\rho C}\left(\frac{\pi}{\ell}\right)^2 g(t) = 0 \quad \text{et} \quad g(t) = e^{-\frac{K\pi^2}{\rho c \ell^2}t} \ , \ (g(0) = 1)$$

D'où la solution :

$$\boxed{T(x,t) = T_0 + \theta_0\, e^{-\frac{t}{\tau}} \sin\left(\frac{\pi x}{\ell}\right) \quad \text{avec} \quad \tau = \frac{\rho C}{K\pi^2}\ell^2}$$

Remarque :

Le coefficient $D = \dfrac{K}{\rho C}$ est appelé ***diffusivité thermique***.

Pour un milieu de nature physique donnée (ρ, C, K et donc D fixés), on a $\tau \sim \text{cte}\ \ell^2$, relation caractéristique des phénomènes de diffusion liant une échelle de temps, ici τ, à une échelle de longueur, ici ℓ, sur lesquelles s'effectue le phénomène de diffusion.

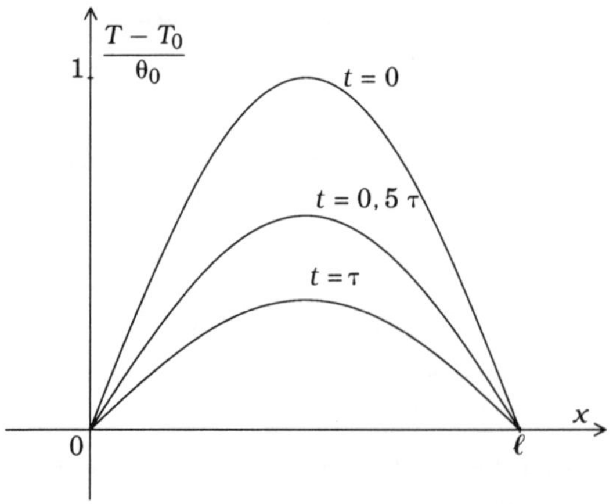

On a représenté ci-dessus l'écart de température $T - T_0$ (en fait $\dfrac{T - T_0}{\theta_0}$) en fonction de x, et à différents instants.

217 MINES - PONTS

Deux barres calorifugées, de même section S, ont des températures initiales T_1 et T_2 ($T_2 > T_1$), des capacités calorifiques massiques C_1 et C_2, des masses volumiques ρ_1 et ρ_2 et des coefficients de conductibilité thermique K_1 et K_2.

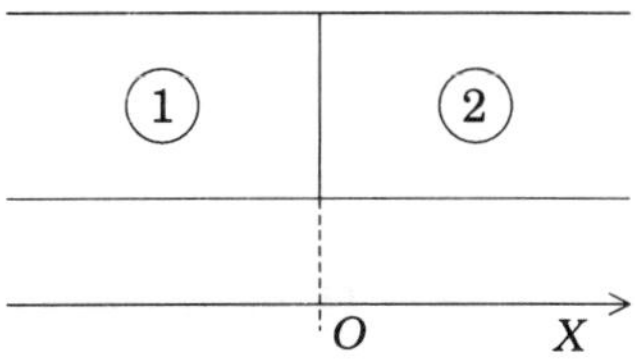

On se propose de déterminer la température T_0 à la jonction en $x = 0$. Les barres sont considérées comme infinies et le contact est supposé parfait.

1) ** Dans cette question, on ***modélise*** la répartition de température de la manière suivante :

- $T = T_1$ pour $x < -\ell_1(t)$,
- T fonction affine de x pour $-\ell_1(t) \leqslant x \leqslant 0$,
- T fonction affine de x pour $0 \leqslant x \leqslant \ell_2(t)$,
- $T = T_2$ pour $x > \ell_2(t)$.

En déduire la température T_0 en fonction de T_1, T_2 et des quantités :

$$a_1 = \sqrt{\rho_1 C_1 K_1} \quad \text{et} \quad a_2 = \sqrt{\rho_2 C_2 K_2}$$

2) ** On rappelle que la fonction $erf(u) = \dfrac{2}{\sqrt{\pi}} \displaystyle\int_0^u e^{-y^2} \mathrm{d}y$ avec $u = \dfrac{x}{\sqrt{4Dt}}$ et $D = \dfrac{K}{\rho C}$, est solution de l'équation de la chaleur.

De plus, $\lim\limits_{u \to 0} erf(u) = 0$ et $\lim\limits_{u \to +\infty} erf(u) = 1$.

Déterminer la répartition de température au sein de chaque barre. On cherchera des solutions sous la forme :

$$T(x, t) = \alpha + \beta \ erf(u)$$

Retrouver ainsi l'expression de T_0 établie au 1).

Commentaires

Points de cours

- *Energie interne et premier principe,*
- *Equation de diffusion de la chaleur : solution instationnaire.*

Indications

- *Dans le cadre du modèle proposé, on traduira la conservation de l'énergie interne du système,*
- *Pour la résolution exacte, les solutions proposées doivent vérifier les conditions aux limites (en $x = 0$ et pour x tendant vers $\pm\infty$).*

Solution

1) L'hypothèse du texte impose une température continue, notée T_0, à la jonction ainsi que la continuité du flux thermique, ce qui s'écrit :

$$-K_1 S \left(\frac{\partial T}{\partial x}\right)(0^-, t) = -K_2 S \left(\frac{\partial T}{\partial x}\right)(0^+, t) \quad \textbf{(1)}$$

Dans le modèle proposé, la température croît de façon linéaire de T_1 à T_0 sur une longueur $\ell_1(t)$, d'où :

$$\left(\frac{\partial T}{\partial x}\right)(0^-, t) = \frac{T_0 - T_1}{\ell_1(t)}$$

De la même manière : $\left(\frac{\partial T}{\partial x}\right)(0^+, t) = \frac{T_2 - T_0}{\ell_2(t)}$

L'égalité **(1)** devient alors :

$$\boxed{\frac{K_1}{\ell_1(t)}\left[T_0 - T_1\right] = \frac{K_2}{\ell_2(t)}\left[T_2 - T_0\right]} \quad \textbf{(2)}$$

On a donc $T_1 < T_0 < T_2$.

- D'autre part, le réchauffement de l'une des barres s'effectue au détriment de l'autre. Ce qui doit se traduire par l'invariance de l'énergie interne du système (barres de volumes invariables ...). Une tranche de longueur dx voit son énergie interne varier de la quantité :

$$\delta U = C_i \, \rho_i \left(T(t) - T_i\right) S \mathrm{d}x \quad i \in \{1, 2\}$$

Seules les parties de longueur $\ell_1(t)$ et $\ell_2(t)$ sont concernées, d'où :

$$\boxed{\Delta U_1 = C_1 \, \rho_1 \, S \int_{-\ell_1(t)}^{0} \left(T(x,t) - T_1\right) \mathrm{d}x \ , \ \Delta U_2 = C_2 \, \rho_2 \, S \int_{0}^{\ell_2(t)} \left(T(x,t) - T_2\right) \mathrm{d}x}$$

Or :

$$\begin{cases} \text{pour } -\ell_1(t) \leqslant x \leqslant 0 & \text{on a} \quad T(x,t) = T_0 - (T_1 - T_0)\dfrac{x}{\ell_1(t)} \\ \text{pour } 0 \leqslant x \leqslant -\ell_2(t) & \text{on a} \quad T(x,t) = T_0 + (T_2 - T_0)\dfrac{x}{\ell_2(t)} \end{cases}$$

D'où :

$$\Delta U_1 = C_1 \, \rho_1 \, S(T_0 - T_1) \int_{-\ell_1(t)}^{0} \left(1 + \frac{x}{\ell_1}\right) \mathrm{d}x = \frac{1}{2} C_1 \, \rho_1 \, S(T_0 - T_1) \, \ell_1$$

De la même manière pour la deuxième barre, nous avons :

$$\Delta U_2 = \frac{1}{2} C_2 \, \rho_2 \, S(T_0 - T_2) \, \ell_2$$

La conservation de l'énergie s'écrit alors :

$$\boxed{C_1 \, \rho_1 \ell_1 \left[(T_0 - T_1)\right] + C_2 \, \rho_2 \ell_2 \left[(T_0 - T_2)\right] = 0} \quad \textbf{(3)}$$

- Il reste à éliminer les grandeurs $\ell_1(t)$ et $\ell_2(t)$ entre les équations **(2)** et **(3)**, ce qui donne :

$$C_1 \, \rho_1 \, K_1 \left[T_0 - T_1\right]^2 = C_2 \, \rho_2 \, K_2 \left[T_0 - T_2\right]^2$$

Et, en se rappelant que l'on a $T_1 < T_0 < T_2$:

$$\sqrt{C_1 \, \rho_1 \, K_1}\left[T_0 - T_1\right] = \sqrt{C_2 \, \rho_2 \, K_2}\left[T_2 - T_0\right]$$

D'où finalement :

$$T_0 = \frac{\sqrt{C_2 \, \rho_2 \, K_2} T_2 + \sqrt{C_1 \, \rho_1 \, K_1} T_1}{\sqrt{C_2 \, \rho_2 \, K_2} + \sqrt{C_1 \, \rho_1 \, K_1}} \Rightarrow \boxed{T_0(t) = \frac{a_2 T_2 + a_1 T_1}{a_2 + a_1}} \quad \textbf{(4)}$$

2) On pourrait vérifier que la fonction $erf\left[\frac{x}{\sqrt{4Dt}}\right]$ est bien solution de l'équation de diffusion de l'énergie thermique :

$$\frac{\partial T}{\partial t} = D \frac{\partial^2 T}{\partial x^2} \quad \text{avec} \quad D = \frac{K}{\rho C} \text{ (diffusivité thermique)}$$

Cherchons alors des solutions au problème posé sous la forme :

$$T(x,t) = \alpha_2 + \beta_2\, erf(u_2) \quad \text{pour } x > 0, \text{ avec } u_2 = \frac{x}{\sqrt{4D_2 t}}$$

$$T(x,t) = \alpha_1 + \beta_1\, erf(u_1) \quad \text{pour } x < 0, \text{ avec } u_1 = \frac{x}{\sqrt{4D_1 t}}$$

On a donc $T_0 = \alpha_2 = \alpha_1$ (quand $x \to 0$, u_1 et $u_2 \to 0$).

Les conditions aux limites imposent :

$$\lim_{x\to+\infty} T(x,t) = T_2 \Rightarrow \alpha_2 + \beta_2 = T_2 \Rightarrow \boxed{\beta_2 = T_2 - T_0}$$

$$\lim_{x\to+\infty} T(x,t) = T_1 \Rightarrow \alpha_1 - \beta_1 = T_1 \Rightarrow \boxed{\beta_1 = T_0 - T_1}$$

(en effet $erf(-u) = -erf(u)$)

Il reste à traduire la continuité du flux thermique en $x = 0$:

$$-K_1 S \left(\frac{\partial T}{\partial x}\right)(0^-, t) = -K_2 S \left(\frac{\partial T}{\partial x}\right)(0^+, t)$$

Or $\left\{\frac{\partial}{\partial x}[erf(u)]\right\}_{x=0} = \frac{2}{\sqrt{\pi}} \frac{1}{\sqrt{4D_1 t}} \cdot 1 \left(e^{-\frac{x^2}{4Dt}} = 1 \text{ en } x = 0 \text{ et } t \neq 0\right).$

On a donc en simplifiant :

$$\frac{K_1}{\sqrt{D_1}} \beta_1 = \frac{K_2}{\sqrt{D_2}} \beta_2$$

Finalement, en reportant dans la dernière relation les expressions de β_1 et β_2 établies plus haut :

$$\frac{K_1}{\sqrt{D_1}}(T_0 - T_1) = \frac{K_2}{\sqrt{D_2}}(T_2 - T_0)$$

Soit, avec $D_1 = \frac{K_1}{\rho_1 C_1}$ et $D_2 = \frac{K_2}{\rho_2 C_2}$:

$$\sqrt{C_1 \rho_1 K_1}\,[T_0 - T_1] = \sqrt{C_2 \rho_2 K_2}\,[T_2 - T_0]$$

La température de jonction T_0, déduite du modèle (question 1)), est bien identique à celle déterminée à partir de la recherche de la répartition de température au sein de la barre (question 2)).

Remarque :

L'expression **(4)** nous montre que la température «au contact » est comprise entre T_1 et T_2. Elle est d'autant plus proche de T_2 (resp. de T_1) que a_2 est grand (resp. petit) devant a_1. Ainsi si l'on suppose que l'impression «de chaud ou de froid » est directement liée à cette température T_0 on peut comprendre pourquoi le contact main – métal semble plus froid que le contact main – bois (le métal et le bois étant à la même température ambiante T_1 (~ $20°C$) inférieure à celle du corps (~ $37°C$). Quelques valeurs numériques :

a(Fer pur) ~ $1,7 \cdot 10^4\, J.K^{-1} m^{-2} s^{-\frac{1}{2}}$; a(Sapin) ~ $3,5 \cdot 10^{+2}\, J.K^{-1}.m^{-2}.s^{-\frac{1}{2}}$

a(eau) ~ $1,3 \cdot 10^3\, J.K^{-1}.m^{-2}.s^{-\frac{1}{2}}$

218 ENSI

1) ** Un milieu infini est caractérisé par une conductivité thermique uniforme K. Dans ce milieu, on a placé :

- un fil «source» d'énergie thermique, d'équation $z = -\frac{D}{2}$ et $x = 0$, fournissant la puissance thermique $\dot{q}_0$ par unité de longueur,
- un fil «puits» d'énergie thermique, $z = \frac{D}{2}$ et $x = 0$, absorbant la puissance thermique $\dot{q}_0$ par unité de longueur.

Déterminer la nature des surfaces d'égale température.

2) *

$\mathcal{M}$ est un milieu de conductivité thermique uniforme K. $\mathcal{C}$ est un cylindre maintenu à la température constante T_1.
Le plan z = 0, délimitant le milieu $\mathcal{M}$, possède une température également invariable T_0.
$\mathcal{C}$ a un rayon a et son centre C est distant de h du plan $z = 0$.
Il y a continuité de la température à l'interface cylindre – milieu $\mathcal{M}$.

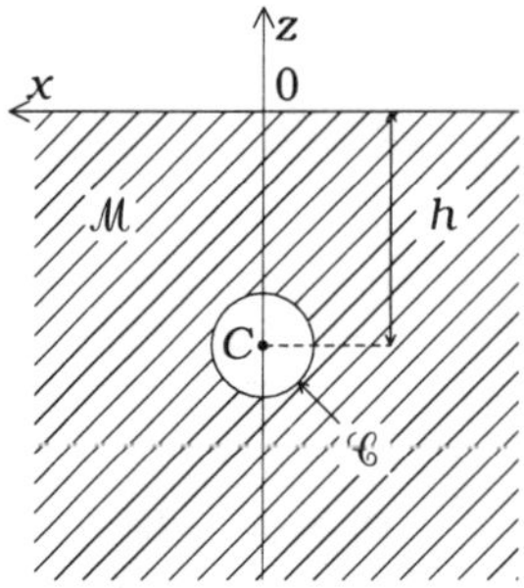

a) Déterminer, dans le cas du régime stationnaire, la répartition de température au sein du milieu $\mathcal{M}$.

b) En déduire le flux d'énergie thermique, par unité de longueur, fourni par le cylindre $\mathcal{C}$ de température $T_1 > T_0$.

Commentaires

Points de cours

- *Vecteur densité volumique de courant d'énergie thermique* $\overrightarrow{j_q}$,
- *Analogies avec l'électrostatique.*

Indications

- *Pour le 1), on cherchera à établir les expressions des vecteurs* $\left(\overrightarrow{j_q}\right)_i$ *associés à chaque fil, le vecteur résultant* $\overrightarrow{j_q} = \overrightarrow{j_{q_1}} + \overrightarrow{j_{q_2}}$ *devant s'identifier, d'après la loi de Fourier, à* $-K\overrightarrow{\text{grad}}T$.
- *Pour le 2), on montrera que l'on peut se ramener à l'étude précédente, c'est-à-dire à deux fils (un fil source et un fil puits d'énergie thermique) convenablement placés.*

Solution

1) Le flux d'énergie thermique dans le milieu est donné par la loi de Fourier :

$$\overrightarrow{j_q} = -K\overrightarrow{\nabla}T$$

Le régime étudié est un régime stationnaire, on a donc :

$$\text{div}\,\overrightarrow{j_q} = 0 \quad \left(\frac{\partial T}{\partial t} = 0\right)$$

et (K étant pris constant) : $\boxed{\Delta T = 0}$ **(1)**

- Considérons alors deux fils infinis distants de D et parallèles à Oy.

L'un est un fil «source de chaleur» traversant le plan xOz au point $A\left(0, 0, -\frac{D}{2}\right)$, l'autre est un fil «puits de chaleur» : point $A'\left(0, 0, \frac{D}{2}\right)$.

Les flux par unité de longueur sont respectivement $\dot{q}_0$ et $-\dot{q}_0$; la linéarité des équations permet d'écrire :

$$\overrightarrow{j_q}(M) = \overrightarrow{j_{q_{A'}}}(M) + \overrightarrow{j_{q_A}}(M)$$

où $\overrightarrow{j_{q_A}}(M)$ est le vecteur densité volumique de courant d'énergie thermique associé au fil source «A» s'il était seul : le problème possèderait alors la symétrie cylindrique autour de l'axe Ay et on aurait (régime stationnaire) :

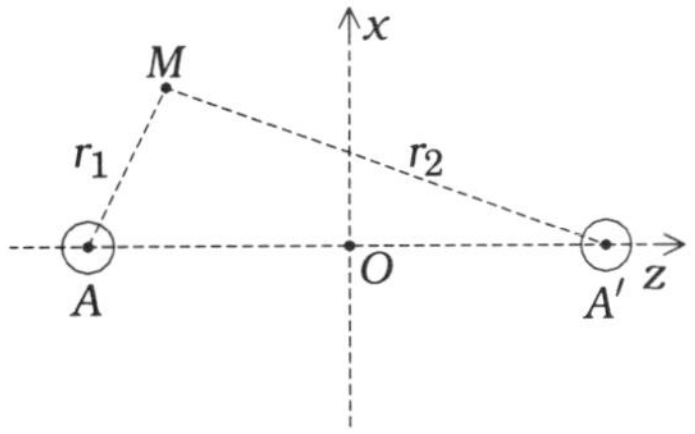

$$j_{q_A} \cdot 2\pi r_1 h = \dot{q}_0 h$$

(Dans ce cas, la puissance thermique traversant un cylindre d'axe Ay, de hauteur h et de rayon r_1, est une constante). D'où :

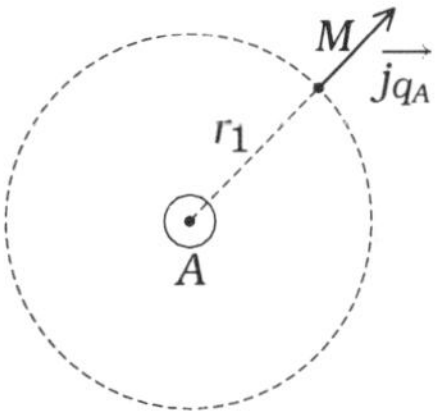

$$\overrightarrow{j_{q_A}} = \frac{\dot{q}_0}{2\pi r_1}\overrightarrow{e_{r_1}}$$

(r_1 distance du point M à l'axe Ay)

De même pour le fil «puits de chaleur» :

$$\overrightarrow{j_{q_{A'}}} = \frac{-\dot{q}_0}{2\pi r_2}\overrightarrow{e_{r_2}}$$

Soit un flux total d'énergie thermique au point M (on note $\overrightarrow{r_1} = \overrightarrow{H_1M}$ et $\overrightarrow{r_2} = \overrightarrow{H_2M}$, H_1 et H_2 représentant les projections de M sur Ay et $A'y$) :

$$\boxed{\overrightarrow{j_q}(M) = \frac{\dot{q}_0}{2\pi}\left(\frac{\overrightarrow{r_1}}{r_1^2} - \frac{\overrightarrow{r_2}}{r_2^2}\right)}$$

Considérons alors les surfaces d'égale température. Ce sont des cylindres (système invariant selon $y'y$) dont les traces dans le plan $y = \text{cte}$ (plan perpendiculaire aux fils) sont des courbes orthogonales en tout point à $\overrightarrow{j_q}(M)$ (puisque $\overrightarrow{j_q} = -K\overrightarrow{\text{grad}}T$).

Or $\frac{\overrightarrow{r_1}}{r_1^2} = \overrightarrow{\text{grad}}[\text{Ln}(r_1)]$ (coordonnées cylindriques)

de même $\frac{\overrightarrow{r_2}}{r_2^2} = \overrightarrow{\text{grad}}[\text{Ln}(r_2)]$

D'où :

$$\overrightarrow{j_q}(M) = -\overrightarrow{\text{grad}}\left[\frac{\dot{q}_0}{2\pi}\text{Ln}\left(\frac{r_2}{r_1}\right)\right]$$

Les surfaces équi-température sont donc celles pour lesquelles la grandeur $\frac{\dot{q}_0}{2\pi}\text{Ln}\left(\frac{r_2}{r_1}\right)$

est constante. Elles sont définies par la relation $\frac{r_2}{r_1}$ = cte (il en est ainsi du plan $z = 0$ pour lequel $\frac{r_2}{r_1} = 1$).

Or les courbes d'équation $\frac{r_2}{r_1}$ = cte sont, dans le plan xOz, des cercles de points limites A et A'. D'où le dessin :

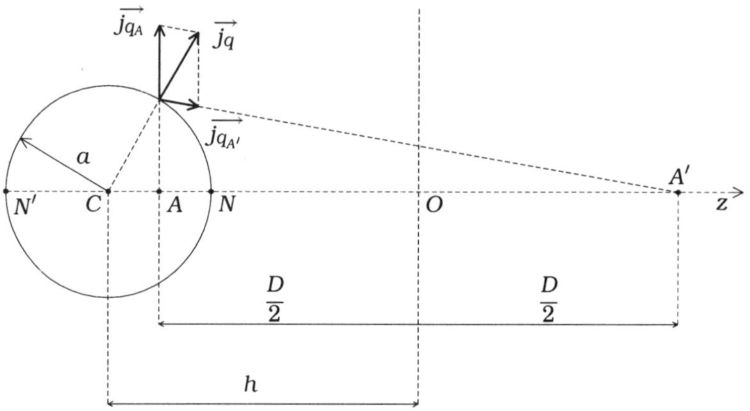

2) a)

- Pour le système envisagé, considérons le domaine $\mathscr{D}$ compris entre le cylindre $\mathscr{C}$ et le plan $z = 0$. La répartition de température dans $\mathscr{D}$ ($\Delta T = 0$) est solution du problème précédent (question 1)) à condition de définir les points A, A' ainsi que la grandeur $\dot{q}_0$ pour que :
  — la surface $z = 0$ soit à la température T_0,
  — le cylindre d'axe Oy et de rayon a soit porté à la température T_1.
- Ecrivons donc que, dans le plan xOz, le cercle de centre C et de rayon a est une courbe équi-T. Ce qui se traduit par :

$$\frac{A'N}{AN} = \frac{A'N'}{AN'} \quad \frown \quad \frac{\frac{D}{2} + h - a'}{a - \left(h - \frac{D}{2}\right)} = \frac{\frac{D}{2} + h + a}{a + \left(h - \frac{D}{2}\right)}$$

Soit encore :

$$\frac{D + 2h}{2a} = \frac{2a}{2h - D} \quad \frown \quad 4h^2 - D^2 = 4a^2$$

Ce qui définit complètement la position des fils : $\boxed{D = 2\sqrt{h^2 - a^2}}$

On a alors :

$$\overrightarrow{j_q} = -K\overrightarrow{\text{grad}}T = -\frac{\dot{q}_0}{2\pi}\overrightarrow{\text{grad}}\text{Ln}\left(\frac{r_2}{r_1}\right)$$

D'où $\quad KT(M) = \frac{\dot{q}_0}{2\pi}\text{Ln}\left(\frac{r_2}{r_1}\right) + \text{cte}$

Il suffit d'assurer maintenant que le plan xOz est à la température T_0 et $\mathscr{C}$ à la température T_1, soit :

$$KT_0 = \frac{\dot{q}_0}{2\pi}\text{Ln}(1) + \text{cte} \quad \rightharpoonup \quad \text{cte} = KT_0$$

$$KT_1 = \frac{\dot{q}_0}{2\pi}\text{Ln}\left(\frac{r_2}{r_1}\right)_{\mathscr{C}} + KT_0$$

Or $\left(\dfrac{r_2}{r_1}\right)_{\mathscr{C}} = \dfrac{A'N}{AN} = \dfrac{\dfrac{D}{2} + h - a}{a - h + \dfrac{D}{2}} = \dfrac{\dfrac{D}{2} + (h-a)}{\dfrac{D}{2} - (h-a)}$ avec $D = \sqrt{h^2 - a^2}$

Soit : $\left(\dfrac{r_2}{r_1}\right)_{\mathscr{C}} = \dfrac{\sqrt{h+a} + \sqrt{h-a}}{\sqrt{h+a} - \sqrt{h-a}} = \dfrac{h + \sqrt{h^2 - a^2}}{a}$

Et $K(T_1 - T_0) = \dfrac{\dot{q}_0}{2\pi}\text{Ln}\left[\dfrac{h + \sqrt{h^2 - a^2}}{a}\right]$, ce qui détermine $\dot{q}_0$ **(2)**.

- Pour le problème réel, nous obtenons alors une répartition de température donnée par la loi :

$$T(M) = T_0 + (T_1 - T_0)\frac{\text{Ln}\left(\dfrac{r_2}{r_1}\right)}{\text{Ln}\left[\dfrac{h + \sqrt{h^2 - a^2}}{a}\right]}$$

Il lui correspond un vecteur flux de chaleur $\overrightarrow{j_q}(M)$ tel que :

$$\overrightarrow{j_q}(M) = -\frac{K(T_1 - T_0)}{\text{Ln}\left[\dfrac{h + \sqrt{h^2 - a^2}}{a}\right]}\overrightarrow{\text{grad}}\left[\text{Ln}\left(\frac{r_2}{r_1}\right)\right]$$

b) Les deux problèmes étant équivalents, le flux de chaleur émis par le cylindre sur l'unité de longueur, flux donné par l'expression :

$$\dot{q} = \iint \overrightarrow{j_q}(M) \cdot \vec{n}\ \delta\Sigma$$

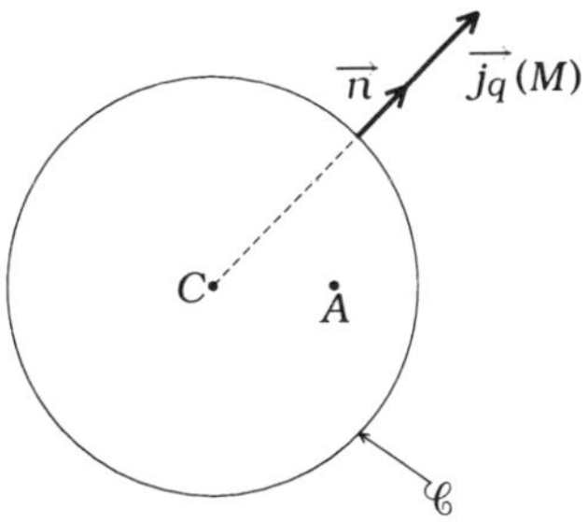

doit alors s'identifier à $\dot{q}_0$.

En effet, le vecteur $\overrightarrow{j_q}(M)$ est le même sur la surface $\mathscr{C}$ dans les deux cas pour $\dot{q}_0$ déterminé par **(2)**.

D'autre part, on avait dans le cadre de la question 1) :

$$\dot{q} = \underbrace{\iint \overrightarrow{j_{q_A}}(M) \cdot \vec{n}\ \delta\Sigma}_{= \dot{q}_0} + \underbrace{\iint \overrightarrow{j_{q_{A'}}}(M) \cdot \vec{n}\ \delta\Sigma}_{=0} = \dot{q}_0$$

D'où :

$$\dot{q} = \dot{q}_0 = \frac{2\pi K(T_1 - T_0)}{\text{Ln}\left[\dfrac{h + \sqrt{h^2 - a^2}}{a}\right]}$$

Cette quantité varie linéairement avec l'écart de température $(T_1 - T_0)$ et elle est d'autant plus grande que le milieu est meilleur conducteur de l'énergie thermique.

Remarque :

On peut mettre en évidence une analogie entre le phénomène de conduction de la chaleur en régime stationnaire et l'électrostatique. Ainsi :

$\overrightarrow{j_q} = -\overrightarrow{\nabla}(KT)$ pour $K = \text{cte}$

$\varepsilon_0 \overrightarrow{E} = -\overrightarrow{\nabla}(\varepsilon_0 V)$

$\phi_\Sigma\ (\overrightarrow{j_q})$ = puissance thermique « produite » à l'intérieur du volume délimité par Σ

$\phi_\Sigma\ (\varepsilon_0 \overrightarrow{E})$ = charge intérieure au volume délimité par Σ

$+\dot{q}_0$ « fil source » — $-\dot{q}_0$ « fil puits »

λ_0 « fil chargé λ_0 » — $-\lambda_0$ « fil chargé $-\lambda_0$ »

$$KT = \frac{\dot{q}_0}{2\pi}\text{Ln}\left(\frac{r_2}{r_1}\right) + \text{cte}$$

$$\varepsilon_0 V = \frac{\lambda_0}{2\pi}\text{Ln}\left(\frac{r_2}{r_1}\right) + \text{cte}$$

Partie 2

CHIMIE

Chapitre III

Chimie des solutions

301 CENTRALE

On envisage le triacide H_3A tel que :

$$H_3A / H_2A^- \quad : \quad pK_{a_1} = 3,0$$
$$H_2A^- / HA^{2-} \quad : \quad pK_{a_2} = 6,0$$
$$HA^{2-} / A^{3-} \quad : \quad pK_{a_3} = 10,0$$

On sait, par ailleurs, qu'il peut se former un ion complexe PbA^- de constante de dissociation :

$$K = \frac{\left[Pb^{2+}\right] \cdot \left[A^{3-}\right]}{\left[PbA^-\right]} = 10^{-16}$$

On donne la courbe de dosage de 100 mL. d'une solution aqueuse de Pb^{2+} molaire $\left(\left[Pb^{2+}\right] = 1 \text{ mol.L.}^{-1}\right)$ par une solution également molaire du sel de sodium de HA^{2-}. (Courbe $pH = f(v)$: courbe **(1)**).

1) Comment peut-on expliquer (qualitativement) que le pH passe par un minimum ?
2) Identifier les espèces dont les variations des pourcentages au cours du dosage sont représentés par les autres courbes de la figure fournie.
3) Ecrire les réactions se produisant au cours du dosage.
4) Calculer le pH et les concentrations des espèces dissoutes en :
   a) $v = 200$ *mL.*
   b) $v = 300$ *mL.*

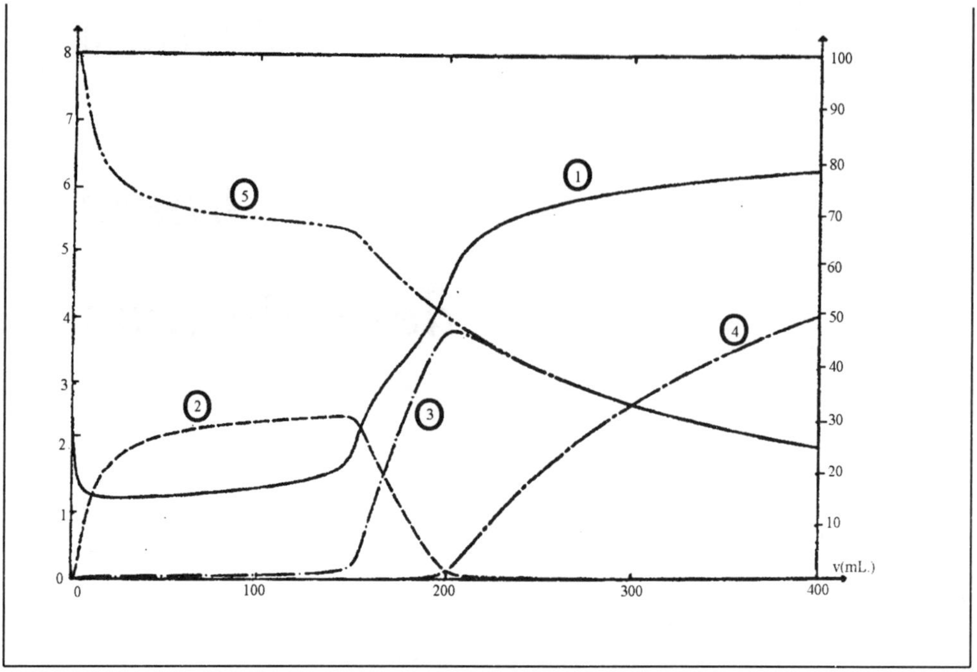

Commentaires

Points de cours

- *Quand, pour un couple acido - basique HA / A^- de constante d'acidité K_a, on a $pH < pK_a$, l'acide HA prédomine et, si $pH > pK_a$, c'est la base A^- qui prédomine.*

Indications

- *Le phénomène à prendre en compte au cours d'un dosage est celui qui correspond à la «meilleure» réaction possible, c'est-à-dire , le plus souvent, la réaction ayant la plus grande constante.*
- *Pour calculer les concentrations, il est commode et conseillé d'employer la méthode dite de la réaction prépondérante.*

Solution

1) Au cours de l'addition de l'ampholyte HA^{2-} dans la solution d'ions Pb^{2+}, il se produit, dans un premier temps, deux phénomènes :

- Précipitation de PbA^- selon : $Pb^{2+} + HA^{2-} \rightleftharpoons PbA^- + H^+$
- Formation de l'acide H_3A (majoritairement) selon :

$$2H^+ + HA^{2-} \rightleftharpoons H_3A$$

Ce qui donne la réaction globale :

$$2Pb^{2+} + 3HA^- \rightleftharpoons 2PbA^- + H_3A$$

Le pH diminue.

Dans un second temps (pas vraiment «successif» vis à vis du premier phénomène), il y a formation de H_2A^- selon : $H_3A + HA^{2-} \rightleftharpoons 2H_2A^-$

Le pH augmente. Il y a donc un minimum de pH.

2) D'après les résultats précédents, on a immédiatement :

- Courbe **(2)** : il s'agit du pourcentage de A sous la forme H_3A. En effet, il se forme dès le début de l'addition de HA^{2-}.

- Courbe **(5)** : c'est la courbe représentant le pourcentage de A dans PbA^- qui prédomine d'autant plus qu'on est au début du dosage, c'est-à-dire qu'il y a beaucoup d'ions Pb^{2+} libres.

- Courbe **(4)** : elle représente le pourcentage de A dans HA^{2-}. En effet, HA^{2-} s'accumule à la fin du dosage, quand il ne reste plus d'espèces susceptibles de réagir avec lui.

- Courbe **(3)** : c'est, évidemment, le pourcentage de A dans H_2A^-.

3) Les réponses aux questions précédentes permettent d'écrire immédiatement :

- d'abord : $\boxed{v < 150\ mL. \quad \text{dosage des ions } Pb^{2+}}$

$$2Pb^{2+} + 3HA^- \rightleftharpoons 2PbA^- + H_3A$$

Le point équivalent correspond à la «disparition» des ions Pb^{2+}.

- ensuite : $\boxed{x \in [150\ ;\ 200\ mL.] \quad \text{dosage des } H_3A}$

$$H_3A + HA^{2-} \rightleftharpoons 2H_2A^-$$

Le point équivalent correspond à la «disparition» de l'acide H_3A.

- enfin : $\boxed{v > 200\ mL. \quad \text{accumulation des ions } HA^{2-}}$

4) a) Tout revient à avoir mis, en solution, dans $300\ mL.$ d'eau, $0,1$ mol. d'ions Pb^{2+} et $0,2$ mol. d'ions HA^{2-}. A cause des réactions quasi - quantitatives écrites plus haut, on peut considérer qu'on a, en fait, les espèces suivantes en solution dans $300\ mL.$: $0,1$ mol. de PbA^- et $0,1$ mol. de H_2A^-. On peut donc, en résumé, partir de la solution contenant :

$$\left[PbA^-\right] = \left[H_2A^-\right] = 0,333\ \text{mol.L.}^{-1}.$$

La réaction prépondérante est alors :

$$2H_2A^- \rightleftharpoons H_3A + HA^{2-}\ :\ 10^{-3}$$

La solution se comporte comme l'ampholyte H_2A^-. On a, évidemment :

$$\boxed{pH = \frac{1}{2}\left(pK_{a_1} + pK_{a_2}\right) = 4,5}$$

Les concentrations des espèces dissoutes sont donc :

$$\boxed{\begin{array}{rcl} \left[PbA^-\right] & = & 0,333\ \text{mol.L.}^{-1} \\ \left[H_2A^-\right] & = & 0,314\ \text{mol.L.}^{-1} \\ \left[H_3A\right] & = & \left[HA^{2-}\right] = 9,91\ 10^{-3}\ \text{mol.L.}^{-1} \\ \left[A^{3-}\right] & = & 3,14\ 10^{-8}\ \text{mol.L.}^{-1} \\ \left[Pb^{2+}\right] & = & 1,06\ 10^{-9}\ \text{mol.L.}^{-1} \end{array}}$$

Remarque :

Pour calculer les concentrations de H_3A, H_2A^- et HA^{2-}, il faut remarquer que la réaction prépondérante est notablement avancée.

Il n'est donc pas possible de supposer que la concentration de H_2A^- reste égale à $0,333$ mol.L.$^{-1}$, il faut écrire la conservation de A :

$$[H_3A] + [H_2A^-] + [HA^{2-}] = 0,333 \text{ mol.L.}^{-1}$$

et utiliser le fait que : $[H_3A] = [HA^{2-}]$ ainsi que les constantes d'acidité Ka_1 et Ka_2.

b) On a alors, en raisonnant comme précédemment, mis en solution dans 400 *mL.*, $0,1$ mol. de PbA^-, $0,1$ mol. de H_2A^- et $0,1$ mol. de HA^{2-}.

Le pH est celui de la solution tampon correspondant au couple H_2A^- / HA^{2-}, soit :

$$\boxed{pH = 6,0}$$

Le calcul des concentrations des espèces dissoutes donne :

$[PbA^-]$	=	$0,25$ mol.L.$^{-1}$
$[H_2A^-]$	=	$[HA^{2-}] = 0,25$ mol.L.$^{-1}$
$[H_3A]$	=	$2,5\ 10^{-4}$ mol.L.$^{-1}$
$[A^{3-}]$	=	$2,5\ 10^{-5}$ mol.L.$^{-1}$
$[Pb^{2+}]$	=	10^{-13} mol.L.$^{-1}$

302 ENSI

On considère la pile :

(1) $\underline{Ag}$ / $AgNO_3$ $0,1$ mol.L.$^{-1}$ // $\underline{AgC\ell}$ *saturé dans* $NaC\ell$ $0,1M.$ / $\underline{Ag}$ **(2)**

1)* Faire le schéma de la pile en précisant la polarité (signe des électrodes **(1)** et **(2)**).

2)* Calculer la f.é.m.

3)* On rajoute une mol. par litre d'acide acétique dans la demi-pile **(1)**. Calculer la nouvelle f.é.m.

<u>**Données**</u> :

$\underline{AgC\ell}$	pKs	=	$9,8$
$\underline{AgCH_3COO}$	$pK's$	=	$2,8$
CH_3COOH / CH_3COO^-	pKa	=	$4,8$

Commentaires

Points de cours

- *Loi de Nernst,*
- *Le pôle ⊕ d'une pile est l'électrode dont le potentiel de Nernst est le plus élevé.*

Indications

- *En présence d'un anion comme CH_3COO^-, il y a précipitation de $\underline{AgCH_3COO}$. La concentration des ions Ag^+ diminue. Il y a donc diminution du potentiel de Nernst.*

Solution

1)

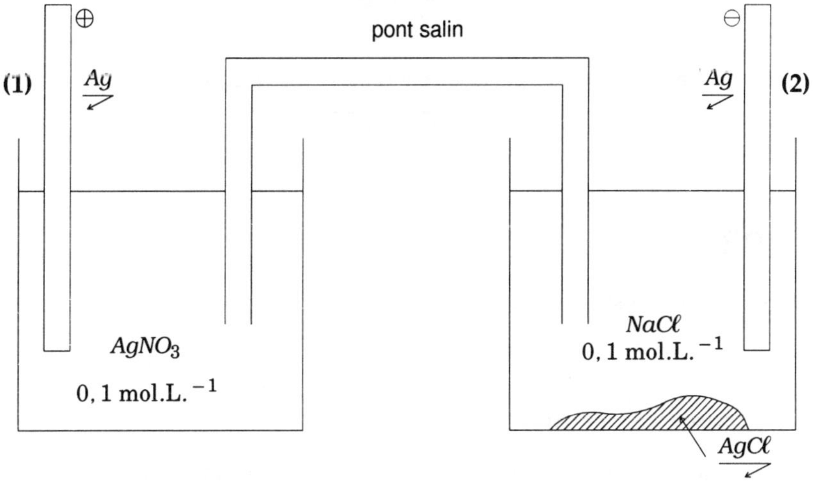

Dans la demi-pile **(1)**, on a :

$$E_1 = E^\circ_{Ag^+/Ag} + 0,06 \log 0,1 = E^\circ_{Ag^+/Ag} - 0,06$$

Dans la demi-pile **(2)**, on a :

$$E_2 = E^\circ_{Ag^+/Ag} + 0,06 \log \frac{Ks}{[C\ell^-]} = E^\circ_{Ag^+/Ag} - 0,53 < E_1$$

d'où les polarités sur le schéma.

2) La f.é.m de la pile est évidemment :

$$e = E_1 - E_2 = \left(E^\circ_{Ag^+/Ag} - 0,06\right) - \left(E^\circ_{Ag^+/Ag} - 0,53\right)$$

Soit : $\boxed{e = 0,47\ Volt.}$

3) Dans la pile **(1)**, il se produit la réaction :

$$Ag^+ + CH_3COOH \rightleftharpoons \underline{AgCH_3COO} + H^+ : \frac{Ka}{K's} = 10^2$$

	Ag^+	CH_3COOH	$AgCH_3COO$	H^+
état initial (mol.L.$^{-1}$)	0,1	1	0	$\simeq 0$
état final (mol.L.$^{-1}$)	$0,1 - x$	$1 - x$	x	0

On a donc, à l'équilibre : $\dfrac{x}{(0,1 - x)(1 - x)} = 10^{-2}$

soit l'équation en x :

$$10^{-2} x^2 - 1,011\, x + 10^{-3} = 0$$

Ce qui donne : $\boxed{x = 9,89\ 10^{-4}\ \text{mol.L.}^{-1}}$

d'où les concentrations à l'équilibre :

$$\begin{array}{rcl} [Ag^+] & = & 9,9\ 10^{-2}\ \text{mol.L.}^{-1} \\ [CH_3COOH] & = & 1\ \text{mol.L.}^{-1} \\ [H^+] & = & 9,9\ 10^{-4}\ \text{mol.L.}^{-1} \\ pH & \simeq & 3,0 \end{array}$$

La loi de Nernst donne alors :

$$\begin{aligned} E_1 &= E^\circ_{Ag^+/Ag} + 0,06 \log[Ag^+] \\ &= E^\circ_{Ag^+/Ag} - 0,0602 \end{aligned}$$

La nouvelle f.é.m est alors pratiquement la même que précédemment :

$$\boxed{e = 0,4698 \simeq 0,47 \ Volt.}$$

303 x

On construit la pile suivante :

$$\underset{\swarrow}{Zn} \ / \ Zn^{2+} \ // \ Ag^+ \ / \ \underset{\swarrow}{Ag}$$

1) * Préciser les polarités.

Donner la f.é.m de la pile sachant que les concentrations des solutions utilisées sont $0,1$ mol.L.$^{-1}$ chacune. Faire un schéma clair de la pile.

2) * On fait débiter la pile. Ecrire sa réaction de fonctionnement, préciser sur un schéma clair le sens du courant.

3) * On ajoute NH_3 concentré dans l'un ou l'autre des deux compartiments.

Que se passe-t-il, qualitativement, dans chaque cas ?

4) * Donner la f.é.m de la pile suivante :

$$\underset{\swarrow}{Zn} \ / \ NH_3 \, 1,5 \text{ mol.L.}^{-1} + Zn^{2+} \, 0,1 \text{ mol.L.}^{-1} \ // \ NH_3 \, 1 \text{ mol.L.}^{-1} + Ag^+ \, 0,1 \text{ mol.L.}^{-1} \ / \ \underset{\swarrow}{Ag}$$

<u>**Données**</u> :

$$\begin{array}{rcrcl} Zn^{2+} \ / \ \underset{\swarrow}{Zn} & : & E^\circ_1 & = & -0,76 \ V. \\ Ag^+ \ / \ \underset{\swarrow}{Ag} & : & E^\circ_2 & = & 0,80 \ V. \\ Zn(NH_3)_4^{2+} & : & pK & = & 9,5 \\ Ag(NH_3)_2^+ & : & pK' & = & 7,1 \end{array}$$

Commentaires

☞ Points de cours

- *Dans une pile en fonctionnement, dans les cas classiques de couple de type $\underset{\swarrow}{M} \ / \ M^{n+}$ où M est un métal, l'électrode constituée du métal le plus réducteur est consommée, c'est l'anode.*

  La polarité est donnée par le potentiel de Nernst ; le compartiment où le potentiel de Nernst est le plus élevé correspond à l'électrode $\oplus$.

Indications

- *Pour avoir le potentiel de Nernst dans chaque demi-pile, il suffit d'y déterminer la concentration de l'ion métallique présent ou d'utiliser la notion de potentiel apparent.*
- *Il est physiquement clair et prévisible que, si l'on ajoute un complexant dans une des demi-pile, la concentration de l'ion métallique diminue et donc conjointement le potentiel de Nernst.*

Solution

1)

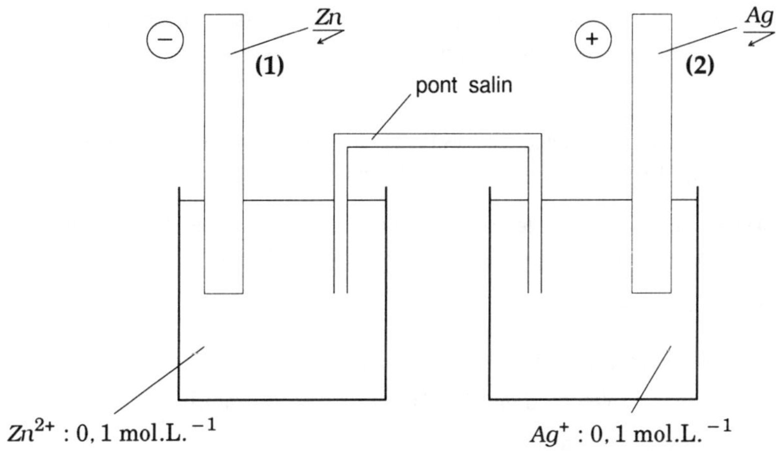

A l'électrode de Zinc, on a :

$$E_1 = E_1^\circ + 0,03\log\left[Zn^{2+}\right] = -0,76 - 0,03 = -0,79\ V.$$

A l'électrode d'Argent, on a :

$$E_2 = E_2^\circ + 0,06\log\left[Ag^{+}\right] = 0,80 - 0,06 = 0,74\ V.$$

L'éléctrode **(1)**, de Zinc, est le pôle ⊖
L'électrode **(2)**, d'Argent, est le pôle ⊕
La f.é.m de la pile est $e = E_2 - E_1 = 1,53\ V.$

2) Le schéma de fonctionnement est :

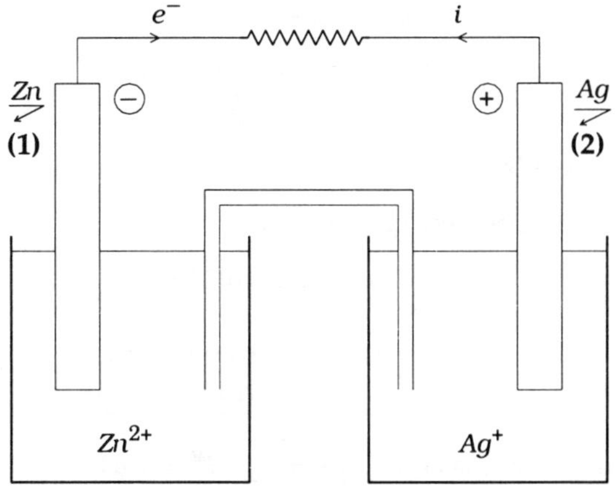

La réaction de fonctionnement globale est :

$$\boxed{\underline{Zn} + 2Ag^{+} \longrightarrow Zn^{2+} + 2\,\underline{Ag}}$$

L'électrode **(1)** est ***l'anode*** car elle est le siège de ***l'oxydation*** de $\underline{Zn}$ en Zn^{2+}.
L'électrode **(2)** est ***la cathode*** car il s'y produit ***la réduction*** : $Ag^{+} + e^{-} \longrightarrow \underline{Ag}$

3) Si on ajoute de l'ammoniac, il se forme, dans chaque compartiment, respectivement $Zn(NH_3)_4^{2+}$ ou $Ag(NH_3)_2^{+}$.

Cela correspond, pour chaque demi-pile, à une diminution de la concentration de l'ion libre donc à une diminution de la concentration de l'oxydant du couple.

Finalement :

Si on ajoute NH_3 au compartiment **(1)**, E_1 diminue et la f.é.m e augmente.
Si on ajoute NH_3 au compartiment **(2)**, E_2 diminue et la f.é.m e diminue.

4) Il faut, pour obtenir la nouvelle f.é.m, qu'on notera e', calculer au préalable les potentiels de Nernst E_1' et E_2' correspondant aux compartiments **(1)** et **(2)**.

- Compartiment **(1)**

Dans la solution obtenue, en mettant en présence :

$$NH_3\ (1,5\ \mathrm{mol.L.}^{-1}) \quad \text{et} \quad Zn^{2+}\ (0,1\ \mathrm{mol.L.}^{-1})$$

on a la réaction quasi-quantitative :

	Zn^{2+}	+ $4NH_3$	$\rightleftharpoons$	$Zn(NH_3)_4^{2+}$
état initial	$0,1$	$1,5$		0
état final	ε	$1,1$		$0,1$

On obtient, dans la constante de dissociation K :

$$K = \frac{\left[Zn^{2+}\right]\left[NH_3\right]^4}{\left[Zn(NH_3)_4^{2+}\right]} = \frac{\varepsilon\cdot(1,1)^4}{0,1} = 10^{-9.5}$$

ce qui donne :

$$\left[Zn^{2+}\right] = \varepsilon = 2,16\ 10^{-11}\ \mathrm{mol.L.}^{-1}$$

On en tire aisément le potentiel de Nernst :

$$\begin{aligned} E_1' &= -0,76 + 0,03\log\left[Zn^{2+}\right] \\ &= -1,08\ V. \end{aligned}$$

- Compartiment **(2)**

On obtient de la même façon que ci-dessus :

$$\left[Ag^{+}\right] = 1,24\ 10^{-8}\ \mathrm{mol.L.}^{-1}$$

Et :

$$\begin{aligned} E_2' &= 0,8 + 0,06\log\left[Ag^{+}\right] \\ &= 0,326\ V. \simeq 0,33\ V. \end{aligned}$$

On obtient en définitive la f.é.m : $\boxed{e' = E_2' - E_1' = 1,41\ V.}$

304 x

1) On sature de l'eau pure en hydroxyde de nickel $Ni(OH)_2$. Le pH vaut alors 8, 4.

   Calculer le produit de solubilité Ks de $Ni(OH)_2$.

2) On construit, maintenant, la pile suivante :

$$\oplus\ Cu\ /\ Cu^{2+}\ 10^{-2}\ \text{mol.L.}^{-1}\ //\ Ni(OH)_2\ \text{saturé}\ /\ Ni\ominus$$

   Sa force électromotrice est $e = 0,68\ V$.

   Sachant qu'on a : $Cu\ /\ Cu^{2+}$: $E_1^{\circ} = 0,34\ V$.
   $Ni\ /\ Ni^{2+}$: $E_2^{\circ} = -0,23\ V$.

   calculer le produit de solubilité Ks de $Ni(OH)_2$.

3) On s'intéresse alors à une autre pile :

$$\oplus\ Cu\ /\ Cu^{2+}\ 10^{-2}\ \text{mol.L.}^{-1}\ //\ Ni^{2+}\ 10^{-2}\ \text{mol.L.}^{-1} + NH_3\ 2\ \text{mol.L.}^{-1}\ /\ Ni\ominus$$

   Sa force électromotrice est $e' = 0,91\ V$.

   En considérant qu'il ne se forme que le complexe $Ni(NH_3)_6^{2+}$, donner la valeur de la constante Kd de dissociation de ce complexe. (Il s'agit de la constante globale de dissociation en Ni^{2+} et NH_3).

4) Calculer les concentrations à l'équilibre dans la solution obtenue en mettant, dans un litre d'eau pure, 0, 01 mol. de $Ni(OH)_2$ et 2 mol. de NH_3.

   On prendra, pour cela, $pKd = 8,75$ et $pKs = 17$.

   a) Dans un premier temps, en ne tenant pas compte du caractère basique de NH_3.

   b) En utilisant le fait que le couple $NH_4^+\ /\ NH_3$ est un couple acide base de pKa égal à 9, 25.

Commentaires

Points de cours

- *Un solide ionique peu soluble AB se dissout dans l'eau selon la réaction prépondérante* $AB \rightleftharpoons A^{\oplus} + B^{\ominus}$.
- *Un complexant comme* NH_3 *peut redissoudre, partiellement ou totalement, un hydroxyde comme* $Ni(OH)_2$ *si il se forme le complexe* $Ni(NH_3)_6^{2+}$: $Ni(OH)_2 + 6NH_3 \rightleftharpoons Ni(NH_3)_6^{2+} + 2OH^-$

Indications

- *Quand on cherche à déterminer la réaction se produisant effectivement au cours d'un phénomène en solution, il faut chercher la réaction prépondérante, c'est-à-dire la «meilleure» réaction entre les espèces présentes en quantité* ***notable*** *dans le milieu.*

Solution

1) La dissolution de $\underline{Ni(OH)_2}$ dans l'eau pure se produit selon la réaction prépondérante peu avancée :

$$\underline{Ni(OH)_2} \rightleftharpoons Ni^{2+} + 2HO^- \ : Ks$$

On a donc, à l'équilibre :
$$\left[Ni^{2+}\right] = \frac{1}{2}\left[HO^-\right]$$

On obtient donc :
$$Ks = \left[Ni^{2+}\right] \cdot \left[HO^-\right]^2 = \frac{\left[HO^-\right]^3}{2}$$

Compte tenu du fait que le pH mesuré est égal à $8,4$, on obtient :

$$\boxed{pKs = 17,1 \quad \text{soit} \quad Ks = 7,2\ 10^{-18}}$$

2) La force électromotrice de cette pile peut s'écrire : $e = E^{\oplus} - E^{\ominus}$

où $E^{\oplus}$ et $E^{\ominus}$ sont, respectivement, les potentiels de Nernst de l'électrode de cuivre de de l'électrode de nickel.

On a donc :
$$\begin{cases} E^{\oplus} &=& E_1^{\circ} + 0,03 \log\left[Cu^{2+}\right] &=& 0,28\ V. \\ E^{\ominus} &=& E_2^{\circ} + 0,03 \log\left[Ni^{2+}\right] &=& -0,23 + 0,03 \log\left[Ni^{2+}\right] \end{cases}$$

Cela conduit immédiatement à :
$$e = 0,28 + 0,23 - 0,03 \log\left[Ni^{2+}\right] = 0,68\ V$$

On en tire :
$$\boxed{\left[Ni^{2+}\right] = 2,15\ 10^{-6}\ \text{mol.L.}^{-1}}$$

Comme on a toujours : $\left[Ni^{2+}\right] = \frac{1}{2}\left[HO^-\right]$, on a immédiatement le produit de solubilité :
$$Ks = \left[Ni^{2+}\right] \cdot \left[HO^-\right]^2 = \frac{\left[HO^-\right]^3}{2} = 4\left[Ni^{2+}\right]^3$$

soit numériquement :

$$\boxed{pKs = 16,4 \quad \text{soit} \quad Ks = 4\ 10^{-17}}$$

Remarque :

> La différence assez notable entre les deux valeurs de la constante Ks provient du fait qu'on mesure des logarithmes de concentrations, ce qui donne une assez forte incertitude sur les concentrations elles-mêmes, donc une forte incertitude sur Ks qui est proportionnel au cube d'une concentration.
> Ce problème est encore plus crucial pour les mesures potentiométriques puisqu'on mesure $0,06 \log[\ ]$.
> La valeur de Ks dans les tables est $Ks = 10^{-17}$.

3) Si il n'existe que le complexe $Ni\,(NH_3)_6^{2+}$, on a, dans le compartiment où plonge l'électrode de nickel :

	Ni^{2+}	$+\ 6NH_3$	$\rightleftharpoons$	$Ni\,(NH_3)_6^{2+}$	$: \frac{1}{Kd}$
E.I.	10^{-2}	2		0	(mol.L.$^{-1}$)
E.F.	$\varepsilon \simeq 0$	$1,94$		10^{-2}	(mol.L.$^{-1}$)

On en tire :
$$\left[Ni^{2+}\right] = \varepsilon = \left[Ni\,(NH_3)_6^{2+}\right] \cdot \frac{K_d}{\left[NH_3\right]^6} = \frac{10^{-2}}{(1,94)^6} \cdot Kd$$

Soit :
$$\begin{cases} E^{\oplus} &=& 0,34 + 0,03 \log 10^{-2} = 0,28\ V. \\ E^{\ominus} &=& -0,23 + 0,03 \log \varepsilon = -0,34 - 0,03\ pKd \end{cases}$$

Cela conduit alors aisément à :

$$e' = E^{\oplus} - E^{\ominus} = 0,91 = 0,28 + 0,34 + 0,03\ pKd$$

soit :

$$\boxed{pKd = 9,7 \quad \text{ou} \quad Kd = 2\ 10^{-10}}$$

Remarque :

> Dans les tables, on trouve $pK_d \simeq 8,75$. Ceci est encore dû à l'imprécision relativement importante de la détermination d'une constante par une mesure potentiométrique.

4) a) La dissolution de $\underline{Ni(OH)_2}$ dans l'ammoniac 2 mol.L.$^{-1}$ se fait selon la réaction :

$$\underline{Ni(OH)_2} + 6NH_3 \rightleftharpoons Ni(NH_3)_6^{2+} + 2HO^- \quad : \quad \frac{Ks}{Kd} = 5,62\ 10^{-9}$$

E.I.	excès	2	0	$\simeq 0$
E.F.	excès	$\simeq 2$	α	$2\,\alpha$

Il vient donc :

$$\frac{4\,\alpha^3}{2^6} = 5,62\ 10^{-9}$$

soit :

$$\boxed{\begin{array}{lclcl} [Ni(NH_3)_6^{2+}] & = & \alpha & = & 4,48\ 10^{-3}\ \text{mol.L.}^{-1} \\ [HO^-] & = & 2\,\alpha & = & 8,96\ 10^{-3}\ \text{mol.L.}^{-1} \\ [H_3O^+] & = & \dfrac{Ke}{[HO^-]} & = & 1,12\ 10^{-12}\ \text{mol.L.}^{-1} \\ pH & = & 11,95 & & \\ [Ni^{2+}] & = & \dfrac{Ks}{[HO^-]^2} & = & 1,25\ 10^{-13}\ \text{mol.L.}^{-1} \\ [NH_3] & \simeq & 2\ \text{mol.L.}^{-1} & & \end{array}}$$

On peut vérifier immédiatement que ces résultats ne sont pas satisfaisants.

Si on calcule :

$$[NH_4^+] = [NH_3] \cdot \frac{[H_3^+O]}{Ka} \simeq 4\ 10^{-3}\ \text{mol.L.}^{-1}$$

on voit tout de suite qu'il était inadéquat de négliger la réaction de l'ammoniac en tant que base sur l'eau puisqu'on a :

> $[NH_4^+] \simeq 4\ 10^{-3}$ mol.L.$^{-1}$ non négligeable devant $[HO^-] \simeq 9\ 10^{-3}$ mol.L.$^{-1}$

b) On doit tenir compte simultanément des deux réactions prépondérantes :

$$\left\{ \begin{array}{lllll} \underline{Ni(OH)_2} + 6NH_3 & \rightleftharpoons & Ni(NH_3)_6^{2+} + 2HO^- & : \dfrac{Ks}{Kd} & = 5,62\ 10^{-9} \\ NH_3 + H_2O & \rightleftharpoons & NH_4^+ + HO^- & : \dfrac{Ke}{Ka} & = 1,78\ 10^{-5} \end{array} \right.$$

Leur bilan s'écrit :

$$[HO^-] = [NH_4^+] + 2\,[Ni(NH_3)_6^{2+}]$$

En utilisant les constantes d'équilibre, on en tire l'équation en $[HO^-]$ du troisiène degré :

$$[HO^-] = [NH_3] \cdot \frac{Ke/Ka}{[HO^-]} + [NH_3]^6 \cdot \frac{Ks/Kd}{[HO^-]^2}$$

Soit, numériquement, en prenant $[NH_3] \simeq 2$ mol.L.$^{-1}$:

$$\boxed{[HO^-]^3 - 3,56\ 10^{-5}\,[HO^-] - 7,2\ 10^{-7} = 0}$$

On obtient les concentrations suivantes :

$[HO^-]$	$=$	$1,03\ 10^{-2}$ mol.L.$^{-1}$		
$[H_3O^+]$	$=$	$9,73\ 10^{-13}$ mol.L.$^{-1}$		
pH	$=$	$12,0$		
$[NH_3^+]$	$\simeq$	2 mol.L.$^{-1}$		
$[NH_4^+]$	$=$	$[NH_3]\cdot\dfrac{[H_3O^+]}{Ka}$	$=$	$3,46\ 10^{-3}$ mol.L.$^{-1}$
$[Ni(NH_3)_6^{2+}]$	$=$	$[NH_3]^6\cdot\dfrac{Ks/Kd}{[HO^-]^2}$	$=$	$3,41\ 10^{-3}$ mol.L.$^{-1}$
$[Ni^{2+}]$	$=$	$\dfrac{Ks}{[HO^-]^2}$	$=$	$9,47\ 10^{-14}$ mol.L.$^{-1}$

Résultats assez différents de ceux obtenus sans tenir compte de la réaction de NH_3 sur l'eau.

305 ENSI

1) * Tracer le diagramme $E - pH$ des systèmes du Zinc pour :

$$[Zn]_{\text{dissous}} = 10^{-2}\ \text{mol.L.}^{-1}$$

On donne :

$$\begin{cases} Zn\ /Zn^{2+} & : \quad E^\circ = -0,76\ Volt. \\ \underline{Zn(OH)_2}_{\swarrow} \rightleftharpoons Zn^{2+} + 2OH^- & : \quad K_S = 10^{-17} \\ \underline{Zn(OH)_2}_{\swarrow} + 2OH^- \rightleftharpoons ZnO_2^{2-} + 2H_2O & : \quad K_S' = 10^{-1,6} \end{cases}$$

2) * Interpréter et commenter.

Commentaires

Points de cours

- *Le Zinc à l'état d'oxydation II peut se trouver sous trois formes :*

$$Zn^{2+}_{aq} \quad , \quad ZnO^{2-}_{2\ aq} \quad \text{et} \quad \underline{Zn(OH)_2}_{\swarrow}$$

On dit alors que l'hydroxyde de Zinc $\underline{Zn(OH)_2}_{\swarrow}$ est un «hydroxyde amphotère» . Il est basique, comme le montre l'équilibre de constante K_S et acide comme le montre l'équilibre de constante K_S'.

- *Pour tracer le diagramme E – pH du système Zn(II) / Zn(O), il faut procéder de la façon suivante :*

1) Déterminer **les** *pH auxquels précipite l'hydroxyde, respectivement à partir de Zn^{2+}_{aq} et à partir de $ZnO^{2-}_{2\ aq}$. On en déduit les domaines de prédominance des ions et d'existence du solide.*

2) Exprimer le potentiel de Nernst du couple Zn(II) / Zn(O) dans chacun des domaines de pH ainsi déterminés.

3) Tracer le diagramme demandé.

Indications

- *Il est souhaitable de porter, sur le diagramme, les espèces présentes dans leur domaine d'existence ou de prédominance.*
- *Si on compare, ensuite, le diagramme obtenu à celui des couples de l'eau, notamment le couple H(I) / H(O), on pourra discuter de la stabilité du Zn(O) dans l'eau.*

Solution

1) a) <u>Domaines de prédominance ou d'existence des espèces</u> :

- En milieu acide où $[Zn^{2+}] \gg [ZnO_2^{2-}]$, on a presque exclusivement Zn^{2+} dissous ; on a donc : $[Zn^{2+}] \simeq 10^{-2}\ \mathrm{mol.L.}^{-1}$
- La précipitation de $\underline{Zn(OH)_2}$ intervient donc quand le produit de solubilité K_S est atteint,

soit :
$$[Zn^{2+}]\,[OH^-]^2 = 10^{-17}$$
d'où, avec $[Zn^{2+}] = 10^{-2}\ \mathrm{mol.L.}^{-1}$:
$$[OH^-] = 10^{-7,5} \quad \text{soit :} \quad \boxed{pH = 6,5}$$

- La redissolution totale de $\underline{Zn(OH)_2}$ intervient quand le produit de solubilité K'_S est atteint avec $[ZnO_2^{2-}] \simeq 10^{-2}\ \mathrm{mol.L.}^{-1}$, soit :
$$\frac{[ZnO_2^{2-}]}{[OH^-]^2} = 10^{-1,6} \quad \text{soit} \quad [OH^-] = 10^{-0,2}$$
Soit :
$$\boxed{pH = 13,8}$$

- D'où les domaines cherchés que nous pouvons porter sur un axe de pH :

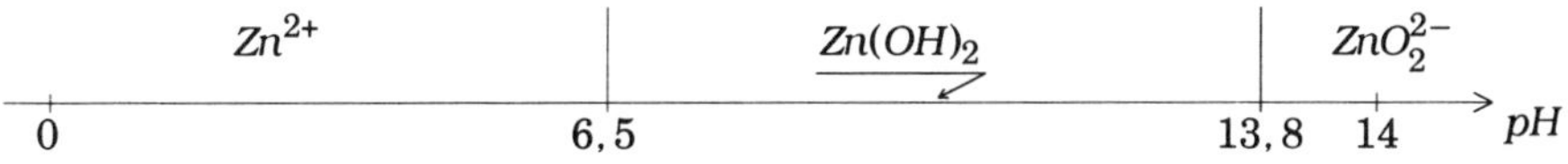

b) <u>Etablissement des expressions $E = f(pH)$</u> :

Il convient donc de distinguer trois domaines de pH :

- $\boxed{pH < 6,5}$: Système $\underline{Zn}$ / Zn^{2+}.

La demi-réaction red-ox relative au couple Zn / Zn^{2+} s'écrit : $Zn^{2+} + 2e^- \longrightarrow \underline{Zn}$

On a donc : $E = E^\circ + 0,03\log[Zn^{2+}]$ avec $[Zn^{2+}] \simeq 10^{-2}\ \mathrm{mol.L.}^{-1}$

soit :
$$\boxed{E = -0,82\ Volt.}$$

- $\boxed{pH \in [6,5\ ;\ 13,8]}$: Système $\underline{Zn}$ / $\underline{Zn(OH)_2}$.

La demi-réaction red-ox relative au couple $\underline{Zn}$ / $\underline{Zn(OH)_2}$ s'écrit :
$$\underline{Zn(OH)_2} + 2e^- + 2H^+ \longrightarrow \underline{Zn} + 2H_2O$$
On a donc : $E = E'^\circ + 0,03\log[H^+]^2$

ou : $E = E'^\circ - 0,06\,pH$

Le calcul de E'° (potentiel normal à $pH = 0$ du couple $\underline{Zn}$ / $\underline{Zn(OH)_2}$) peut se faire en exprimant la continuité du potentiel en $pH = 6,5$.

On obtient : $-0,82 = E'^{\circ} - 0,06 \times 6,5$ soit $E'^{\circ} = -0,43\ Volt.$

D'où : $\boxed{E = -0,43 - 0,06\, pH}$ $(Volt.)$

- $\boxed{pH > 13,8}$: Système $\underline{Zn}$ / ZnO_2^{2-}.

La demi-réaction red-ox s'écrit : $ZnO_2^{2-} + 2e^- + 4H^+ \longrightarrow \underline{Zn} + 2H_2O$

On a donc : $E = E''^{\circ} + 0,03 \log \left[H^+\right]^4 = E''^{\circ} - 0,12\, pH$

En calculant encore E''° par continuité en $pH = 13,8$, on a :

$\boxed{E = 0,398 - 0,12\, pH}$ $(Volt.)$

c) Tracé du diagramme et domaines d'existence ou de prédominance :

On obtient le diagramme :

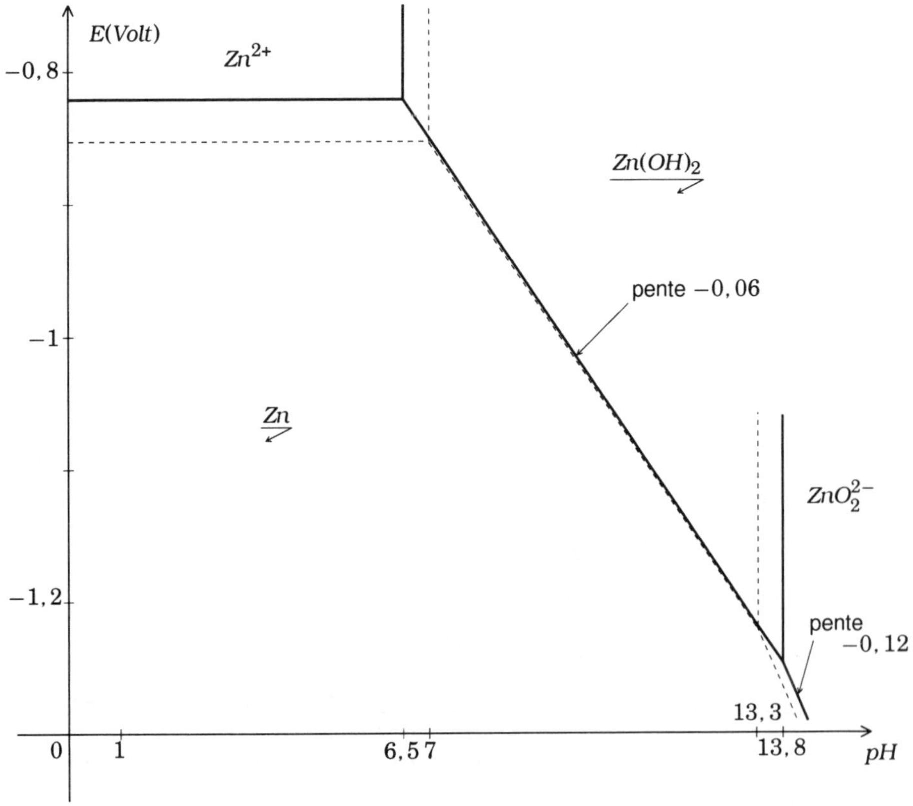

Les domaines représentés sur le diagramme ci-dessus sont des domaines ***d'existence*** pour $\underline{Zn}$ et $\underline{Zn(OH)_2}$ c'est-à-dire , qu'en dehors de ces domaines, ils n'existent pas.

Pour Zn^{2+} et ZnO_2^{2-}, il s'agit de domaines de ***prédominance*** c'est-à-dire que ces deux ions existent «partout » mais qu'ils ne prédominent que dans les domaines précisés ci-dessus.

2) Interprétation et commentaires.

- On peut d'abord voir que ce type de diagramme dépend de la quantité de $Zn(II)$ dissous envisagée.

On peut voir sur le diagramme, ce que deviendrait le tracé pour :

$$[Zn(II)_{\text{dissous}}] = 10^{-3} \text{ mol.L.}^{-1} \quad \text{(Tracé en pointillé)}$$

- On peut aussi remarquer que le Zinc est un bon réducteur, par exemple en envisageant son comportement dans l'eau, dans l'éventualité d'une oxydation du Zinc par l'eau.

Si on porte, sur un même diagramme, le diagramme $E - pH$ des systèmes du Zinc et du système H_2 / H_2O, on obtient :

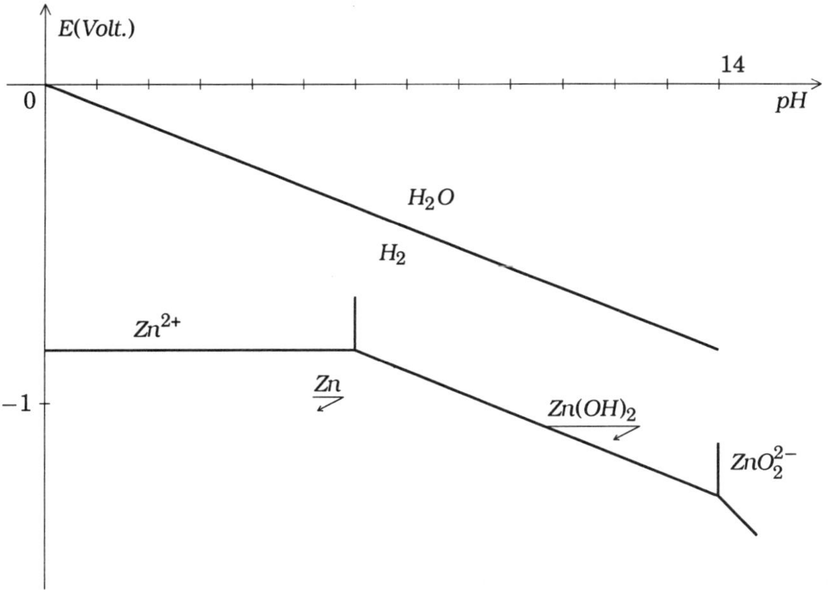

On voit que, en principe (thermodynamiquement), le Zinc est oxydé par l'eau en $Zn(II)$ pour tout pH.

Cependant, cette réaction n'a lieu notablement qu'en milieu acide :

$$\underline{Zn} + 2H^+ \rightleftharpoons Zn^{2+} + H_2\nearrow$$

ou en milieu très basique :

$$\underline{Zn} + 2OH^- \rightleftharpoons ZnO_2^{2-} + H_2\nearrow$$

Dans les conditions de pH telles qu'il y a formation de $\underline{Zn(OH)_2}$ par oxydation de $\underline{Zn}$, le Zinc se recouvre d'une couche d'hydroxyde ou d'oxyde $(\underline{ZnO})$ et il y a passivation. L'oxydation est stoppée cinétiquement.

306 x

On donne le diagramme potentiel *pH* suivant, tracé pour une concentration de cadmium dissous égale à 10^{-2} mol.L.$^{-1}$.

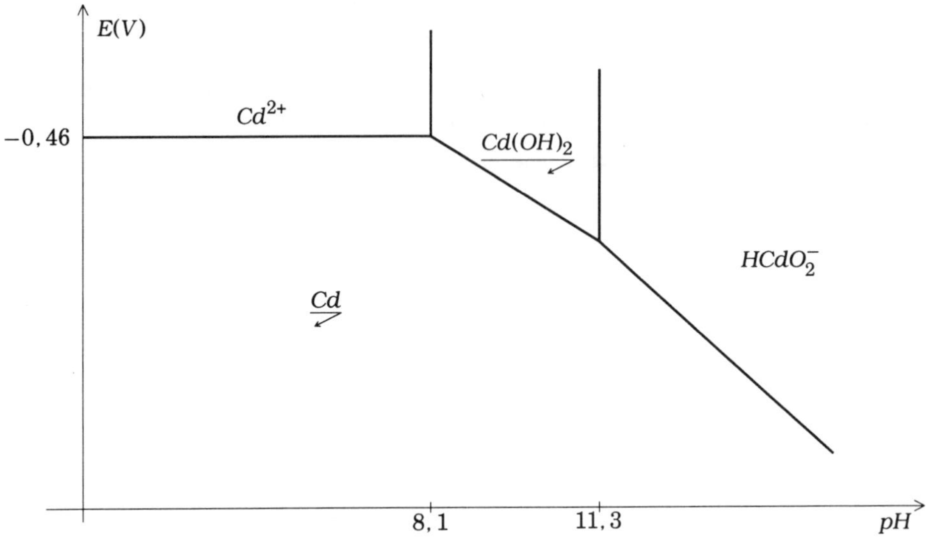

1) * Donner $E^{\circ}_{Cd^{2+}/Cd}$.

2) * Calculer les produits de solubilité relatif à $Cd(OH)_2$.

3) * Donner les équations des droites du diagramme.

4) * Que se passe-t-il, en principe, si on met du cadmium dans l'eau ? Discuter.

Commentaires

Points de cours

- *Loi de Nernst,*
- *Précipitation d'un hydroxyde en fonction de pH,*
- *Réactions entre deux couples red-ox.*

Indications

- *La démarche est simple si on se rappelle les lois permettant d'établir un diagramme E – pH.*

Solution

1) La droite horizontale d'ordonnée $E = -0,46$ V. correspond à la loi de Nernst relative au couple $Cd \rightleftharpoons Cd^{2+} + 2e^-$, c'est-à-dire que l'on a :

$$E = E^{\circ}_{Cd^{2+}/Cd} + 0,03\log\left[Cd^{2+}\right] = E^{\circ}_{Cd^{2+}/Cd} - 0,06 = -0,46\ V.$$

Soit :

$$\boxed{E^{\circ}_{Cd^{2+}/Cd} = -0,40\ V.}$$

2) Il y a deux équilibres relatifs au précipité d'hydroxyde de cadmium :

- Milieu acide :

$$\underline{Cd(OH)_2} \rightleftharpoons Cd^{2+} + 2OH^- \ : \ Ks_1 = \left[Cd^{2+}\right]\left[OH^-\right]^2$$

- Milieu basique :

$$\underline{Cd(OH)_2} + H_2O \rightleftharpoons HCdO_2^- + H_3O^+ \ : \ Ks_2 = \left[HCdO_2^-\right]\left[H_3O^+\right]$$

La précipitation de $\underline{Cd(OH)_2}$ à partir d'une solution $Cd^{2+} 10^{-2}$ mol.L.$^{-1}$ intervenant, d'après le diagramme, pour $pH = 8,1$, on a :

$$Ks_1 = \left[Cd^{2+}\right]\left[OH^-\right]^2 = 10^{-2}\left(10^{-5,9}\right)^2 = 10^{-13,8}$$

Soit :

$$\boxed{Ks_1 = 10^{-13,8} = 1,58\ 10^{-14} = \left[Cd^{2+}\right]\left[OH^-\right]^2}$$

La précipitation de $\underline{Cd(OH)_2}$ à partir d'une solution de $HCdO_2^-$ 10^{-2} mol.L.$^{-1}$ intervenant, d'après le diagramme, pour $pH = 11,3$, on a donc :

$$Ks_2 = \left[HCdO_2^-\right]\left[H_3O^+\right] = 10^{-2}\ 10^{-11,3} = 10^{-13,3}$$

Soit :

$$\boxed{Ks_2 = 10^{-13,3} = 5\ 10^{-14} = \left[HCdO_2^-\right]\left[H_3O^+\right]}$$

3) Nous ne nous intéresserons, ici, qu'aux droites relatives aux équilibres red-ox.

- Droite séparant le domaine de Cd^{2+} du domaine de $\underline{Cd}$

Il s'agit, d'après ce qui a été vu à la question 1), d'une droite d'équation :

$$\boxed{E = E^\circ_{Cd^{2+}/\underline{Cd}} + 0,03\log\left[Cd^{2+}\right] = -0,46\ V.}$$

- Droite séparant le domaine de $\underline{Cd(OH)_2}$ du domaine de $\underline{Cd}$

La loi de Nernst correspond à la demi-réaction :

$$\underline{Cd(OH)_2} + 2e^- + 2H^+ \rightleftharpoons \underline{Cd} + 2H_2O$$

s'écrit évidemment :

$$E = E^\circ_{\underline{Cd(OH)_2}/\underline{Cd}} + 0,03\log\left[H^+\right]^2$$

$$E = E^\circ_{\underline{Cd(OH)_2}/\underline{Cd}} - 0,06\ pH$$

Le calcul de $E^\circ_{\underline{Cd(OH)_2}/\underline{Cd}}$ peut se faire de deux façons :

— Premier moyen : Continuité du potentiel en $pH = 8,1$.

Cela donne : $-0,46 = E^\circ_{\underline{Cd(OH)_2}/\underline{Cd}} - 0,06 \times 8,1$

Soit :

$$\boxed{E^\circ_{\underline{Cd(OH)_2}/\underline{Cd}} = 0,026\ V.}$$

— Second moyen : Unicité du potentiel.

En présence de $\underline{Cd(OH)_2}$, le potentiel de Nernst s'écrit de deux façons équivalentes :

$$\begin{cases} E = E^{\circ}_{\underline{Cd(OH)_2}\ /\ \underline{Cd}} - 0,06\ pH \\ E = E^{\circ}_{Cd^{2+}\ /\ \underline{Cd}} + 0,03 \log \left[Cd^{2+}\right] \quad \text{(avec } K_{S_1} = \left[Cd^{2+}\right]\left[OH^-\right]^2\text{)} \end{cases}$$

Cela donne :

$$E^{\circ}_{\underline{Cd(OH)_2}\ /\ \underline{Cd}} - 0,06\ pH = E^{\circ}_{Cd^{2+}\ /\ \underline{Cd}} + 0,03 \log \frac{K_{S_1}}{\left[OH^-\right]^2}$$

Soit :

$$E^{\circ}_{\underline{Cd(OH)_2}\ /\ \underline{Cd}} = E^{\circ}_{Cd^{2+}\ /\ \underline{Cd}} - 0,03 \log\ pK_{S_1} + 0,06\ pK_e$$

Cela donne, avec $pK_{S_1} = 13,8$ et $pK_e = 14$:

$$\boxed{E^{\circ}_{\underline{Cd(OH)_2}\ /\ \underline{Cd}} = 0,026\ V.}$$

On obtient finalement la droite d'équation :

$$\boxed{E = 0,026 - 0,06\ pH} \quad \text{(en } Volt.\text{)}$$

- Droite séparant le domaine $HCdO_2^-$ du domaine de $\underline{Cd}$.

La loi de Nernst correspondant à la demi-réaction :

$$HCdO_2^- + 2e^- + 3H^+ \rightleftharpoons \underline{Cd} + 2H_2O$$

s'écrit :

$$E = E^{\circ}_{HCdO_2^-\ /\ \underline{Cd}} - 0,09\ pH + 0,03 \log \left[HCdO_2^-\right]$$

On obtient par un des moyens évoqués plus haut :

$$\boxed{E^{\circ}_{HCdO_2^-\ /\ \underline{Cd}} = 0,425\ V.}$$

Cela donne finalement :

$$\boxed{E = 0,365 - 0,09\ pH} \quad \text{(en } Volt.\text{)}$$

4) Nous pouvons, pour résoudre cette question, superposer le diagramme potentiel pH du cadmium et celui des systèmes de l'eau (nous nous limiterons au système $H(I)$ / $H(O)$) :

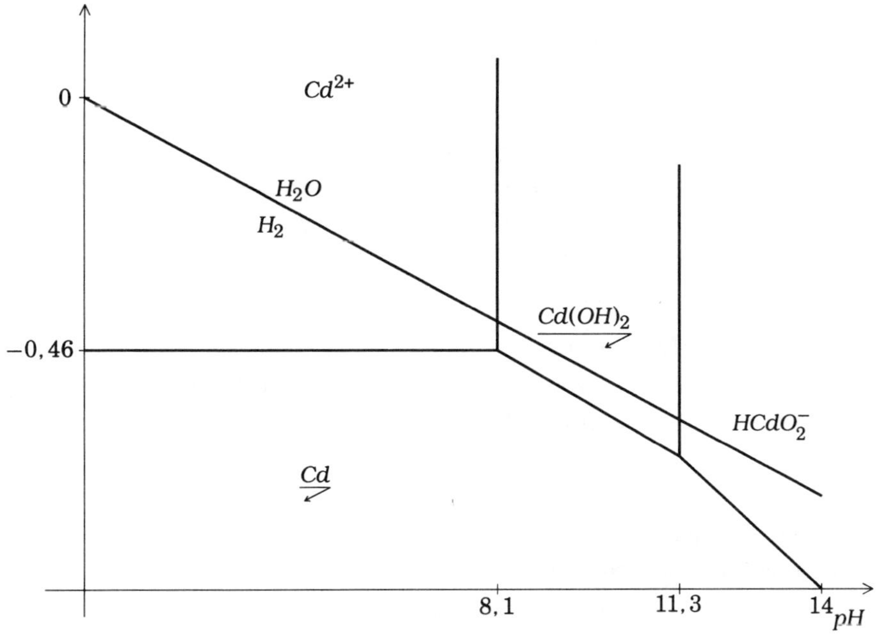

On voit, ci-dessus, que quelque soit le pH on a, en principe :

$$Cd(O) + 2H(I) \rightleftharpoons Cd(II) + 2H(O)$$

ou, plus précisement :

$$\begin{cases} pH < 8,1 : & \underline{Cd} + 2H^+ \rightleftharpoons Cd^{2+} + H_2\nearrow \\ pH \in [8,1\,;\,11,3] : & \underline{Cd} + 2H_2O \rightleftharpoons \underline{Cd(OH)_2} + H_2\nearrow \\ pH > 11,3 : & \underline{Cd} + H_2O + OH^- \rightleftharpoons HCdO_2^- + H_2\nearrow \end{cases}$$

Remarque :

> En pratique, la réaction est plus rapide en milieu acide, infiniment lente entre $pH = 8$ et $pH = 11$ (passivation de $\underline{Cd}$ par $\underline{Cd(OH)_2}$ et faible écart entre les droites de Nernst), et tout juste notable en milieu suffisamment basique.

307 CENTRALE

* Etablir et tracer le diagramme potentiel pCN du système redox $Ag(I)/Ag(O)$ en prenant $\left[Ag(I)\right]_{tot.} = 0,1 \text{ mol.L.}^{-1}$

On donne :

$$\begin{array}{lcl} Ag^+/\underline{Ag} & : & E^\circ = 0,80\ V. \\ \underline{AgCN} & : & pK_S = 16,0 \\ Ag(CN)_2^- & : & pKd = 20,5 \end{array}$$

Commentaires

Points de cours

- *En ce qui concerne les diagrammes E – pX où X est une «particule» échangée (complexation, précipitation), on procède comme pour les diagrammes E – pH :*
  - *Recherche des domaines de prédominance ou d'existence,*
  - *Etablissement, à l'aide de la loi de Nernst, des expressions $E = f(pX)$,*
  - *Tracé du diagramme.*

Indications

- *Pour «raccorder» les droites $E = f(pX)$, on peut utiliser l'unicité du potentiel. En effet, les diverses expressions possibles du potentiel à l'équilibre représentent le même potentiel.*

Solution

Il faut établir, au préalable, le tableau de prédominance des divers états de l'argent à l'état d'oxydation I en fonction de pCN.

Etablissons-le sachant que la concentration totale en $Ag(I)$ est :

$$[Ag^+] + [Ag(CN)_2^-] = 0,1 \text{ mol.L.}^{-1}$$

Il faut, en priorité, se préoccuper du pCN de précipitation et de redissolution éventuelle de $\underline{AgCN}$ (redissolution en $Ag(CN)_2^-$, évidemment.)

- Précipitation de $\underline{AgCN}$.

Au moment où il y a précipitation, à partir des ions Ag^+, il y a très peu d'ion CN^- en solution et donc très peu d'ion $Ag(CN)_2^-$ on a donc très certainement :

$$[Ag^+] \simeq 0,1 \text{ mol.L.}^{-1}$$

On a donc alors :

$$[CN^-] = \frac{Ks}{[Ag^+]} = 10^{-15} \text{ mol.L.}^{-1}$$

soit : $\boxed{pCN = 15}$

- Redissolution de $\underline{AgCN}$ en $Ag(CN)_2^-$.

Au moment de cette redissolution, on a, en supposant qu'au cours d'une éventuelle addition d'ions CN^- le volume ne varie pas :

$$[Ag(CN)_2^-] \simeq 0,1 \text{ mol.L.}^{-1}$$

On a donc alors :

$$[CN^-] = \frac{Kd \cdot [Ag(CN)_2^-]}{[Ag^+] \cdot [CN^-]} = \frac{Kd}{Ks} \cdot [Ag(CN)_2^-]$$

soit : $\boxed{pCN = 5,5}$

D'où le tableau de prédominance (ou d'existence pour les solides) des divers états d'oxydation de l'argent :

pCN	5,5	15	
$Ag(I)$	$Ag(CN)_2^-$	$\underline{AgCN}$	Ag^+
$Ag(0)$		$\underline{Ag}$	

Nous pouvons, maintenant, faire l'étude du potentiel de Nernst de ce couple $Ag(I)/Ag(O)$ en fonction de pCN. Trois cas se présentent :

- $\underline{pCN > 15}$ Couple $Ag^+ / \underline{Ag}$.

$$Ag^+ + 1e^- \rightleftharpoons \underline{Ag}$$

$$E = E^\circ + 0,06 \log \left[Ag^+\right]$$

Cela donne, avec $\left[Ag^+\right] = 0,1 \text{ mol.L.}^{-1}$:

$$\boxed{E = 0,74 \ V.}$$

- $\underline{5,5 < pCN < 15.}$ Couple $\underline{AgCN} / \underline{Ag}$

$$\underline{AgCN} + 1e^- \rightleftharpoons \underline{Ag} + CN^-$$

$$E = E'^\circ + 0,06 \log \frac{1}{\left[CN^-\right]}$$

La valeur de E'° peut être obtenue en identifiant deux expressions du même potentiel de Nernst («unicité» du potentiel) :

$$E = E'^\circ + 0,06 \log \frac{1}{\left[CN^-\right]} = E^\circ + 0,06 \log \left[Ag^+\right]$$

ce qui donne : $$E'^\circ = E^\circ + 0,06 \log \left[Ag^+\right] \cdot \left[CN^-\right]$$

soit : $$\boxed{E'^\circ = E^\circ - 0,06pKs = -0,16 \ V.}$$

d'où l'expression du potentiel de Nernst sur ce intervalle :

$$\boxed{E = -0,16 + 0,06pCN}$$

- $\underline{pCN < 5,5.}$ Couple $Ag(CN)_2^- / \underline{Ag}$.

$$Ag(CN)_2^- + 1e^- \rightleftharpoons \underline{Ag} + 2CN^-$$

$$E = E''^\circ + 0,06 \log \frac{\left[Ag(CN)_2^-\right]}{\left[CN^-\right]^2}$$

En identifiant comme ci-dessus deux expressions du potentiel

$$E = E''^\circ + 0,06 \log \frac{\left[Ag(CN)_2^-\right]}{\left[CN^-\right]^2} = E^\circ + 0,06 \log \left[Ag^+\right]$$

on obtient : $$E''^\circ = E^\circ = -0,06 \ pKd = -0,43 \ V.$$

D'où l'expression du potentiel de Nernst sur cet intervalle (en prenant, bien sûr, $\left[Ag(CN)_2^-\right] = 0,1$ mol.L.$^{-1}$ car cette espèce y prédomine) :

$$\boxed{E = -0,49 + 0,12\ pCN}$$

D'où le diagramme cherché, où sont portés les domaines de prédominance pour Ag^+ et $Ag(CN)_2^-$ et d'existence pour $\underline{Ag}$ et $\underline{AgCN}$:

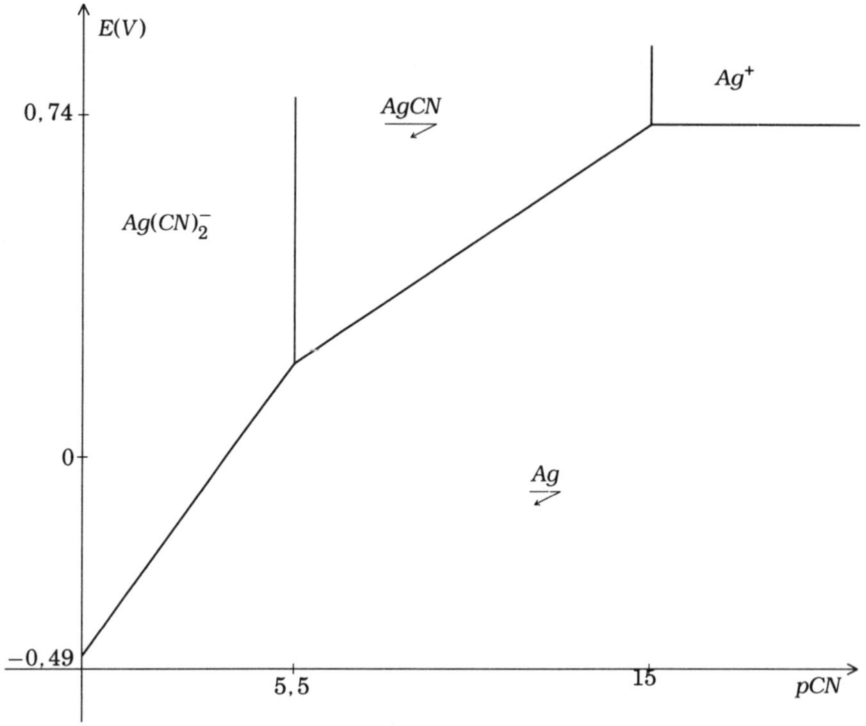

On remarque que le caractère réducteur de l'argent métallique $\underline{Ag}$ augmente quand la concentration des ions CN^- augmente (pCN diminue). Ce résultat était prévu puisque la formation du précipité $\underline{AgCN}$ puis du complexe $Ag(CN)_2^-$ stabilise l'oxydant donc rend le réducteur plus «fort» .

308 ENSI

On donne : $\begin{cases} IO_3^- / I_{2_{aq}} & : \quad E_1^\circ = 1,20\ V. \\ I_{2_{aq}} / I^- & : \quad E_2^\circ = 0,62\ V. \end{cases}$

Etablir le potentiel pH des systèmes de l'iode pour une concentration d'iode atomique dissous $\left[I_{\text{Tot}}\right] = 0,1$ mol.L.$^{-1}$.

(On supposera, dans tout le problème, que $I_{2_{aq}}$ est soluble dans l'eau quelle que soit sa concentration).

Commentaires

Points de cours

- *Les courbes (droites) frontières, séparant deux domaines de prédominance de deux espèces, correspondent, le plus souvent, au lieu des points où on a équi-répartition de ces espèces,*
- *Si deux systèmes red-ox Ox_1 / A et A / Red_2, où A est un ampholyte, sont tels que $E^\circ_{Ox_1/A} < E^\circ_{A/Red_z}$, alors A se dismute.*

Indications

- *La convention de frontière la plus «logique» pour un système red-ox, par exemple, de type I_2/I^-, est l'équi-répartition «atomique»*
  Cela donne, ici, la relation $2[I_2] = [I^-]$ sur la frontière entre les deux domaines de prédominance.

Solution

Les espèces concernées n'étant pas, a priori, des acides ou des bases de Brönstedt, il n'y a pas à tenir compte d'éventuels domaines de prédominance de ces espèces en fonction du *pH*.

Etudions tout de suite les couples red-ox concernés :

- Couple $I_{2_{aq}} / I^-$

$$I_{2_{aq}} + 2e^- \rightleftharpoons 2I^-$$
$$E = E^\circ_2 + 0,03 \log \frac{[I_{2_{aq}}]}{[I^-]^2}$$

Il faut maintenant s'intéresser à la convention de frontière convenable à utiliser pour établir l'équation de la droite séparant le domaine de prédominance de I_2 de celui de I^-.

Dans les domaines de potentiel concernés, au voisinage de la ligne de partage entre I_2 et I^-, l'iode à l'état d'oxydation *V*, c'est-à-dire de l'ion IO_3^-, est très minoritiare. On a donc :

$$2\,[I_{2_{aq}}] + [I^-] = 0,1 \text{ mol.L.}^{-1}$$

(c'est le bilan en iode atomique dissous dont la concentration totale est donnée dans l'énoncé).

Par ailleurs, on peut adopter comme convention de frontière, conformément à la façon dont est libellé l'énoncé, l'égalité, à la frontière, des concentrations en atome d'iode au degré d'oxydation zéro et en atome d'iode au degré d'oxydation moins un :

$$2\,[I_{2_{aq}}] = [I^-]$$

On tire aisément, de ces deux égalités, les concentrations en diiode aqueux et en ion iodure à la frontière séparant leurs deux domaines de prédominance respectifs :

$$\boxed{\begin{array}{lcl} [I_{2_{aq}}] & = & 2,5\ 10^{-2} \text{ mol.L.}^{-1} \\ [I^-] & = & 5\ 10^{-2} \text{ mol.L.}^{-1} \end{array}}$$

On a donc :

$$E = 0,62 + 0,03 \log \frac{2,5\ 10^{-2}}{2,5\ 10^{-3}}$$

Soit :

$$\boxed{E = 0,65\ V.}$$

- Couple IO_3^- / $I_{2_{aq}}$

$$2IO_3^- + 10e^- + 12H^+ \rightleftharpoons I_2 + 6H_2O$$

$$E = E_1^\circ + 0,06 \log \frac{\left[IO_3^-\right]^2 \cdot \left[H^+\right]^{12}}{\left[I_{2_{aq}}\right]}$$

Les mêmes raisonnements sur la définition de la frontière entre le domaine de prédominance de IO_3^- et celui de $I_{2_{aq}}$ conduisent aux égalités :

$$\begin{cases} 2\left[I_{2_{aq}}\right] + \left[IO_3^-\right] = 0,1 \text{ mol.L.}^{-1} \\ 2\left[I_{2_{aq}}\right] = \left[IO_3^-\right] \end{cases}$$

Ce qui donne :

$$\boxed{\begin{array}{lcl} \left[I_{2_{aq}}\right] & = & 2,5\ 10^{-2} \text{ mol.L.}^{-1} \\ \left[IO_3^-\right] & = & 5\ 10^{-2} \text{ mol.L.}^{-1} \end{array}}$$

On a donc :

$$E = 1,20 + 0,06 \log \frac{2,5\ 10^{-3}}{2,5\ 10^{-2}} \cdot \left[H^+\right]^{12}$$

Soit :

$$\boxed{E - 1,194 - 0,072\ pH}$$

- Dismutation de $I_{2_{aq}}$

Les deux expressions du potentiel de Nernst obtenues ci-dessus donnent la même valeur de E pour :

$$0,65 = 1,194 - 0,072\ pH$$

Soit pour :

$$\boxed{pH \simeq 7,55}$$

Pour $pH > 7,55$, le diiode I_2 se dismute en I^- et IO_3^- selon :

$$3I_2 + 3H_2O \rightleftharpoons IO_3^- + 5I^- + 6H^+$$

Il est donc nécessaire d'étudier le couple global IO_3^- / I^- puisque I_2 ne peut exister de façon prédominante.

- Couple IO_3^- / I^-

Il est aisé, dans un premier temps, de calculer le potentiel normal E_4° de ce couple :

$$OI_3^- + 6e^- + 6H^+ \rightleftharpoons I^- + 3H_2O$$

on a :

$$\begin{cases} E = E_2^\circ + 0,03 \log \dfrac{\left[I_{2_{aq}}\right]}{\left[I^-\right]^2} \\ E = E_1^\circ + 0,06 \log \dfrac{\left[IO_3^-\right]^2 \cdot \left[H^+\right]^{12}}{\left[I_{2_{aq}}\right]} \\ E = E_4^\circ + 0,01 \log \dfrac{\left[IO_3^-\right]^2 \cdot \left[H^+\right]^{6}}{\left[I^-\right]} \end{cases}$$

ce qui conduit immédiatement, en identifiant astucieusement ces trois expressions du même potentiel, à :

$$\boxed{E_4^\circ = \frac{5E_1^\circ + E_2^\circ}{6} = 1,103\ V.}$$

Le potentiel de Nernst correspondant s'écrit donc :

$$E = 1,103 + 0,01 \log \frac{\left[IO_3^-\right] \cdot \left[H^+\right]^6}{\left[I^-\right]}$$

Cela donne, numériquement, en prenant maintenant la convention de frontière évidente : $\left[IO_3^-\right] = \left[I^-\right] = 0,05\ \text{mol.L.}^{-1}$:

$$\boxed{E = 1,103 - 0,06\ pH}$$

Remarque :

> Les trois expressions du potentiel de Nernst obtenues ci-dessus donnent, bien sûr, la même valeur de E ($E = 0,65\ V.$). Sur le diagramme les trois droites correspondantes sont concourantes au point de coordonnées :
>
> $$\begin{cases} E = 0,65\ V. \\ pH = 7,55 \end{cases}$$

On obtient le digramme cherché où sont représentés les domaines de prédominance des trois états d'oxydation de l'iode :

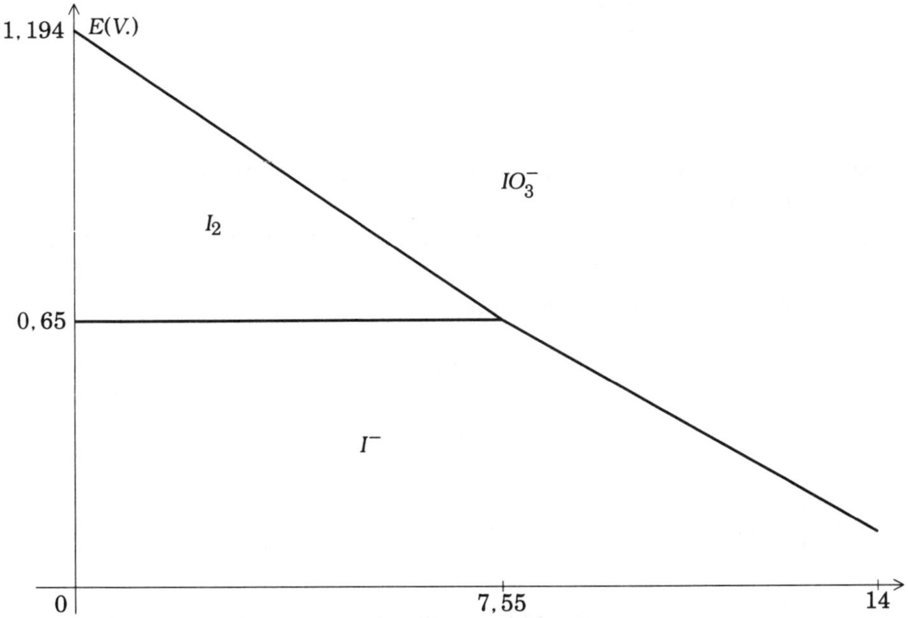

309 x

On donne les constantes suivantes :

$$\begin{array}{llll} CuC\ell_2 & \rightleftharpoons & CuC\ell^+ + C\ell^- & K_1 = 10^{0,7} \\ CuC\ell^+ & \rightleftharpoons & Cu^{2+} + C\ell^- & K_2 = 10^{-0,1} \\ CuC\ell_2^- & \rightleftharpoons & \underline{CuC\ell} + C\ell^- & K_3 = 10^{-2,2} \\ \underline{CuC\ell} & \rightleftharpoons & Cu^+ + C\ell^- & K_4 = 10^{-6,7} \end{array}$$

où seul $\underline{CuC\ell}$ précipite éventuellement.

On rappelle que :

$$E_1^\circ\left(Cu^{2+} / Cu^+\right) = 0,15 \text{ Volt.} \quad \text{et} \quad E_2^\circ\left(Cu^+ / Cu\right) = 0,53 \text{ Volt.}$$

Etablir le diagramme $E = f(pC\ell)$ des divers états d'oxydation du cuivre.

Commentaires

Points de cours

- *Pour établir un diagramme potentiel – pCℓ, il faut, dans l'ordre :*

  1) Déterminer les domaines de prédominance pour les espèces dissoutes et d'existence pour les espèces solides. Ces domaines dépendent évidemment des concentrations totales des espèces présentes.

  2) Etablir l'expression du potentiel de Nernst de chaque couple dans chaque domaine.

  3) Tracer le diagramme en veillant à n'envisager que les espèces stables.

Indications

- *Si rien n'est précisé sur les concentrations des espèces présentes, préciser, avant de faire les opérations ci-dessus, la concentration d'espèces dissoutes qu'on adopte dans la suite.*
- *Veiller soigneusement à prévoir et à justifier d'éventuelles dismutations.*

Solution

Comme rien n'est précisé dans l'énoncé, il faut définir les conditions dans lesquelles on établira le diagramme demandé.

On peut, par exemple, choisir le tracé du diagramme $E = f(pC\ell)$ pour une concentration en cuivre total égale à $0,1$ mol.L.$^{-1}$.

Il faut maintenant procéder en plusieurs temps.

1) Domaines de prédominance ou d'existence des espèces

CU(II)

$$\begin{cases} CuC\ell_2 \rightleftharpoons CuC\ell^+ + C\ell^- & K_1 = \dfrac{\left[CuC\ell^+\right]\left[C\ell^-\right]}{\left[CuC\ell_2\right]} = 10^{0,7} \\[2ex] CuC\ell^+ \rightleftharpoons Cu^{2+} + C\ell^- & K_2 = \dfrac{\left[Cu^{2+}\right]\left[C\ell^-\right]}{\left[CuC\ell^+\right]} = 10^{-0,1} \end{cases}$$

On voit immédaitement que,

pour $\left[C\ell^-\right] > 10^{0,7}$, $CuC\ell_2$ prédomine devant $CuC\ell^+$ et que,

pour $\left[C\ell^-\right] > 10^{-0,1}$, $CuC\ell^+$ prédomine devant Cu^{2+}.

D'où :

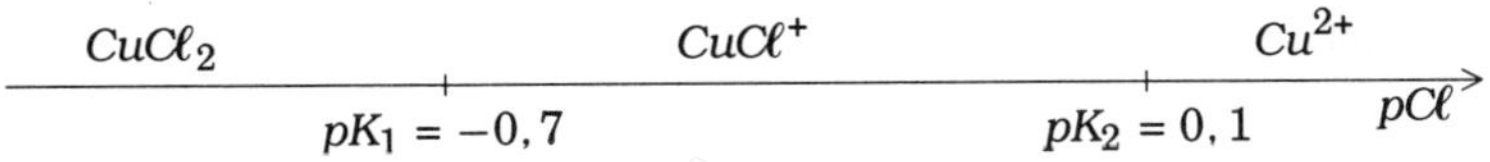

CU(I)

$$\begin{cases} \underset{}{CuC\ell_2^-} \rightleftharpoons \underset{\swarrow}{CuC\ell} + C\ell^- & K_3 = \dfrac{\left[C\ell^-\right]}{\left[CuC\ell_2^-\right]} = 10^{-2,2} \\ \underset{\swarrow}{CuC\ell} \rightleftharpoons Cu^+ + C\ell^- & K_4 = \left[Cu^+\right]\left[C\ell^-\right] = 10^{-6,7} \end{cases}$$

Si on prend, dans les domaines de potentiels où prédomine $Cu(I)$:

$$\left[Cu_{total}\right] \simeq \left[Cu(I)\right] = 10^{-1} \text{ mol.L.}^{-1}$$

on voit que :

pour $\left[C\ell^-\right] > K_3\left[CuC\ell_2^-\right]$, c'est-à-dire $\left[C\ell^-\right] > 10^{-3,2}$, on a uniquement $CuC\ell_2^-$ dissous,

pour $\left[C\ell^-\right] < \dfrac{K_4}{\left[Cu^+\right]}$, c'est-à-dire $\left[C\ell^-\right] < 10^{-5,7}$, on a uniquement Cu^+ dissous.

D'où :

Le domaine $pC\ell \in [3,2\ ;\ 5,7]$ est le domaine ***d'existence*** de $\underset{\swarrow}{CuC\ell}$.

En effet, pour $pC\ell < 3,2$, il n'y a ***strictement pas*** de $\underset{\swarrow}{CuC\ell}$, comme pour $pC\ell > 5,7$.

On peut résumer ceci sur tableau récapitulatif :

$pC\ell$	$-0,7$	$0,1$	$3,2$	$5,7$	$+\infty$
$Cu(II)$	$CuC\ell_2$	$CuC\ell^+$	Cu^{2+}		
$Cu(I)$	$CuC\ell_2^-$			$\underset{\swarrow}{CuC\ell}$	Cu^+
$Cu(0)$	$\underset{\swarrow}{Cu}$				

2) <u>Il faut donc faire l'étude de E dans les différents domaines de $pC\ell$ ainsi délimités.</u>

$pC\ell > 5,7$

- Couple $Cu(II)$ / $Cu(I)$:

$$Cu^{2+} + e^- \rightleftharpoons Cu^+ \ :\ E_1^o = 0,15 \text{ Volt.}$$

On a : $E_1 = E_1^\circ + 0,06 \log \dfrac{[Cu^{2+}]}{[Cu^+]}$

Ce qui donne, en prenant comme convention de frontière $[Cu^{2+}] = [Cu^+]$:

$$\boxed{E_1 = E_1^\circ = 0,15\ Volt}$$

- Couple $Cu(I)\ /\ Cu(0)$:

$$Cu^+ + e^- \rightleftharpoons \underline{Cu}\ :\ E_2^\circ = 0,53\ Volt.$$

on a : $E_2 = E_2^\circ + 0,06 \log [Cu^+]$

Ce qui donne, en prenant $[Cu_{total}] \simeq [Cu^+] = 0,1\ \text{mol.L.}^{-1}$:

$$\boxed{E_2 = E_2^\circ - 0,06 = 0,47\ Volt.}$$

- Couple $Cu(II)\ /\ Cu(0)$:

On voit immédiatement que Cu^+ se dismute quasi-totalement. Il faut donc étudier le couple $Cu(II)\ /\ Cu(0)$.

On a : $Cu^{2+} + 2e^- \rightleftharpoons \underline{Cu}$

$E_3^\circ = \dfrac{1}{2}\left(E_1^\circ + E_2^\circ\right) = 0,34\ Volt$ soit : $E_3 = E_3^\circ + 0,03 \log [Cu^{2+}]$

C'est-à-dire avec les mêmes conventions :

$$\boxed{E_3 = E_3^\circ - 0,03 = 0,31\ Volt}$$

$$\boxed{pC\ell \in]3,2\ ;\ 5,7[}$$

- Couple $Cu(II)\ /\ Cu(I)$:

$$Cu^{2+} + e^- + C\ell^- \rightleftharpoons \underline{CuC\ell}\ :\ E_1'^\circ$$

$$\begin{aligned} \text{on a : } E_1 &= E_1'^\circ + 0,06 \log [Cu^{2+}]\,[C\ell^-] \\ &= E_1'^\circ + 0,06 \log [Cu^{2+}] - 0,06\ pC\ell \end{aligned}$$

Pour calculer $E_1'^\circ$, on peut utiliser l'unicité du potentiel soit :

$$E_1^\circ + 0,06 \log \frac{[Cu^{2+}]}{[Cu^+]} = E_1'^\circ + 0,06 \log [Cu^{2+}]\,[C\ell^-]$$

Ce qui donne :

$$\boxed{E_1'^\circ = E_1^\circ = 0,06\ pK_4 = 0,552\ Volt.}$$

On obtient alors E_1 en utilisant encore la convention habituelle :

$$[Cu_{total}] \simeq [Cu^{2+}] = 0,1\ \text{mol.L.}^{-1} :$$

$$\boxed{E_1 = E_1'^\circ - 0,06\ pC\ell = 0,492 - 0,06\ pC\ell}$$

- Couple $Cu(I)\ /\ Cu(0)$:

$$\underline{CuC\ell} + e^- \rightleftharpoons \underline{Cu} + C\ell^-\ :\ E_2'^\circ$$

on a :
$$E_2 = E_2'^{\circ} + 0,06 \log \frac{1}{[C\ell^-]} = E_2'^{\circ} + 0,06\ pC\ell$$

On calcule $E_2'^{\circ}$ de la même façon que précédemment et on obtient :

$$\boxed{E_2'^{\circ} = E_2^{\circ} - 0,06\ pK_4 = 0,128\ Volt.}$$

d'où le potentiel de Nernst :

$$\boxed{E_2 = E_2'^{\circ} = 0,06\ pC\ell = 0,128 + 0,06\ pC\ell}$$

- Couple $Cu(II)$ / $Cu(0)$:

Comme on a, sur l'intervalle $]3,2\ ;\ 5,7[$, $E_2 < E_1$ il y a encore dismutation de $Cu(I)$ selon :

$$2\,\underline{CuC\ell} \rightleftharpoons Cu^{2+} + \underline{Cu} + 2C\ell^-$$

Il faut donc encore tenir compte du couple global. On a, de même que sur l'intervalle précédent :

$$\boxed{E_3 = E_3^{\circ} - 0,03 = 0,31\ Volt}$$

$$\boxed{pC\ell \in]0,1\ ;\ 3,2[}$$

- Couple $Cu(II)$ / $Cu(I)$:

$$Cu^{2+} + e^- + 2C\ell^- \rightleftharpoons CuC\ell_2^- \ :\ E_1''^{\circ}$$

$$E_1 = E_1''^{\circ} + 0,06 \log \frac{[Cu^{2+}]\,[C\ell^-]^2}{[CuC\ell_2^-]} = E_1''^{\circ} + 0,06 \log \frac{[Cu^{2+}]}{[CuC\ell_2^-]} - 0,12\ pC\ell$$

On peut encore calculer $E_1''^{\circ}$ et on obtient :

$$\boxed{E_1''^{\circ} = E_1'^{\circ} + 0,06\ pK_3 = 0,684\ Volt}$$

d'où avec $[Cu^{2+}] = [CuC\ell_2^-]$:

$$\boxed{E_1 = 0,684 - 0,12\ pC\ell}$$

- Couple $Cu(I)$ / $Cu(0)$:

$$CuC\ell_2^- + e^- \rightleftharpoons \underline{Cu} + 2C\ell^- \ :\ E_2''^{\circ}$$

$$E_2 = E_2''^{\circ} + 0,06 \log \frac{[CuC\ell_2^-]}{[C\ell^-]^2} = E_2''^{\circ} + 0,06 \log [CuC\ell_2^-] + 0,12\ pC\ell$$

De même, il vient :

$$\boxed{E_2''^{\circ} = E_2'^{\circ} - 0,06\ pK_3 = -0,04\ Volt.}$$

d'où avec $[CuC\ell_2^-] = 0,1\ \mathrm{mol.L.}^{-1}$:

$$\boxed{E_2 = -0,064 + 0,12\ pC\ell}$$

- Couple $Cu(II)$ / $Cu(0)$:

On voit que $E_1 \geqslant E_2$ pour :

$$0,684 - 0,12\ pC\ell \geqslant 0,064 + 0,12\ pC\ell$$

soit : $\boxed{pC\ell \leqslant 3,17 \simeq 3,2}$

Il faut donc conclure que le Cuivre à l'état d'oxydation (I) ne se dismute plus.

Il n'y a plus lieu de considérer le couple global.

$\boxed{pC\ell \in]0,7\ ;\ 0,1[}$

- Couple $Cu(II)$ / $Cu(I)$:

$$CuC\ell^+ + e^- + C\ell^- \rightleftharpoons CuC\ell_2^- \ :\ E_1^{III\circ}$$

$$\begin{aligned} E_1 &= E_1^{III\circ} + 0,06 \log \frac{[CuC\ell^+]\,[C\ell^-]}{[CuC\ell_2^-]} \\ &= E_1^{III\circ} + 0,06 \log \frac{[CuC\ell^+]}{[CuC\ell_2^-]} - 0,06\ pC\ell \end{aligned}$$

Il vient alors :

$$\boxed{E_1^{III\circ} = E_1^{II\circ} - 0,06\ pK_2 = 0,678\ Volt.}$$

d'où, avec sur la frontière $[CuC\ell^+] = [CuC\ell_2^-]$:

$$\boxed{E_1 = E_1^{III\circ} - 0,06\ pC\ell = 0,678 - 0,06\ pC\ell}$$

- Couple $Cu(I)$ / $Cu(0)$:

$$CuC\ell_2^- + e^- \rightleftharpoons \underline{Cu} + 2C\ell^- \ :\ E_2^{II\circ}$$

Rien de changé par rapport à l'intervalle de $pC\ell$ précédent.

$\boxed{pC\ell < -0,7}$

- Couple $Cu(II)$ / $Cu(I)$:

$$CuC\ell_2 + e^- \rightleftharpoons CuC\ell_2^- \ :\ E_1^{(IV)\circ}$$

$$E_1 = E_1^{(IV)\circ} + 0,06 \log \frac{[CuC\ell_2]}{[CuC\ell_2^-]} \quad \text{où :}$$

$$\boxed{E_1^{(IV)\circ} = E_1^{III\circ} - 0,06\ pK_1 = 0,72\ Volt.}$$

- Couple $Cu(I)$ / $Cu(0)$:

toujours rien de changé.

3) Tracé du diagramme, interprétation et remarques

On porte sur le diagramme les domaines de prédominances des espèces.

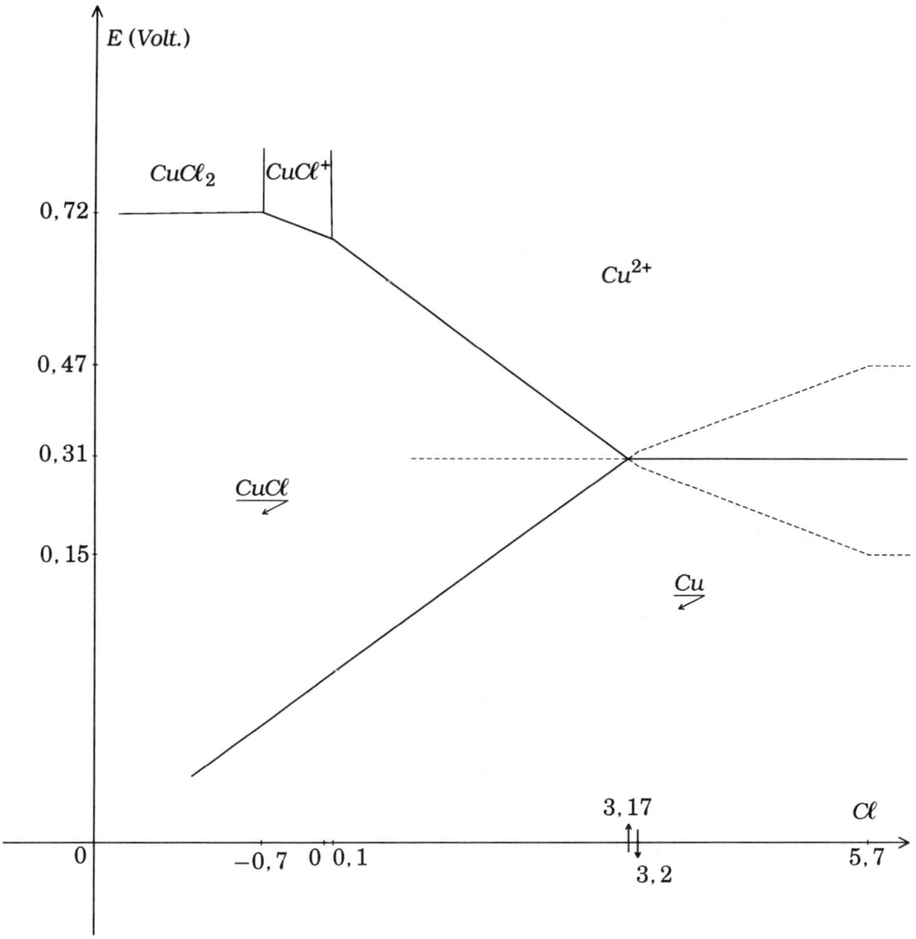

On voit que, dès que $pC\ell < 3,17$, le cuivre (I) ne se dismute plus et existe sous forme $\underline{CuC\ell}$.

Dans ces conditions, c'est d'ailleurs le $Cu(0)$ et le $Cu(II)$ qui deviennent incompatibles.

La réaction :

$$Cu^{2+} + \underline{Cu} + 2C\ell^- \rightleftharpoons 2\,\underline{CuC\ell}$$

est quasi-quantitative en milieu assez riche en chlorures.

Remarque :

On a laissé (en pointillés) sur le diagramme, les droites $E = f(pC\ell)$ correspondantes aux systèmes instables thermodynamiquement, pour rappeler leur existence et souligner leur importance dans l'établissement du diagramme.

310 MINES - PONTS

Tracer le diagramme $E - pH$ des états d'oxydation (0), (*I*) et (*II*) du cuivre dissous pour $[Cu]_{dissous} = 10^{-2}$ mol.L.$^{-1}$.

Discuter de la stabilité thermodynamique de l'état (*I*).

Données :

$$Cu^{2+} / Cu^{+} \quad : \quad E_1^\circ = 0,16 \ V.$$

$$Cu^{+} / \underline{Cu} \quad : \quad E_2^\circ = 0,52 \ V.$$

$$\underline{Cu_2O} \quad : \quad Ks = \left[Cu^{+}\right]^2 \left[OH^{-}\right]^2 = 10^{-29,4}$$

$$\underline{Cu(OH)_2} \quad : \quad K_s' = \left[Cu^{2+}\right]^2 \left[OH^{-}\right]^2 = 10^{-19,9}$$

$$\underline{Cu(OH)_2} \quad : \quad K_s'' = \frac{\left[CuO_2^{2-}\right]}{\left[OH^{-}\right]^2} = 10^{-3,9}$$

Commentaires

Points de cours

- *Etablissement d'un diagramme potentiel pH.*

Indications

- *Comme on le découvre en observant les valeurs de E_1° et E_2°, Cu^{+} en solution aqueuse se dismute.*

  Cependant, la précipitation de $\underline{Cu_2O}$ risque de rendre l'état Cu(I) stable thermodynamiquement. On aura donc intérêt à étudier, dès pH = 0, les couples Cu(I / Cu(0) et Cu(II) / Cu(0).

Solution

Etude préalable de la stabilité thermodynamique de *Cu(I)* :

A $pH = 0$, on a :

$$2Cu^{+} \rightleftharpoons Cu^{2+} + \underline{Cu} \ : \ K = 10^{\frac{0,52-0,16}{0,06}}$$

Cu^{+} se dismute quasi-quantitativement. En effet, dans le cas où l'on prend :

$$[Cu]_{dissous} = \left[Cu^{+}\right] + \left[Cu^{2+}\right] = 10^{-2} \text{ mol.L.}^{-1}$$

avec :

$$K = \frac{\left[Cu^{2+}\right]}{\left[Cu^{+}\right]^2} = 10^{-6} \text{ mol.L.}^{-1}$$

cela donne :

$$\left[Cu^{+}\right] = 9,95\ 10^{-5} \text{ mol.L.}^{-1} \simeq 10^{-4} \text{ mol.L.}^{-1}$$

$$\left[Cu^{2+}\right] = 9,90\ 10^{-3} \text{ mol.L.}^{-1} \simeq 10^{-2} \text{ mol.L.}^{-1}$$

Presque tout le cuivre se trouve sous la forme de Cu^{2+} ; Cu^{+} est thermodynamiquement instable.

Donc, à $pH = 0$, on doit envisager uniquement le couple Cu^{2+} / $\underline{Cu}$ qui est le couple global.

Notons que le potentiel normal de ce couple est évidemment :

$$E^\circ = \frac{1}{2}\left(E_1^\circ + E_2^\circ\right) = 0,34 \ V.$$

Cependant, comme nous allons le voir dans la suite, $Cu(I)$ pourrait, en fonction du pH, redevenir stable sous la forme $\underline{Cu_2O}$.

Pour étudier cela, il est donc prudent d'étudier le diagramme $E-pH$ des couples $Cu(II)$ / $Cu(I)$ et $Cu(I)$ / $Cu(0)$ dès que $pH = 0$.

Nous les porterons en pointillés sur le diagramme.

1) Domaine d'existence ou de prédominance des états d'oxydation du Cuivre :

- $\boxed{Cu(I)}$:

Si on prend $[Cu^+] = 10^{-2}$ mol.L.$^{-1}$, il est aisé de calculer le pH de précipitation de $\underline{Cu_2O}$. Elle intervient pour :

$$[Cu^{2+}]^2\,[OH^-]^2 \geqslant Ks$$

Soit pour : $[OH^-]^2 \geqslant \dfrac{Ks}{[Cu^{2+}]^2}$ soit : $[OH^-] \geqslant \dfrac{\sqrt{10^{-29,4}}}{10^{-2}}$

soit : $pH \geqslant 1,3$

- $\boxed{Cu(II)}$:

Prenons maintenant $[Cu^{2+}] = 10^{-2}$ mol.L.$^{-1}$. La précipitation de $\underline{Cu(OH)_2}$ intervient pour :

$$[Cu^{2+}]^2\,[OH^-]^2 \geqslant K'_S \quad \text{soit} \quad [OH^-] \geqslant \sqrt{\frac{10^{-19,9}}{10^{-2}}}$$

soit : $pH \geqslant 5,05$

Sa redissolution en CuO_2^{2-} intervient pour :

$$\frac{[CuO_2^{2-}]}{[OH^-]^2} = K''_S \quad \text{soit :} \quad [OH^-] \geqslant \sqrt{\frac{10^{-2}}{10^{-3,9}}}$$

soit : $pH \geqslant 14,95$

D'où les domaines cherchés :

pH	0	1,3	5,05	14,95
$Cu(II)$	Cu^{2+}		$\underline{Cu(OH)_2}$	CuO_2^{2-}
$Cu(I)$	Cu^+	$\underline{Cu_2O}$		
$Cu(0)$	$\underline{Cu}$			

Remarque :

Bien que les calculs y soient en réalité plus difficiles, car on ne peut y confondre activité et concentration, nous étudierons le comportement de la solution un peu au delà de $pH = 14$ pour tout envisager.

2) Etude de l'établissement du diagramme

Nous distinguerons plusieurs domaines de pH :

$pH < 1,3$

- Couple Cu^{2+} / Cu^+ : $Cu^{2+} + e^- \longrightarrow Cu^+$

$$E = E_1^\circ + 0,03 \log \frac{[Cu^{2+}]}{[Cu^+]}$$

Si on prend comme convention de frontières : $[Cu^{2+}] = [Cu^+]$, il vient :

$$\boxed{E = E_1^\circ = 0,16\ V.}$$

- Couple $Cu^+ / \underline{Cu}$: $Cu^+ + e^- \longrightarrow \underline{Cu}$

$$E = E_2^\circ + 0,06 \log [Cu^+]$$

Si on considère que dans le domaine de potentiel envisagé on a prédominance de Cu^+, on peut prendre $[Cu^+] = 10^{-2}\ \text{mol.L.}^{-1}$. Il vient alors :

$$\boxed{E = E_2^\circ - 0,12 = 0,40\ V.}$$

- Couple $Cu^{2+} / \underline{Cu}$: $Cu^{2+} + 2e^- \longrightarrow \underline{Cu}$

Comme nous l'avons vu dans l'étude préalable, c'est le couple qu'il faut envisager dans la pratique. On a :

$$E = E^\circ + 0,06 \log [Cu^{2+}]$$

En prenant $[Cu^{2+}] = 10^{-2}\ \text{mol.L.}^{-1}$, il vient :

$$\boxed{E = E^\circ - 0,06 = 0,28\ V.}$$

Remarquons, et ce n'est évidemment pas une coïncidence, que :

$$0,28 = \frac{1}{2}(0,16 + 0,40)$$

$pH \in [1,3\ ;\ 5,05]$

: $\underline{Cu_2O}$ est apparu mais pas $\underline{Cu(OH)_2}$

- Couple $Cu^{2+} / \underline{Cu_2O}$: $2Cu^{2+} + 2e^- + H_2O \longrightarrow \underline{Cu_2O} + 2H^+$

$$E = E_1'^\circ + 0,03 \log \frac{[Cu^{2+}]^2}{[H^+]^2}$$

Le potentiel de Nernst est donc de la forme : $E = k_1 + 0,06pH$.

La détermination la plus commode de k_1 peut être faite en disant que le potentiel est continu en $pH = 1,3$. Cela donne :

$$0,16 = k_1 + 0,06 \times 1,3 \quad \text{soit :} \quad k_1 = 0,082$$

soit : $\boxed{E = 0,082 + 0,06pH}$

- <u>Couple $\underline{Cu_2O}$ / $\underline{Cu}$</u> : $\underline{Cu_2O} + 2e^- + 2H^+ \longrightarrow 2\underline{Cu} + H_2O$

$$E = E_2'^{\circ} + 0,03\log\left[H^+\right]^2 = E_2'^{\circ} - 0,06pH$$

En déterminant également $E_2'^{\circ}$ par continuité, il vient :

$$\boxed{E = 0,478 - 0,06pH}$$

- <u>Couple Cu^{2+} / $\underline{Cu}$</u> : $Cu^{2+} + 2e^- \longrightarrow \underline{Cu}$

Tant que $Cu(I)$ se dismute, on a le même résultat que pour $pH < 1,3$ soit :

$$\boxed{E = 0,28\ V.}$$

Remarquons qu'on a toujours, pour ce couple global :

$$E = 0,28\ V. = \frac{1}{2}\left[(0,082 + 0,06pH) + (0,478 - 0,06pH)\right]$$

Cependant, $Cu(I)$ devient stable quand $\underline{Cu_2O}$ cesse d'être le meilleur oxydant et le meilleur réducteur du milieu, soit quand le potentiel de Nernst du couple $\underline{Cu_2O}$ / $\underline{Cu}$ cesse d'être supérieur au potentiel de Nersnt du couple Cu^{2+} / $\underline{Cu_2O}$. Ceci intervient pour :

$$0,478 - 0,06pH \leqslant 0,082 + 0,06pH$$

soit :

$$\boxed{pH \geqslant 3,3}$$

En résumé, on a donc :

pH	$1,3$	$3,3$ — $5,05$
$Cu(II)$ / $Cu(I)$	$E = 0,082 + 0,06pH$ en pointillé	$E = 0,082 + 0,06pH$ trait plein
$Cu(I)$ / $Cu(0)$	$E = 0,478 - 0,06pH$ en pointillé	$E = 0,478 - 0,06pH$ trait plein
$Cu(II)$ / $Cu(0)$	$E = 0,28\ V.$ trait plein	$E = 0,28\ V.$ trait pointillé
Stabilité de $Cu(I)$	$Cu(I)$ se dismute	$Cu(I)$ stable sous forme $\underline{Cu_2O}$

<u>Remarque</u> :

> Le point «triple» de coordonnées $pH = 3,3$ et $E = 0,28\ V.$ correspond au point où coexistent les trois états $Cu(0)$, $Cu(I)$ et $Cu(II)$:
>
> $$\underline{Cu_2O} + 2H^+ \rightleftharpoons \underline{Cu} + Cu^{2+} + H_2O$$
>
> Quand le pH atteint $pH = 3,3$ il y a apparition de $\underline{Cu_2O}$ à partir de $\underline{Cu}$ et
>
> $\left[Cu^{2+}\right] = 10^{-2}\ \mathrm{mol.L.}^{-1}$

$pH \in [5,05 ; 14,95]$: Existence de $\underline{Cu(OH)_2}$

- Couple $\underline{Cu(OH)_2}$ / $\underline{Cu_2O}$:

$$\underline{Cu(OH)_2} + 2e^- + 2H^+ \longrightarrow \underline{Cu_2O} + 3H_2O$$

Le potentiel de Nernst est évidemment de la forme : $E = k_1' - 0,06pH$.

L'écriture de la continuité du potentiel en $pH = 5,05$ donne :

$$\boxed{E = 0,688 - 0,06pH}$$

- Couple $\underline{Cu_2O}$ / $\underline{Cu}$:

$$\underline{Cu_2O} + 2e^- + 2H^+ \longrightarrow \underline{2Cu} + H_2O$$

Inchangé :

$$\boxed{E = 0,478 - 0,06pH}$$

- Couple $\underline{Cu(OH)_2}$ / $\underline{Cu}$:

$$\underline{Cu(OH)_2} + 2e^- + 2H^+ \longrightarrow \underline{Cu} + 2H_2O$$

Droite en pointillé car $\underline{Cu(OH)_2}$ et $\underline{Cu}$ sont incompatibles à cause de la réaction ***totale*** :

$$\underline{Cu(OH)_2} + \underline{Cu} \longrightarrow \underline{Cu_2O} + H_2O$$

Son équation est :

$$\boxed{E = 0,583 - 0,06pH}$$

$pH > 14,95$: Dissolution de $\underline{Cu(OH)_2}$ en CuO_2^{2-}

- Couple CuO_2^{2-} / $\underline{Cu_2O}$:

$$2CuO_2^{2-} + 2e^- + 6H^+ \longrightarrow \underline{Cu_2O} + 3H_2O$$

Le potentiel de Nernst est de la forme : $E = k_1'' - 0,18pH$.

La continuité du potentiel en $pH = 14,95$ donne :

$$\boxed{E = 2,482 - 0,18pH}$$

- Couple $\underline{Cu_2O}$ / $\underline{Cu}$:

Inchangé :

$$\boxed{E = 0,478 - 0,06pH}$$

- Couple CuO_2^{2-} / $\underline{Cu}$:

$$CuO_2^{2-} + 2e^- + 4H^+ \longrightarrow \underline{Cu} + 2H_2O$$

Couple global des deux précédents :

$$E = \frac{1}{2}\left[(2,482 - 0,18pH) + (0,478 - 0,06pH)\right]$$

$$\boxed{E = 1,48 - 0,12pH}$$

Droite en pointillé tant que $\underline{Cu_2O}$ se dismutera.

Cependant $\underline{Cu_2O}$ se dismutera tant qu'on aura :

$$E\left(CuO_2^{2-} / \underline{Cu_2O}\right) < E\left(\underline{Cu_2O} / \underline{Cu}\right)$$

soit : $2,482 - 0,18pH < 0,478 - 0,06pH$

soit : $pH > 16,7$

On a donc en résumé :

pH	$14,95$	$16,7$
$Cu(II) / Cu(I)$	$E = 2,482 - 0,18pH$ trait plein	$E = 2,482 - 0,18pH$ en pointillé
$Cu(I) / Cu(0)$	$E = 0,478 - 0,06pH$ trait plein	$E = 0,478 - 0,06pH$ en pointillé
$Cu(II) / Cu(0)$	$E = 1,48 - 0,12pH$ en pointillé	$E = 1,28 - 0,12pH$ trait plein
Stabilité de $Cu(I)$	$\underline{Cu_2O}$ stable	$\underline{Cu_2O}$ se dismute en CuO_2^{2-} et $\underline{Cu}$

3) Tracé du diagramme

D'où le diagramme où sont portés les domaines de prédominance pour les ions et d'existence pour les solides.

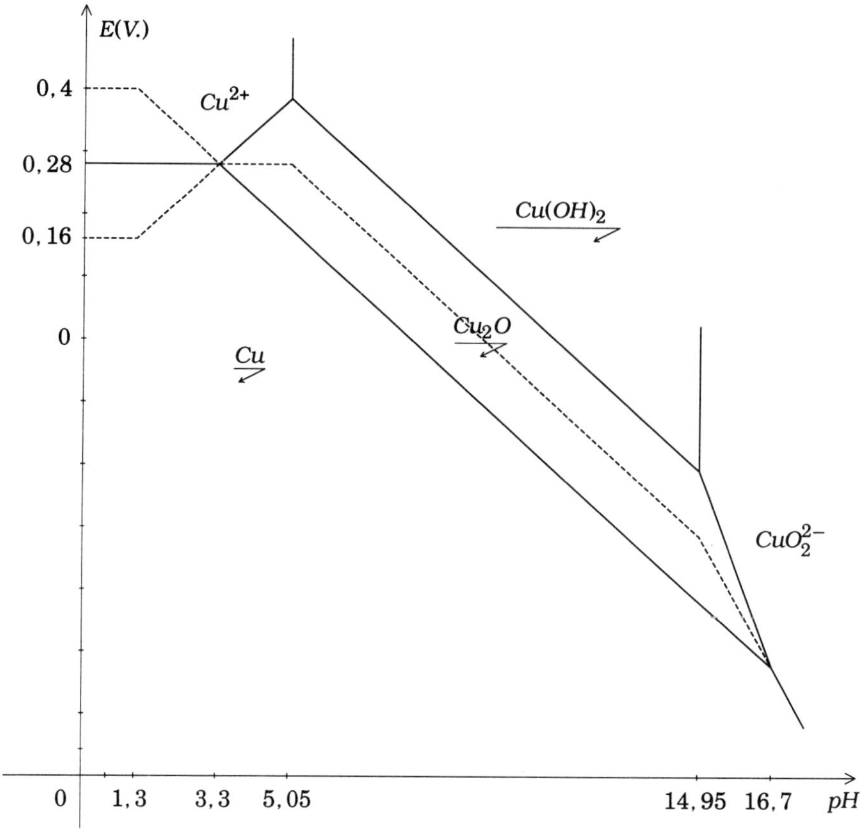

Les traits pleins représentent le diagramme proprement dit et les traits en pointillé les couples instables envisagés.

On voit également que toutes ces espèces sont stables vis à vis des couples de l'eau O_2 / H_2O et H_2O / H_2.

Chapitre IV

Thermodynamique chimique

401 Type CENTRALE

L'équilibre homogène en phase gazeuse : $N_2 + 3H_2 \rightleftharpoons 2NH_3$

s'établit lors de la synthèse industrielle de l'ammoniac.

Une expression approchée de l'affinité chimique standard de cette réaction est :

$$\mathcal{A}^\circ\ (T) = 92,3 - 0,198T \quad (\text{en kJ.mol.}^{-1})$$

1) Calculer la constante de cet équilibre à 405°C.

2) On introduit, dans une enceinte initialement vide, à la température $t = 450°\,C$ et sous $P = 300$ bars fixée, une mol. de diazote et trois mol. de dihydrogène.

Donner, en supposant que les gaz sont parfaits, la composition du mélange à l'équilibre.

On donne $R = 8,31\ \text{J.K.}^{-1}\text{mol.}^{-1}$

Commentaires

Points de cours

- $\mathcal{A}^\circ\ (T) = -\ \Delta_r G^\circ(T)$
- $K_p(T) = e^{-\frac{\Delta_r G^\circ(T)}{RT}} = e^{\frac{\mathcal{A}^\circ(T)}{RT}} = \prod_i \left(\frac{P_i}{P^\circ}\right)^{\nu_i}$

Indications

- *Pour un gaz parfait étudié sous la pression totale P, il est commode d'écrire sa pression partielle sous la forme $P_i = x_i P$ où x_i est la fraction molaire du gaz dans le mélange.*

Solution

1) On a, à la température $T = t + 273 = 723K$:

$$K_p(T = 723) = e^{\frac{\mathcal{A}^\circ(723)}{R \cdot 723}}$$

Comme on a :
$$\begin{aligned}\mathcal{A}^\circ\ (723) &= 92,3 - 0,198 \times 723 \\ &= -50,854 kJ = -50854 J\end{aligned}$$

soit :

$$\boxed{\mathcal{A}^\circ\ (723) \simeq -50\,850 J}$$

il vient, avec $R = 8,31$ J.K.$^{-1}$mol.$^{-1}$:

$$K_p(T = 723) = e^{-\frac{50\,850}{8{,}31 \cdot 723}} = 2,117\ 10^{-4}$$

soit :

$$\boxed{K_p(T = 723) \simeq 2,12\ 10^{-4}}$$

2) Le bilan en mol. de l'équilibre s'écrit :

	N_2	+	$3H_2$	$\rightleftharpoons$	$2NH_3$	
état initial (mol.)	1		3		0	$n_T = 4$ mol.
état final (mol.)	$1 - x$		$3(1 - x)$		$2x$	$n_T = 2(2 - x)$ mol.

Les pressions partielles s'écrivent alors :

$$\begin{cases} P_{N_2} = \dfrac{1 - x}{2(2 - x)} P \\ P_{H_2} = \dfrac{3(1 - x)}{2(2 - x)} P \\ P_{NH_3} = \dfrac{2x}{2(2 - x)} P = \dfrac{x}{2 - x} P \end{cases}$$

cela donne, dans la constante :

$K_p(723) = \dfrac{P_{NH_3}^2 (P^\circ)^2}{P_{H_2}^3 P_{N_2}}$ où $P^\circ = 1$ bar est la pression de référence standard.

$$\boxed{K_p(723) = \frac{16x^2(2 - x)^2}{27(1 - x)^4 P^2}}$$ où P est la pression totale exprimée en bar

La résolution de cette équation devient aisée si on écrit :

$$\frac{x(2 - x)}{(1 - x)^2} = \sqrt{\frac{K_p(723) \cdot 27P^2}{16}} = \frac{P}{4}\sqrt{27K_p(723)} = 5,67$$

cela donne :

$$5,67(1 - x)^2 = x(2 - x)$$

soit :

$$6,67x^2 - 13,34x + 5,67 = 0$$

qui donne : $\boxed{x = 0,613}$ (seule racine < 1)

On en tire :

	NH_3	N_2	H_2
n (mol.)	1,226	0,387	1,162
fraction molaire	0,442	0,139	0,419
P_i (bars)	132,6	41,8	125,6

Le rendement thermodynamique de la synthèse est $x = 61,3\%$.

402 x

1) * On enferme, sous pression constante, une mol. de NO et une demi mol. d'O_2 dans une enceinte initialement vide.

Les gaz sont initialement à 298 K.

La température finale est mesurée et vaut 400 K.

En considérant que la réaction :

$$NO + \frac{1}{2}O_2 \longrightarrow NO_2$$

est totale dans ces conditions et que 93% de la chaleur fournie par la réaction est ***cédée*** à l'extérieur, calculer l'enthalpie standard de la réaction à 298 K $\Delta_r H^\circ(298\ K)$.

2) ** On place maintenant, dans une enceinte initialement vide de volume $V = 10L$ fixé à température fixée $T = 800\ K$, une mol. de NO et une demi mol. d'O_2.

A l'équilibre, on mesure une pression $P = 8,2$ atm.

Calculer la constante K_p de l'équilibre :

$$NO + \frac{1}{2}O_2 \rightleftharpoons NO_2$$

à 800 K ainsi que $\Delta_r G^\circ(800\ K)$.

3) ** Donner les expressions de :

$$\Delta_r H^\circ(T) \quad , \quad \Delta_r S^\circ(T) \quad \text{et} \quad \Delta_r G^\circ(T)$$

On donne :

$$\begin{aligned} R &= 8,314\ \text{J.K.}^{-1}\text{mol.}^{-1} \\ C^\circ_{p_{NO_2}} &= 37,2\ \text{J.K.}^{-1}\text{mol.}^{-1} \\ C^\circ_{p_{NO}} &= 29,9\ \text{J.K.}^{-1}\text{mol.}^{-1} \\ C^\circ_{p_{O_2}} &= 29,4\ \text{J.K.}^{-1}\text{mol.}^{-1} \\ 1\ \text{atm} &= 1,013\ \text{bar} \end{aligned}$$

Commentaires

Points de cours

- *A pression constante, la quantité de chaleur échangée avec l'extérieur est la variation d'enthalpie du système.*
- $\dfrac{\partial \Delta_r H^\circ}{\partial T} = \Delta_r C^\circ_p$
- $\dfrac{\partial \Delta_r S^\circ}{\partial T} = \dfrac{\Delta_r C^\circ_p}{T}$
- $\dfrac{\partial \left(\dfrac{\Delta_r G^\circ}{T}\right)}{\partial T} = -\dfrac{\Delta_r H^\circ}{T^2}$
- $\dfrac{\partial \Delta_r G^\circ}{\partial T} = -\Delta_r S^\circ$

Indications

- *Pour résoudre la première question, il faut faire un bilan enthalpique à l'aide d'un cycle approprié.*

Solution

1) Seulement 7% de l'enthalpie de réaction sert à réchauffer les gaz produits par la réaction, considérée comme totale. Le reste est cédé à l'extérieur.

On peut donc établir le cycle enthalpique suivant :

(en effet, à pression constante, les quantités de chaleurs échangées sont des enthalpies)

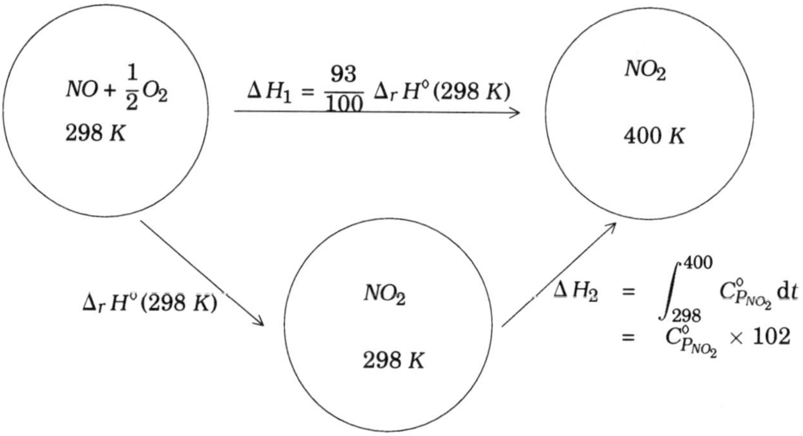

Le cycle ci-dessus est établi relativement à l'enceinte seule, qui constitue le système thermodynamique étudié.

ΔH_1 est la variation d'enthalpie du système, c'est-à-dire la chaleur cédée à l'extérieur au cours de la réaction.

ΔH_2 est la chaleur utilisée pour réchauffer NO_2 formé dans l'enceinte.

On a donc $\Delta H_1 = \Delta_r H°(298\ K) + \Delta H_2$, soit :

$$\boxed{\Delta_r H°(298\ K) = -\frac{100}{7} C_{p_{NO_2}} \times 102 = -54\,200 \text{ J.mol.}^{-1}}$$

2) Faisons le bilan en mol. de la transformation étudiée :

	NO	+	$\frac{1}{2}O_2$	$\rightleftharpoons$	$2NO_2$
état initial (mol.)	1		$\frac{1}{2}$		0
état d'équilibre (mol.)	$1-\alpha$		$\frac{1}{2}(1-\alpha)$		α

si α est le nombre de mol. de NO ayant réagi.

Si les gaz sont considérés comme parfaits, on a alors la pression totale :

$$P = n_{\text{Tot}}\frac{RT}{v} = \frac{3-\alpha}{2}\frac{RT}{V}$$

On peut calculer α :

$$\alpha = 3 - \frac{2PV}{RT}$$

Application numérique :

avec : $\begin{cases} P &=& 8,2 \text{ atm} = 8,3066 \text{ bar} = 8,3066\ 10^5\ Pa \\ V &=& 10L = 10^{-2} m^3 \\ R &=& 8,314 \text{ J.K.}^{-1}\text{mol.}^{-1} \\ T &=& 800\ K \end{cases}$

on obtient $\boxed{\alpha = 0,502 \text{ mol.}}$

On peut donc calculer les pressions partielles des gaz à l'équilibre :

$$\begin{cases} P_{NO} &=& (1-\alpha)\dfrac{RT}{V} &=& \dfrac{2(1-\alpha)}{3-\alpha}P \\ P_{NO_2} &=& \alpha\,\dfrac{RT}{V} &=& \dfrac{2\,\alpha}{3-\alpha}P \\ P_{O_2} &=& \left(\dfrac{1-\alpha}{2}\right)\dfrac{RT}{V} &=& \dfrac{1-\alpha}{3-\alpha}P \end{cases}$$

La constante $K_p(800\ K)$ s'écrit alors de deux façons équivalentes :

$$\boxed{K_p = \frac{\alpha}{(1-\alpha)^{\frac{3}{2}}}\sqrt{\frac{2VP^\circ}{RT}} = \frac{\alpha\,(3-\alpha)^{\frac{1}{2}}}{(1-\alpha)^{\frac{3}{2}}}\cdot\left(\frac{P^\circ}{P}\right)^{\frac{1}{2}}}$$

Remarques importantes :

> Dans la première expression de K_p, la pression de référence (1 bar) devra être exprimée en Pascals si on prend V, R et T en unités S.I.
>
> Par contre, dans la seconde expression de K_p, si on prend $P^\circ = 1$ bar, on doit exprimer la pression totale P en bar.

On obtient alors, par l'une ou l'autre des deux expressions :

$$\boxed{K_p(800\ K) = 0,784}$$

On a alors immédiatement :

$$\Delta_r G^\circ(800\ K) = -R\cdot 800\cdot \ln\ K_p(800\ K)$$

soit : $\boxed{\Delta_r G^\circ(800\ K) \simeq 1640 \text{ J.mol.}^{-1}}$

3) Comme on connaît $\Delta_r H^\circ(298\ K)$, on a aisément l'expression de $\Delta_r H^\circ(T)$:

$$\Delta_r H^\circ(T) = \Delta_r H^\circ(298\ K) + \int_{298}^{T} \Delta_r C_p^\circ \mathrm{d}T$$

Si on suppose que :

$$\Delta_r C_p^\circ = C_{p_{NO_2}}^\circ - C_{p_{NO}}^\circ - \frac{1}{2}C_{p_{O_2}}^\circ = -7,4 \text{ J.K.}^{-1}\text{mol.}^{-1}$$

est pratiquement constant sur l'intervalle de température concerné, on a :

$$\Delta_r H^\circ(T) = -54\,200 - 7,4(T-298)$$

soit : $\boxed{\Delta_r H^\circ(T) = -52\,000 - 7,4T}$ (en J.mol.^{-1})

On peut alors obtenir $\Delta_r G^\circ(T)$.

En effet, on a la relation : $\dfrac{\partial}{\partial T}\left(\dfrac{\Delta_r G^\circ(T)}{T}\right) = -\dfrac{\Delta_r H^\circ(T)}{T^2}$

En intégrant entre 800 K et T, il vient :

$$\frac{\Delta_r G^\circ(T)}{T} = \frac{\Delta_r G^\circ(800\ K)}{800} - \int_{800}^{T} \frac{\Delta_r H^\circ(T)}{T^2}\mathrm{d}T$$

ce qui donne :

$$\Delta_r G^\circ(T) = T\left[\frac{1640}{800} + \int_{800}^{T} \frac{52\,000 + 7,4T}{T^2}\mathrm{d}T\right]$$

Soit finalement :

$$\boxed{\Delta_r G^\circ(T) = -52\,000 + 17,58T + 7,47T\ln T} \quad \text{(en J.mol.}^{-1}\text{)}$$

On obtient alors évidemment :

$$\boxed{\Delta_r S^\circ(T) = \frac{\Delta_r H^\circ(T) - \Delta_r G^\circ(T)}{T} = -24,98 - 7,4\ln T} \quad \text{(en J.K.}^{-1}\text{mol.}^{-1}\text{)}$$

Remarque :

On pouvait obtenir ces résultats par d'autres moyens qu'on peut résumer ci-dessous :

$\Delta_r H^\circ(298\ K)$ connu $\Rightarrow$ $\Delta_r H^\circ(T)$ connu $\Rightarrow$ $\Delta_r H^\circ(800\ K)$ connu

donc $\Delta_r S^\circ(800\ K)$ connu par $\Delta_r S^\circ(800\ K) = \dfrac{\Delta_r H^\circ(800\ K) - \Delta_r G^\circ(800\ K)}{800}$

puis $\Delta_r S^\circ(T)$ connu par $\Delta_r S^\circ(T) = \Delta_r S^\circ(800) + \displaystyle\int_{800}^{T} \frac{\Delta_r C_p^\circ}{T}\mathrm{d}T$

enfin $\Delta_r G^\circ(T)$ connu par $\Delta_r G^\circ(T) = \Delta_r H^\circ(T) - T\,\Delta_r S^\circ(T)$

ou $\Delta_r G^\circ(T)$ connu par $\Delta_r G^\circ(T) = \Delta_r G^\circ(800\ K) - \displaystyle\int_{800}^{T} \Delta_r S^\circ(T)\mathrm{d}T$

403 CENTRALE

A 490°C, on envoie un mélange de chlorure d'hydrogène gazeux et d'oxygène sur du chlorure cuivrique qui catalyse la réaction :

$$4HC\ell + O_2 \overset{CuC\ell_2}{\rightleftharpoons} 2C\ell_2 + 2H_2O$$

On appelle x la fraction molaire de $HC\ell$ disparu à l'équilibre, P_{O_2} la pression partielle de O_2 à l'équilibre et K la constante de cet équilibre.

1)* Donner la relation entre x, P_{O_2} et K dans le cas d'un mélange de départ équimoléculaire.

2)* On part d'un mélange de $HC\ell$ et O_2 équimoléculaire. La pression, fixée, vaut 1 bar.

On mesure $x = 0,75$.

a) Calculer la variance du système. Commenter.

b) Calculer K.

3)* On porte la pression à 1,025 bar.

a) Prévoir le sens de l'évolution de système.

b) Calculer la nouvelle valeur de x à l'équilibre.

Commentaires

Points de cours

- *Pour un gaz parfait (i), sa pression partielle s'écrit :*

$$P_i = x_i P$$

où x_i est la fraction molaire du gaz et P la pression totale.

- *On a alors la constante d'équilibre :*

$$K_p = \prod_i \left(\frac{P_i}{P^\circ}\right)^{\nu_i}$$

où ν_i est le coefficient stœchiométrique du constituant (i) dans la réaction et P° la pression standard de référence : $P^\circ = 1$ bar.

Solution

1) Le bilan de la réaction s'écrit, en introduisant la variable x proposée dans l'énoncé :

	$4HC\ell$	+	O_2	$\rightleftharpoons$	$2C\ell_2$	+	$2H_2O$
état initial (mol.)	a		b		0		0
état final (mol.)	$a(1-x)$		$b - a\dfrac{x}{4}$		$\dfrac{ax}{2}$		$\dfrac{ax}{2}$

Cela donne, dans le cas d'un mélange équimoléculaire :

$$\begin{cases} n_{HC\ell} = a(1-x) \\ n_{O_2} = a\left(1 - \dfrac{x}{4}\right) \\ n_{C\ell_2} = n_{H_2O} = a\dfrac{x}{2} \\ n_{\text{Tot}} = n_{HC\ell} + n_{H_2O} + n_{C\ell_2} = a\left(2 - \dfrac{x}{4}\right) \end{cases}$$

D'où les fractions molaires :

$$x_{HC\ell} = \frac{1-x}{2 - \dfrac{x}{4}}$$

$$x_{C\ell_2} = x_{H_2O} = \frac{x}{4 - \dfrac{x}{2}}$$

Cela donne, dans la constante K :

$$K = \frac{P^2_{H_2O} \cdot P^2_{C\ell_2}}{P^4_{HC\ell} \cdot P_{O_2}} = \frac{x^2_{H_2O} x^2_{C\ell}}{X^4_{HC\ell} \cdot P_{O_2}} = \frac{\left(\dfrac{x}{2}\right)^4}{(1-x)^4 \cdot P_{O_2}}$$

d'où la relation cherchée :

$$\boxed{K \cdot P_{O_2} = \left(\frac{x}{2-2x}\right)^4}$$

2) a) La variance s'écrit :

$$v = n - r + 2 - \varphi \quad \text{avec} \quad \begin{cases} n = 4 \text{ (nombre de constituants)} \\ r = 1 \text{ (nombre d'équilibres indépendants)} \\ \varphi = 1 \text{ (nombre de phases)} \end{cases}$$

Cela donne $\boxed{v = 4}$

Cependant, on a fixé, en définissant le système, un certain nombre de relations supplémentaires entre variables intensives :

- T fixé $\Rightarrow$ une relation
- P fixé $\Rightarrow$ une relation
- Mélange initial contient $HC\ell$ et O_2 équimoléculaires

$$\Rightarrow \text{deux relations} : \begin{cases} P_{C\ell_2} = P_{H_2O} \\ KP_{O_2} = \left(\dfrac{x}{2-2x}\right)^4 \end{cases}$$

Le nombre de degré de liberté du système est donc nul. Toutes les variables intensives sont déterminées.

b) On les relations :

$$K = \frac{1}{P_{O_2}}\left(\frac{x}{2-2x}\right)^4 \quad , \quad P_{O_2} = \frac{1-\dfrac{x}{4}}{2-\dfrac{x}{4}}$$

Comme on donne $x = 0,75$, on en tire :

$$P_{O_2} = 0,448 \text{ bar}$$

$$\text{et} \quad \boxed{K = 2,27}$$

3) a) Si on augmente la pression, le système évolue dans le sens qui tend à s'opposer à l'augmentation de pression donc dans le sens d'une diminution du nombre de mol. de gaz. Soit ici $x \nearrow$ déplacement vers la droite, dans le sens de la disparition de $HC\ell$ et O_2.

b) Etat initial : $$K = \left(\frac{x}{2-2x}\right)^4 - \left(\frac{2-\dfrac{x}{4}}{1-\dfrac{x}{4}}\right) \cdot \frac{1}{p} \quad \text{(avec } P = 1 \text{ bar).}$$

Etat d'équilibre après augmentation de la pression :

$$K = \left(\frac{x'}{2-2x'}\right)^4 \left(\frac{2-\dfrac{x'}{4}}{1-\dfrac{x'}{4}}\right) \frac{1}{P'} \quad \text{(avec } P' = 1,025 \text{ bar)}$$

Le rapport de ces deux égalités donne, en posant $x' = x(1+\alpha)$:

$$1,025 = \frac{(1+\alpha)^4}{\left(1-\alpha\,\dfrac{x}{1-x}\right)^4} \cdot \frac{\left(1-\alpha\,\dfrac{x}{8-x}\right)}{\left(1-\alpha\,\dfrac{x}{4-x}\right)}$$

On a, par ailleurs $x = 0,75$, cela donne :

$$1,025 = \frac{(1+\alpha)^4}{(1-3\,\alpha)^4} \cdot \frac{1-\dfrac{3\,\alpha}{29}}{1-\dfrac{3\,\alpha}{13}}$$

On peut supposer $\alpha \ll 1$ et proposer un développement limité au premier ordre qui donne :

$$1,025 \simeq 1 + 4\,\alpha + 12\,\alpha - \frac{3\,\alpha}{29} + \frac{3\,\alpha}{13}$$

soit $\boxed{\alpha \simeq 1,55\ 10^{-3}}$ et soit $\boxed{x \simeq 0,7512}$

404 MINES - PONTS

On étudie l'équilibre homogène en phase gazeuse de dissociation du phosgène :

$$COC\ell_2 \rightleftharpoons CO + C\ell_2$$

A 500 K, la constante K_p de cet équilibre vaut 0,12.

1) * On enferme, dans une enceinte, préalablement vide, de volume constant $V = 100L$, à $T = 500\ K$ constant, 2 mol. de $COC\ell_2$.
Calculer les pressions partielles et la pression totale à l'équilibre.

2) * On enferme, maintenant, dans la même enceinte, préalablement vidée, 1 mol. de $COC\ell_2$, 1 mol. de CO et 1 mol. de $C\ell_2$.
Calculer l'affinité chimique du système et en déduire le sens de l'évolution.
On donne $R = 8,314$ J.K.$^{-1}$mol.$^{-1}$.

Commentaires

Points de cours

- *Le critère général d'évolution d'un système chimique est $\mathcal{A}\ d\xi > 0$, où $\mathcal{A}$ est l'affinité chimique du système et ξ la variable d'avancement de la réaction chimique éventuellement responsable de l'évolution du système.*

  On en déduit que :
  si $\mathcal{A} > 0$ alors $d\xi > 0$ $\Rightarrow$ la réaction évolue dans le sens (1) : $\rightarrow$
  si $\mathcal{A} < 0$ alors $d\xi < 0$ $\Rightarrow$ la réaction évolue dans le sens (2) : $\leftarrow$

Indications

- *Pour un système étudié à volume constant, il est commode et recommandé d'écrire les pressions partielles sous la forme :*

$$P_i = n_i \frac{RT}{V}$$

Solution

1) On peut faire le bilan en mol. de la réaction de dissociation du phosgène en appelant le nombre de mol. de CO ou de $C\ell_2$ formé :

	$COC\ell_2$	$\rightleftharpoons$	CO	+	$C\ell_2$	
état initial (mol.)	2		0		0	$n_T = 2$
état d'équilibre (mol.)	$2 - x$		x		x	$n_T = 2 + x$

On peut donc exprimer les pressions partielles et la pression totale (ici en Pascal) à l'équilibre :

$$\begin{cases} P_{COC\ell_2} = (2 - x)\dfrac{RT}{V} \\ P_{CO} = P_{C\ell_2} = x\dfrac{RT}{V} \\ P_{Tot} = (2 + x)\dfrac{RT}{V} \end{cases}$$

(pour que la pression soit en Pascal, les grandeurs R, T et V doivent être exprimées en U.S.I.).

La pression standard de référence étant $P^\circ = 1$ bar $= 10^5 Pa$, on peut écrire la constante K_P :

$$K_P = \frac{\dfrac{P_{CO}}{P^\circ} \cdot \dfrac{P_{C\ell_2}}{P^\circ}}{\dfrac{P_{COC\ell_2}}{P^\circ}} = \frac{x^2}{2-x}\frac{RT}{VP^\circ}$$

On obtient une équation du second degré en x :

$$x^2 + K_P\frac{VP^\circ}{RT} \cdot x - 2K_P\frac{VP^\circ}{RT} = 0$$

Comme on a :

$$K_P\frac{VP^\circ}{RT} = 0,12 \times \frac{0,1 \times 10^5}{8,314 \times 500} \simeq 0,289$$

On obtient numériquement :

$$x^2 + 0,289x - 0,577 = 0$$

soit $\boxed{x = 0,629}$

Les pressions cherchées sont donc :

$P_{COC\ell_2}$	=	$5,70\ 10^4\ Pa$	=	0,570 bar
$P_{CO} = P_{C\ell_2}$	=	$2,65\ 10^4\ Pa$	=	0,2615 bar
P_{Tot}	=	$1,093\ 10^5\ Pa$	=	1,093 bar

2) Avant toute évolution, les pressions partielles des gaz sont, puisqu'il y a une mol. de chaque constituant dans le mélange :

$$P^i_{COC\ell_2} = P^i_{CO} = P^i_{C\ell_2} = \frac{RT}{V} = 4157\ Pa = 0,4157 \text{ bar} \simeq 0,416 \text{ bar}$$

L'affinité chimique du système est donc :

$$\mathcal{A} = -\Delta_r G = -\Delta_r G^\circ - RT\ln\frac{P^i_{CO} \cdot P^i_{C\ell_2}}{P^i_{COC\ell_2} \cdot P^\circ}$$

Comme on a, à l'équilibre (déterminé au *(1)*) :

$$0 = \Delta_r G^\circ + RT\ln K_P$$

il vient $\mathcal{A} = RT\ln\dfrac{K_P \cdot P^i_{COC\ell_2} \cdot P^\circ}{P^i_{CO} \cdot P^i_{C\ell_2}}$ soit (en mettant, ici, $P^\circ = 1$ bar) :

$$\boxed{\mathcal{A} = RT\ln\frac{0,12}{0,416} = -5,16 \text{ kJ.mol.}^{-1} < 0}$$

Le système évolue donc vers la gauche, dans le sens de la synthèse du phosgène.

Remarque :

> On pouvait aisément prévoir ce résultat en remarquant que l'état du système contenant 1 mol. de chaque constituant, en supposant que l'on soit parti de 2 mol. de $COC\ell_2$, à la dissociation de 1 mol., valeur supérieure à $x = 0,629$ obtenue à l'équilibre.

405 ENSI

On dissout 12,5 g de saccharose ($C_{12}H_{22}O_{11}$) dans 250 ml d'eau pure.

* Donner la température de cristallisation du mélange.

On donne la chaleur latente de fusion de la glace à 0°C :

$$L_f = 6{,}01 \text{ kJ.mol.}^{-1}$$

On supposera que, faiblement sucrée, l'eau gèle en produisant de la glace très peu sucrée, donc pratiquement pure.

On donne : $\begin{cases} R = 8{,}314 \text{ J.K.}^{-1}\text{mol.}^{-1} \\ T_f(H_2O_{\text{pure}}) = 273{,}15\ K \end{cases}$

Commentaires

Points de cours

- *A l'équilibre entre deux phases pour un constituant (i), on a :* $\mu_i^{\text{phase1}} = \mu_i^{\text{phase2}}$.
- $\dfrac{\partial \mu_i}{\partial T} = -\overline{S}_i$ *où* $\overline{S}_i$ *est l'entropie molaire partielle du constituant i dans le mélange. Si le constituant i est presque pur ou vraiment pur, on a* $\overline{S}_i = S_i$ *où* S_i *est l'entropie molaire du corps (i) pur.*

Indications

- *Ne pas oublier que pour un équilibre entre deux phases du type :*

$$\underleftarrow{H_2O} \rightleftharpoons H_2O_\ell$$

on a, à l'équilibre : $\Delta_r G = \Delta_r H - T\,\Delta_r S = 0.$

Solution

Chacun sait que, sous une atmosphère, l'eau liquide est en équilibre avec la glace à $T = T_f \simeq 273\ K$ (précisément à $T_f = 273{,}15\ K$).

On a donc alors : $$\mu^{\text{pur}}_{\underleftarrow{H_2O}}(T_f) = \mu^{\text{pur}}_{H_2O_{\text{liq}}}(T_f)$$

En ce qui concerne l'eau faiblement sucrée, on peut supposer que la cristallisation de la solution donne de la glace pratiquement pure. (Ce n'est pas le cas pour un sirop de sucre concentré sinon les sorbets ne serait pas sucrés ...)

On a alors, toujours sous une atmosphère :

$$\mu^{\text{pur}}_{\underleftarrow{H_2O}}(T'_f) = \mu^{\text{pur}}_{H_2O_{\text{liq}}}(T'_f) + RT'_f \ln x_{H_2O}$$

où T'_f est la nouvelle température de fusion cherchée et x_{H_2O} la fraction molaire de l'eau dans la solution aqueuse de saccharose.

Si l'on appelle x_S la fraction molaire du saccharose dans la solution aqueuse, il vient :

$$\mu^{\text{pur}}_{\underleftarrow{H_2O}}(T'_f) = \mu^{\text{pur}}_{H_2O_{\text{liq}}}(T'_f) + RT'_f \ln(1 - x_S)$$

En soustrayant membre à membre l'égalité à T_f et l'égalité à T'_f, il vient :

$$\mu^{\text{pur}}_{\underleftarrow{H_2O}}(T'_f) - \mu^{\text{pur}}_{\underleftarrow{H_2O}}(T_f) = \mu^{\text{pur}}_{H82O_{\text{liq}}}(T'_f) - \mu^{\text{pur}}_{H_2O_{\text{liq}}}(T_f) + RT'f \ln(1 - x_S)$$

Si on se rappelle, par ailleurs, que $\dfrac{\partial \mu_i}{\partial T} = -S_i$ et si on suppose que l'entropie molaire de l'eau solide et de l'eau liquide varie peu sur l'intervalle de température $T_f - T'_f$, on en tire :

$$\left(S_{\underline{H_2O}} - S_{H_2O_{\text{liq}}}\right)(T_f - T'_f) = RT'_f \ln(1 - x_S)$$

Si on s'intéresse à la réaction :

$$\underline{H_2O} \rightleftharpoons H_2O_\ell$$

on a $\begin{cases} \Delta_r S = S_{H_2O_{\text{liq}}} - S_{\underline{H_2O}} \\ \Delta_r H \simeq \Delta_r H^\circ = L_f \end{cases}$

Or à T_f, l'équilibre entre $\underline{H_2O}$ et H_2O_ℓ est réalisé et on a donc :

$$\boxed{\Delta_r G(T_f) = \Delta_r H(T_f) - T_f\, \Delta_r S(T_f) = 0}$$

Cela donne finalement :

$$\Delta_r S = \frac{\Delta_r H}{T_f} \simeq \frac{L_f}{T_f}$$

On obtient finalement l'équation en T'_f :

$$\boxed{T_f - T'_f = -\frac{RT_f T'_f}{L_f} \ln(1 - x_S)}$$

Si on pose $T'_f = T_f + \Delta T$, cela donne :

$$\begin{aligned} -\Delta T &= -\frac{RT_f T'_f}{L_f} \ln(1 - x_S) \\ &\simeq -\frac{RT_f^2}{L_f} \ln(1 - x_S) \end{aligned}$$

Soit, en utilisant le fait que $x_S \ll 1$:

$$\boxed{\Delta T \simeq -\frac{RT_f^2 x_S}{L_f}}$$

<u>**Application numérique**</u> :

$$\begin{aligned} R &= 8,314 \text{ J.K.}^{-1}\text{mol.}^{-1} \\ T_f &= 273\ K \\ L_f &= 6010 \text{ J.mol.}^{-1} \\ x_S &= \frac{\frac{12,5}{342}}{\frac{12,5}{342} + \frac{250}{18}} \simeq 2,63\ 10^{-3} \end{aligned}$$

Soit : $\boxed{\Delta T \simeq -0,27\ K}$

C'est l'abaissement cryoscopique.

On a donc : $\boxed{T'_f = 273,15 - 0,27 = 272,88\ K}$

Remarque :

Le calcul «précis» c'est-à-dire celui qui consiste à résoudre l'équation en ΔT :

$$-\Delta T = -\frac{RT_f(T_f + \Delta T)}{L_f}\ln(1 - x_S)$$

donne $\Delta T = -0,271 \simeq -0,27\ K$

406 CENTRALE

Soient les potentiels chimiques standards à 298 K :

	$Br^-(aq)$	$Br_3^-(aq)$	$Br_2(aq)$	$Br_2(\ell)$	$Br_2(g)$
$\mu°$ (J.mol.$^{-1}$)	−102 840	−105 755	4 088	0	3 143

1) * Quel est l'état standard de référence du dibrome à 298 K ?

2) * Calculer à 298 K la constante de l'équilibre homogène en solution aqueuse entre $Br_2(aq)$, $Br^-(aq)$ et $Br_3^-(aq)$.

$R = 8,314$ J.K.$^{-1}$mol.$^{-1}$.

3) ** Une solution aqueuse contient du bromure de potassium à 1 mol.L.$^{-1}$. On lui ajoute un excès de dibrome liquide, calculer alors les concentrations en $Br_2(aq)$, $Br^-(aq)$, $Br_3^-(aq)$ et la pression de $Br_2(g)$.

Peut-on imposer une pression de brome gazeux égale à 1 bar ?

Commentaires

Points de cours

- *Réviser les définitions des états de référence standard des corps suivant qu'ils sont gazeux, condensés, en solution diluée (cas des ions).*

Indications

- *Quand on a un équilibre entre un liquide et un gaz :*

$$A_\ell \rightleftharpoons A_{gaz}$$

la constante d'équilibre s'écrit : $K_p = \dfrac{P_A}{a_{A_\ell}}$

Solution

1) L'état standard de référence d'un corps pur simple à une température donnée est l'état standard de la phase thermodynamiquement stable de ce corps à cette température ; dans le cas du dibrome, c'est le liquide, $Br_2(\ell)$, qui a le potentiel standard le plus bas et qui est donc la phase stable à 298 K.

2) L'équilibre s'écrit :

$$Br_2(aq) + Br^-(aq) \rightleftharpoons Br_3^-(aq)$$

D'après la loi d'action de masse : $K = e^{-\frac{\Delta G°}{RT}}$

$$\text{avec } \Delta G°(298) = \mu°_{Br_3^-(aq)} - \mu°_{Br_2(aq)} - \mu°_{Br^-(aq)}$$

$$= -7\,003\ \text{J.mol.}^{-1}$$

D'où : $K = 16,89$.

3) Les trois équilibres suivants vont être réalisés :

$$\begin{array}{rcl} Br_2(\ell) & \rightleftharpoons & Br_2(aq) \\ Br_2(\ell) & \rightleftharpoons & Br_2(g) \\ Br_2(aq) + Br^-(aq) & \rightleftharpoons & Br_3^-(aq) \end{array}$$

Le premier équilibre va imposer la concentration de $Br_2(aq)$, en effet, d'après l'égalité des potentiels chimiques d'un corps en équilibre sous plusieurs phases :

$$\begin{array}{rcl} \mu_{Br_2(\ell)} & = & \mu_{Br_2(aq)} \\ \text{soit : } \mu^{\circ}_{Br_2(\ell)} & = & \mu^{\circ}_{Br_2(aq)} + RT\ln\left[Br_2(aq)\right] \end{array}$$

($Br_2(\ell)$ étant seul dans sa phase, son activité vaut 1)

donc : $$\boxed{\left[Br_2(aq)\right] = e^{\frac{\mu^{\circ}_{Br_2(\ell)} - \mu^{\circ}_{Br_2(aq)}}{RT}} = 0,192 \text{ mol.L.}^{-1}}$$

De même, pour le deuxième équilibre :

$$\mu_{Br_2(\ell)} = \mu_{Br_2(g)} \Longleftrightarrow \mu^{\circ}_{Br_2(\ell)} = \mu^{\circ}_{Br_2(g)} + RT\ln\left(\frac{P_{Br_2}}{P^{\circ}}\right)$$

D'où : $$\boxed{P_{Br_2} = P^{\circ} e^{\frac{\mu^{\circ}_{Br_2(\ell)} - \mu^{0}_{Br_2(g)}}{RT}} = 0,281 \text{ bar}}$$

(La pression de référence étant ici $P^{\circ} = 1$ bar)

Pour le troisième équilibre, la loi d'action de masse s'écrit :

$$\frac{\left[Br_3^-(aq)\right]}{\left[Br_2(aq)\right]\left[Br^-(aq)\right]} = K = 16,89$$

et la conservation de Br^- impose $\left[Br_3^-(aq)\right] + \left[Br^-(aq)\right] = 1$

d'où : $$\frac{1 - \left[Br^-\right]}{0,192 \cdot \left[Br^-\right]} = 16,89$$

et : $$\boxed{\begin{array}{rcl} \left[Br^-(aq)\right] & = & 0,236 \text{ mol.L.}^{-1} \\ \left[Br_3^-(aq)\right] & = & 0,764 \text{ mol.L.}^{-1} \end{array}}$$

Il est impossible d'imposer une pression de Br_2 supérieure à $0,281$ bar, qui est la pression de vapeur saturante de Br_2 à 298 K, le dibrome gazeux passerait spontanément à l'état liquide de façon à rétablir l'équilibre.

Le calcul de la variance du système :

$$v = n - r + 2 - \varphi - k$$

avec :

$n = 5$ nombre de constituants ($K^+, Br^-, H_20, Br_3^-, Br_2$)

$r = 1$ nombre d'équilibres chimiques ($Br_2 + Br^- \rightleftharpoons Br_3^-$)

$\varphi = 3$ nombre de phases (gaz, Br_2 liquide, phase aqueuse)

$k = 2$ relations imposées par l'opérateur,

($[K^+] = 1$ mol.L.$^{-1}$ et électroneutralité $[K^+] = [Br^-] + [Br_3^-]$)

D'où $v = 1$ montre qu'une fois la température imposée (ici $T = 298$) il est impossible d'imposer une pression quelconque si on veut que l'équilibre continue à être réalisé.

407 x

L'acétate d'argent $AgCH_3COO$, sel peu soluble qu'on notera dans la suite $\underline{AgAc}$, a comme produit de solubilité à 298 K : $K_S = 3\ 10^{-4}$.

1) * On met, à 298 K, 0,1 mol. d'$\underline{AgAc}$ dans un litre d'eau.
Calculer l'état final (on ne tiendra pas compte du couple acido - basique HAc/Ac^-).

2) ** Calculer la variation d'enthalpie libre entre l'état inital où $\underline{AgAc}$ n'est pas encore dissous et l'état final d'équilibre.

Commentaires

Points de cours

- *Si μ_i est le potentiel chimique du constituant i dans un mélange, l'enthalpie libre du mélange est :*

$$G = \sum_i n_i\ \mu_i \quad \text{où } n_i \text{ est le nombre de mol. du constituant } i$$

- *Pour un système en équilibre, on a :*

$$\Delta_r\ G_{eq} = \sum \nu_i \mu_i^{eq} = 0$$

Indications

- *Si le solvant voit son potentiel chimique varier au cours d'une transformation, il faut en tenir compte dans la variation de G.*
- *Il est conseillé de noter la variation de G cherchée sous la forme :*

$$\Delta G = G_{\text{fin}} - G_{\text{init}}$$

pour éviter les confusions avec $\Delta_r G$ ...

Solution

1) La dissolution de l'acétate d'argent dans l'eau donne lieu à la réaction prépondérante :

$$\underline{AgAc} \rightleftharpoons Ag^+ + Ac^- \ :\ K_S$$

On a donc, à l'équilibre, en appelant s la solubilité de $\underline{AgAc}$:

$$\boxed{[Ag^+] = [Ac^-] = s = \sqrt{K_S} = 1,73\ 10^{-2}\ \text{mol.L.}^{-1}}$$

L'équilibre est donc tel que dans le litre d'eau, on a :

$$[Ag^+] = [Ac^-] = s(\text{ mol.L.}^{-1})$$
$$n_{Ag^+} = n_{Ac^-} = s(\text{mol.}) \text{ (puisqu'on est dans un litre)}$$
$$n_{\underline{AgAc}} = 0,1 - s(\text{mol.}) \text{ (solide seul dans sa phase)}$$

2) La transformation étudiée est :

1L. d'eau pure 0,1.mol. $\underline{AgAc}$	⟶	1L. d'eau $[Ag^+] = [Ac^-] = s$ $(0,1 - s)$ mol. $\underline{AgAc}$
état initial		état final

Calculons $\Delta G = G_{\text{fin}} - G_{\text{init}}$

On a (en n'oubliant pas l'eau ...) :

$$\boxed{G_{\text{init}} = N\ \mu^{\text{pur}}_{H_2O_{\text{liq}}} + 0,1\ \mu^{\text{pur}}_{\underset{\swarrow}{AgAc}}}$$

où N est le nombre de mol. d'eau contenu dans un litre d'eau pure.

On a, à l'équilibre :

$$\boxed{G_{\text{fin}} = N\left(\mu^{\text{pur}}_{H_2O_{\text{liq}}} + RT\ln x^{\text{fin}}_{H_2O}\right) + (0,1 - S)\ \mu^{\text{pur}}_{\underset{\swarrow}{AgAc}} + S\ \mu^{\text{fin}}_{Ac^-} + S\ \mu^{\text{fin}}_{Ag^+}}$$

où $x^{\text{fin}}_{H_2O}$ est la fraction molaire de l'eau à l'équilibre.

L'expression de ΔG est donc :

$$\Delta G = G_{\text{fin}} - G_{\text{init}} = NRT\ln x^{\text{fin}}_{H_2O} + S\left(\mu^{\text{fin}}_{Ag^+} + \mu^{\text{fin}}_{Ac^-} - \mu^{\text{pur}}_{\underset{\swarrow}{AgAc}}\right)$$

L'état final étant l'état d'équilibre, il vient :

$$\Delta_r G^{\text{fin}} = \Delta_r G^{eq} = \mu^{\text{fin}}_{Ag^+} + \mu^{\text{fin}}_{Ac^-} - \mu^{\text{pur}}_{\underset{\swarrow}{AgAc}} = 0$$

Il reste donc :

$$\Delta G = NRT\ln x^{\text{fin}}_{H_2O}$$

Comme dans l'état final, dans un litre de solution, on a N mol. d'eau contenant S mol. d'ions Ag^+ dissous et S mol. d'ions Ac^- dissous, on a :

$$x^{\text{fin}}_{H_2O} = \frac{N}{N + 2S}$$

on obtient :

$$\boxed{\Delta G = NRT\ln\frac{N}{N + 2S}}$$

Remarquons que $\Delta G < 0$, ce qui est heureux pour un système ayant évolué spontanément à P et T constants.

Comme on a $S \ll N$ (en effet $N \simeq \dfrac{1000}{18} \simeq 55,6$ mol.) , on peut effectuer un développement limité au premier ordre. On obtient :

$$\Delta G = NRT\ln\frac{N}{n + 2S} = -NRT\ln\left(1 + \frac{2}{N}\right) \simeq -NRT\cdot\frac{2}{N} = -2RT$$

soit finalement :

$$\boxed{\Delta G = G_{\text{fin}} - G_{\text{init}} = -2SRT = -85,8\ J.}$$

Remarque :

> Si on ne tient pas compte de l'eau, on obtient : $\Delta G = 0$, manifestement faux.
> En effet, le résultat est physiquement faux puisqu'il s'agit d'une réaction spontanée et que l'on doit avoir $\Delta G < 0$.

408 ENS

On considère la réaction suivante :

$$NH_{3gaz} + HC\ell_{gaz} \rightleftharpoons NH_4C\ell_{\text{solide}}$$

1) * Donner l'expression de $\Delta_rG(P,T)$ en fonction de $\Delta_rG^\circ(T)$.

2) * On met, dans un volume V initialement vide, à 600 K, 0,2 mol. de NH_3, 0,2 mol. de $HC\ell$ et 2 grammes de $NH_4C\ell$ solide.

La pression initiale (avant toute évolution du système) vaut 0,5 bar.

Dans quel sens le système évolue-t-il ?

3) * Déterminer l'état final.

4) * Que se passe-t-il si :

a) on rajoute NH_{3gaz} ?

b) on rajoute $NH_4C\ell_{\text{solide}}$?

c) on diminue le volume ?

d) ** on augmente la température ?

Données (à 600 K) :

	NH_{3gaz}	$HC\ell_{gaz}$	$NH_4C\ell_{\text{solide}}$
$\Delta_rH^\circ f$ (kJ.mol.$^{-1}$)	−46,2	−92,3	−315,4
S° (J.K.$^{-1}$mol.$^{-1}$)	152,5	126,8	94

$M_N = 14\,g.\text{ mol.}^{-1}$; $M_H = 1\,g.\text{ mol.}^{-1}$; $M_{C\ell} = 35,5\,g.\text{ mol.}^{-1}$

$R = 8,314$ J.K.$^{-1}$mol.$^{-1}$

Commentaires

Points de cours

- $\Delta_rG(P,T) = \Delta_rG^\circ(T) + RT\ln \underset{i}{\pi} \left(\dfrac{P_i}{P^\circ}\right)^{\nu_i}$
- *Le critère général d'évolution d'un système chimique est $\mathcal{A}\, d\,\xi > 0$ où $\mathcal{A}$ est l'affinité chimique du système, relativement à la réaction étudiée, et ξ la variable d'avancement de cette réaction.*
- *Pour étudier l'évolution d'un système chimique, on utilise en général les lois de modération.*

Solution

1) La variation d'enthalpie libre molaire de réaction s'écrit :

$$\Delta_rG(T,P) = \Delta_rG^\circ(T) + RT\ln \frac{1}{\dfrac{P_{NH_3}}{P^\circ} \times \dfrac{P_{HC\ell}}{P^\circ}}$$

où P_{NH_3} et $P_{HC\ell}$ sont les pressions partielles des deux gaz intervenant dans la réaction et P° la pression standard de référence ($P^\circ = 1$ bar).

Si on exprime systématiquement les pressions partielles en bar, il reste :

$$\boxed{\Delta_rG(T,P) = \Delta_rG^\circ(T) - RT\ln\left(P_{NH_3} \cdot P_{HC\ell}\right)}$$

Remarques :

- Si P est la pression totale (en bar), on a :

$$P_{NH_3} = x_{NH_3} P \quad \text{et} \quad P_{HC\ell} = x_{HC\ell} P$$

où x_{NH_3} et $x_{HC\ell}$ sont les fractions molaires des deux gaz.

- On peut aussi exprimer les pressions partielles par :

$$\left\{ \begin{array}{lcl} P_{NH_3} & = & n_{NH_3} \dfrac{RT}{VP^\circ} \\ P & = & n_{HC\ell} \dfrac{RT}{VP^\circ} \end{array} \right\} \quad \text{(avec } P^\circ = 10^5 \, Pa\text{)}$$

où n_{NH_3} et $n_{HC\ell}$ sont les nombres de mole de chaque gaz, R, T et V étant en unités $S.I.$

Dans le cas du système étudié (à volume constant), il est souvent commode d'utiliser ces dernières expressions mais, ici, la pression initiale étant donnée, on peut aussi utiliser les premières expressions.

2) Pour répondre à cette question, il suffit de donner le signe (avant réaction) de $\Delta_r G(T, P)$ ou de l'affinité chimique $\mathcal{A}\,(T, P)$.

En effet, on a $\mathcal{A}\,(T, P) = -\,\Delta_r G(T, P)$

avec $\left\{ \begin{array}{ll} \text{si } \mathcal{A}\,(T, P) > 0 & : \text{ déplacement vers la } \textbf{droite} \\ \text{si } \mathcal{A}\,(T, P) < 0 & : \text{ déplacement vers la } \textbf{gauche} \\ \text{si } \mathcal{A}\,(T, P) = 0 & : \text{ état d'équilibre, pas d'évolution} \end{array} \right.$

Dans le cas présent, on a (avant évolution) :

$$P_{NH_3} = P_{HC\ell} = \frac{0,5}{2} = 0,25 \text{ bar}$$

(En effet, la pression initiale, donnée, vaut $0,5$ bar et on a le même nombre de mole de NH_3 et de $HC\ell$ gazeux).

On a donc :

$$\mathcal{A}\,(T, P) = -\,\Delta_r G(T, P) = -\,\Delta_r G^\circ(T) + RT \ln(0,25)^2$$

Il reste donc à calculer $\Delta\, G^\circ(T)$ pour la réaction envisagée.

A $600\, K$, on a :

$$\begin{array}{lcl} \Delta_r H^\circ & = & \Delta_r H_f^\circ(NH_{4C\ell}) -\ \Delta_r H_f^\circ(NH_3) -\ \Delta_r H_f^\circ(HC\ell) \\ & = & -315,4 + 46,2 + 92,3 \\ & = & -176,9 \text{ kJ.mol.}^{-1} \end{array}$$

$$\begin{array}{lcl} \Delta_r\, S^\circ & = & S^\circ_{NH_4C\ell} - S^\circ_{NH_3} - S^\circ_{HC\ell} \\ & = & 94 - 152,5 - 126,8 = -185,3 \text{ J.K.}^{-1}\text{mol.}^{-1} \end{array}$$

D'où finalement : $\Delta_r G^\circ\ (T = 600\ K) = -176\,900 + 600 \times 185,3$

soit : $\boxed{\Delta_r G^\circ(T) = -65,72 \text{ kJ.mol.}^{-1}}$

En fin de compte, on obtient :

$$\mathcal{A}\,(T, P) = -\,\Delta_r G(T, P) = 65\,720 + 8,314 \times 600 \times \ln \frac{1}{16}$$

soit $\boxed{\mathcal{A}\,(T, P) = -\,\Delta_r G(T, p) = 51\,890 \text{ J.mol.}^{-1} > 0}$

Le système évolue vers la formation de $NH_4C\ell$

3) A l'équilibre, on a :

$$\mathcal{A}\,(T,P) = -\Delta_r G(T,P) = -\Delta_r G^\circ(T) + RT \ln P_{NH_3}^{eq}\,P_{HC\ell}^{eq} = 0$$

Comme on est parti de quantités égales de NH_3 et $HC\ell$ et qu'ils disparaissent dans les quantités stœchiométriques, on a : $P_{NH_3}^{eq} = P_{HC\ell}^{eq}$.

Il vient donc :

$$P_{NH_3}^{eq} = P_{HC\ell}^{eq} = e^{\frac{\Delta G^\circ(T)}{2RT}}$$

soit, à $600\ K$: $\boxed{P_{NH_3}^{eq} = P_{HC\ell}^{eq} = 1,38\ 10^{-3}\ \text{bar}}$

Comme, dans le volume V, $0,2$ mol. de gaz correspondent à une pression partielle égale à $0,25$ bar, les nombres de mol. de NH_3 et $HC\ell$ à l'équilibre sont :

$$n_{NH_3}^{eq} = n_{HC\ell}^{eq} = 0,2 \times \frac{1,38\ 10^{-3}}{0,25}$$

Soit : $\boxed{n_{NH_3}^{eq} = n_{HC\ell}^{eq} = 1,1\ 10^{-3}\ \text{mol.}}$

On a donc formé, entre l'état initial et l'état d'équilibre :

$0,2 - 0,0011 = 0,1989 \simeq 0,199$ mole de $NH_4C\ell$ solide

A l'équilibre, il y a donc, dans le système, une masse de $NH_4C\ell$ solide égale à :

$$m_{NH_4C\ell}^{eq} = 2 + 0,199(M_N + 4M_H + M_{C\ell})$$

soit : $\boxed{m_{NH_4C\ell}^{eq} \simeq 12,65\ \text{grammmes}}$

4) Nous pouvons, ici, appliquer les résultats du cours sur les lois dites de «modération» de l'équilibre :

a) L'addition d'un constituant actif à volume et température constants tend à déplacer l'équilibre dans le sens de la consommation de ce constituant.

$\boxed{\text{CONSOMMATION de } NH_3}$

b) L'addition d'un solide (seul dans sa phase) ne modifie pas l'équilibre.

$\boxed{\text{RIEN NE SE PASSE}}$

c) Une diminution de volume à T constante correspond à une augmentation de pression à T constante. Le système évolue dans le sens d'une diminution du nombre de mole de gaz.

$\boxed{\text{FORMATION de } NH_4C\ell}$

d) Une augmentation de température ***à volume constant*** fait évoluer le système dans le sens ***endothermique*** donc il faut étudier le signe de $\Delta_r U^\circ$ variation ***énergie interne*** molaire standard de réaction.

(Le signe de $\Delta_r H^\circ$ interviendrait dans le cas d'une modification de température à ***pression constante***).

On a :

$$\begin{aligned}\Delta_r U^\circ &= \Delta_r H^\circ - \Delta\nu_{gaz}\, RT\\ &= -176\,900 - (-2)\times 8,314\times 600\\ &= -166\,920\ \text{J.mol.}^{-1} < 0\end{aligned}$$

Le signe de $\Delta_r U^\circ$ étant négatif, le système évolue dans le sens de la formation des gaz, qui est le sens endothermique.

DISPARITION de $NH_4C\ell$

Remarque :

Le lecteur aura intérêt à s'assurer qu'il est capable de «redémontrer» les affirmations employées ci-dessus. Il suffit de s'intéresser à l'affinité chimique du système après modification de l'équilibre, dans chaque cas. La démonstration de l'affirmation utilisée au d) est particulièrement intéressante.

409 ENSI

On donne, à 298 K :

	$\Delta_r H_f^\circ$(kJ.mol.$^{-1}$)	$\Delta_r S_f^\circ$(J.K.$^{-1}$mol.$^{-1}$)
NO_{2gaz}	33,8	−60,8
N_2O_{4gaz}	9,7	−297,2

On étudie à l'équilibre :

$$2NO_{2gaz} \rightleftharpoons N_2O_{4gaz}$$

1) * Calculer la variance du système correspondant. Conclusion.

2) * Que se passe-t-il si on augmente :

a) la pression ?

b) la température ?

3) Dans une enceinte intialement vide de volume fixé $V = 4L.$, on introduit une mol. de dioxyde gazeux à $T = 298\ K$ fixée.

a) * Calculer les nombres de mol. à l'équilibre.

b) * Calculer la quantité de chaleur échangée avec l'extérieur pendant la transformation (Etat initial : 1 mol. de NO_2, état final : état d'équilibre).

c) ** Calculer la variation d'énergie libre pendant la même transformation.

On donne $R = 8,314$ J.K.$^{-1}$mol.$^{-1}$

Commentaires

Points de cours

- *La variance de Gibbs s'écrit* $\vartheta = n - r + 2 - \varphi$

  où n *est le nombre de constituants*, r *est le nombre d'équilibres indépendants*, φ *est le nombre de phases*
- *Pendant une transformation spontanée à volume constant l'énergie libre diminue.*
- *A volume constant* $Q_{ext} = \Delta U$.

Indications

- *Pour calculer F, on peut se souvenir que :*

$$G = F + PV$$

cela donne, pour un système gazeux où les gaz sont parfaits :

$$F = G - PV = G - nRT$$

où n est le nombre de mol. de gaz du système.

On a par ailleurs : $G = \sum_i n_i \mu_i.$

Solution

1) La variance du système s'écrit :

$$\vartheta = n - r + 2 - \varphi$$

soit : $\vartheta = 2 - 1 + 2 - 1 = 2$

Il suffit donc de fixer deux paramètres intensifs pour que le système soit parfaitement déterminé, c'est-à-dire que tous les paramètres intensifs du système soient déterminés.

Il suffit, par exemple, de fixer la température T et la pression P pour que tous les autres paramètres soient calculables.

2) a) Pour l'équilibre étudié, la variation du nombre de mol. de réaction est $\Delta\nu_{gaz} = -1 < 0$. Par conséquent, une augmentation de la pression déplace l'équilibre dans le sens d'une diminution du nombre de mol. de gaz donc dans le sens de la dimérisation de NO_2 c'est-à-dire dans le sens de la formation de N_2O_4.

b) Pour répondre à cette question, il faut, au préalable, déterminer le signe de l'enthalpie molaire de réaction de cette dimérisation.

On a :

$$\begin{aligned} \Delta_r H \simeq \Delta_r H^\circ &= \Delta_r H_f^\circ\left(N_2O_{4gaz}\right) - 2\,\Delta_r H_f^\circ\left(NO_{2gaz}\right) \\ &= 9,7 - 2 \times 33,8 = -57,9 \text{ kJ.mol.}^{-1} < 0 \end{aligned}$$

La réaction est donc exothermique.

Une augmentation de la température provoque un déplacement de l'équilibre dans le sens qui tend à s'opposer à la perturbation, c'est-à-dire dans le sens endothermique, donc ici dans le sens de la décomposition du dimère soit dans le sens de la formation de NO_2, soit vers la gauche.

3) a) Faisons le bilan en mol. de la réaction :

	$2NO_{2gaz}$	$\rightleftharpoons$	N_2O_{4gaz}
état initial	1		0
état final	$1 - 2x$		x

On a donc :

$$\begin{cases} P_{NO_2} = \dfrac{1-2x}{1-x}\dfrac{P}{P^\circ} = (1-2x)\dfrac{RT}{VP^\circ} \\[2ex] P_{N_2O_4} = \dfrac{x}{1-x}\dfrac{P}{P^\circ} = x\,\dfrac{RT}{VP^\circ} \quad (\text{où } P^\circ = 10^5\ Pa) \end{cases}$$

Cela donne, en écrivant la constante de l'équilibre :

$$K_p = \frac{P_{N_2O_4}}{P_{NO_2}^2} = \frac{x(1-x)}{(1-2x)^2}\frac{VP^\circ}{RT}$$

Les données du problème permettent de calculer K_p :

$$\Delta_r G^\circ = \Delta_r H^\circ - T \cdot \Delta_r S^\circ$$

avec :

$$\begin{aligned}\Delta_r H^\circ &= \Delta_r H_f^\circ(N_2O_{4gaz}) - 2\,\Delta_r H_f^\circ(NO_{2gaz}) &&= -57,9\ \text{kJ.mol.}^{-1}\\ \Delta_r S^\circ &= \Delta_r S_f^\circ(N_2O_{4gaz}) - 2\,\Delta_r S_f^\circ(NO_{2gaz}) &&= -297,2 + 2\times 60,8\\ & &&= -175,6\ \text{J.K.}^{-1}\text{mol.}^{-1}\end{aligned}$$

soit : $$\Delta_r G^\circ = -57,9 + 298\times 0,1756 = -5,57\ \text{kJ.mol.}^{-1}$$

On peut donc calculer la constante K_p :

$$K_p = e^{-\frac{\Delta_r G^\circ}{RT}} = e^{-\frac{-5570}{8,314\times 298}} = 9,475$$

On obtient donc l'équation du second degré en x :

$$\frac{x(1-x)}{(1-2x)^2}\,\frac{VP^\circ}{RT} = K_p$$

soit numériquement : $$\frac{x(1-x)}{(1-2x)^2} = 58,69$$

On en tire aisément l'équation en x :

$$235,76\,x^2 - 235,76\,x + 58,69 = 0$$

qui donne : $$\boxed{x = 0,46744 \simeq 0,467\ \text{mol.}}$$

Il reste donc, à l'équilibre :

NO_2	$6,513\ 10^{-2}$ mol.
N_2O_4	$0,467$ mol.

b) La quantité de chaleur échangée avec l'extérieur pendant cette transformation isochore, est égale à la variation d'énergie interne accompagnant cette transformation.

On a :

$$\Delta U = 2x\,\Delta_r U \simeq 2x\,\Delta_r U^\circ = 2x\cdot\left(\Delta_r H^\circ - RT\,\Delta\nu_{gaz}\right) = 2x\cdot\left(\Delta_r H^\circ + RT\right)$$

On obtient, numériquement :

$$\boxed{Q_{\text{ext}} = \Delta U = -51,810\ kJ.}$$

c) On peut calculer la variation d'énergie libre au cours de cette transformation en utilisant l'enthalpie libre :

$$\Delta F = F_{\text{fin}} - F_{\text{init}} = \Delta G - \Delta(PV) = \Delta G - RT\,\Delta n_{gaz} = \Delta G + xRT$$

où $\Delta G = G_{\text{fin}} - G_{\text{init}}$.

Le calcul de $\Delta G = G_{\text{fin}} - G_{\text{init}}$ pouvant se faire à partir des potentiels chimiques, on a :

$$G_{\text{init}} = \mu_{NO_2}^{\text{init}}$$

$$G_{\text{fin}} = x\ \mu_{N_2O_4}^{\text{fin}} + (1-2x)\ \mu_{NO_2}^{\text{fin}}$$

D'où $$\Delta G = x\left(\mu_{N_2O_4}^{\text{fin}} - 2\,\mu_{NO_2}^{\text{fin}}\right) + \mu_{NO_2}^{\text{fin}} - \mu_{NO_2}^{\text{init}}$$

L'état final étant un état d'équilibre, on a :

$$\Delta_r G = \mu_{N_2O_4}^{\text{fin}} - 2\,\mu_{NO_2}^{\text{fin}} = 0$$

Cela donne :

$$\begin{aligned}\Delta G &= \mu_{NO_2}^{\text{fin}} - \mu_{NO_2}^{\text{init}}\\ &= \mu_{NO_2}^{\circ} + RT\cdot\ln\frac{RT}{VP^\circ} - \left(\mu_{NO_2}^{\circ} + RT\cdot\ln(1-2x)\frac{RT}{VP^\circ}\right)\\ &= RT\cdot\ln(1-2x)\end{aligned}$$

soit finalement :

$$\boxed{\Delta F = \big(x + \ln(1 - 2x)\big) \cdot RT = -5,61\ kJ.}$$

Remarquons que $\Delta F < 0$ ce qui heureux pour une transformation spontanée à T et V constants.

410 ENSI

On donne les deux équilibres suivants à $T = 727°\,C$:

$$\underline{FeO} + CO \rightleftharpoons \underline{Fe} + CO_2 \quad : \quad K_1 = 0,25$$

$$2CO \rightleftharpoons \underline{C} + CO_2 \quad : \quad K_2 = 0,20$$

On introduit, dans une enceinte initialement vide, de volume V, 2 mol. de CO et 1 mol. de $\underline{FeO}$.

* Déterminer l'état final.

** Discuter.

Commentaires

Points de cours

- *Pour que deux équilibres hétérogènes soient réalisés simultanément, il faut que l'on ait simultanément :*

  $\begin{cases} \textit{Les deux constantes sont applicables} \\ \textit{Tous les solides existent} \end{cases}$

Indications

- *Ne pas oublier la variance. Elle peut confirmer les résultats,*
- *Dans la discussion, vérifier systématiquement que les solides existent en étudiant soigneusement les bilans en mol.*

Solution

On peut vérifier facilement, à l'aide de la variance, que les équilibres peuvent être réalisés simultanément : la variance globale s'écrit (dans la mesure où les solides ne sont pas miscibles) :

$$\vartheta = n - r + 2 + \varphi = 5 - 2 + 2 - 4 = 1$$

Si on fixe la température, le nombre de degré de liberté du système devient nul et on a donc un système possible et où tous les paramètres intensifs (ici P, T, P_{CO}, P_{CO_2}) sont déterminés.

- Etudions maintenant ces deux équilibres.

Quand les deux équilibres sont réalisés, on a conjointement :

$$\begin{cases} \dfrac{P_{CO_2}}{P_{CO}} = K_1 \\[2mm] \dfrac{P_{CO_2}}{P_{CO}^2} = K_2 \end{cases}$$

Cela donne immédiatement :

$$\boxed{\begin{cases} P_{CO} = \dfrac{K_1}{K_2} = \dfrac{5}{4}\ \text{bar} = 1,25\ \text{bar} \\[2mm] P_{CO_2} = \dfrac{K_1^2}{K_2} = \dfrac{5}{16}\ \text{bar} = 0,3125\ \text{bar} \simeq 0,31\ \text{bar} \\[2mm] P = P_{CO} + P_{CO_2} = 1,5625\ \text{bar} \simeq 1,56\ \text{bar} \end{cases}}$$

Les nombres de mol. à l'équilibre dépendant du volume V, on a évidemment :

$$n_{CO} + n_{CO_2} = n_{T gaz}$$

Cela donne, dans l'hypothèse du gaz parfait :

$$\boxed{n_{T gaz} = \frac{PV}{RT}} \quad \text{avec} \quad \begin{cases} P = 1,56 \text{ bar} = \dfrac{K_1}{K_2}(1 + K_1) \\ T = 1000\,K \end{cases}$$

Comme on a par ailleurs : $\dfrac{n_{CO}}{n_{CO_2}} = \dfrac{P_{CO}}{P_{CO_2}} = \dfrac{1}{K_1}$, il vient :

$$\boxed{\begin{aligned} n_{CO} &= \frac{1}{1+K_1} \cdot \frac{PV}{RT} = \frac{K_1}{K_2}\frac{V}{RT} \\ n_{CO_2} &= \frac{K_1}{1+K_1} \cdot \frac{PV}{RT} = \frac{K_1^2}{K_2}\frac{V}{RT} \end{aligned}}$$

Les bilans en C, Fe et O donnent, par ailleurs :

$$\begin{cases} 3 = n_{CO} + n_{\underline{FeO}} + 2n_{CO_2} & \text{(bilan en } O\text{)} \\ 1 = n_{\underline{Fe}} + n_{\underline{FeO}} & \text{(bilan en } Fe\text{)} \\ 2 = n_{CO} + n_{CO_2} + n_{\underline{C}} & \text{(bilan en } C\text{)} \end{cases}$$

Cela conduit à :

$$\boxed{\begin{aligned} n_{\underline{FeO}} &= 3 - (1 + 2K_1)\frac{K_1}{K_2}\frac{V}{RT} \\ n_{\underline{Fe}} &= -2 + (1 + 2K_1)\frac{K_1}{K_2}\frac{V}{RT} \\ n_{\underline{C}} &= 2 - (1 + K_1)\frac{K_1}{K_2}\frac{V}{RT} \end{aligned}}$$

- Discussion

Pour que tout ceci soit réaliste, il suffit que les trois solides existent effectivement. Cela donne les trois conditions suivantes sur V, qui traduisent respectivement :

$$\begin{cases} n_{\underline{FeO}} > 0 \\ n_{\underline{Fe}} > 0 \\ n_{\underline{C}} > 0 \end{cases}$$

On obtient :

$$\begin{cases} V < \dfrac{3K_2RT}{K_1(1+2K_1)} = 0,1331\,m^3 = 133,0\,L \\ V > \dfrac{2K_2RT}{K_1(1+2K_1)} = 0,0887\,m^3 = 88,7\,L \\ V < \dfrac{2K_2RT}{K_1(1+K_1)} = 0,1064\,m^3 = 106,4\,L \end{cases}$$

Il reste donc l'intervalle le plus draconien :

$$\boxed{88,7\,L < V < 106,4\,L}$$

Remarque importante :

Pour les calculs numériques de V, il ne fallait pas oublier d'exprimer les pressions en Pascal !

411 CENTRALE

On envisage les deux équilibres hétérogènes :

$$GeO_2 + H_2 \rightleftharpoons GeO + H_2O$$
$$GeO + H_2 \rightleftharpoons Ge_{liq} + H_2O$$

On donne, à $T = 980°C$: $\begin{cases} K_{p_1} = 0,8 \\ K_{p_2} = 1,2 \end{cases}$

Dans toute la suite, la température reste fixée et égale à 980°C.

1) * On introduit, dans un récipient initialement vide de volume fixé $V = 50L.$, 1 kg de GeO_2. Quel volume de H_2 (mesuré dans les C.N.T.P) doit-on ajouter pour que 50% de GeO_2 soit réduit ? Que reste-t-il alors ?

2) * Mêmes questions avec 100%.

3) * Mêmes questions si on désire qu'il ne reste de 100 *g.* de GeO_2.

On donne : Ge : $M = 79,6\ g.\ mol.^{-1}$; O : $M = 16\ g.\ mol.^{-1}$.

Commentaires

Points de cours

- *Un équilibre hétérogène n'est réalisé que si tous les corps, donc toutes les phases, coexistent.*

Indications

- *Il est conseillé de soigner les bilans en mol. des réactions étudiées.*

Solution

On voit immédiatement, soit en évaluant la variance puis le nombre de degrés de liberté du système, soit en observant que $K_{p_1} \neq K_{p_2}$, que les deux équilibres ne peuvent avoir lieu simultanément à la température $T = 980°C$.

1) Pour en arriver à ce résultat, on n'a utilisé que la première réaction dont on peut faire le bilan en mol. :

	GeO_2	+ H_2	$\rightleftharpoons$ GeO	+ H_2O
état initial (mol.)	n_0	a	0	0
état final (mol.)	$\frac{n_0}{2}$	$a - \frac{n_0}{2}$	$\frac{n_0}{2}$	$\frac{n_0}{2}$

où n_0 est le nombre de mol. de GeO_2 correspondant à 1 kg. de a le nombre de mol. de H_2 introduit.

Comme l'état final est un état d'équilibre, on a, dans V :

$$K_{p_1} = 0,8 = \frac{P_{H_2O}}{P_{H_2}} = \frac{\frac{n_0}{2}}{a - \frac{n_0}{2}}$$

En effet, à volume fixé, les pressions partielles s'écrivent :

$$P_{H_2O} = \frac{n_0}{2}\frac{RT}{V} \quad \text{et} \quad P_{H_2} = \left(a - \frac{n_0}{2}\right)\frac{RT}{V}$$

Application numérique :

$$n_0 = \frac{1000}{79,6 + 32} = 8,96 \text{ mol.}$$

on obtient : $\boxed{a = 10,08 \text{ mol.}}$

Cela donne, dans les C.N.T.P :

$$\boxed{V_{H_2} = 22,4 \times 10,08 \simeq 226 \text{ litres}}$$

Il y alors dans le récipient :

$\underset{\swarrow}{\underline{GeO_2}}$	:	4,48 mol.	:	500 g.
$\underset{\swarrow}{\underline{GeO}}$	:	4,48 mol.	:	428,3 g.
$H_2O^{\nearrow}$	:	4,48 mol.		
$H_2^{\nearrow}$	:	5,60 mol.		

Le second équilibre n'est pas réalisé.

2) C'est le monent où $\underset{\swarrow}{\underline{GeO_2}}$ est juste à la limite de disparation. Le bilan en mol. de la réaction s'écrit :

	$\underset{\swarrow}{\underline{GeO_2}}$ +	$H_2^{\nearrow}$	$\rightleftharpoons$	$\underset{\swarrow}{\underline{GcO_2}}$ +	$II_2O^{\nearrow}$
état initial (mol.)	n_0	b		0	0
état final (mol.)	0	$b - n_0$		n_0	n_0

Comme on est encore, à la limite, en équilibre, on a :

$$K_1 = 0,8 = \frac{P_{H_2O}}{P_{H_2}} = \frac{n_0}{b - n_0}$$

on a évidemment : $\boxed{b = 20,16 \text{ mol.}}$

Soit, dans les C.N.T.P :

$$\boxed{V_{H_2} = 22,4 \times 20,16 \simeq 452 \text{ litres}}$$

Il reste alors :

$\underset{\swarrow}{\underline{GeO_2}}$	:	0 mol.		
$\underset{\swarrow}{\underline{GeO}}$	:	8,96 mol.	:	856 g.
$H_2O^{\nearrow}$	:	8,96 mol.		
$H_2^{\nearrow}$	:	11,20 mol.		

3) Si il reste 100 g. de $\underset{\swarrow}{\underline{GeO}}$, c'est qu'il s'est formé du Ge_{liq}.

Le bilan en mol. des deux réactions successives s'écrit :

	$\underset{\swarrow}{\underline{GeO_2}}$ +	$H_2^{\nearrow}$	$\rightleftharpoons$	$\underset{\swarrow}{\underline{GeO}}$ +	$H_2O^{\nearrow}$
état initial (mol.)	n_0	c		0	0
état intermédiaire (mol.)	0	$c - n_0$		n_0	n_0
état final (mol.)	0	$c + r - 2n_0$		r	$2n_0 - r$

	$\underset{\swarrow}{\underline{GeO}}$ +	$H_2^{\nearrow}$	$\rightleftharpoons$	Ge_{liq} +	$H_2O^{\nearrow}$
état initial (mol.)	0	c		0	0
état intermédiaire (mol.)	n_0	$c - n_0$		0	n_0
état final (mol.)	r	$c + r - 2n_0$		$n_0 - r$	$2n_0 - r$

si r est le nombre de mol. correspondant à 100 g. de $\underset{\swarrow}{\underline{GeO}}$

Le second équilibre étant réalisé, on a, dans le volume V :

$$K_{p_1} = 1,2 = \frac{P_{H_2O}}{P_{H_2}} = \frac{2n_0 - r}{c + r - 2n_0}$$

Application numérique :

$$\begin{cases} n_0 = 8,96 \text{ mol.} \quad \text{(comme précédemment)} \\ r = \dfrac{100}{79,6 + 16} = 1,046 \text{ mol.} \end{cases}$$

On obtient : $c = 30,94$ mol.

Soit, de même que précédemment :

$$V_{H_2} \simeq 693,4 \text{ litres}$$

Il reste alors dans le récipient :

GeO_2	:	0 mol.		
GeO	:	1,046 mol.	:	100 g.
Ge_{liq}	:	7,91 mol.	:	756,6 g.
H_2O	:	18,875 mol.		
H_2	:	12,06 mol.		

412 MINES - PONTS

On considère les deux équilibres à 800°C :

(1) $Fe_3O_4 + H_2 \rightleftharpoons 3\,FeO + H_2O \quad : \quad K_1 = 3,22$

(2) $FeO + H_2 \rightleftharpoons Fe + H_2O \quad : \quad K_2 = 0,63$

On introduit, dans un volume $V = 40L$. initialement vide, à $T = 800$°C fixée, 4 mol. de Fe_3O_4 et n mol. de H_2.

1) Calculer n pour qu'il y ait disparition de Fe_3O_4.

   Y-a-t-il du fer métallique Fe à ce moment ?

2) Même question pour obtenir un mélange équimoléculaire de Fe et FeO.

3) Calculer la variation d'énergie libre F entre les deux états suivants :

   Etat initial : $\begin{cases} T = 800°C \;,\; V = 40L. \text{ initialement vide fixé} \\ 4 \text{ mol. de } Fe_3O_4 + n \text{ mol de } H_2 \; (n \text{ calculé au 1)}) \end{cases}$

   Etat final : $T = 800$°C, état d'équilibre.

Commentaires

Points de cours

- *Un équilibre hétérogène n'est réalisé que si tous les corps, donc les phases, coexistent,*
- *Une variation de F peut s'écrire :*

$$\Delta F = F_{\text{final}} - F_{\text{initial}} = G_{\text{final}} - G_{\text{initial}} - \left[(PV)_{\text{final}} - (PV)_{\text{initial}}\right]$$

$$\text{où :}\quad \begin{cases} G_{\text{final}} & = \sum\limits_i n_i^{\text{fin}}\,\mu_i^{\text{fin}} \\ G_{\text{initial}} & = \sum\limits_i n_i^{\text{ini}}\,\mu_i^{\text{ini}} \\ (PV)_{\text{final}} & = \sum n_i^{\text{fin}} RT \\ (PV)_{\text{initial}} & = \sum n_i^{\text{ini}} RT \end{cases}$$

Indications

- *Il est conseillé de soigner les bilans en mol. des réactions étudiées.*

Solution

1) Les deux équilibres ne sont évidemment pas réalisés simultanément. On peut, en effet, s'en rendre compte en observant, par exemple, que les deux constantes K_1 et K_2, qui s'expriment de la même façon : $K_1 = \dfrac{P_{H_2O}}{P_{H_2}}$ et $K_2 = \dfrac{P_{H_2O}}{P_{H_2}}$ n'ont pas, à la température fixée T = 800°C, la même valeur numérique.

Etudions, dans un premier temps, la disparition de Fe_3O_4 par l'intermédiaire de l'équilibre **(1)**.

On a le bilan suivant :

	Fe_3O_4	+ H_2	$\rightleftharpoons$	$3\,FeO$	+ H_2O	: K_1
EI (mol.)	4	n		0	0	
EF (mol.)	$4 - \alpha$	$n - \alpha$		α	α	

A l'équilibre, on a :

$$K_1 = \frac{P_{H_2O}}{P_{H_2}} = \frac{n_{H_2O}}{n_{H_2}} = \frac{\alpha}{n - \alpha}$$

Soit : $\alpha = n\dfrac{K_1}{1 + K_1}$ ou $n = \alpha\left(\dfrac{1 + K_1}{K_1}\right)$

Pour que Fe_3O_4 ait disparu, à la limite, il faut que : $\alpha = 4$

Cela donne :

$$n = 4\left(\frac{1 + K_1}{K_1}\right) = 5,24 \text{ mol.}$$

L'équilibre **(2)** n'étant pas réalisé (en effet, on a $\dfrac{P_{H_2O}}{P_{H_2}} \neq K_2$), ***il n'a a pas de** Fe **métallique***.

2) Il faut maintenant étudier l'équilibre **(2)** qui a lieu ***après*** la disparition de $\underline{Fe_3O_4}$.

On a donc (l'état initial étant le résultat de la disparition de $\underline{Fe_3O_4}$).

	$\underline{FeO}$	+ $H_2^{\nearrow}$	$\rightleftharpoons$ $3\,\underline{Fe}$	+ $H_2O^{\nearrow}$: K_2
EI (mol.)	12	$n-4$	0	4
EF (mol.)	$12-\beta$	$n-4-\beta$	β	$4+\beta$

A l'équilibre, on a :

$$K_2 = \frac{P_{H_2O}}{P_{H_2}} = \frac{n_{H_2O}}{n_{H_2}} = \frac{4+\beta}{n-4-\beta}$$

Soit : $$\boxed{n = (4+\beta)\left(\frac{1+K_2}{K_2}\right)}$$

Pour qu'on ait un mélange équimoléculaire de $\underline{Fe}$ et $\underline{FeO}$, il suffit d'avoir : $\boxed{\beta = 6}$.

Cela donne :

$$\boxed{n = 10\left(\frac{1+K_2}{K_2}\right) = 25,87 \text{ mol.}}$$

3) Il faut donc calculer la variation d'énergie libre entre les deux états suivants :

Etat initial
$\underline{Fe_3O_4}$: 4 mol.
$H_2^{\nearrow}$: $n = 5,24$ mol.
$T = 800°C$
$V = 40L$.

Etat final
$\underline{Fe_3O_4}$: 0 mol.
$\underline{FeO}$: 12 mol.
$H_2^{\nearrow}$: 1,24 mol. = $(n-4)$ mol.
$H_2O^{\nearrow}$: 4 mol.
$T = 800°C$
$V = 40L$.
état d'équilibre

D'autre part, la variation du nombre de mol. de gaz étant nulle, on a :

$$\Delta\, F = F_{\text{fin}} - F_{\text{ini}} = \Delta\, G = G_{\text{fin}} - G_{\text{ini}}$$

On a donc, en définitive, à calculer : $(G_{\text{fin}} - G_{\text{ini}})$. On a :

$$\begin{aligned} G_{\text{fin}} &= \sum n_i^{\text{fin}}\, \mu_i^{\text{fin}} \\ &= 12\,\mu^{\circ}_{\underline{FeO}} + (n-4)\left(\mu^{\circ}_{H_2^{\nearrow}} + RT\ln P^{\text{eq}}_{H_2}\right) + 4\left(\mu^{\circ}_{H_2O^{\nearrow}} + RT\ln P^{\text{eq}}_{H_2O}\right) \\ G_{\text{ini}} &= \sum n_i^{\text{ini}}\, \mu_i^{\text{ini}} \\ &= 4\,\mu^{\circ}_{\underline{Fe_3O_4}} + n\left(\mu^{\circ}_{H_2^{\nearrow}} + RT\ln P^{\text{ini}}_{H_2}\right) \end{aligned}$$

Soit :

$$G_{\text{fin}} - G_{\text{ini}} = 4\left(\mu^{\circ}_{H_2O^{\nearrow}} + 3\,\mu^{\circ}_{\underline{FeO}} - \mu^{\circ}_{H_2^{\nearrow}} - \mu^{\circ}_{\underline{Fe_3O_4}} + RT\ln\frac{P^{\text{eq}}_{H_2O}}{P^{\text{eq}}_{H_2}}\right) + nRT\ln\frac{P^{\text{eq}}_{H_2}}{P^{\text{ini}}_{H_2}}$$

Sachant que $\Delta_r G^{\circ} = \mu^{\circ}_{H_2O^{\nearrow}} + 3\,\mu^{\circ}_{\underline{FeO}} - \mu^{\circ}_{H_2^{\nearrow}} - \mu^{\circ}_{\underline{Fe_3O_4}}$ et qu'on est à l'équilibre $(\Delta_r G^{\circ} + RT\ln K_1 = 0)$, il reste (avec $n = 5,24$ mol. et $T = 800 + 723 = 1073K$) :

$$\Delta F = nRT \ln \frac{P_{H_2}^{\text{eq}}}{P_{H_2}^{\text{ini}}} = nRT \ln \frac{n-4}{n} = -67,35 kJ$$

($\Delta F < 0$ car il s'agit d'une réaction spontanée à volume et température constants).

413 CENTRALE

Soit un récipient vide thermostaté à 450°C.

1) * On introduit 0, 1 mol. de H_2 et 0, 2 mol. de CO_2, il s'établit l'équation homogène en phase gazeuse :

(1) : $H_2 + CO_2 \rightleftharpoons CO + H_2O$ de constante K_{p_1}

A l'équilibre H_2O représente 10% de la phase gazeuse, la pression est $P = 0,5$ bar.

Calculer K_{p_1}.

2) * On ajoute maintenant au système précédent un excès de CoO (oxyde de cobalt solide). Les équilibres suivants s'établissent :

(2) : $\underline{CoO} + H_2 \rightleftharpoons \underline{Co} + H_2O$ de constante K_{p_2}

(3) : $\underline{CoO} + CO \rightleftharpoons \underline{Co} + CO_2$ de constante K_{p_3}

la pression étant maintenue constante.

A l'équilibre H_2O représente 30% de la phase gazeuse.

Calculer K_{p_2} et K_{p_3}, ainsi que la composition de la phase gazeuse à l'équilibre.

3) ** Calculer la variation d'enthalpie libre du système entre : l'état initial correspondant à 0, 1 mol. de H_2, 0, 2 mol. de CO_2 et un excès de CoO et l'état d'équilibre final obtenu au 2).

($R = 8,31$ J.mol.$^{-1}$K^{-1})

Commentaires

Points de cours

- *L'enthalpie libre d'un système s'écrit :*

$$G = \sum_i n_i \mu_i$$

où n_i est le nombre de mol. du constituant i

et μ_i le potentiel chimique du constituant i dans le mélange.

Indications

- *Pour calculer la variation d'enthalpie libre ΔG, on calcule :*

$$G_{\text{final}} \text{ et } G_{\text{initial}} \quad \text{puis} \quad \Delta G = G_{\text{final}} - G_{\text{initial}}$$

Solution

1) Etablissons le bilan de matière de la réaction au cours de l'évolution :

	H_2	+	CO_2	$\rightleftharpoons$	CO	+	H_2O
initialement (en mol.)	$0,1$		$0,2$		0		0
à l'équilibre (en mol.)	$0,1 - x$		$0,2 - x$		x		x (soit $0,3$ mol. de gaz au total)

L'énoncé fournit la fraction molaire de H_2O, donc :

$$\frac{x}{0,3} = 0,1 \quad \text{d'où} \quad x = 0,03$$

Exprimons la loi d'action de masse :

$$K_{p_1} = \frac{P_{CO} \cdot P_{H_2O}}{P_{CO_2} \cdot P_{H_2}} = \frac{x^2}{(0,2-x)(0,1-x)}$$

On remarque, en exprimant les pressions partielles :

$$P_{CO} = P_{H_2O} = \frac{x}{0,3}P \ , \quad P_{H_2} = \frac{0,1-x}{0,3}P \quad \text{et} \quad P_{CO_2} = \frac{0,2-x}{0,3}P$$

que, dans K_p, la pression totale P et le nombre de mol. total se simplifient.

Numériquement, il vient : $\boxed{K_{p_1} = 7,56\ 10^{-2}}$

2) Etablissons de la même manière le bilan de matière en mol. des deux réactions. Pour cela on peut considérer : un état initial où la réaction du 1) ne se serait pas produite ; un état intermédiaire où la réaction **(2)** a eu lieu, et enfin l'état final où les équilibres **(1)**, **(2)** et **(3)** sont réalisés.

	$\underline{CoO}$	+	H_2	$\rightleftharpoons$	$\underline{Co}$	+	H_2O
état initial	excès		$0,1$		0		0
état intermédiaire	excès		$0,1 - x$		x		x
état final	excès		$0,1 - x$		$x - y$		x

	$\underline{CoO}$	+	CO	$\rightleftharpoons$	$\underline{Co}$	+	CO_2
état initial	excès		0		0		$0,2$
état intermédiaire	excès		0		x		$0,2$
état final	excès		y		$x - y$		$0,2 - y$

Le nombre total de mol. de gaz reste égal à $0,3$ (attention! CoO et Co sont solides).

L'énoncé fournit la fraction molaire de H_2O donc :

$$\frac{x}{0,3} = 0,3 \quad \text{soit} \quad x = 0,09$$

D'où :

$$\boxed{K_{p_2} = \frac{P_{H_2O}}{P_{H_2}} = \frac{x}{0,1-x} = 9}$$

On en déduit K_{p_3} par la relation :

$$\boxed{K_{p_3} = \frac{K_{p_2}}{K_{p_1}} = 119}$$

On obtient y en exprimant la loi d'action de masse pour **(3)** :

$$K_{p_3} = \frac{P_{CO_2}}{P_{CO}} = \frac{0,2-y}{y} \quad \text{soit} \quad y = 1,7\ 10^{-3}$$

D'où la composition de la phase gazeuse en mol. :

H_2O	:	$0,09$ mol.	CO_2	:	$0,198$ mol.
H_2	:	$0,01$ mol.	CO	:	$1,7\ 10^{-3}$ mol.

Il s'est également formé $8,8\ 10^{-2}$ mol. de Co solide.

3) Exprimons l'enthalpie libre de chaque état en fonction des nombres de mol. et des potentiels chimiques, en utilisant la relation :

$$G_{\text{initial}} = n\ \mu_{CoO}^{\text{pur}} + 0,2\ \mu_{CO_2}^{\text{init}} + 0,1\ \mu_{H_2}^{\text{init}}$$

où n est la quantité (en mol.) de CoO initial.

A l'état final, on a :

$$G_{\text{final}} = (n-x+y)\ \mu_{CoO}^{\text{pur}} + (x-y)\ \mu_{Co}^{\text{pur}} + (0,1-x)\ \mu_{H_2}^{\text{final}} + (0,2-y)\ \mu_{CO_2}^{\text{final}} + x\ \mu_{H_2O}^{\text{final}} + y\ \mu_{CO}^{\text{final}}$$

On en tire l'expression de $\Delta G = G_{\text{final}} - G_{\text{initial}}$:

$$\Delta G = (y-x)\ \mu_{CoO}^{\text{pur}} + (x-y)\ \mu_{Co}^{\text{pur}} - x\ \mu_{H_2}^{\text{final}} - y\ \mu_{CO_2}^{\text{final}} + x\ \mu_{H_2O}^{\text{final}} + y\ \mu_{CO}^{\text{final}} + 0,2\left(\mu_{CO_2}^{\text{final}} - \mu_{CO_2}^{\text{init}}\right) + 0,1\left(\mu_{H_2}^{\text{final}} - \mu_{H_2}^{\text{init}}\right)$$

Ce qui donne, en regroupant :

$$\begin{aligned} \Delta G &= x\left[\mu_{H_2O}^{\text{final}} + \mu_{Co} - \mu_{H_2}^{\text{final}} - \mu_{CoO}\right] \\ &\quad -y\left[\mu_{CO_2}^{\text{final}} + \mu_{Co} - \mu_{CO}^{\text{final}} - \mu_{CoO}\right] \\ &\quad +0,2\left(\mu_{CO_2}^{\text{final}} - \mu_{CO_2}^{\text{init}}\right) + 0,1\left(\mu_{H_2}^{\text{final}} - \mu_{H_2}^{\text{init}}\right) \end{aligned}$$

L'état final étant un état d'équilibre où les équilibres **(2)** et **(3)** sont réalisés, on a :

$$\begin{cases} \Delta_r G_2^{\text{fin}} = \Delta_r G_2^{eq} = \mu_{H_2O}^{\text{final}} + \mu_{CO}^{\text{pur}} - \mu_{H_2}^{\text{final}} - \mu_{CoO}^{\text{pur}} = 0 \\ \Delta_r G_3^{\text{fin}} = \Delta_r G_3^{eq} = \mu_{CO_2}^{\text{final}} + \mu_{CO}^{\text{pur}} - \mu_{H_2}^{\text{final}} - \mu_{CoO}^{\text{pur}} = 0 \end{cases}$$

Il reste :

$$\Delta G = 0,2\left(\mu_{CO_2}^{\text{final}} - \mu_{CO_2}^{\text{init}}\right) + 0,1\left(\mu_{H_2}^{\text{final}} - \mu_{H_2}^{\text{init}}\right)$$

Or on a :

$$\begin{cases} \mu_{CO_2}^{\text{fin}} = \mu_{CO_2}^{\circ} + RT\ln P_{CO_2}^{\text{fin}} \\ \mu_{CO_2}^{\text{init}} = \mu_{CO_2}^{\circ} + RT\ln P_{CO_2}^{\text{init}} \\ \mu_{H_2}^{\text{final}} = \mu_{H_2}^{\circ} + RT\ln P_{H_2}^{\text{final}} \\ \mu_{H_2}^{\text{init}} = \mu_{H_2}^{\circ} + RT\ln P_{H_2}^{\text{init}} \end{cases}$$

Ce qui donne :

$$\Delta G = 0,2RT\ln\frac{P_{CO_2}^{\text{final}}}{P_{CO_2}^{\text{init}}} + 0,1RT\ln\frac{P_{H_2}^{\text{final}}}{P_{H_2}^{\text{init}}}$$

Comme on a, par ailleurs, d'après les résultats des questions précédentes :

$$\begin{cases} P_{CO_2}^{\text{init}} = \dfrac{0,2}{0,3}P \\ P_{H_2}^{\text{init}} = \dfrac{0,1}{0,3}P \end{cases} \quad \text{et} \quad \begin{cases} P_{CO_2}^{\text{final}} = \dfrac{0,198}{0,3}P \\ P_{H_2}^{\text{final}} = \dfrac{0,01}{0,3}P \end{cases}$$

Cela devient :

$$\Delta G = 0,2RT\ln\frac{0,198}{0,2} + 0,1RT\ln\frac{0,01}{0,1}$$

Soit : $\Delta G = RT(0,2\ln 0,99 + 0,1\ln 0,1)$

soit : $\Delta G = -1396 \text{ J.mol.}^{-1} \simeq -1,4 \text{ kJ.mol.}^{-1}$

Au cours de la transformation à P et T constants, l'enthalpie libre a diminué, c'est en accord avec le second principe.

414 ENSI

Le chlorure d'argent donne, avec l'ammoniac gazeux, deux ammoniacates selon :

$$\textbf{(1)} : \quad AgC\ell + \frac{3}{2}NH_3 \rightleftharpoons \left(AgC\ell, \frac{3}{2}NH_3\right)$$

$$\textbf{(2)} : \quad \left(AgC\ell, \frac{3}{2}NH_3\right) + \frac{3}{2}NH_3 \rightleftharpoons \left(AgC\ell, 3NH_3\right)$$

On donne :

$$\text{Eq. } \textbf{(1)} : \quad \log P = 8,650 - \frac{2050}{T}$$

$$\text{Eq. } \textbf{(2)} : \quad \log P = 9,050 - \frac{2350}{T}$$

1) * Variance et conclusions.

2) ** Tracer, sur un même schéma $\log P$ en fonction de $\frac{1}{T}$ pour les deux équilibres. Discuter.

Commentaires

Points de cours

- *Pour que deux équilibres puissent avoir lieu simultanément, il faut ou bien que la variance du système global soit positive ou, à la rigueur, nulle ou bien il faut que les constantes soient «compatibles» .*
- *Si des solides sont incompatibles, c'est qu'il y a, entre eux, une réaction* ***totale****.*

Indications

- *Pour voir si une réaction a lieu ou non, il est commode d'utiliser son affinité chimique.*

Solution

1) Pour les deux équilibres simultanés, on a :

$$v = n - r + 2 - \varphi$$

$n = 4$ (NH_3 et les trois solides)

$r = 2$ (les 2 équilibres)

$\varphi = 4$ (1 phase gazeuse et 3 phases solides)

$$\boxed{v = 0}$$

Pour chaque équilibre, pris isolément :

$$v_1 = v_2 = 3 - 1 + 2 - 3$$

soit $$\boxed{v_1 = v_2 = 1}$$

Conclusions :

- Il n'existe qu'une température (qu'on ne peut fixer arbitrairement) telle que les deux équilibres coexistent, c'est-à-dire telle que tous les corps coexistent.
- Pour les équilibres **(1)** ou **(2)** pris isolement, on peut fixer arbitrairement un paramètre intensif (P ou T, par exemple) ; l'équilibre est alors déterminé.
- Dans un diagramme intensif (les «axes» sont des variables intensives) les équilibres **(1)** et **(2)** sont représentés par des courbes et le système global par un point (intersection de ces deux courbes).

En dehors de ces courbes il n'y a ***pas*** d'équilibre.

2)

- Les courbes demandées sont des droites.
- Leur intersection est telle que :

$$8,650 - \frac{2050}{T} = 9,050 - \frac{2350}{T} \quad \text{soit} \quad T \simeq 750\ K$$

Elles se coupent donc en $A \begin{cases} T = 750\ K \\ \log P \simeq 5,92 \end{cases}$

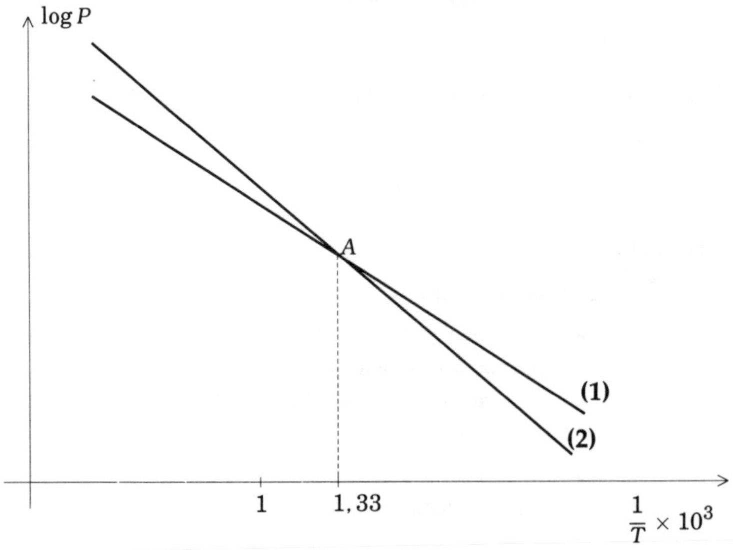

Pour : $\boxed{T > 750\ K}$ (à droite de A)

on a $\log P_1 > \log P_2$.

On a donc la réaction ***totale*** :

$$2\left(\underline{AgC\ell,\frac{3}{2}NH_3}\right) \longrightarrow \underline{AgC\ell} + \left(\underline{AgC\ell,3NH_3}\right)$$

En effet, l'affinité chimique de cette réaction est ***strictement*** positive.

On a :

$$\begin{aligned}\mathcal{A}\,(T) &= \mathcal{A}_2\,(T) - \mathcal{A}_1\,(T)\\ &= \mathcal{A}_2^\circ\,(T) - \mathcal{A}_1^\circ\,(T)\\ &= -RT\ln P_2 + RT\ln P_1\\ &= RT\ln\frac{P_1}{P_2} > 0\end{aligned}$$

On est donc contraint de tenir compte uniquement de l'équilibre global :

$$\textbf{(3)} : \frac{1}{2}\,\underline{AgC\ell} + \frac{3}{2}NH_3 \rightleftharpoons \frac{1}{2}\left(\underline{AgC\ell,3NH_3}\right)$$

pour lequel on a, évidemment :

$$\begin{aligned}2\log P &= 8,650 - \frac{2050}{T} + 9,050 - \frac{2350}{T}\\ \text{soit}\quad \log P &= 8,850 - \frac{2200}{T}\end{aligned}$$

Il s'agit d'une droite passant aussi par A :

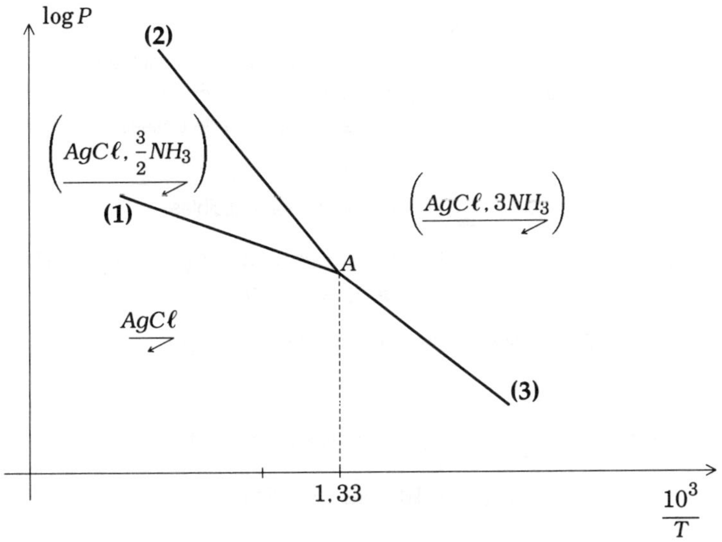

On peut donc, maintenant, placer les domaines d'***existence*** des trois solides sur le schéma ci-dessus.

On retrouve les résultats prévus au 1).

415 ENSI

A $820°C$, la constante de l'équilibre : $\underline{MgCO_3} \rightleftharpoons \underline{MgO} + CO_2$ est : $K_p = 0,4$.

On met dans un récipient initialement vide de volume $V = 200\,L.$, à $T = 1093\,K$, 1 mol. de $\underline{MgO}$. On ajoute alors, suffisamment lentement pour que l'équilibre éventuel soit réalisé, du CO_2 gazeux.

* Tracer, en fonction de x (nombre de mol. de CO_2 ajouté), P, n_{CO_2}, $n_{\underline{MgO}}$ et $n_{\underline{MgCO_3}}$ sur le même graphique. On donne $R = 8,31$ J.K.$^{-1}$mol.$^{-1}$.

Commentaires

Points de cours

- *Pour qu'un équilibre hétérogène ne soit pas rompu, c'est-à-dire soit réalisé, il faut que tous les constituants soient présents, c'est alors seulement qu'on peut écrire que la loi d'action de masse s'applique et qu'on peut utiliser la constante d'équilibre.*

Indications

- *Il est commode, donc conseillé, de s'intéresser à la variance du système dans le cas d'équilibres hétérogènes.*

Solution

Avant de tracer les variations demandées, on peut s'intéresser à la variance de l'équilibre étudié. On a :

$$\underline{MgCo_3} \rightleftharpoons \underline{MgO} + CO_2$$

La loi de Gibbs donnant la variance est :

$$\vartheta = n - r + 2 - \varphi \quad \text{où} \quad \begin{cases} n & \text{est le nombre de constituants} \\ r & \text{est le nombre d'équilibres indépendants} \\ \varphi & \text{est le nombre de phases} \end{cases}$$

Cela donne ici :

$$\boxed{\vartheta = 3 - 1 + 2 - 3 = 1}$$

puisque les solides $\underline{MgCO_3}$ et $\underline{MgO}$ sont, a priori, non miscibles.

La température étant fixée, une seule pression partielle de CO_2 est possible à l'équilibre, il s'agit de :

$$P = P_{CO_2} = K_p = 0,4 \text{ bar}$$

On peut donc distinguer trois états au cours de l'addition de CO_2 :

- $P_{CO_2} < 0,4$ bar, $\underline{MgO}$ seul solide, pas d'équilibre.
- $P_{CO_2} = 0,4$ bar, $\underline{MgO}$ et $\underline{MgCO_3}$ présents, équilibre réalisé.
- $P_{CO_2} > 0,4$ bar, $\underline{MgCO_3}$ seul solide, pas d'équilibre.

On peut donc maintenant répondre aux questions posées :

- $\boxed{P_{CO_2} < 0,4 \text{ bar} \; ; \; x < x_1 = \dfrac{K_p V}{RT} \cdot 10^5 = 0,88 \text{ mol.}}$

La pression varie linéairement avec x et on a :

$$\begin{array}{rcl} P_{CO_2} & = & x\,\dfrac{RT}{10^5 \cdot V} \quad \text{(en bar)} \\ n_{CO_2} & = & x \text{ (mol.)} \\ n_{\underline{MgO}} & = & 1 \text{ mol.} \\ n_{\underline{MgCO_3}} & = & 0 \end{array}$$

- $\boxed{P_{CO_2} = 0,4 \text{ bar} \; ; \; x_1 < x < 1 + x_1}$

Dans le volume constant V, le CO_2 ajouté à partir de $x > x_1$ est ***intégralement consommé*** pour donner $\underline{MgCO_3}$. La pression et nombre de mole de gaz sont constants. L'équilibre est réalisé.

$$\begin{array}{rcl} P_{CO_2} & = & 0,4 \text{ bar} \\ n_{CO_2} & = & x_1 = 0,88 \text{ mol.} \\ n_{\underline{MgO}} & = & 1 - (x - x_1) = 1,88 - x \text{ (mol.)} \\ n_{\underline{MgCO_3}} & = & x - x_1 = x - 0,88 \text{ (mol.)} \end{array}$$

- $\boxed{P_{CO_2} > 0,4 \text{ bar} \; ; \; x > 1 + x_1}$

$\underline{MgO}$ a totalement disparu, CO_2 ne fait que s'accumuler.

$$\begin{array}{rcl} P_{CO_2} & = & (x - 1)\dfrac{RV}{10^5 V} \quad \text{(en bar)} \\ n_{CO_2} & = & x - 1 \text{ (mol.)} \\ n_{\underline{MgO}} & = & 0 \\ n_{\underline{MgCO_3}} & = & 1 \text{ mol.} \end{array}$$

D'où les courbes demandées.

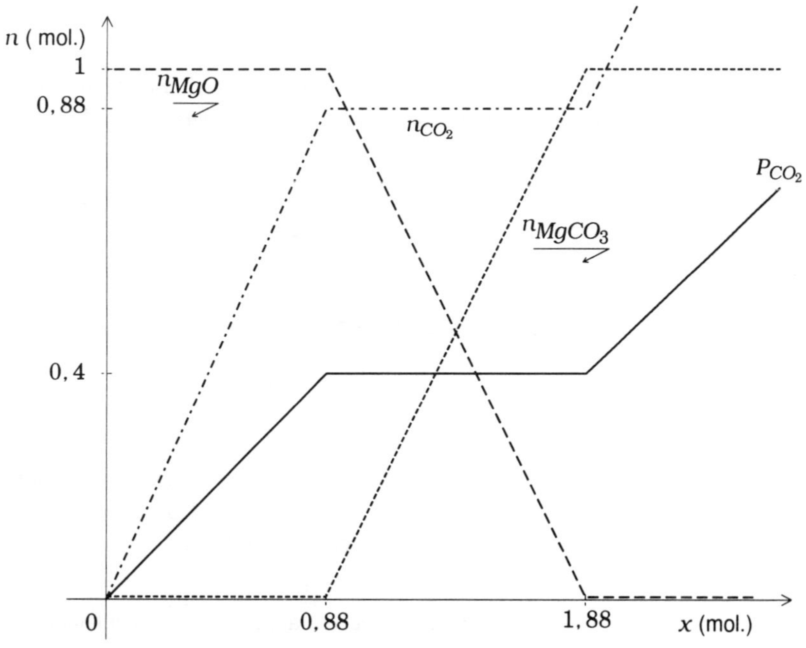

416 CENTRALE

Dans un récipient de volume V constant, initialement vide et maintenu à $T = 1075\ K$ dans toute la suite, on introduit une mol. de Fe_2O_3 solide pur.

On donne, à $T = 1075\ K$:

$$\begin{cases} (1) : & \underline{3\,Fe_2O_3} + CO_{gaz} \rightleftharpoons 2\,\underline{Fe_3O_4} + CO_{2gaz} & : K_1 \gg 1 \\ (2) : & \underline{Fe_3O_4} + CO_{gaz} \rightleftharpoons 3\,\underline{FeO} + CO_{2gaz} & : K_2 = 2 \\ (3) : & \underline{FeO} + CO_{gaz} \rightleftharpoons \underline{Fe} + CO_{2gaz} & : K_3 = \dfrac{2}{3} \end{cases}$$

On introduit alors, peu à peu, du monoxyde de carbone dans l'enceinte.

Cette introduction est supposée suffisamment lente pour que d'éventuels équilibres aient le temps de s'établir.

1) * Montrer que les équilibres **(1)**, **(2)** et **(3)** n'ont pas lieu en même temps, commenter.

2) ** Tracer la courbe $\dfrac{P_{CO}}{P_{CO_2}} = f(n)$ où n est le nombre de mol. de CO_{gaz} introduit.

On tracera cette courbe sur l'intervalle $n \in]0\ ;\ 5]$.

On donne $R = 8,314$ J.K.$^{-1}$mol.$^{-1}$.

On considérera que les gaz sont parfaits.

Commentaires

Points de cours

- *Un équilibre hétérogène est réalisé quand tous les corps et toutes les phases coexistent.*

Indications

- *Pour répondre à la première question, on peut s'intéresser à la variance et/ou s'interroger sur les constantes d'équilibre.*
- *En ce qui concerne la courbe demandée, il faut soigneusement déterminer les intervalles de n où on a ou pas d'équilibre.*

Solution

1) Dans le cas d'équilibres hétérogènes, il est prudent de s'intéresser, dans un premier temps, à la variance du système. On a ici : $v = n - r + 2 - \varphi$

où : $\begin{cases} n = 6 \\ r = 3 \\ \varphi = 5 \end{cases}$ (car les solides ne sont pas miscibles)

Ce qui donne : $\boxed{v = 6 - 3 + 2 - 5 = 0}$

La température étant fixée, le nombre de degrés de liberté du système diminue encore d'une unité.

D'autre part, le volume étant constant et le nombre de mol. de gaz étant déterminé par $n = n_{CO_2} + n_{CO}$, on a une relation entre la pression totale et T par : $PV = n\,RT$. Ceci diminue encore le nombre de degrés de liberté du système d'une unité.

On a en définitive : $\boxed{d = -2}$

Il est donc clair que les trois équilibres ne peuvent avoir alors lieu simultanément. C'est également évidemment le cas pour deux équilibres.

On pouvait, bien sûr, se rendre compte de ce fait en observant que, les trois constantes K_i qui s'écrivent toutes les trois $K_i = \dfrac{P_{CO_2}}{P_{CO}}$ n'étant pas égales, les équilibres ne peuvent être réalisés simultanément.

On a donc, en définitive :

$\dfrac{P_{CO_2}}{P_{CO}} = K_i$	L'équilibre i est réalisé seul
$\dfrac{P_{CO_2}}{P_{CO}} \neq K_i$	Aucun équilibre n'est réalisé.

2) <u>Etude de la réduction de Fe_2O_3 par CO</u>

Quand on ajoute CO, dans le récipient, il se produit les phénomènes suivants :

a) Réduction quasi quantitative de Fe_2O_3 selon :

	$3Fe_2O_3$	+	CO	$\rightleftharpoons$	Fe_3O_4	+	CO_2
état initial	1		n		0		0
état final (équilibre)	$1-3n$		ε		$2n$	$\simeq$	n

On a donc : $\boxed{n \leqslant \dfrac{1}{3}}$ $\boxed{\dfrac{P_{CO}}{P_{CO_2}} = \dfrac{1}{K_1} \simeq 0}$

b) Accumulation de CO

Quand on continue d'ajouter de CO, il s'accumule sans réagir jusqu'à ce que l'équilibre **(2)** puisse être réalisé.

On a alors simplement : $\begin{cases} n_{CO_2} = \dfrac{1}{3} \\ n_{CO} = n - \dfrac{1}{3} \end{cases}$

Soit finalement : $\boxed{\dfrac{1}{3} \leqslant n \leqslant \dfrac{1}{2}}$ $\boxed{\dfrac{P_{CO}}{P_{CO_2}} = \dfrac{n_{CO}}{n_{CO_2}} = 3n-1}$

La limite supérieure est bien $n = \dfrac{1}{2}$ puisqu'alors le rapport $\dfrac{P_{CO}}{P_{CO_2}}$ atteint $\dfrac{1}{K_2} = \dfrac{1}{2}$.

c) Réduction de Fe_3O_4 selon l'équilibre **(2)** :

	Fe_3O_4	+	CO	$\rightleftharpoons$	$3FeO$	+	CO_2
état initial	$\dfrac{1}{3}$		$n-\dfrac{1}{3}$		0		$\dfrac{1}{3}$
état final (équilibre)	$\dfrac{1}{3}-\alpha$		$n-\dfrac{1}{3}-\alpha$		$3\,\alpha$		$\dfrac{1}{3}+\alpha$

α étant tel que l'équilibre est réalisé, on a :

$$\frac{13+\alpha}{n-\dfrac{1}{3}-\alpha} = 2 \quad \text{soit :} \quad \boxed{\alpha = \frac{2n-1}{3}}$$

ce qui donne : $\begin{cases} n_{CO_2} = \dfrac{2n}{3} \\ n_{CO} = \dfrac{n}{3} \end{cases}$

Soit évidemment : $\boxed{\frac{1}{2} \leqslant n \leqslant 1}$ $\boxed{\frac{P_{CO}}{P_{CO_2}} = \frac{n_{CO}}{n_{CO_2}} = \frac{1}{K_2} = \frac{1}{2}}$

La limite supérieure est bien $n = 1$ puisqu'alors on a la disparition de Fe_3O_4 soit $\alpha = \frac{1}{3}$, ce qui donne bien $n = 1$.

d) Accumulation de CO

Le monoxyde de carbone s'accumule sans réagir jusqu'à ce que l'équilibre **(3)** soit réalisé.

On a alors : $\begin{cases} n_{CO_2} = \frac{2}{3} \\ n_{CO} = n - \frac{2}{3} \end{cases}$

Ce qui conduit à : $\boxed{1 \leqslant n \leqslant \frac{5}{3}}$ $\boxed{\frac{P_{CO}}{P_{CO_2}} = \frac{n_{CO}}{n_{CO_2}} = \frac{3n}{2} - 1}$

L'équilibre **(3)** étant évidemment réalisé quand :

$$\frac{P_{CO}}{P_{CO_2}} = \frac{1}{K_3} = \frac{3}{2} \quad \text{soit} \quad n = \frac{5}{3}$$

e) Réaction de FeO selon l'équilibre **(3)** :

	FeO	+	CO	$\rightleftharpoons$	Fe	+	CO_2
état initial	1		$n - \frac{2}{3}$		0		$\frac{2}{3}$
état final (équilibre)	$1 - \beta$		$n - \frac{2}{3} - \beta$		β		$\frac{2}{3} + \beta$

L'équilibre **(3)** étant réalisé, on a :

$$\frac{\frac{2}{3} + \beta}{n - \frac{2}{3} - \beta} = \frac{2}{3} \quad \text{soit} \quad \boxed{\beta = \frac{2n}{5} - \frac{2}{3}}$$

Ce qui conduit à $\begin{cases} n_{CO_2} = \frac{2n}{3} \\ n_{CO} = \frac{3n}{5} \end{cases}$

Et évidemment : $\boxed{\frac{5}{3} \leqslant n \leqslant \frac{25}{6}}$ $\boxed{\frac{P_{CO}}{P_{CO_2}} = \frac{n_{CO}}{n_{CO_2}} = \frac{1}{K_3} = \frac{3}{2}}$

f) Accumulation de CO

Il ne se passe ensuite plus rien et on a :

$$\begin{cases} n_{CO_2} = \frac{5}{3} \\ n_{CO} = n - \frac{5}{3} \end{cases}$$

D'où finalement : $\boxed{n \geqslant \frac{25}{6}}$ $\boxed{\frac{P_{CO}}{P_{CO_2}} = \frac{n_{CO}}{n_{CO_2}} = \frac{3n}{5} - 1}$

D'où la courbe demandée :

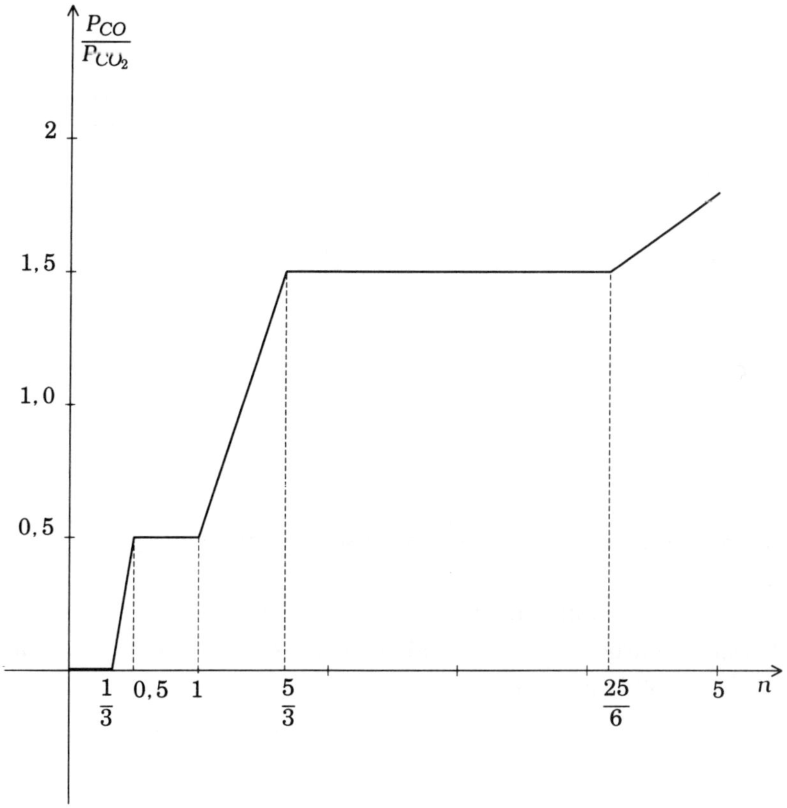

Les paliers horizontaux correspondent à des équilibres et deux solides y coexistent avec les gaz.

Ailleurs, seulement un solide coexiste avec les gaz.

$n < \frac{1}{3}$	Fe_2O_3 et Fe_3O_4 coexistent	(phase a))
$\frac{1}{3} < n < 0,5$	Fe_3O_4 seul	(phase b))
$0,5 < n < 1$	Fe_3O_4 et FeO coexistent	(phase c))
$1 < n < \frac{5}{3}$	FeO seul	(phase d))
$\frac{5}{3} < n < \frac{25}{6}$	FeO et Fe coexistent	(phase e))
$n > \frac{25}{6}$	Fe seul	(phase f))

417 MINES-PONTS

On donne le diagramme d'Ellingham suivant, concernant les deux couples NiO/Ni et FeO/Fe.

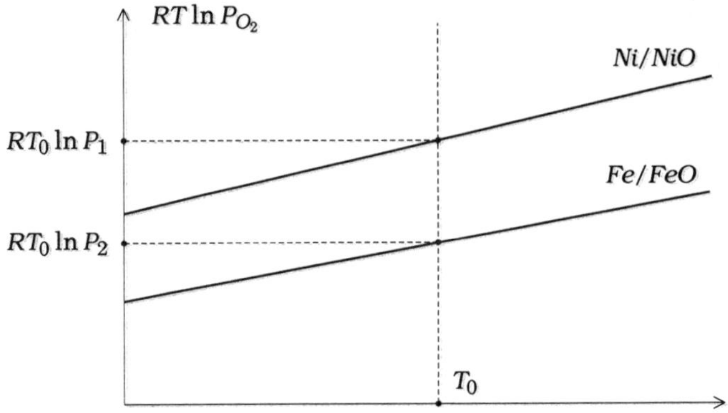

On met, dans un volume V initialement infiniment grand, 1 mol. de Ni, 1 mol. de Fe et 3 mol. de O_2, le tout à température T_0.

On diminue progressivement le volume jusqu'à V infiniment petit.

On supposera que, s'ils sont thermodynamiquement possibles, les éventuels équilibres s'établissent et ne sont pas limités par la cinétique.

** Tracer la courbe $P = f(V)$, en précisant, dans les diverses parties du tracé, la nature des produits présents.

Commentaires

Points de cours

- *Approximation d'Ellingham :*

Pour la réaction $\frac{2x}{y}M_{sol} + O_{2gaz} \longrightarrow \frac{2}{y}M_xO_{y_{sol}}$ *on a :*

$$\Delta_r G^\circ(T) = \Delta_r H^\circ(T) - T\,\Delta_r S^\circ(T) = RT\ln P_{O_2}$$

si la pression partielle de O_2 est exprimée en bar.

Le tracé de $\Delta_r G^\circ(T)$ en fonction de T sur un intervalle de température est une droite si on a :

$$\begin{aligned}
\Delta_r G^\circ(T) &= \Delta_r H^\circ(T_0) + \int_{T_0}^{T} \Delta_r C_p^\circ \mathrm{d}T - \left(T\,\Delta_r S^\circ(T_0) + T\int_{T_0}^{T} \frac{\Delta_r C_p^\circ}{T}\mathrm{d}T\right) \\
&= \Delta_r H^\circ(T_0) - T\,\Delta_r S^\circ(T_0) + \int_{T_0}^{T} \Delta_r C_p^\circ \mathrm{d}T - T\int_{T_0}^{T} \frac{\Delta_r C_p^\circ}{T}\mathrm{d}T \\
&\simeq \Delta_r H^\circ(T_0) - T\,\Delta_r S^\circ(T_0)
\end{aligned}$$

c'est-à-dire si on néglige le terme :

$$\int_{T_0}^{T} \Delta_r C_p^\circ \mathrm{d}T - T\int_{T_0}^{T} \frac{\Delta_r C_p^\circ}{T}\mathrm{d}T$$

- *Domaines d'existence :*

Pour le couple M_xO_y/M, on a :

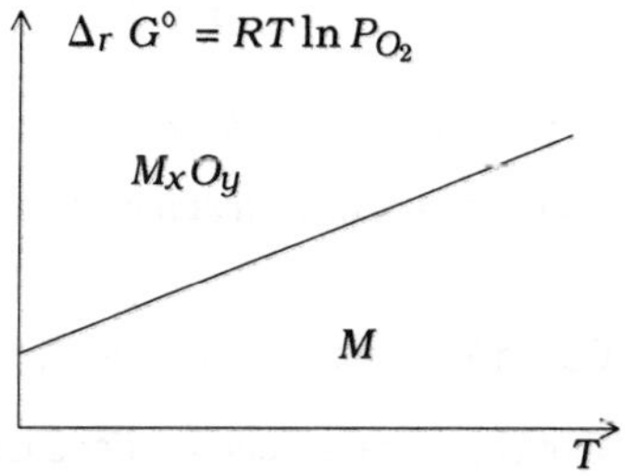

Les domaines représentés sont des domaines d'existence, c'est-à-dire que M et M_xO_y ne coexistent pas ailleurs que sur la droite d'équilibre.

Indications

- *Pour étudier la courbe $P = f(V)$, il faut déterminer avec soin les domaines de V où on a un équilibre et ceux où on n'a pas d'équilibre. L'application de la variance de Gibbs peut être utile à ce propos.*

Solution

Comme dans tout exercice de ce genre, il faut, même si l'énoncé ne le demande pas, s'intéresser à la variance :

$$(1) : \underline{2Ni} + O_2 \rightleftharpoons 2\,\underline{NiO}$$
$$(2) : \underline{2Fe} + O_2 \rightleftharpoons 2\,\underline{FeO}$$

La variance vaut, pour le système global :

$$\vartheta = 5 - 2 + 2 - 5 = 0$$

La température étant fixée, les deux équilibres sont «incompatibles » et il ne peut exister ensemble les quatres solides.

Si on s'intéresse maintenant à la variance d'un des deux équilibres, on a :

$$\vartheta_{(1)} = \vartheta_{(2)} = 3 - 1 + 2 - 3 = 1$$

Cela signifie qu'à la température T_0 le nombre de degré de liberté est nul.

L'équilibre est parfaitement détermine, il n'existe qu'une pression d'équilibre.

Nous pouvons maintenant passer à la résolution du problème.

Plusieurs cas se présentent :

- V «très grand»

La pression d'oxygène est très faible et en particulier inférieure à P_2.

Aucun équilibre n'est établi. ***On a, dans l'enceinte*** :

$\underline{Ni}$ (1 mol.), $\underline{Fe}$ (1 mol.) et O_2 (3 mol.) à l'exclusion du reste

La pression varie simplement selon la loi :

$$P = 3\frac{RT_0}{V}$$

- $\boxed{\dfrac{5RT_0}{2P_2} \leqslant V \leqslant \dfrac{3RT_0}{P_2}}$

Dès que V a assez diminué pour atteindre la valeur $\dfrac{3RT_0}{P_2}$ qui est telle que $P = P_2$, l'équilibre **(2)** est atteint et il y a apparition de $\underline{FeO}$ selon :

$$2Fe + O_2 \longrightarrow 2FeO$$

Quand V continue à diminuer Fe se transforme au fur et à mesure en FeO.

Tout ceci s'arrête quand le Fer a totalement disparu, c'est-à-dire quand on a consommé $\dfrac{1}{2}$ mol. d'O_2, ou encore, quand V a diminué jusqu'à $\dfrac{5RT_0}{2P_2}$.

Pendant tout cet intervalle, l'équilibre **(2)** est établi et l'équilibre **(1)** ne l'est pas. ***On a, dans l'enceinte*** :

$$\boxed{\underline{Ni}, \underline{Fe}, \underline{FeO} \text{ et } O_2 \text{ à l'exclusion du reste}}$$

La pression est constante et vaut alors :

$\boxed{P = P_2}$ (puisque **(2)** est établi)

- $\boxed{\dfrac{5RT_0}{2P_1} < V < \dfrac{5RT_0}{2P_2}}$

Dès que $V < \dfrac{5RT_0}{2P_2}$, l'équilibre **(2)** n'est pas établi et l'équilibre **(1)** ne l'est pas encore. Ce dernier le sera dès que $V = \dfrac{5RT_0}{2P_1}$ soit dès que $P = P_1$.

Aucun équilibre n'est donc établi. ***On a, dans l'enceinte*** :

$$\boxed{\underline{Ni} \text{ (1 mol.), } \underline{FeO} \text{ (1 mol.) et } O_2 \left(\frac{5}{2} \text{ mol.}\right) \text{ à l'exclusion du reste}}$$

La pression varie simplement selon la loi :

$$\boxed{P = \frac{5}{2}\frac{RT_0}{V}}$$

- $\boxed{\dfrac{2RT_0}{P_1} \leqslant V \leqslant \dfrac{2RT_0}{2P_1}}$

Il se produit, pour le nickel, dans cet intervalle, la même chose que pour le fer dans l'intervalle :

$$\frac{5RT_0}{2P_2} \leqslant V \leqslant \frac{3RT_0}{P_2}$$

On a, dans l'enceinte :

$$\boxed{\underline{Ni}, \underline{Ni\,O}, \underline{FeO} \text{ et } O_2 \text{ à l'exclusion du reste}}$$

La pression constante est :

$$\boxed{P = P_1}$$

- $\boxed{V < \dfrac{2RT_0}{P_1}}$

Plus aucun équilibre n'est établi.

Il reste, dans l'enceinte :

$$\boxed{Ni0 \text{ (1 mol.), } FeO \text{ (1 mol.) et } O_2 \text{ (2 mol.) à l'exclusion du reste}}$$

La pression varie selon :

$$\boxed{P = \frac{2RT_0}{V}}$$

- D'où la courbe :

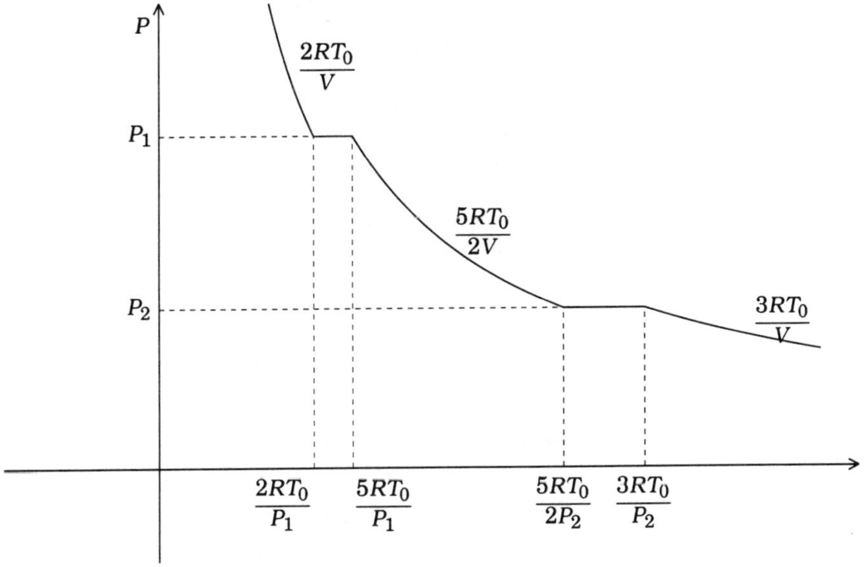

Chaque équilibre correspond à un palier de pression.

Ailleurs, aucun équilibre n'est réalisé.

418 MINES - PONTS

On considère la pile :

$$\ominus \underset{\swarrow}{Zn} \ / \ ZnC\ell_2 \ \ 0,05 \text{ mol.L.}^{-1} \quad \underset{\swarrow}{AgC\ell} \ / \ \underset{\swarrow}{Ag} \oplus$$

Sa f.é.m est : $e = 1,015$ *V.* à 298 *K*.

Son coefficient de température est : $\dfrac{\partial e}{\partial T} = -4,9\ 10^{-4} V.K^{-1}$

1) * Ecrire la réaction de fonctionnement de la pile.
2) * Calculer à 298 *K* : $\Delta_r G$, $\Delta_r S$ et $\Delta_r H$.
3) * Calculer $\Delta_r G°$.
4) On fait débiter la pile dans une résistance pendant 1 heure.
   Le courant est constant et vaut 1 μ *A*.
   La f.é.m ne varie pratiquement pas pendant ce temps.
   a) ** Calculer la chaleur dégagée par la résistance.
   b) ** Calculer la chaleur dégagée par la pile.
   c) * Etait-il justifié de prendre la f.é.m constante ?
   d) ** Qu'aurait-il fallu faire dans le cas inverse ?

Commentaires

Points de cours

- *Pour une pile fonctionnant, à T et P fixés, de façon quasi-statique, on a :*

$$dG = -n\,\mathcal{F}\,e\,d\xi = dW_{elec}$$

donc $\Delta_r G = -n\,\mathcal{F}\,e$

donc $\Delta_r S = n\,\mathcal{F}\,\dfrac{\partial e}{\partial T}$

- *Pour démontrer cela, plusieurs voies possibles, mais la plus sûre est d'écrire* dG *de deux façons :*

ou : $dG = -SdT + VdP + \Delta_r G\,d\xi$

ou :
$$\begin{aligned} dG &= \delta W + \delta Q + d(PV) - d(TS) \\ &= -PdV + \delta W_{el} + T\,ds + PdV + VdP - TdS - SdT \\ &= -SdT + VdP + \delta W_{el} \end{aligned}$$

On peut alors identifier les deux expressions, ce qui donne :

$$\delta W_{el} = dW_{el} = \Delta_r G\,d\xi$$

Cela donne bien, à T et P fixés :

$$dG = \Delta_r G\,d\xi = dW_{el}$$

On a, bien sûr, par ailleurs, pour une pile de f.é.m e :

$$dW_{el} = -e\,dq = -n\,\mathcal{F}\,e\,d\xi$$

Indications

- *Si $\Delta_r G$ varie peu avec ξ, on a :*

$$G_{fin} - G_{init} = \int_{\text{état init}}^{\text{état fin}} dG \simeq \Delta_r G \cdot (\xi_{fin} - \xi_{init})$$

Si $\Delta_r G$, donc e, varient notablement avec ξ, on peut «effectuer les intégrations» du type :

$$G_{fin} - G_{init} = \int_{\xi_{init}}^{\xi_{fin}} \Delta_r G(\xi)\,d\xi = -n\,\mathcal{F} \int_{\xi_{init}}^{\xi_{fin}} e(\xi)\,d\xi$$

cependant, il est nettement plus astucieux alors de calculer :

$$G_{fin} - G_{init} = \sum_i n_i^{fin}\,\mu_i^{fin} - \sum_i n_i^{init}\,\mu_i^{init}$$

Solution

1) On peut écrire la réaction de fonctionnement de la pile en utilisant les couples red-ox :

$$\underline{AgCl} \,/\, \underline{Ag} \quad \text{et} \quad Zn^{2+} \,/\, \underline{Zn}$$

$$\boxed{\underline{Zn} + 2\,\underline{AgCl} \longrightarrow Zn^{2+} + 2\,\underline{Ag} + 2Cl^-}$$

L'électrode de Zinc est l'anode : $\underline{Zn} \longrightarrow Zn^{2+} + 2e^-$

L'électrode d'Argent est la cathode : $2\,\underline{AgCl} + 2e^- \longrightarrow 2\,\underline{Ag} + 2Cl^-$

2) A cause de la relation établie en cours :

$$\Delta_r G = -2\,\mathcal{F}\,e$$

on a : $\boxed{\Delta_r G = -195,9 \text{ kJ.mol.}^{-1}}$

Comme on a, par ailleurs : $\Delta_r S = -\dfrac{\partial \Delta_r G}{\partial T}$

il vient :

$$\Delta_r S = 2\,\mathcal{F}\,\frac{\partial e}{\partial T}$$

soit : $\boxed{\Delta_r S = -94,6 \text{ J.K.}^{-1}\text{mol.}^{-1}}$

On en tire évidemment :

$$\Delta_r H = \Delta_r G + T\,\Delta_r S$$

ce qui donne à $T = 298\ K$: $\boxed{\Delta_r H = -224,1 \text{ kJ.mol.}^{-1}}$

3) A cause de la réaction :

$$\Delta_r G = \Delta_r G^\circ + RT \ln \prod_i a_i^{\nu_i}$$

il vient ici :

$$\Delta_r G^\circ = \Delta_r G - RT \ln \left[Cl^-\right]^2 \left[Zn^{2+}\right] \quad \text{avec} \quad \begin{cases} T = 298\ K \\ \left[Cl^-\right] = 10^{-1} \text{ mol.L.}^{-1} \\ \left[Zn^{2+}\right] = 5\ 10^{-2} \text{ mol.L.}^{-1} \end{cases}$$

Soit : $\boxed{\Delta_r G^\circ = -177,1 \text{ kJ.mol.}^{-1}}$

4) a) La quantité de chaleur dégagée par la résistance est égale au travail électrique fourni par la pile.

$$\mathcal{Q}_{\text{Rés}} = W_{\text{el}} = -\int_0^{3600} e\, i\, \mathrm{d}t \quad \text{(si } t \text{ est en secondes)}$$

comme e ne varie pratiquement pas pendant le temps où la pile débite et comme $i = 10^{-6} A$, il vient :

$$\mathcal{Q}_{\text{Rés}} = W_{\text{el}} = -1,015 \cdot 10^{-6} \cdot 3600$$

soit : $\boxed{\mathcal{Q}_{\text{Rés}} = W_{\text{el}} = -3,65 \cdot 10^{-3} J}$

Remarque :

Il était tout à fait judicieux de supposer e constant sur cet intervalle de temps.
En effet, la quantité d'électricité fournie par la pile en 1 heure vaut $3,6\ 10^{-3}\ \mathcal{C}$ ce qui correspond à une modification infinitésimale des nombres de mol. dans la pile (voir c)).

b) La quantité de chaleur dégagée par la pile est, puisque la pile fonctionne de façon quasi statique :

$$\delta \mathcal{Q}_{\text{pile}} = T\mathrm{d}S = \mathrm{d}\mathcal{Q}_{\text{pile}}$$

Comme on a, par ailleurs :

$$\mathrm{d}S = \Delta_r S\, \mathrm{d}\xi$$

où $\mathrm{d}\xi$ est l'avancement de la réaction, il vient :

$$\delta \mathcal{Q}_{\text{pile}} = -T \frac{\partial \Delta_r G}{\partial T}\, \mathrm{d}\xi = T \frac{\partial e}{\partial T}\, \delta q$$

d'où :

$$\mathcal{Q}_{\text{pile}} = \int_0^{3600} T\,\frac{\partial e}{\partial T} i\,\mathrm{d}t \quad (t \text{ exprimé en secondes})$$

Si on considère, de même que précédemment, que $\frac{\partial e}{\partial T}$ varie peu avec t sur l'intervalle de 1 heure, il vient :

$$\mathcal{Q}_{\text{pile}} = -298 \cdot 4,9\ 10^{-4} \cdot 10^{-6} \cdot 3600$$

soit : $\boxed{\mathcal{Q}_{\text{pile}} = -5,26\ 10^{-4} J.}$

Remarque :

On peut retrouver ce résultat en évaluant la variation d'enthalpie pendant la transformation. On a :

$$\Delta H = \int_{\xi=0}^{\xi=\xi_{\text{fin}}} \Delta_r H\,\mathrm{d}\xi \simeq \int_{\xi=0}^{\xi=\xi_{\text{fin}}} \Delta_r H^\circ\,\mathrm{d}\xi = \Delta_r H^\circ \cdot \xi_{\text{fin}}$$

Or : $\xi_{\text{fin}} = \frac{it}{2\,\mathcal{F}} = \frac{10^{-6} \cdot 3600}{2\,\mathcal{F}} \simeq 1,866\ 10^{-8}$

D'où :

$$\boxed{\Delta H = -4,18\ 10^{-3} J}$$

Comme
$$\begin{cases} \mathcal{Q}_{\text{Rés}} = \Delta G = \Delta_r G \cdot \xi_{\text{fin}} = -3,65\ 10^{-3} J \\ \mathcal{Q}_{\text{pile}} = T\,\Delta S = T\,\Delta_r S \cdot \xi_{\text{fin}} = -5,26\ 10^{-4} J \end{cases}$$

On retrouve bien :

$$\Delta H = \mathcal{Q}_{\text{Rés}} + \mathcal{Q}_{\text{pile}} = -4,18\ 10^{-3} J$$

c) L'expression de $\Delta_r G$ est :

$$\Delta_r G = \Delta_r G^\circ + RT \ln \left[Zn^{2+}\right]\left[C\ell^-\right]^2$$

Cela donne, pendant que la pile débite :

$$\begin{aligned} \left[Zn^{2+}\right] &= 0,05 - \xi \\ \left[C\ell^-\right] &= 0,1 - 2\,\xi \end{aligned}$$

soit : $\boxed{\Delta_r G = \Delta_r G^\circ + RT \ln (0,05 - \xi)(0,1 - 2\,\xi)^2}$

ξ variant de 0 à $1,87\ 10^{-8}$, $\Delta_r G$ reste constant, donc e également.

d) Dans le cas contraire, on peut intégrer :

$$\begin{aligned} G_{\text{fin}} - G_{\text{init}} &= \int_{\xi=0}^{\xi_{\text{fin}}} \Delta_r G\,\mathrm{d}\xi \\ &= \int_{\xi=0}^{\xi_{\text{fin}}} \left(\Delta_r G^\circ + RT \ln (0,05 - \xi)(0,1 - 2\,\xi)^2\right) \mathrm{d}\xi \end{aligned}$$

ce qui n'est pas très difficile mais assez long et pouvant donner lieu à des erreurs.

Il est bien plus commode d'écrire l'expression «toute intégrée» :

$$G_{\text{fin}} - G_{\text{init}} = \sum_i n_i^{\text{fin}}\,\mu_i^{\text{fin}} - \sum_i n_i^{\text{init}}\,\mu_i^{\text{init}}$$

On obtient alors le même résultat mais bien plus facilement.

Chapitre V

Chimie organique

501 ENSI

1) * $CH_3 - CH = C = CH - CH_3$

2) *

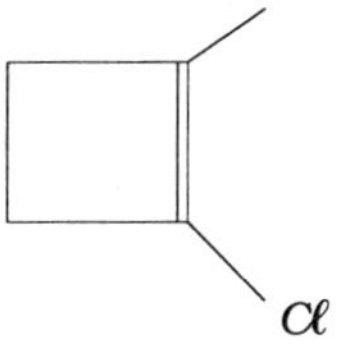

3) *

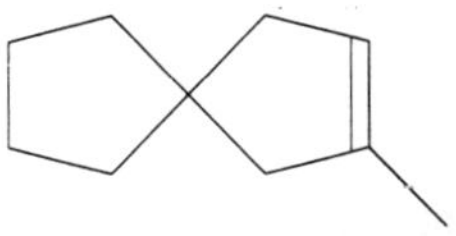

Commentaires

Points de cours

- *Stéréoisomèrie.*

Indications

- *Il n'y a pas uniquement les atomes de carbone asymétriques ... Penser à étudier si l'image de la molécule dans un miroir lui est superposable.*

Solution

1) Le carbone central est linéaire digonal, les deux autres atomes de C doublement liés sont trigonaux, la structure de cette molécule est donc la suivante :

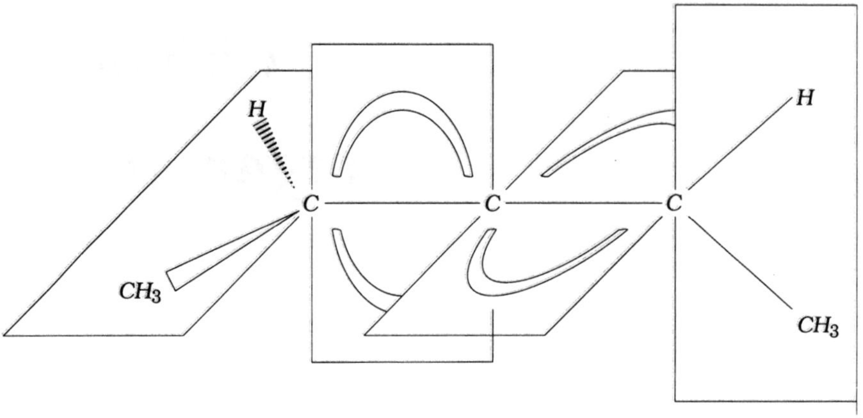

On a représenté les nuages Π et on comprend aisément que la structure ci-dessus soit bloquée en rotation.

Cette molécule est chirale car son image dans un miroir ne lui est pas superposable.

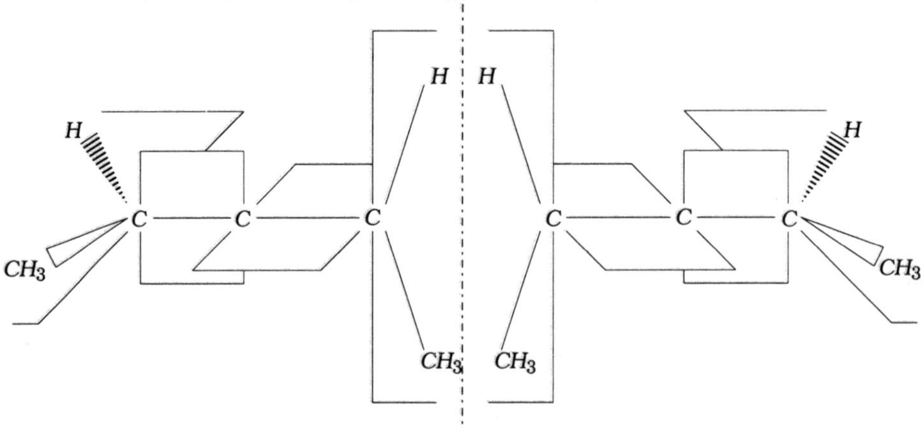

Il s'agit de 2 énantiomères

(Remarquons que la chiralité étudiée ici n'est pas due à la présence d'un atome de C asymétrique).

2) Cette molécule tendue et plane au niveau des atomes C et $C\ell$ n'est pas chirale.

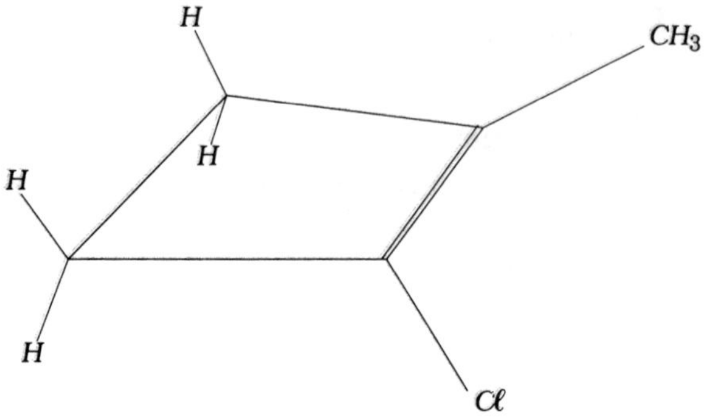

3) L'atome central tétraédrique impose que les deux cycles sont perpendiculaires :

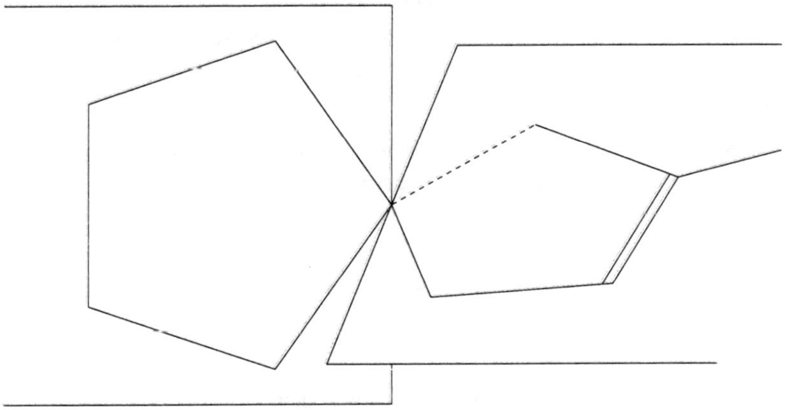

Cette molécule est chirale car son image dans un miroir plan :

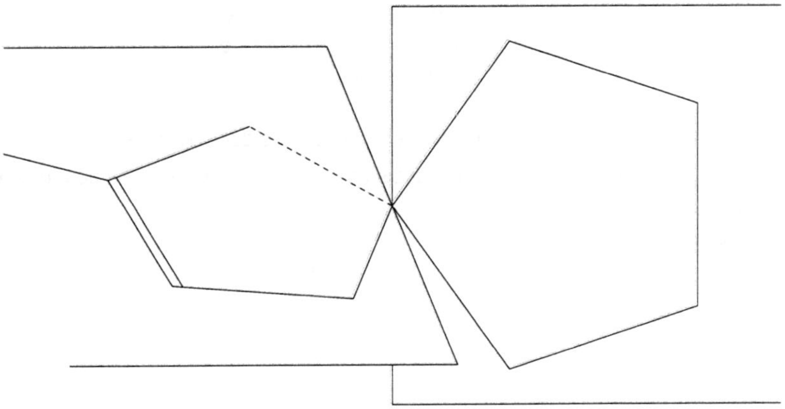

ne lui est pas superposable.

502 CENTRALE

1)* Combien le 3,5− diméthylhept −3− èn −5− ol possède-t-il de stéréoisomères ? Les décrire et les nommer.

A quelles relations d'isomérie donnent-ils lieu ?

2)* On additionne, en milieu acide, une molécule d'eau sur le (*Z*, 5*R*) 3,5− diméthylhept −3 èn −5− ol.

Combien de produits différents obtient-on et dans quelle proportion ?

Commentaires

Points de cours

- *Stéréoisomèries,*
- *Addition d'eau en milieu acide sur les alcènes.*

Indications

- *Un carbocation est plan,*
- *Un carbocation est d'autant plus stable qu'il est substitué et éloigné d'un groupement électroattracteur.*

Solution

1) Cette molécule possède des stéréosimères à cause de la fonction alcène (isomèrie $Z-E$) et à cause de l'atome de carbone 5, asymétrique.

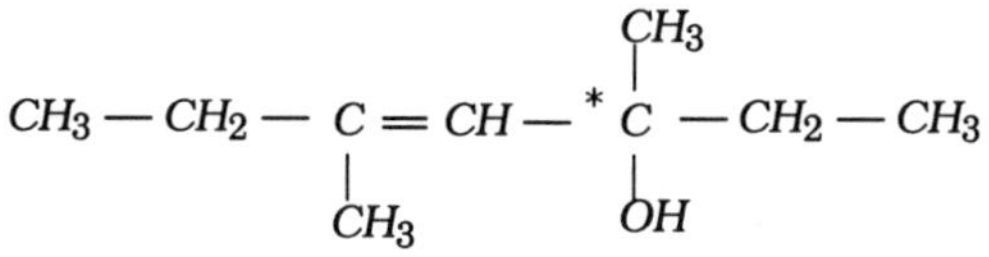

Elle possède 4 stéréoisomères que l'on peut noter :

$(Z, 5R)$ $3,5$ diméthylhept $-3-$ èn $-5-$ ol
$(Z, 5S)$ $3,5$ diméthylhept $-3-$ èn $-5-$ ol
$(E, 5R)$ $3,5$ diméthylhept $-3-$ èn $-5-$ ol
$(E, 5S)$ $3,5$ diméthylhept $-3-$ èn $-5-$ ol

Les deux premiers sont énantiomères entre eux, les deux derniers également.

Les autres relations d'isomèrie auxquels ils donnent lieu sont évidemment des relations de diastéréoisomèrie.

2) Le carbocation :

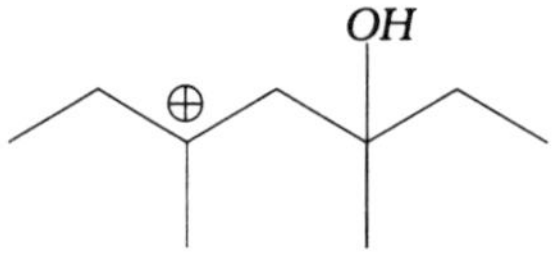

et très nettement plus stable que :

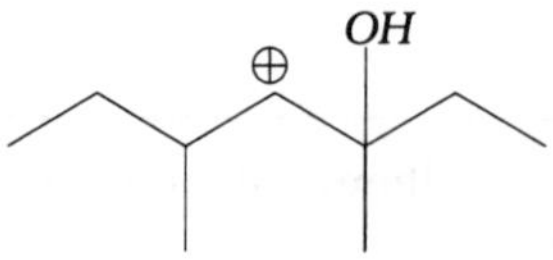

car il est plus substitué (tertiaire au lieu de secondaire) et parce que la charge $\oplus$ y est plus éloignée du groupement OH électroattracteur ($-I$).

Au cours de l'addition d'eau, on a donc les étapes suivantes en ce qui concerne les produits majoritaires sous contrôle cinétique :

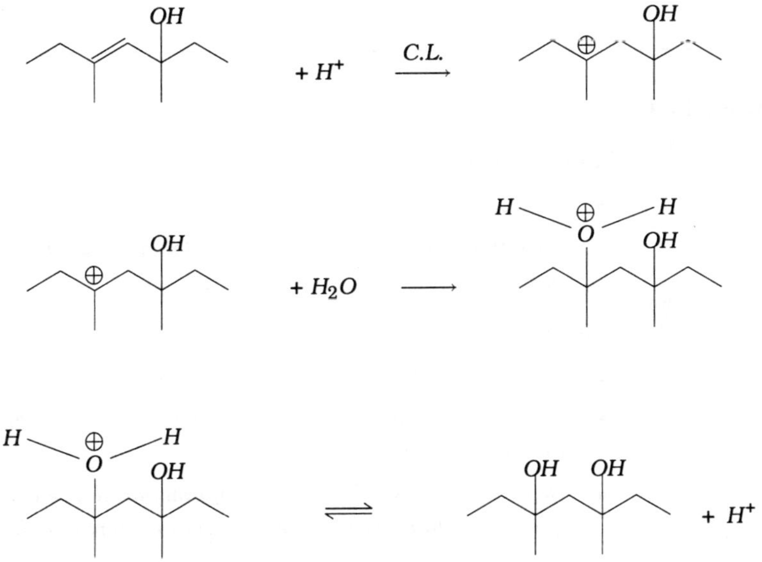

En ce qui concerne la stéréoisométrie, le carbocation étant plan, on forme pratiquement :

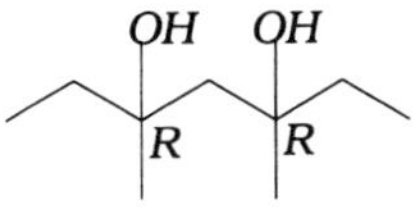

(*RR*) 3, 5– diméthylheptan –3, 5– diol

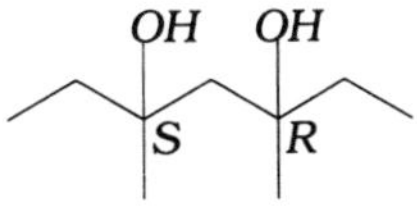

(*SR*) 3, 5– diméthylheptan –3, 5– diol

en quantité équivalente.

Ce sont des diastéréoisomères, le second étant méso (optiquement inactif).

503 CENTRALE

1) * Combien le 1– chloro –1, 2– diméthylcyclohexane possède-t-il de stéréisomères ?

A quelles relations d'isomérie donnent-ils lieu ?

** Représenter ces stéréoisomères dans l'espace sous la forme de leurs deux conformères les plus stables.

2) ** Discuter de leur stabilité.

3) * Que donne, sur chacune de ces molécules l'action de la potasse alcoolique à chaud ?

Commentaires

Points de cours

- *Stéréoisomèries,*
- *β élimination sur les dérivés monohalogènés d'alcanes conduisant aux alcènes.*

Indications

- *La conformation chaise est la plus stable,*
- *Les conformations anti sont plus stables que les conformations décalées gauches,*
- *Représenter le cyclohexane en conformation chaise de façon à ce que les substituants axiaux soient représentés par des liaisons verticales.*

Solution

1)

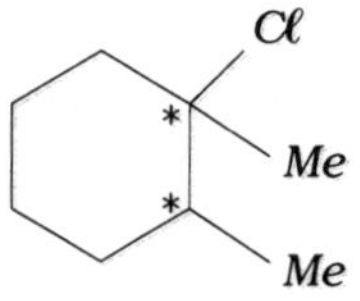

le 1– chloro –1, 2– diméthylcyclohexane possède deux atomes de carbone asymétriques. Il possède donc quatre stéréoisomères :

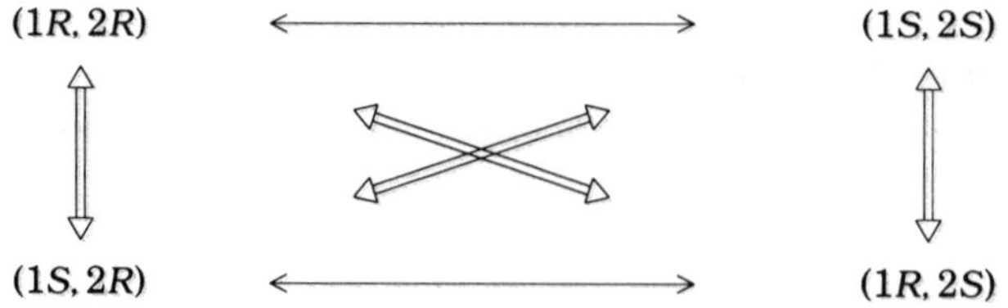

Les flèches ⟷ représentent une relation d'énantiomèrie,

les flèches ⟺ représentent une relation de diastéréoisomèrie.

Représentons maintenant les 4 stéréoisomères sous leurs deux conformations chaise stables :

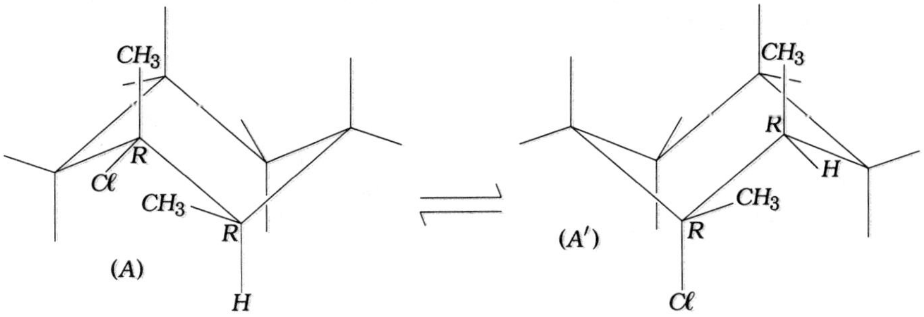

(A) ⇌ (A′)

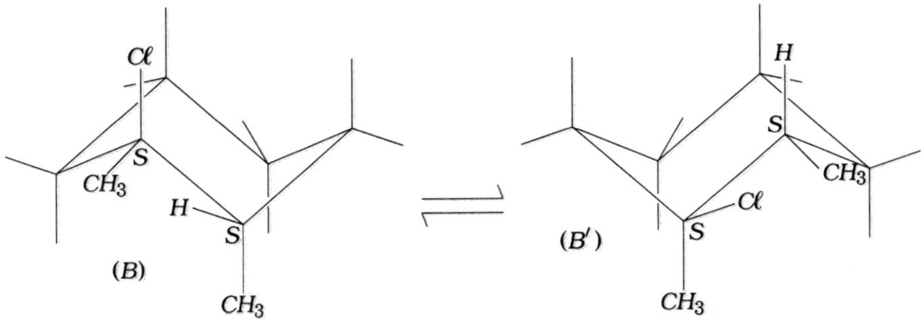

(B) ⇌ (B′)

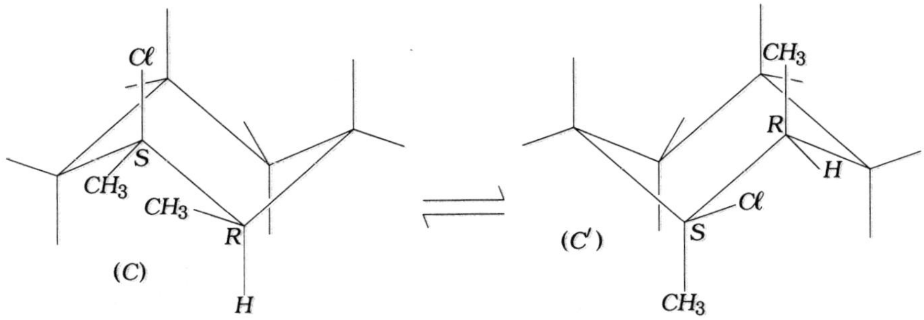

(C) ⇌ (C′)

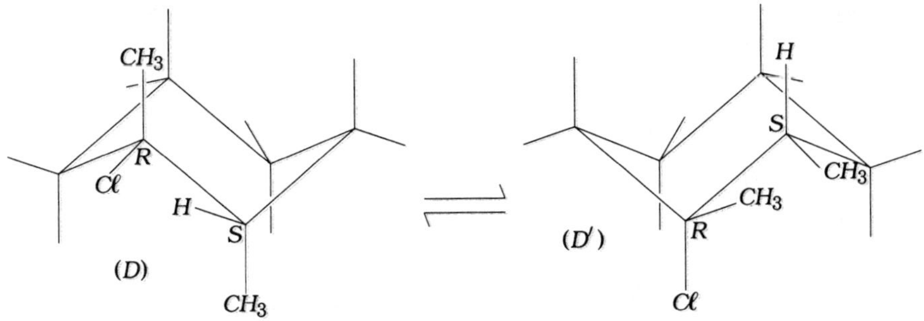

(D) ⇌ (D′)

2) Représentons, en projection de Newmann, selon l'axe $C_2 \rightarrow C_1$, les molécules ci-dessus dans le même ordre :

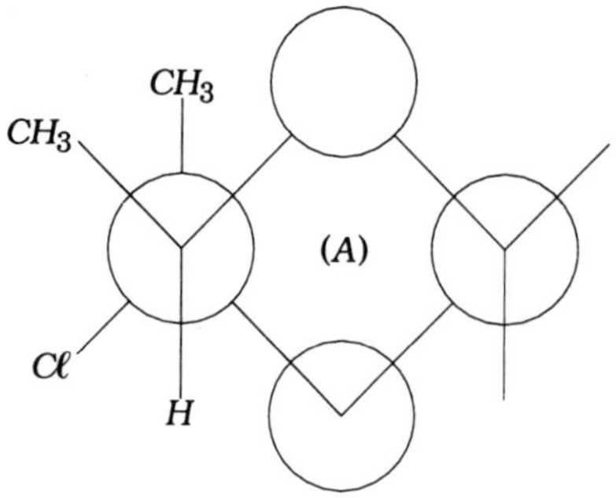

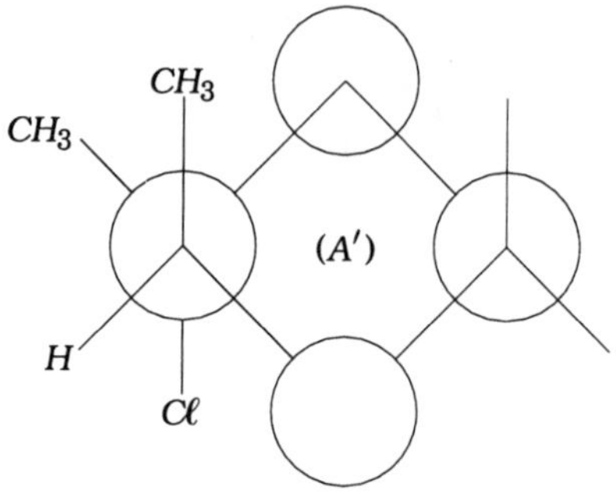

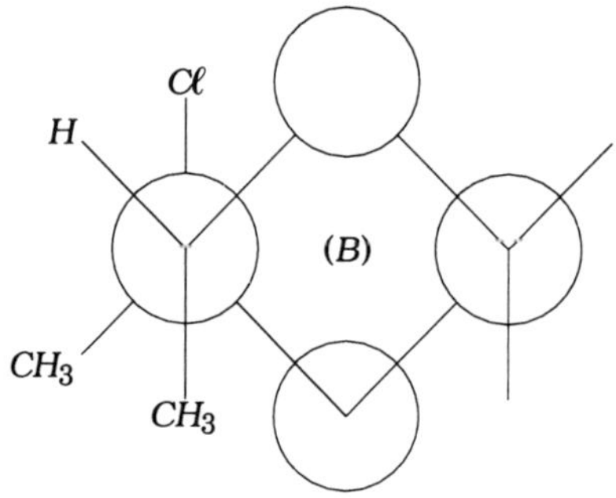

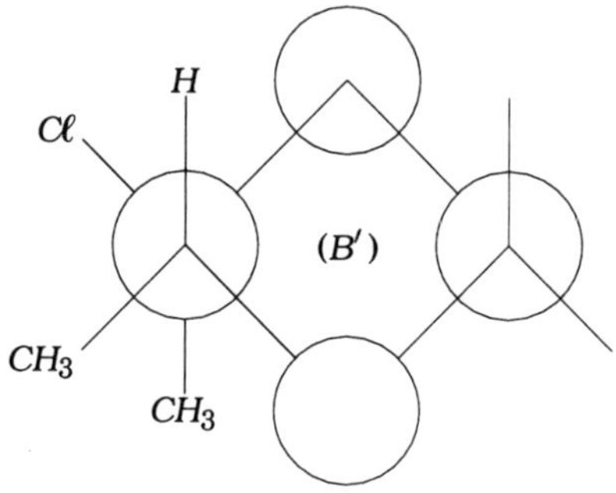

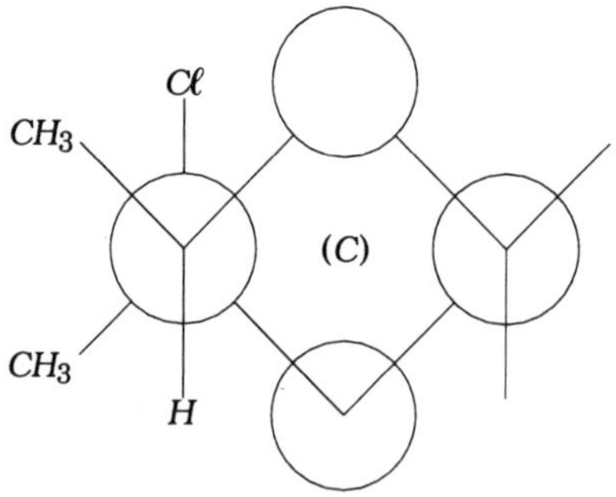

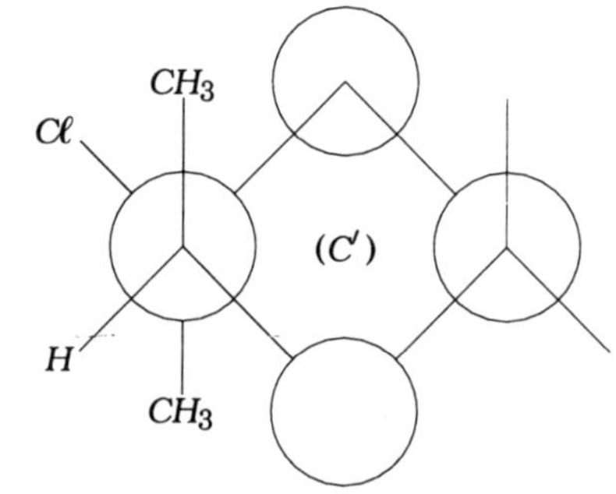

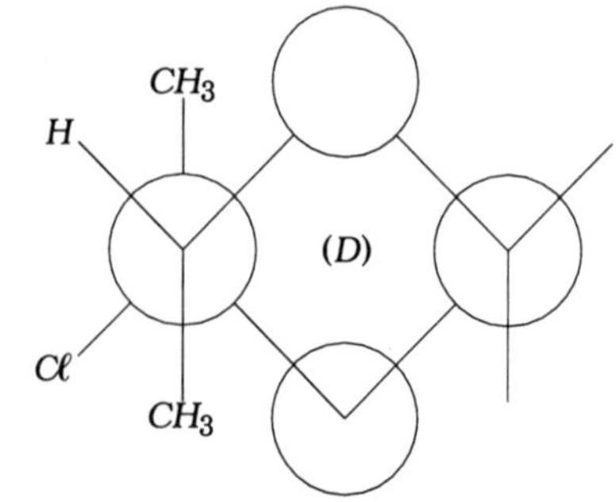

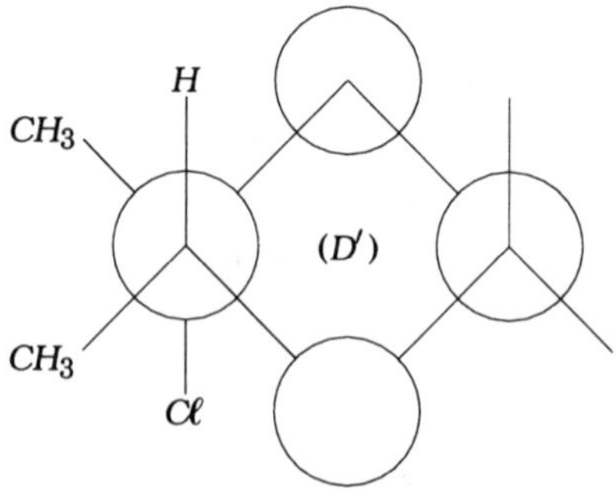

Si on envisage uniquement les interactions substituants / cycle, on a :

	(A)	(A')	(B)	(B')	(C)	(C')	(D)	(D')
$(CH_3)_{C_1}$	gauche	anti	anti	gauche	anti	gauche	gauche	anti
$(CH_3)_{C_2}$	anti	gauche	gauche	anti	anti	gauche	gauche	anti
$C\ell$	anti	gauche	gauche	anti	gauche	anti	anti	gauche

On a donc, en première approximation :

(A) plus stable que (A'),
(B') plus stable que (B),

(A) et (B') de stabilité comparable,
(A') et (B) de stabilité comparable,

(C) plus stable que (C'),
(D') plus stable que (D),

(C) et (D') de stabilité comparable,
(C') et (D) de stabilité comparable.

Pour pousser plus loin les investigations, il faudrait tenir compte des interactions gauches ou anti des substituants entre eux et différencier les interactions entre CH_3 ou $C\ell$ et les autres ...

3) Pour que la β élimination $E2$ proposée puisse avoir lieu, il faut que le $C\ell$ et le H donnant lieu à l'élimination soient en conformation anti (antipériplanaires).

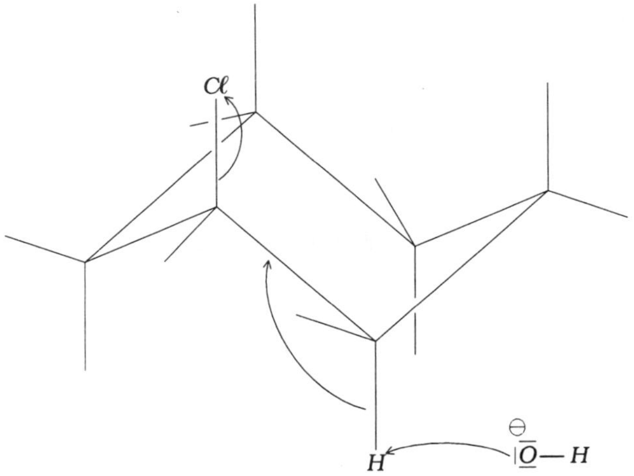

Ceci ne peut se faire, en suivant la règle de Zaitsev, que sur (C) et (D').

On a donc :

(C) ou (D') $\xrightarrow[\text{alcool}, \ \Delta]{KOH}$

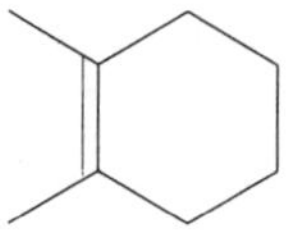

$1,2-$ diméthylcyclohexène

L'atome de chlore étant équatorial sur les molécules $(A), (B'), (C')$ et (D), elles ne peuvent donner lieu à une β élimination E_2.

Enfin sur les molécules (A') et (B), l'élimination ne peut se faire qu'avec un atome d'hydrogène de l'atome de carbone C_6 :

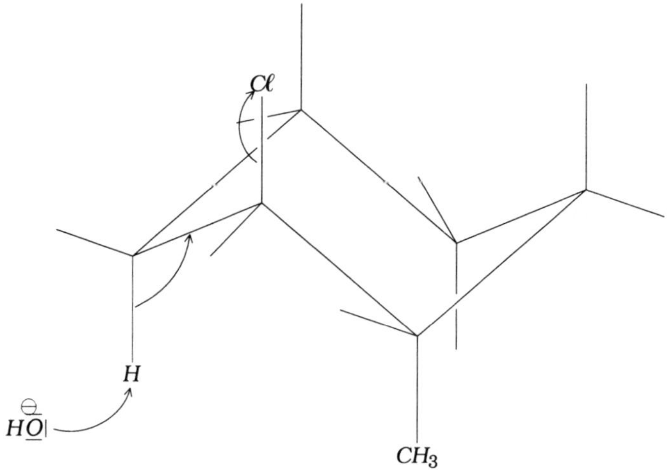

On a donc :

(A') ou (B) $\xrightarrow[\text{alcool}, \ \Delta]{KOH}$

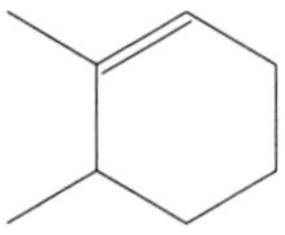

$1,6-$ diméthylcyclohexène

élimination E_2 antiZaitsev

504 MINES - PONTS

On dispose du produit suivant :

(Tous les substituants non figurés sont des atomes d'hydrogène)

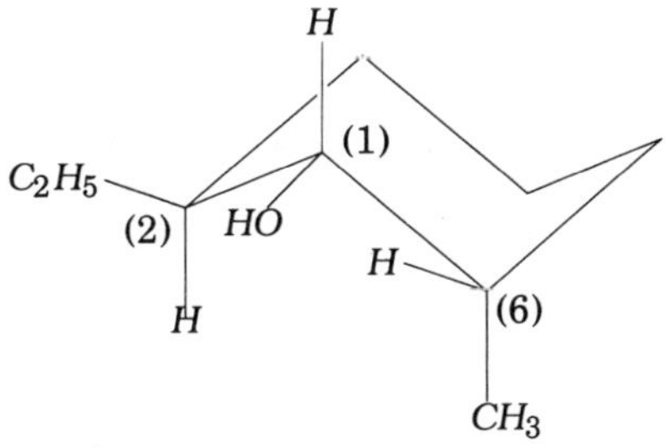

1) Préciser si les substituants, autres que H, sont axiaux ou équatoriaux.
2) Donner la configuration du carbone (1).
3) Que donnerait sur ce produit l'action de :
   a) $CH_3-\underset{\underset{O}{\|}}{C}-O-\underset{\underset{O}{\|}}{C}-CH_3$
   b) $SOC\ell_2$
   c) H_2SO_4.
4) Que donnerait l'action de la potasse alcoolique à chaud sur le résultat de l'action de $SOC\ell_2$ sur l'alcool de départ ?

Commentaires

Points de cours

- *Stéréoisomèrie,*
- *Déshydratation des alcools,*
- *Estérification,*
- *Chloration des alcools par $SOC\ell_2$.*

Indications

- *Pour savoir précisement ce que donne une réaction, il faut souvent revenir au mécanisme.*

Solution

1) Le radical éthyle et le radical hydroxy sont équatoriaux. Le radical méthyle est axial.
2) Selon les règles de Cahn Ingold Prelog, l'ordre des substituants est le suivant :

$$OH > C_{(2)} > C_{(6)} > H$$

Si on effectue une projection de Newmann selon l'axe $C_{(1)} \longrightarrow H$, on obtient :

Le carbone $C_{(1)}$ est sinister (S)

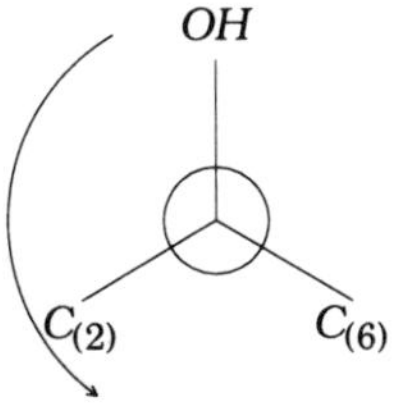

3) a) Il s'agit d'une estérification :

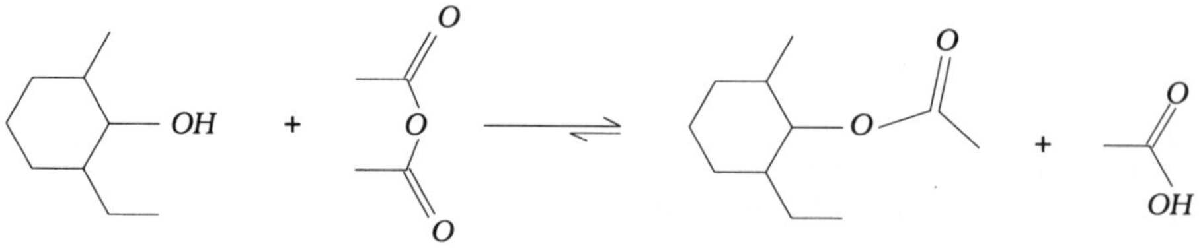

(Remarquons que, la liaison $C_{(1)}$—O n'étant pas rompue pendant la formation de l'ester, le $C_{(1)}$ reste de configuration absolue S.)

b) L'action de $SOC\ell_2$ sur un alcool conduit au dérivé chloré correspondant :

$$R—OH + SOC\ell_2 \longrightarrow R—C\ell + SO_2 + HC\ell$$

Cependant deux cas se présentent :

- Milieu où $HC\ell$ est dissocié et libère des ions $C\ell^-$:

il y a inversion de configuration (SN_2) :

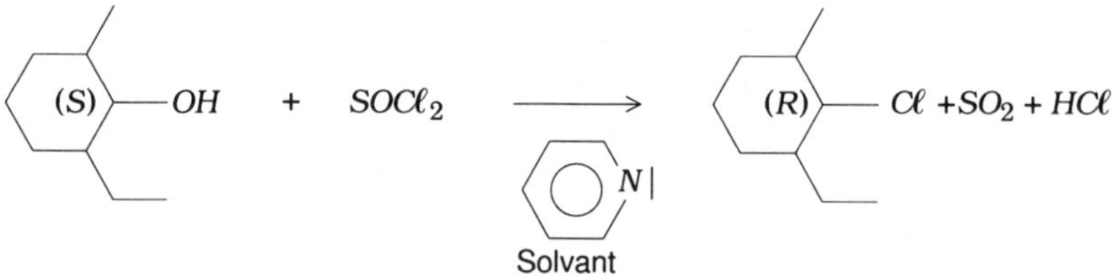

- Milieu où $C\ell$ est non dissocié :

Il y a rétention de configuration ($SN_{\text{intramoléculaire}}$)

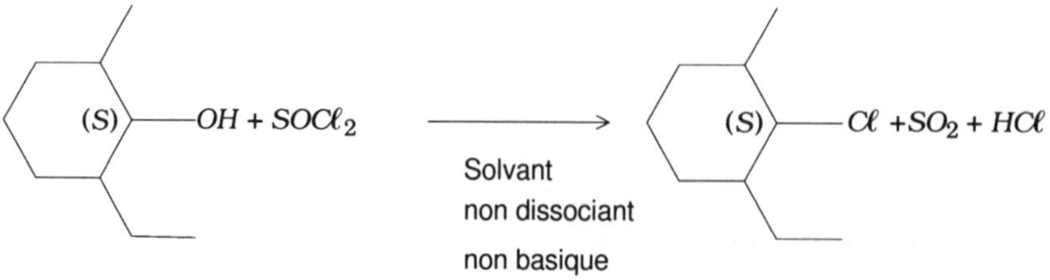

c) Il s'agit d'une déshydratation conduisant à l'alcène le plus substitué :

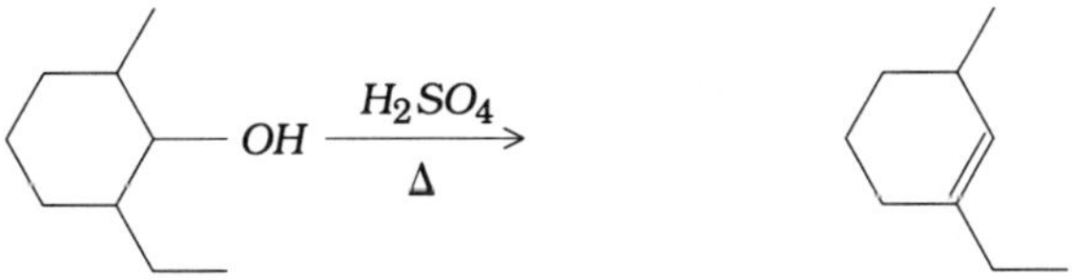

légèrement majoritaire

4) Il faut distinguer les deux cas :

- $C_{(1)}$: (*S*)

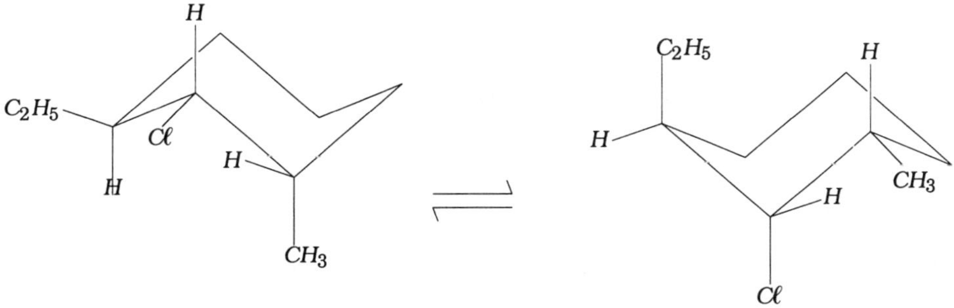

On peut représenter le cycle de droite selon Newmann :

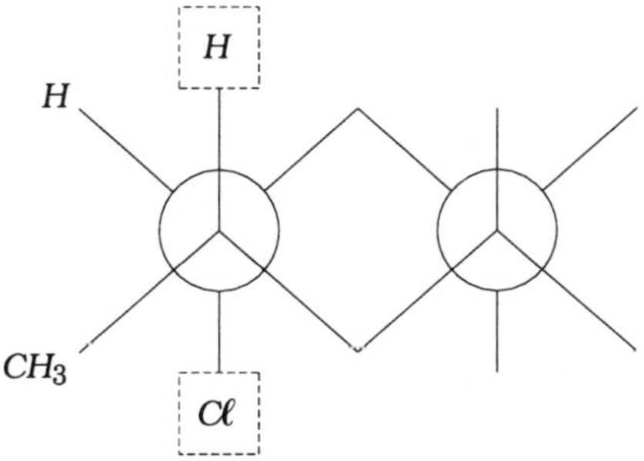

où $C_{(6)}$ est devant $C_{(1)}$.

On voit que l'élimination E_2 ne peut avoir lieu qu'entre le H et le $C\ell$ encadrés car ils sont seuls à être antipériplanaires (et axiaux).

On obtient donc :

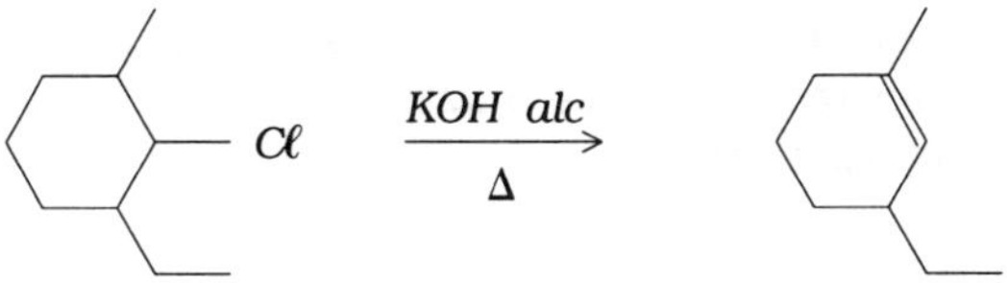

Cette élimination ne suit pas la règle de Zayster.

- $C_{(1)}$: (R)

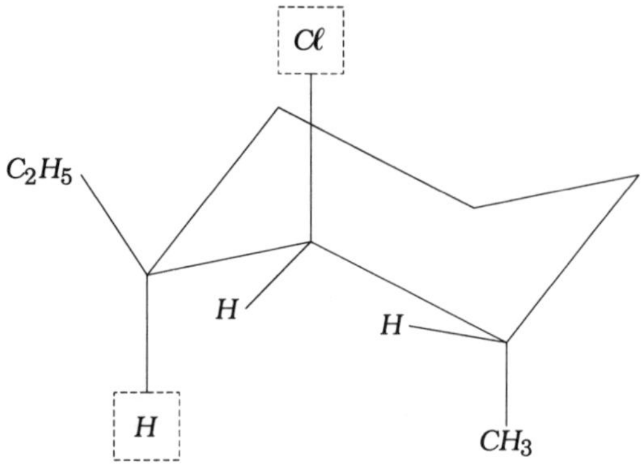

L'élimination E_2 a lieu entre les atomes encadrés axiaux et antipériplanaires et donne uniquement :

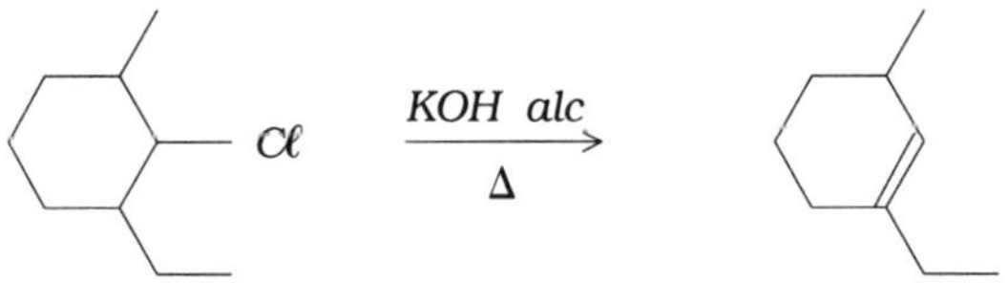

505 ENSI

Expliquer la réaction suivante :

$$CH_3 - \underset{\displaystyle CH_3}{\overset{\displaystyle CH_3}{\underset{|}{\overset{|}{C}}}} - I \xrightarrow[CH_3COOH]{CH_3-COOAg} CH_3 - CH_2 - \underset{\displaystyle CH_3}{\overset{\displaystyle CH_3}{\underset{|}{\overset{|}{C}}}} - O - \overset{\displaystyle 0}{\overset{||}{C}} - CH_3$$

Commentaires

Points de cours

- SN_1.

Indications

- *$\underline{AgI}$ est un solide plus stable et moins soluble que $\underline{CH_3COOAg}$,*
- *Les carbocations peu substitués peuvent subir des réarrangements pour passer à un carbocation plus substitué donc plus stable.*

Solution

Dans le solvant CH_3COOH, polaire, pratique, solvatant et assez dissociant, il s'agit essentiellement d'une SN_1 et ceci d'autant plus que la présence d'ions Ag^+ dans l'acétate d'argent permet la formation d'un carbocation selon :

$$CH_3 - \underset{\displaystyle CH_3}{\overset{\displaystyle CH_3}{\underset{|}{\overset{|}{C}}}} - CH_2 - I + \underline{AgCH_3COO} \rightleftharpoons CH_3 - \underset{\displaystyle CH_3}{\overset{\displaystyle CH_3}{\underset{|}{\overset{|}{C}}}} - \overset{\oplus}{C}H_2 + \underline{AgI} + CH_3COO^-$$

Le carbocation formé peut subir un réarragement selon :

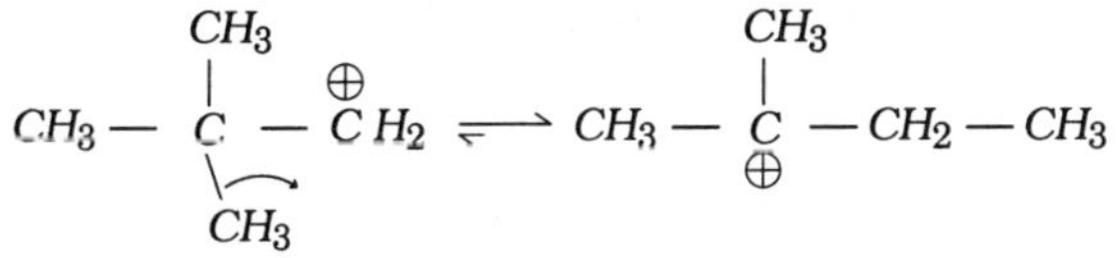

On a ensuite l'attaque nucléophile rapide de l'ion acétate sur le carbocation :

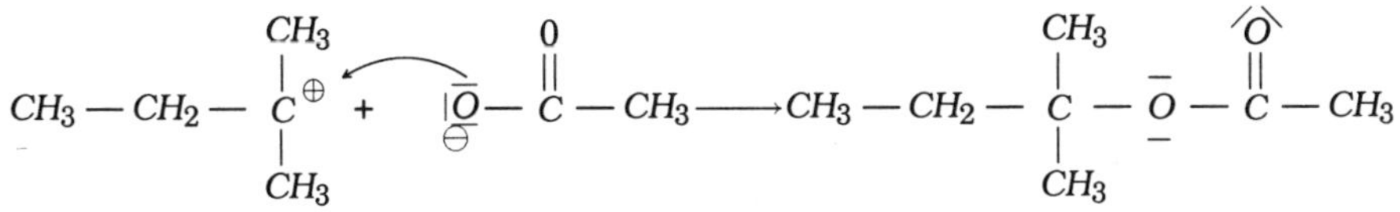

506 ENSI

On effectue les réactions suivantes :

$$CH_3 - CH_2 - CH = CH_2 \; + \; HBr \longrightarrow \boxed{A} \text{ (dédoublable)}$$

$$CH_3 - CH_2 - CH = CH_2 \; + \; H_2O \xrightarrow[\Delta]{H^+} \boxed{B} \text{ (dédoublable)}$$

1) * Identifer $\boxed{A}$ et $\boxed{B}$.

Donner le mécanisme de ces réactions.

2) ** On fait agir du sodium sur $\boxed{B}$, on obtient un dégagement gazeux et un corps $\boxed{C}$.

Identifier $\boxed{C}$ et expliquer sa formation.

3) * On fait agir une mol. de $\boxed{A}$ sur une mol. de $\boxed{C}$.

a) Ecrire la réaction.

b) Proposer un mécanisme en expliquant les raisons de votre choix.

c) Sachant que, dans $\boxed{C}$ et $\boxed{A}$, l'atome de carbone asymétrique est (*R*), donner la configuration absolue des atomes de carbone asymétriques du produit $\boxed{D}$ obtenu ci-dessus. Le représenter en projection de Newmann.

De quels isomères de $\boxed{C}$ et $\boxed{A}$ aurait-il fallu partir pour obtenir son énantiomère ?

Commentaires

Points de cours

- *Addition électrophiles sur les alcènes,*
- SN_2.

Indications

- *Les alcools sont acides donc suceptibles de libérer des protons. Réfléchir à ce que cela pourrait donner sur le sodium.*

Solution

1) Obtention de $\boxed{A}$

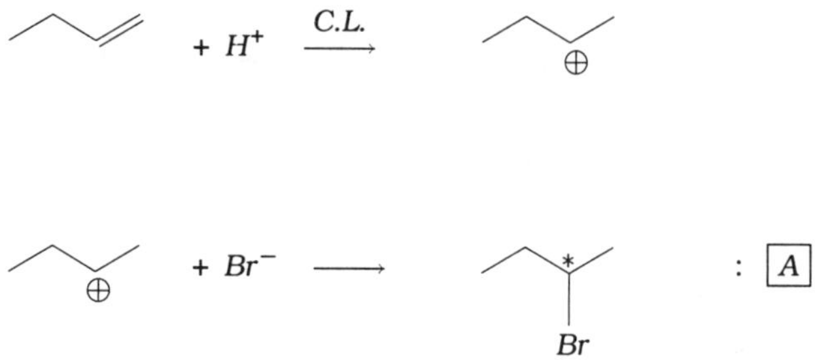

L'addition de *HBr* en milieu polaire sur un alcène est régiosélective, elle suit la règle de Markownikoff.

Remarque :

> Il n'était pas question, ici, d'envisager l'addition radicalaire de *HBr* en présence de péroxyde, car elle aurait conduit (effet Karash) à 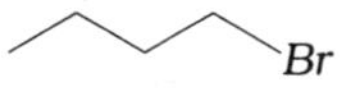 qui n'est pas dédoublable.

Obtention de $\boxed{B}$

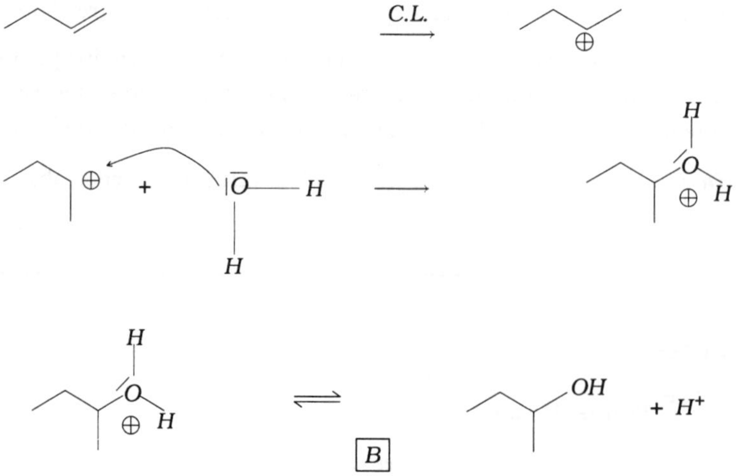

On retrouve également la règle de Markownikoff.

2) C'est l'action réductrice du sodium sur l'alcool :

$$R—OH + Na \longrightarrow R—\overline{O}|^{\ominus} + Na^{+} + \frac{1}{2}H_2$$

Le dégagement gazeux est donc un dégagement de dihydrogène et on a :

C :

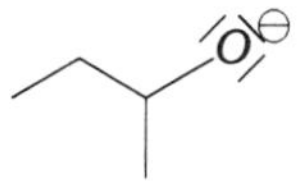

C est l'ion alcoolate correspondant au butanol −2− ol.

3) a)

b) Il s'agit évidemment d'une SN_2 (voir le cours).

- Solvant non protique (sinon Na aurait réagi dessus).
- Nucléophile fort.
- C du 2− bromobutane secondaire donc pouvant donner SN_2.

Remarque :

> Il pourrait y avoir un peu de E_2 selon :
>
> 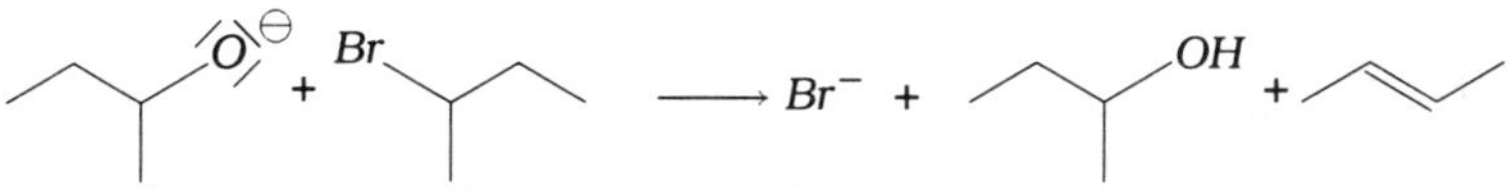

c) La SN_2 est énantospécifique et il y a inversion de configuration de l'atome de carbone concerné ; c'est la fameuse inversion de Walden :

Sa représentation en projection de Newmann est :

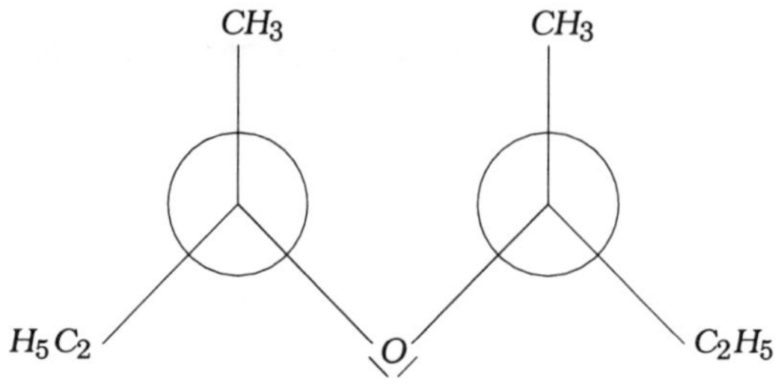

Pour obtenir son énantiomère, il aurait évidemment fallu partir de :

507 x

** On soumet de l'éthylène à l'action du dibrome Br_2 dans divers solvants. Qu'obtient-on ? Expliquer.

1) $CH_2 = CH_2 \xrightarrow[CC\ell_4]{Br_2}$

2) $CH_2 = CH_2 \xrightarrow[H_2O]{Br_2}$

3) $CH_2 = CH_2 \xrightarrow[H_2O \text{ saturée en } NaC\ell]{Br_2}$

4) $CH_2 = CH_2 \xrightarrow[CH_2COOH \text{ pur}]{Br_2}$

Commentaires

Points de cours

- *Additions électrophiles de dibrome sur les alcènes.*

Indications

- *Penser à étudier le nucléophile susceptible d'agir au cours de la seconde étape du mécanisme.*

Solution

Préliminaire : il faut, dans chaque cas proposé, étudier, dans le mécanisme, la nature nucléophile intervenant après l'étape limitante.

Dans tous les cas, l'étape limitante est l'attaque électrophique de Br_2 sur l'éthylène :

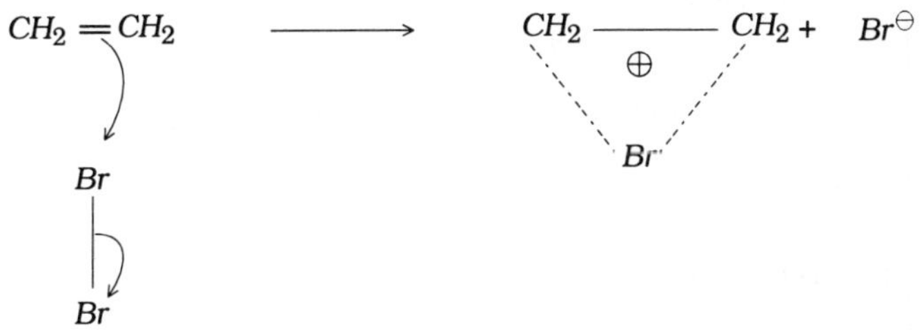

Il y a eu formation d'un ion ponté qui subira, dans la seconde étape de l'addition, une attaque nucléophile :

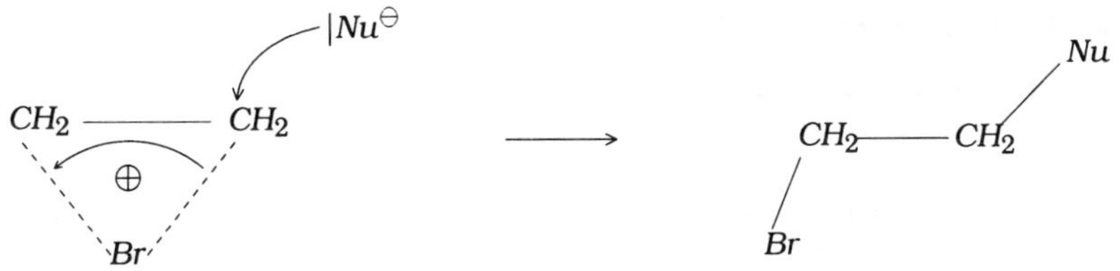

Les résultats seront différents selon les cas envisagés :

1) Le seul nucléophile est Br^-, on forme donc :

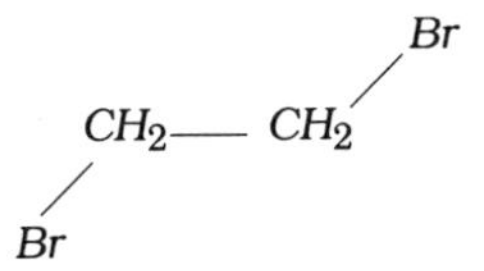

: $1,2-$ dibromoéthane

2) On a deux nucléophiles :

- H_2O qui donne :

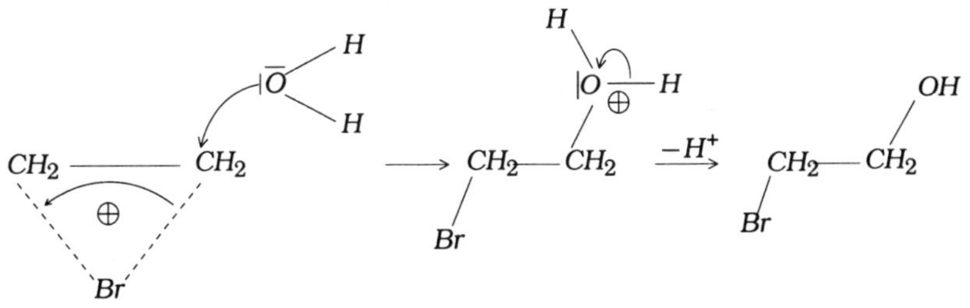

- Br^- mais en moins grande quantité car H_2O est le solvant. On forme donc :

Produit majoritaire :

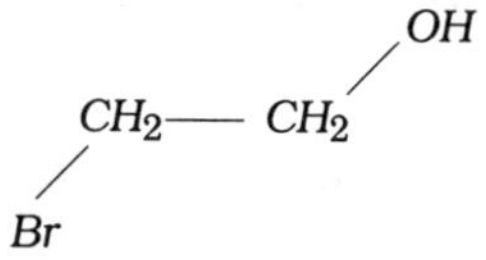

: 2– bromoéthanol

Produit minoritaire :

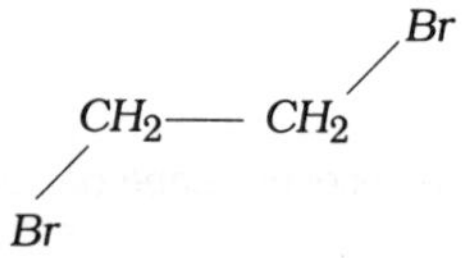

: 1, 2– dibromoéthane

3) On a trois nucléophiles :

- H_2O qui réagit comme ci-dessus,
- $C\ell^-$ qui réagit comme Br^- et donne :

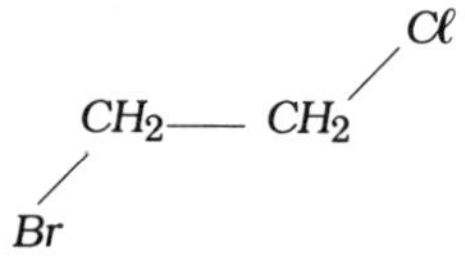

- Br^- mais en petite quantité devant les deux autres. On forme donc :

Produits majoritaires :

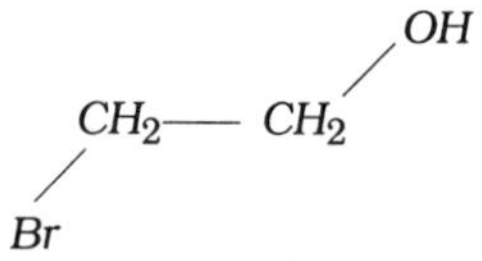

: 2– bromoéthanol

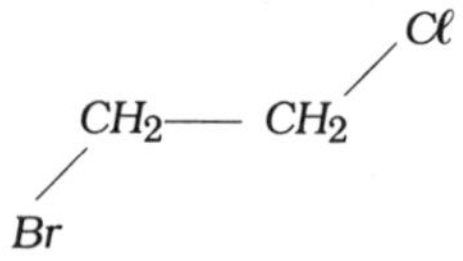

: 1– bromo –2– chloroéthane

Produit minoritaire :

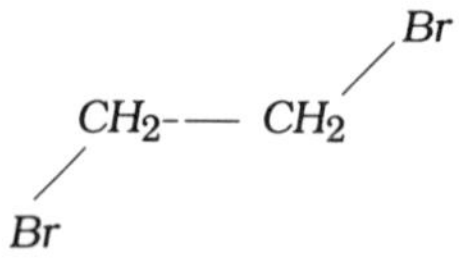

: 1, 2– dibromoéthane

4) On a ici deux nucléophiles :

- CH_3COOH qui donne :

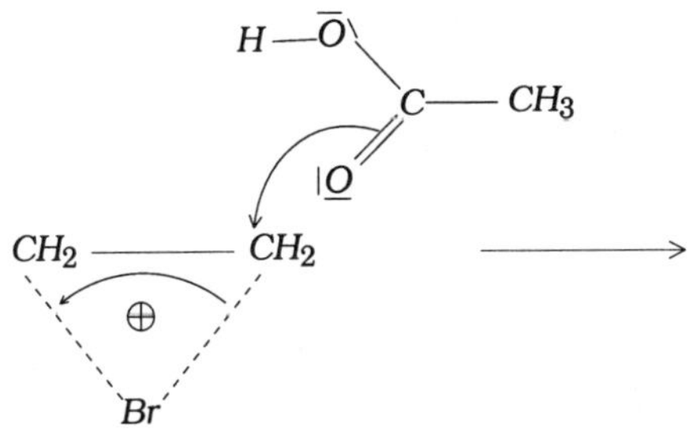

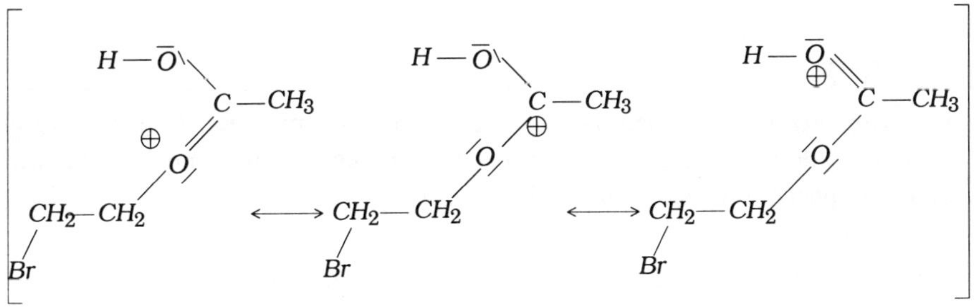

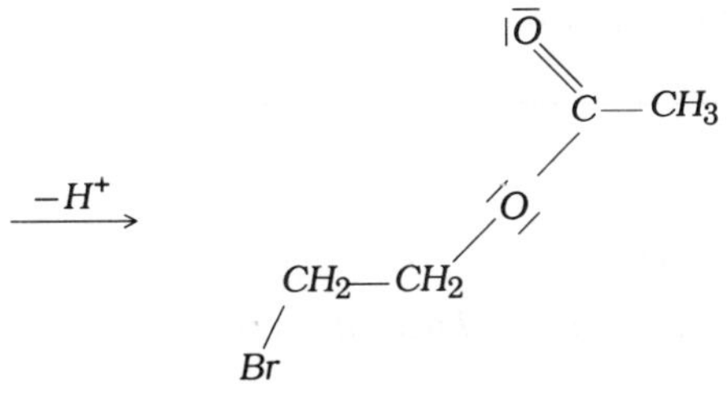

- Br^- en plus petite quantité qui donne encore :

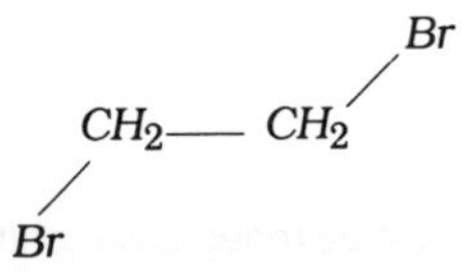

On forme donc :

Produit majoritaire :

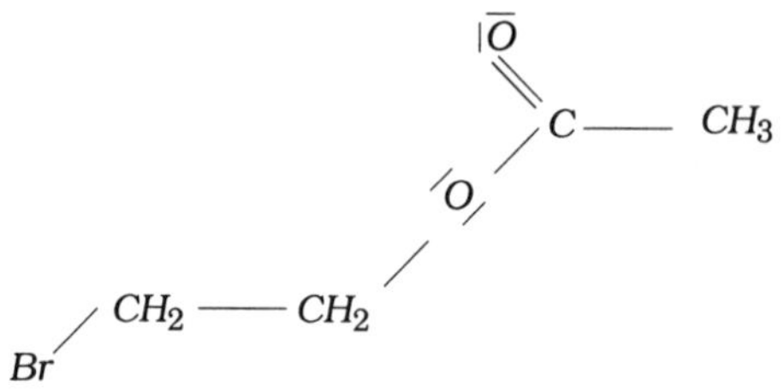

acétate de 2– bromoéthyle

Produit minoritaire :

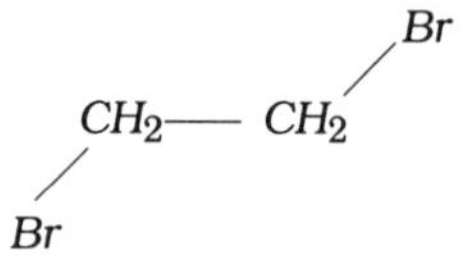

1, 2– dibromoéthane

508 x

Un hydrocarbure A de formule brute C_4H_8 réagit sur une mol. de HBr en absence de lumière et de peroxyde, pour donner deux composés dont l'un est majoritaire ; ces deux composés sont tous deux optiquement inactifs.

1) * Identifier A.

2) ** Donner le nom de $IC\ell$. Que donne l'addition de $IC\ell$ sur A ?

3) * On soumet A à l'action d'ions H^+ à chaud. On obtient une macromolécule résultant de la polymérisation de A.
Donner le mécanisme de cette polymérisation.
Préciser le motif du polymère.

Commentaires

Points de cours

- *Additions électrophiles sur les alcènes.*

Indications

- *Un carbocation est un électrophile.*

Solution

1) Le seul alcène convenant aux impératifs proposés est évidemment l'isobutène ou méthylpropène :

$$CH_3 - \underset{\displaystyle CH_3}{\underset{|}{C}} = CH_2 \quad : \quad A$$

2) $IC\ell$ est le ***chlorure d'iode***.

En effet, ce nom rend compte de la différence d'électronégativité entre l'iode et le chlore (ce dernier étant plus électronégatif) donc de la polarisation de la molécule :

$$\overset{\delta^+}{I} - \overset{\delta^-}{Cl}$$

Au cours d'une addition sur l'isobutène de cette molécule, l'électrophile sera donc l'atome d'iode. Si on se réfère au cours, l'addition suivra la règle habituelle : l'atome le plus électronégatif se placera préférentiellement sur l'atome de carbone le plus substitué. (Le mécanisme de cette addition est semblable au mécanisme de l'addition d'un halogène sur un alcène. L'intermédiaire de réaction est un ion ponté).

On obtiendra donc majoritairement (réaction régiosélective) :

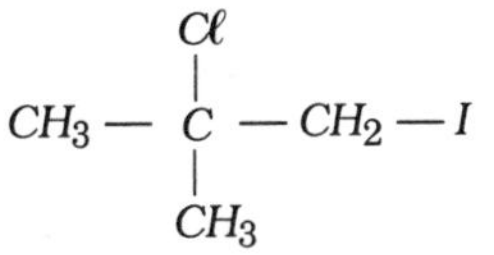
: 2– Chloro –1– iodométhylpropane

3) L'action des ions H^+ sur le méthylpropène est une attaque électrophile et elle donne majoritairement le carbocation le plus substitué (étape cinétiquement déterminante du mécanisme en chaîne) :

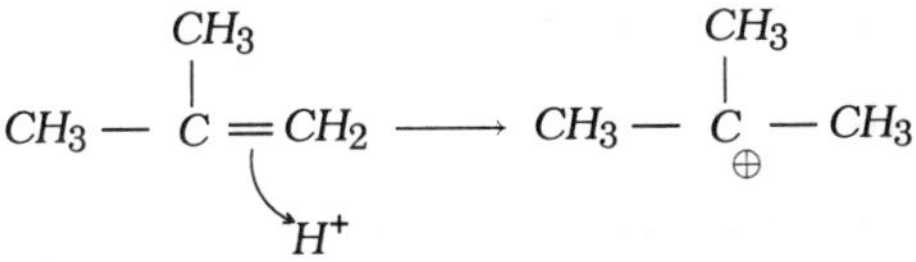

Au cours de la seconde étape de propagation de ce mécanisme, l'alcène subit l'attaque électrophile du carbocation :

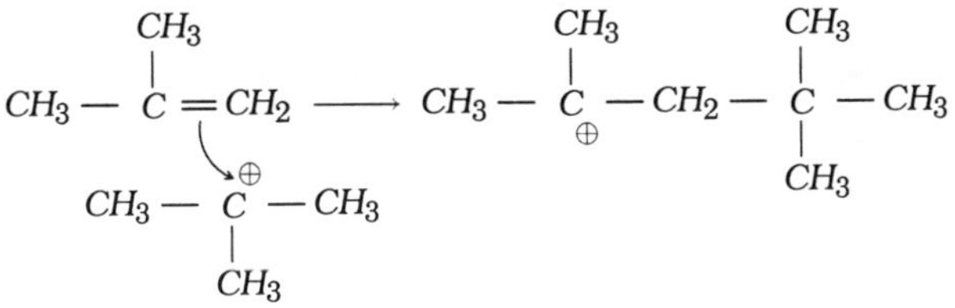

Ceci se poursuit pour donner le polymère cherché :

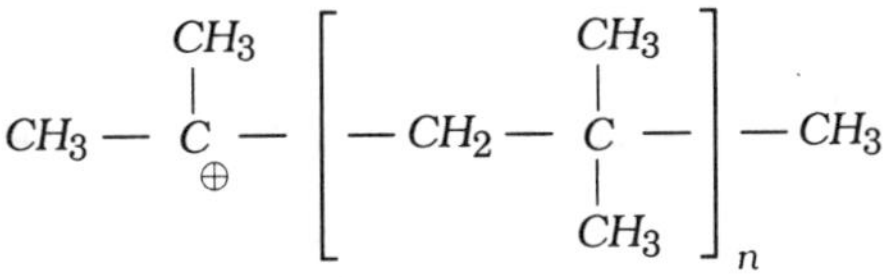

où le motif est nettement mis en évidence.

Ce polymère industriel est le polyisobutène.

Il est, entre autres, utilisé dans l'élaboration des adhésifs.

509 x

Un corps organique [A] de masse molaire $M_A = 88\,g.mol.^{-1}$ possède une fonction alcool primaire. L'atome de carbone en α de la fonction alcool est tertiaire.

1) * Donner le nom et la formule développée de [A].

2) * On déshydrate [A] et on obtient un mélange de deux isomères [B] et [C] de formule brute C_5H_{10}.

L'oxydation de [B] par MnO_4^- concentré et chaud en milieu acide donne une cétone et du CO_2, celle de [C] dans les mêmes conditions donne une cétone et de l'acide acétique.

Identifier B, C et les cétones formées.

3) * Ecrire les réactions red-ox et déterminer les degrés d'oxydation des produits obtenus.

4) Expliquer le mécanisme des réactions :

a) * A $\longrightarrow$ B $+H_2O$

b) ** A $\longrightarrow$ C $+H_2O$.

Commentaires

Points de cours

- *Déshydratation des alcools,*
- *Oxydation destructive des alcènes.*

Indications

- *Pour la question 4), penser au réarrangement des carbocations.*

Solution

1) L'alcool A a une masse molaire $M_A = 88\,g.mol.^{-1}$.

Si on suppose qu'il est saturé et qu'il ne possède qu'une fonction alcool, sa formule brute est $C_nH_{2n+2}O$.

On peut donc exprimer sa masse molaire :

$$M_A = 12n + 2n + 2 + 16 = 88$$

Il vient $n = 5$.

La formule brute de A est : $C_5H_{12}O$

Cet alcool étant primaire et possèdant un atome de carbone tertiaire en α de la fonction alcool, on a nécessairement :

A : $CH_3 — CH_2 — CH(CH_3) — CH_2 — OH$: 2– méthyl butan –1– ol

2) B et C sont des alcènes ; on peut envisager les deux possibilités suivantes :

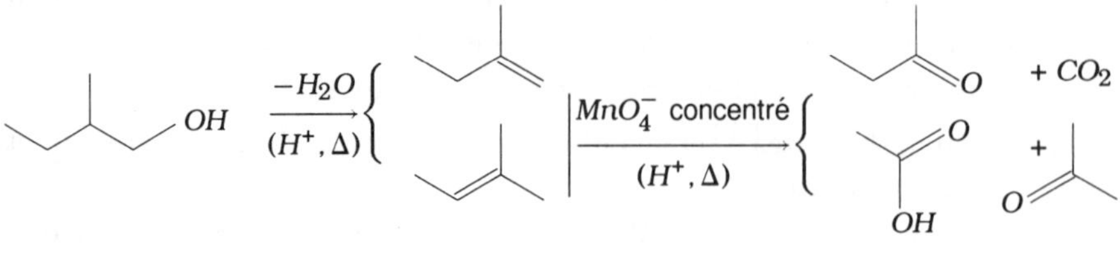

En effet, la coupure oxydante par MnO_4^- concentré à chaud en milieu acide conduit aux fonctions les plus oxydées possibles.

On a donc en définitive :

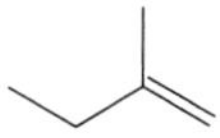

: $\boxed{B}$: 2– méthyl but –1– ène

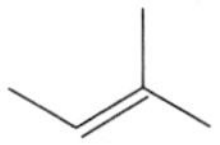

: $\boxed{C}$: 2– méthyl but –2– ène

Les cétones formées sont évidemment respectivement :

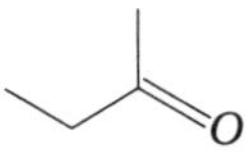 butanone et 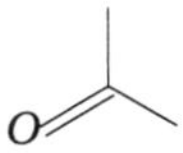 propanone

3) Les demi-réactions d'oxydation sont, respectivement pour $\boxed{B}$ et $\boxed{C}$:

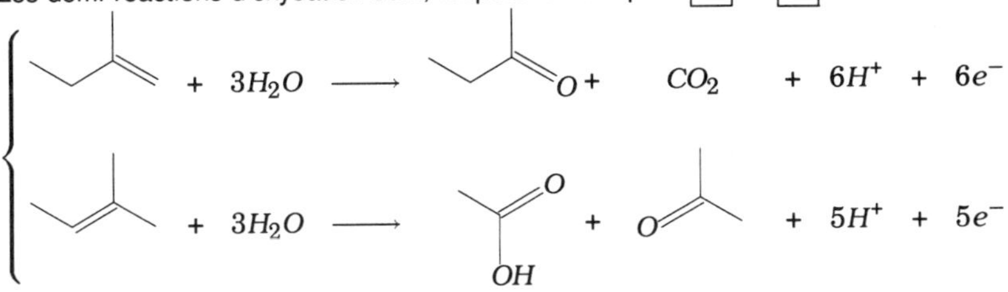

La demi-réaction relative à MnO_4^- étant :

$$MnO_4^- + 5e^- + 8H^+ \longrightarrow Mn^{2+} + 4H_2O$$

Les réactions demandées sont en définitive :

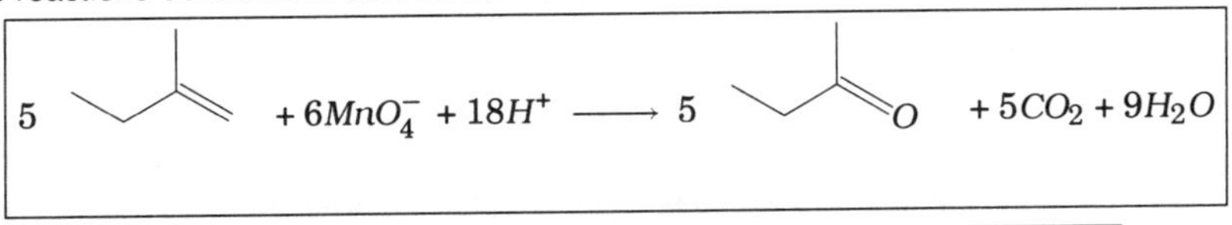

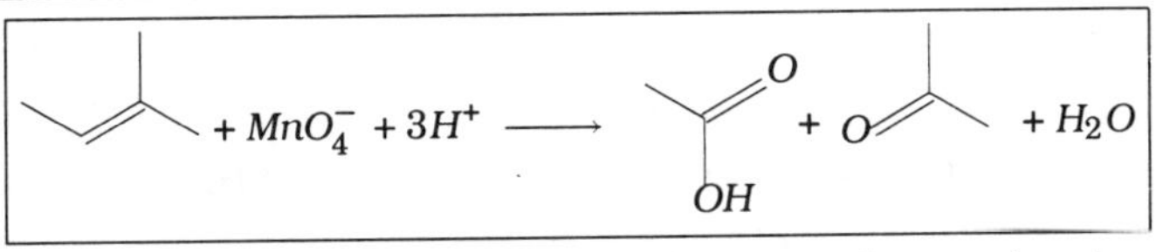

En ce qui concerne les degrés d'oxydation, plusieurs conventions sont envisageables en chimie organique.

Pour le cas qui nous intéresse, il convient de s'occuper des atomes de carbone qui se retrouvent liés à des atomes d'oxygène. En adoptant la convention qui consiste à dire que les liaisons $C — C$ et les liaisons $C — H$ n'introduisent pas de D.O. (c'est la convention dite réduite), on obtient :

- $\boxed{B}$: $CH_3 — CH_2 — C(CH_3) = CH_2$ (le CH_3 est porté par le C) — tous les C sont au D.O. ***zéro***,
- $\boxed{C}$: $CH_3 — CH = C(CH_3) — CH_3$ (le CH_3 est porté par le C) — tous les C sont au D.O. ***zéro***,
- butanone $CH_3 — CH_2 — C(=O) — CH_3$ — le C lié à l'oxygène est au D.O. ***deux***,

- propanone 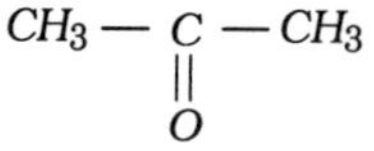

le C lié à l'oxygène est au D.O. ***deux***,

- acide éthanoïque 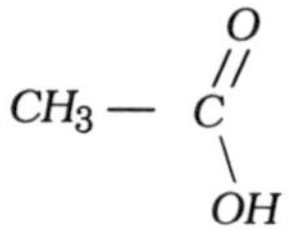

le C de la fonction acide est au D.O. ***trois***,

- dioxyde de carbone CO_2 le C est au D.O. ***quatre***.

4) a) Il s'agit d'une déshydratation classique dont on peut donner un mécanisme simplifié.

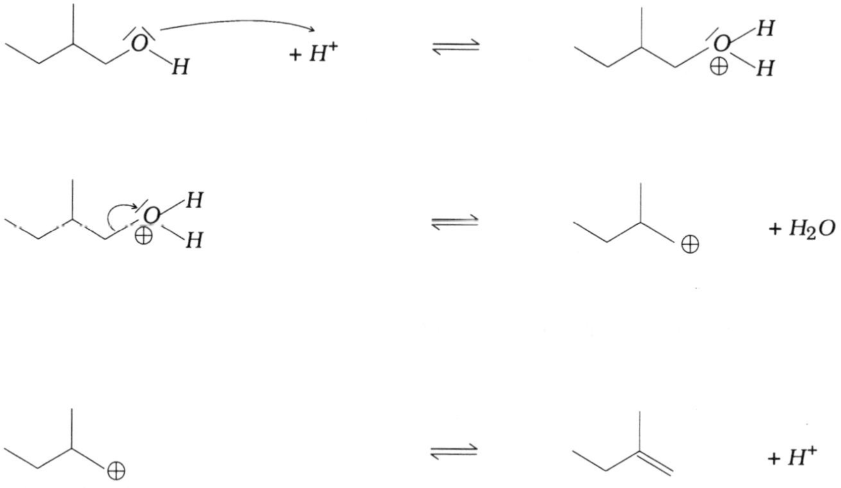

B

b) La formation de $\boxed{C}$ s'explique aisément par le réarrangement de carbocation formé ci-dessus :

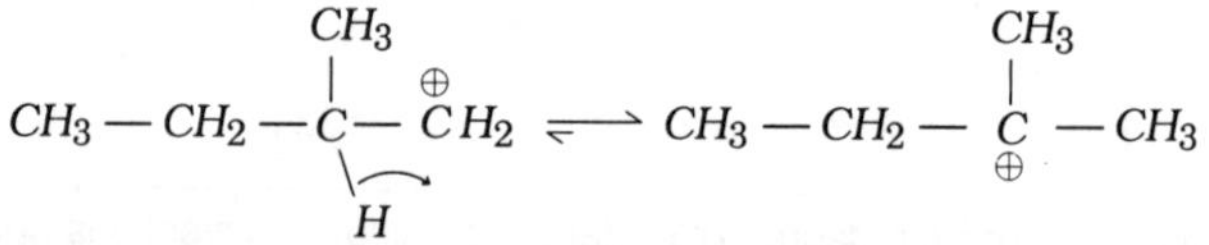

Cet équilibre de réarrangement est évidemment déplacé en faveur du carbocation tertiaire car il est plus stable que le carbocation primaire à cause de l'effet inductif donneur ($+I$) des groupements alkyle.

L'obtention de $\boxed{C}$ correspond à l'équilibre de déprotonation du carbocation tertiaire :

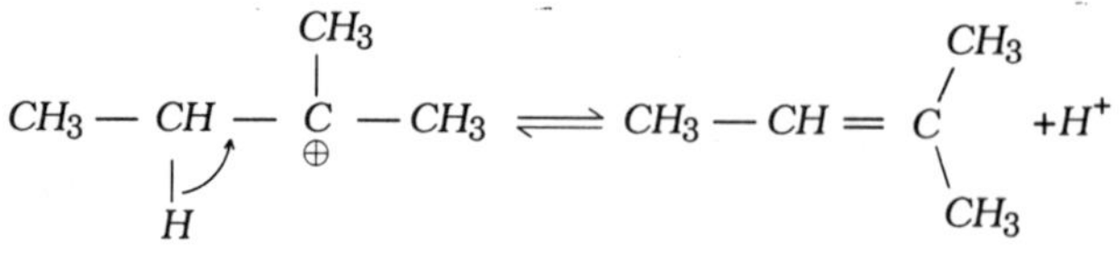

Chapitre VI

Electrochimie

601 Type MINES - P.

1) * Expliquer, en utilisant les raisonnements habituels de l'oxydo-réduction, le fait suivant :

Le cuivre est plus réducteur en présence d'ammoniac que dans l'eau pure

2) * Les courbes intensité potentiel des systèmes $\underline{Cu}$ / Cu^{2+} et H_2O / O_2 (sur cuivre) sont les suivantes :

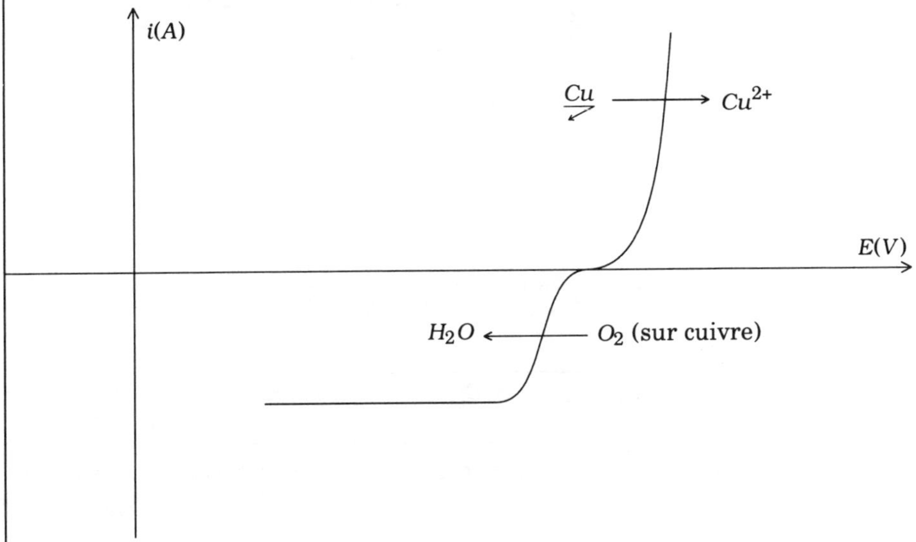

Interpréter.

3) * Si on ajoute une quantité suffisante d'ammoniac à de l'eau pure, le cuivre y est oxydé.

Ecrire la réaction et interpréter à l'aide des courbes intensité potentiel.

Commentaires

Points de cours

- *Revoir la notion de potentiel apparent,*
- *Se rappeler que le potentiel de Nernst est unique.*

Indications

- *Quand on complexe l'oxydant d'un couple, le réducteur devient plus réducteur.*

Solution

1) Pour le couple Cu^{2+} / $\underline{Cu}$, on a (loi de Nernst) :

$$E = E^{\circ}_{Cu^{2+}/\underline{Cu}} + 0,03 \log \left[Cu^{2+}\right]$$

En présence d'ammoniac, il peut se former le complexe stable $Cu(NH_3)_4^{2+}$. Il y a diminution de la concentration en ions Cu^{2+} libres, le potentiel de Nernst diminue, le cuivre est plus réducteur.

On peut quantifier plus précisement cette affirmation : en présence de NH_3, le couple $Cu(II)$ / $Cu(0)$ s'écrit :

$$Cu(NH_3)_4^{2+} + 2e^- \rightleftharpoons \underline{Cu} + 4NH_3$$

La loi de Nernst s'écrit :

$$E = E^{\circ}_{Cu(NH_3)_4^{2+}/\underline{Cu}} + 0,03 \log \left[Cu(NH_3)_4^{2+}\right] + 0,12pNH_3$$

Calculons le potentiel normal apparent $E^{\circ}_{Cu(NH_3)_4^{2+}/\underline{Cu}}$ en écrivant l'unicité du potentiel de Nernst E :

$$E^{\circ}_{Cu^{2+}/\underline{Cu}} + 0,03 \log \left[Cu^{2+}\right] = E^{\circ}_{Cu(NH_3)_4^{2+}/\underline{Cu}} + 0,03 \log \left[Cu(NH_3)_4^{2+}\right] + 0,12pNH_3$$

$$\Rightarrow \quad E^{\circ}_{Cu(NH_3)_4^{2+}/\underline{Cu}} = E^{\circ}_{Cu^{2+}/\underline{Cu}} + 0,03 log \frac{\left[Cu^{2+}\right] \left[NH_3\right]^4}{\left[Cu(NH_3)_4^{2+}\right]}$$

Soit :

$$\boxed{E^{\circ}_{Cu(NH_3)_4^{2+}/\underline{Cu}} = E^{\circ}_{Cu^{2+}/\underline{Cu}} - 0,03\ pK_D}$$

où pK_D est l'opposé du logarithme de la constante de dissociation globale du complexe $Cu(NH_3)_4^{2+}$.

On a bien :

$$\boxed{E^{\circ}_{Cu(NH_3)_4^{2+}/\underline{Cu}} < E^{\circ}_{Cu^{2+}/\underline{Cu}}}$$

Le cuivre est plus réducteur en présence d'ammoniac.

2) <u>Première interprétation</u> : forme de la courbe relative au système O_2 / H_2O

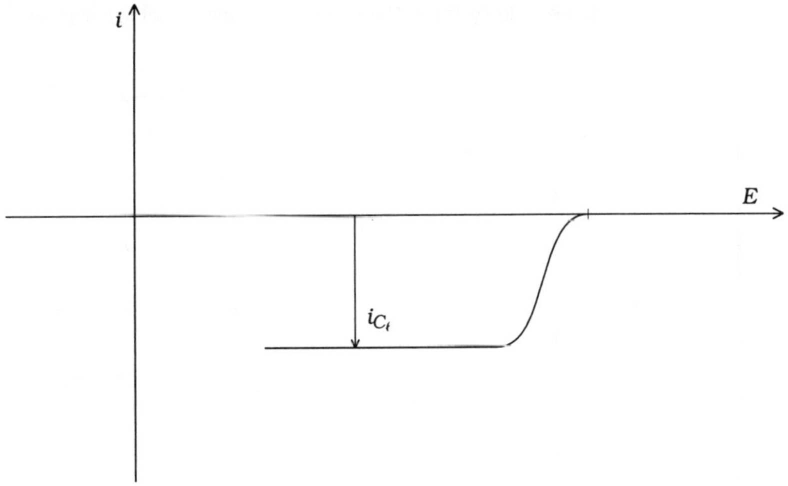

Il existe un courant limite de diffusion dû à la diffusion de O_2 vers l'électrode de cuivre. Ce courant est, entre autre, proportionnel à la surface de l'électrode.

<u>Seconde interprétation</u> : position relative des deux courbes

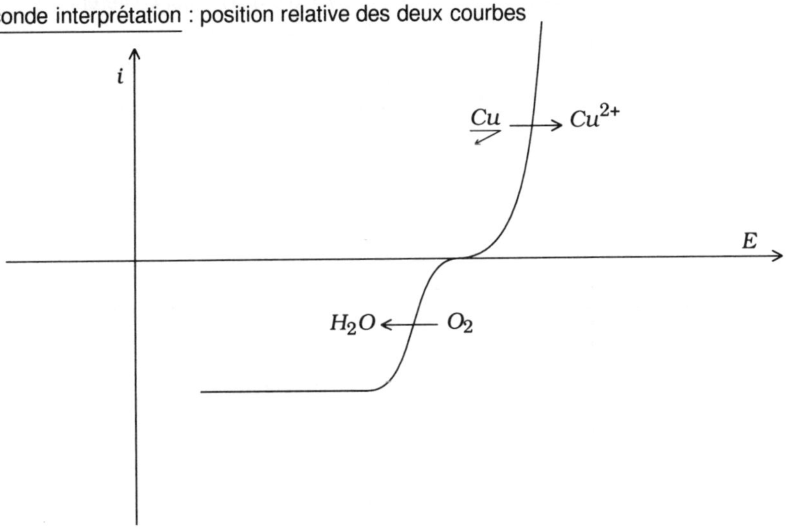

Le cuivre ne peut, dans ces conditions, être oxydé par O_2.

Remarque :

Sur cuivre «divisé» , le système H_2O / O_2 est moins lent et le cuivre est oxydé.

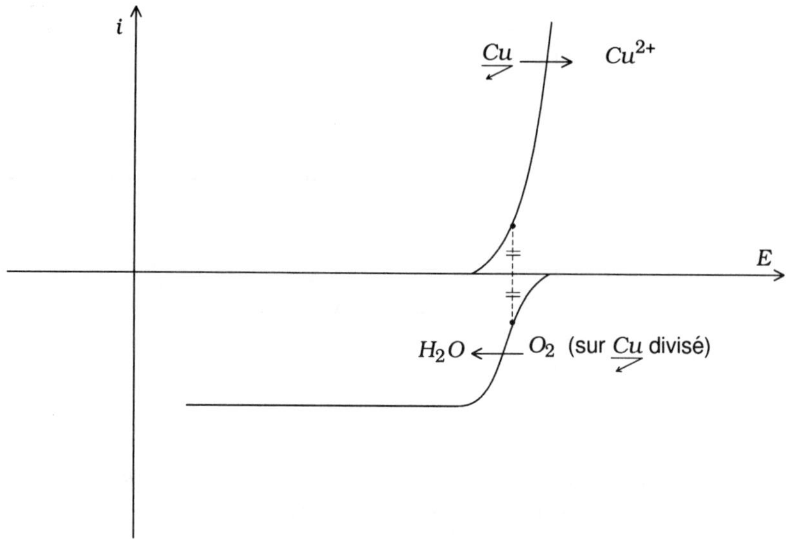

3) Le cuivre étant nettement plus réducteur en présence de NH_3, les courbes anodiques relatives aux systèmes $\underline{Cu}$ / Cu^{2+} et $\underline{Cu}$ / $Cu(NH_3)_4^{2+}$ sont différents :

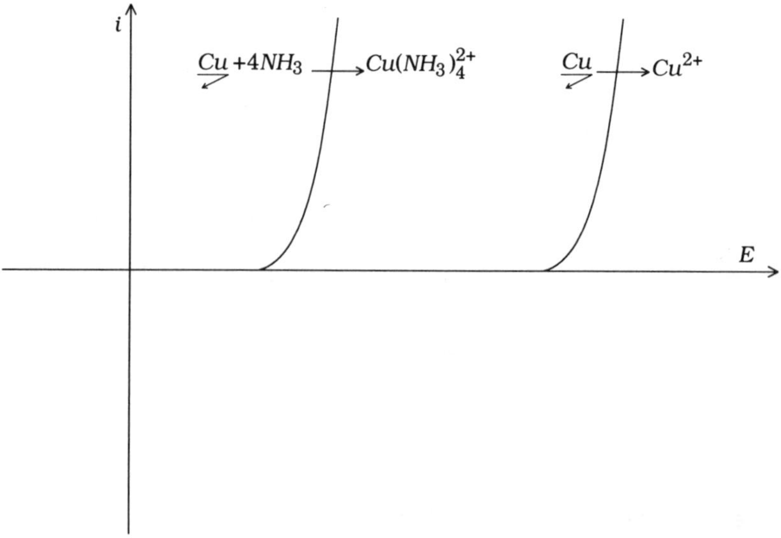

Cela donne donc, en présence d'oxygène :

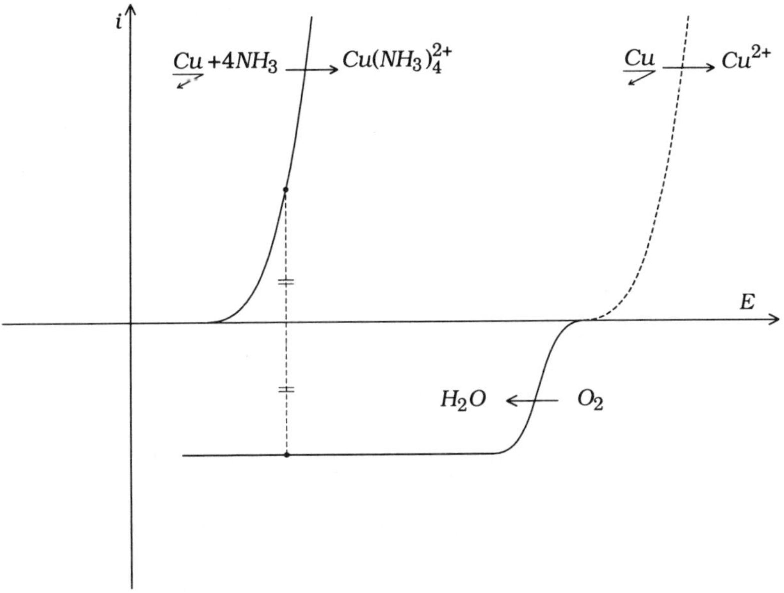

Le cuivre est oxydé selon :

$$\underline{Cu} + \frac{1}{2}O_2 + 4NH_3 + H_2O \longrightarrow Cu(NH_3)_4^{2+} + 2OH^-$$

La solution bleue obtenue porte le nom de Liqueur de Schweitzer.

Le courant est limité par la diffusion de O_2 vers l'anode de Cuivre.

602 Type CENTRALE

Les hélices d'un navire sont parfois en bronze que nous pouvons, électrochimiquement, assimiler à du cuivre. Dans ce cas, il est indispensable, quand la coque est en acier (assimilable à du fer), de protéger cette dernière par des « anodes sacrifiées » le plus souvent en zinc.

Expliquer et commenter en utilisant les courbes intensité potentiel.

On considèrera les systèmes électrochimiques métalliques comme rapides.

Commentaires

Points de cours

- *Dans le cas de systèmes électrochimiques rapides, la valeur de E pour laquelle le courant est nul est le potentiel de Nernst du système.*

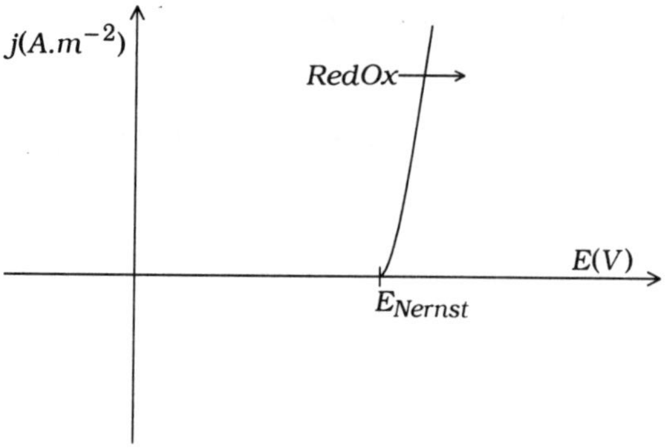

Indications

- *Les résultats trouvés sont interprétables à l'aide des courbes intensité potentiel et doivent être compatibles avec les raisonnements habituels du type :*

  L'oxydant le plus fort réagit sur le réducteur le plus fort

Solution

On peut assimiler le navire et son hélice plongés dans l'eau, au montage suivant :

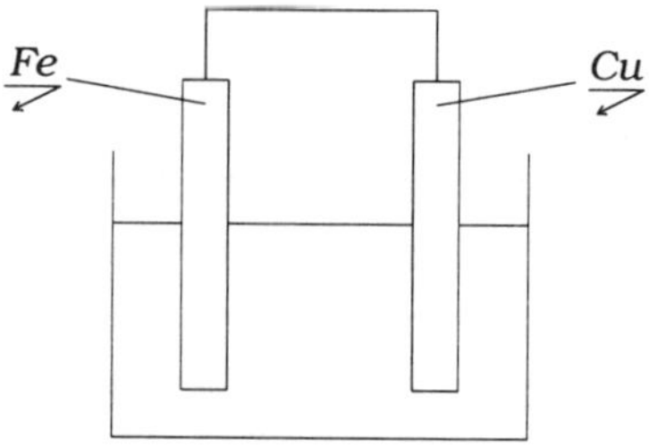

Le fer joue le rôle d'anode et le cuivre de cathode à cause des systèmes électrochimiques symbolisés par les courbes intensité potentiel suivantes :

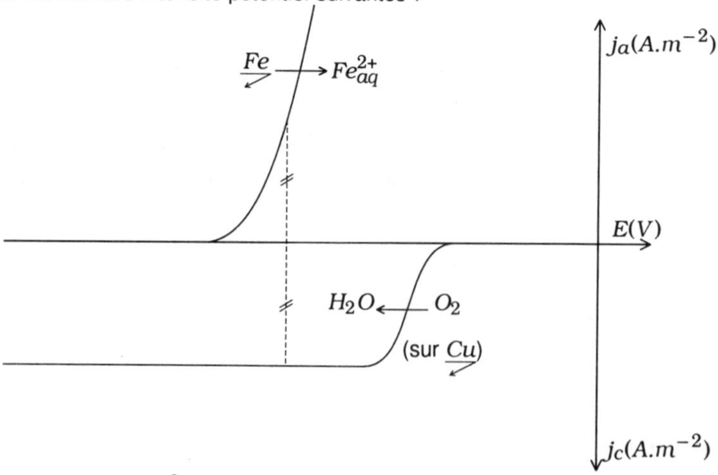

A l'anode, on a : $\underline{Fe} \longrightarrow Fe_{aq}^{2+} + 2e^-$

A la cathode, on a : $\frac{1}{2}O_2 + 2e^- + H_2O \longrightarrow 2OH^-$

Le courant de décharge est assez faible, et, lentement mais sûrement, la coque disparaît. En présence d'anodes sacrifiées, les courbes deviennent :

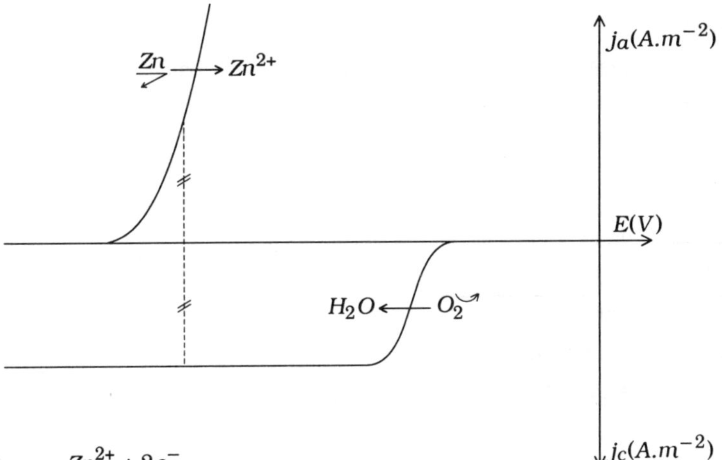

Anode : $Zn \longrightarrow Zn^{2+}_{aq} + 2e^-$

Cathode : $\frac{1}{2}O_2 + 2e^- + H_2O \longrightarrow 2OH^-$

Le fer n'est plus oxydé car moins réducteur que le zinc.

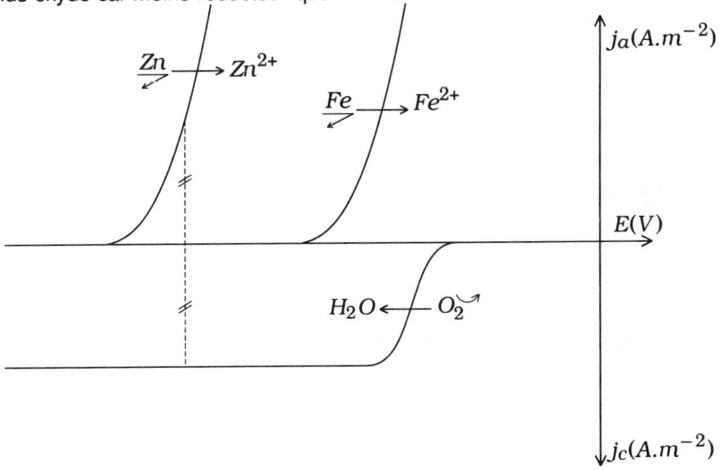

Pourvu qu'elles soient remplacées à temps, les anodes de zinc sont les seules à subir une oxydation et protègent la coque.

603 Type ENSI

Les pièces de fer chromé sont rapidement attaquées, en milieu humide, si la couche de chrome a été accidentellement interrompue ; on observe une diminution de la masse de fer métallique. Expliquer.

Commentaires

Points de cours

- *Le système précédent est assimilable à une pile avec une électrode de Fer et une électrode de Chrome.*

  Le Fer est nettement plus réducteur que le Chrome.

Indications

- *Tracer les courbes intensité potentiel permettant d'interpréter les résultats.*

Solution

Une pièce en fer chromé, où la couche de chrome est interrompue, peut, en milieu humide, être assimilée à une pile :

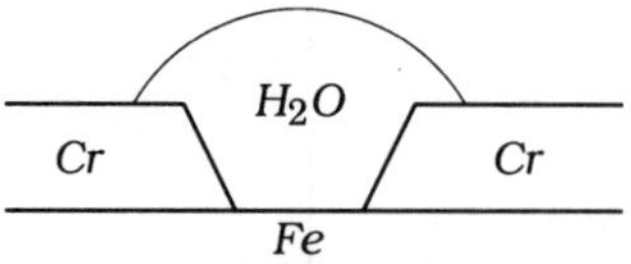

assimilable à :

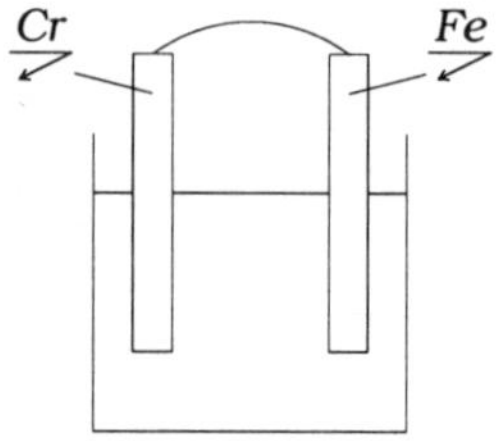

Le fer joue le rôle d'anode et le chrome de cathode

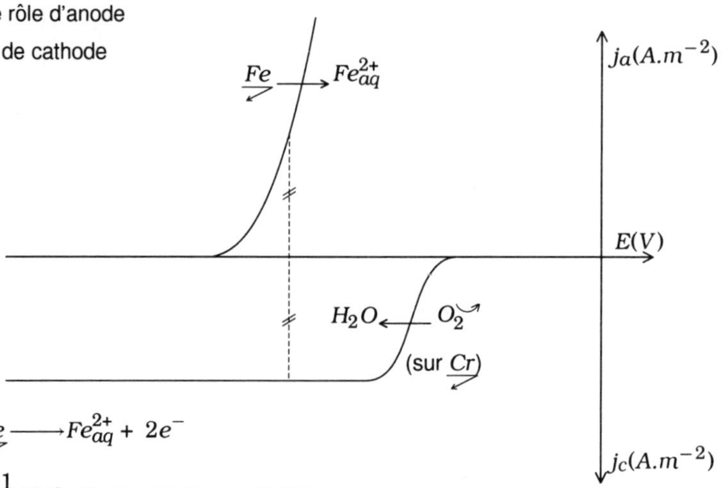

Anode : $\underline{Fe} \longrightarrow Fe^{2+}_{aq} + 2e^-$

Cathode : $\frac{1}{2}O_2^{\nearrow} + 2e^- + H_2O \longrightarrow 2OH^-$.

Le fer est dissous mais, à cause de OH^- formé à la cathode, il peut y avoir formation d'hydroxyde ferreux $\underline{Fe(OH)_2}$ éventuellement oxydé en $\underline{Fe(OH)_3}$ par l'oxygène de l'air (couple $O_2^{\nearrow} / H_2O$).

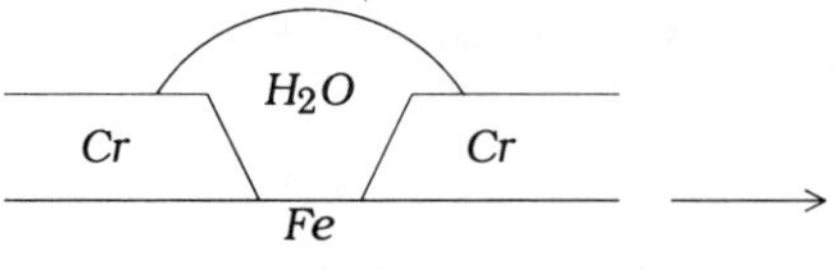

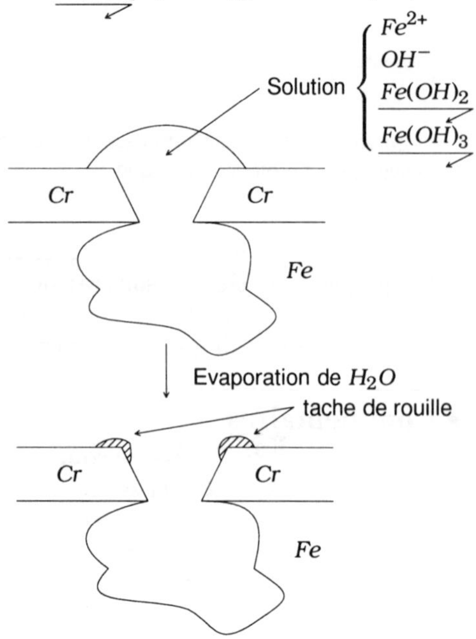

Il y a eu corrosion du Fer en profondeur.

604 ENSI

1) * On plonge une lame d'aluminium décapée dans une solution d'acide chlorhydrique $0,1$ mol.L.$^{-1}$. On observe un faible développement gazeux à la surface de la lame. Expliquer.
2) * On touche la lame d'aluminium avec un clou et on observe alors un dégagement gazeux intense sur le clou et la disparition progressive de l'aluminium. Expliquer.
3) * Si on plonge un fil d'aluminium décapé dans la soude 1 mol.L.$^{-1}$, on observe un dégagement gazeux intense et la disparition rapide de l'aluminium. Expliquer.
4) * A pH neutre, même avec un clou, Al n'est pas oxydé. Expliquer.

Commentaires

Points de cours

- *L'intensité du courant, au cours d'un phénomène électrochimique, dépend de la forme des courbes intensité potentiel.*

  Si les courbes anodiques et cathodiques sont trop «proches» , le courant de décharge est faible ou nul :

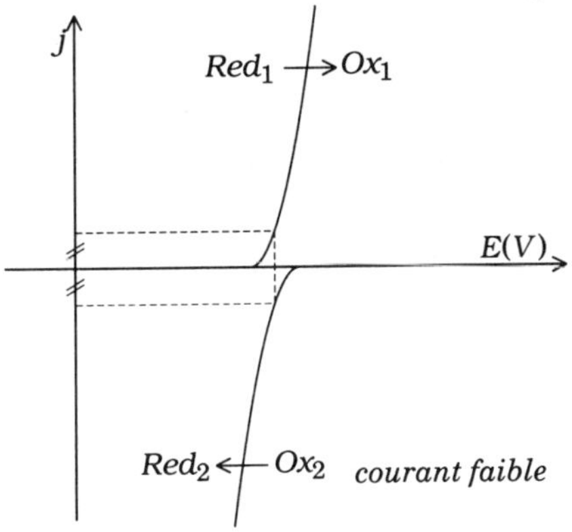

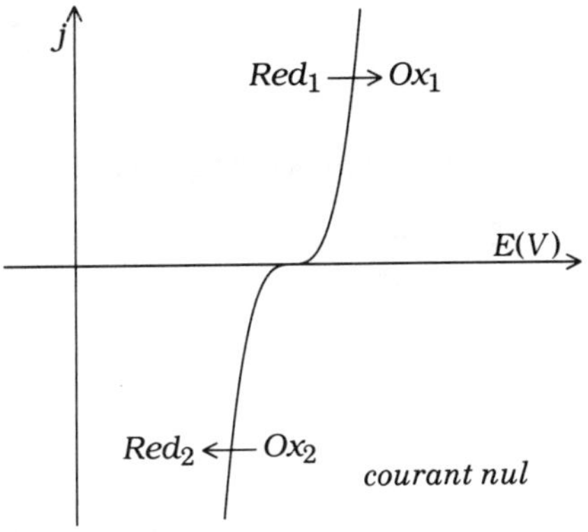

Le courant est fort dans le cas contraire :

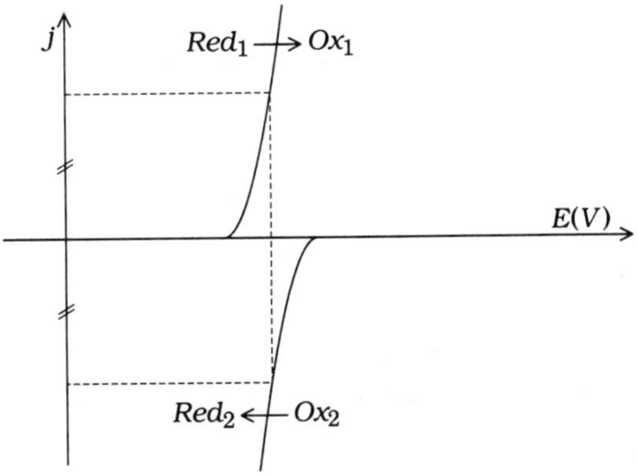

Indications

- *Il suffit de donner l'aspect des courbes intensité potentiel permettant d'interpréter les phénomènes décrits.*

Solution

L'ensemble des phénomènes observés, décrits dans l'énoncé, sont interprétables à l'aide des courbes intensité potentiel.

1) Les courbes intensité potentiel relatives à la demi-réaction anodique :

$$\underline{Al} \longrightarrow Al^{3+}_{aq} + 3e^-$$

et à la demi-réaction cathodique : $2H^+_{aq} + 2e^- \longrightarrow H_2\uparrow$

sur aluminium ont l'aspect suivant, car sur aluminium, la réduction des ions H^+_{aq} en H_2 (gaz) est assez lente, même à pH faible.

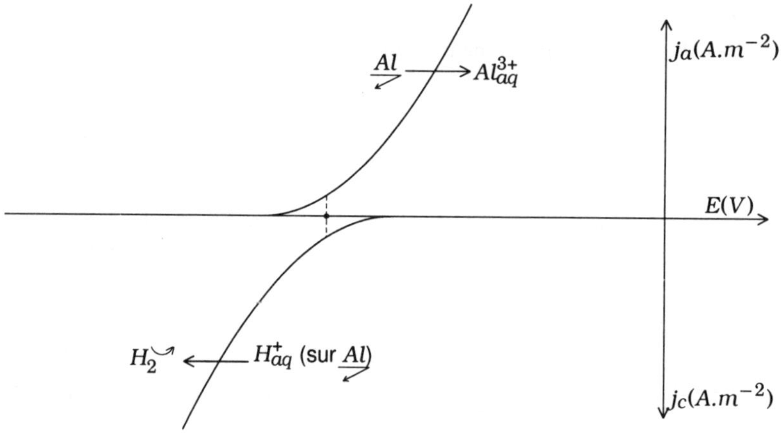

Le courant de «décharge» est donc faible. Il y a peu de dégagement gazeux.

2) Sur le fer, la réduction électrochimique de H^+_{aq} en H_2 (gaz) est nettement plus rapide que sur l'aluminium (surtension d'électrode moins élevée).
Les courbes intensité potentiel sont :

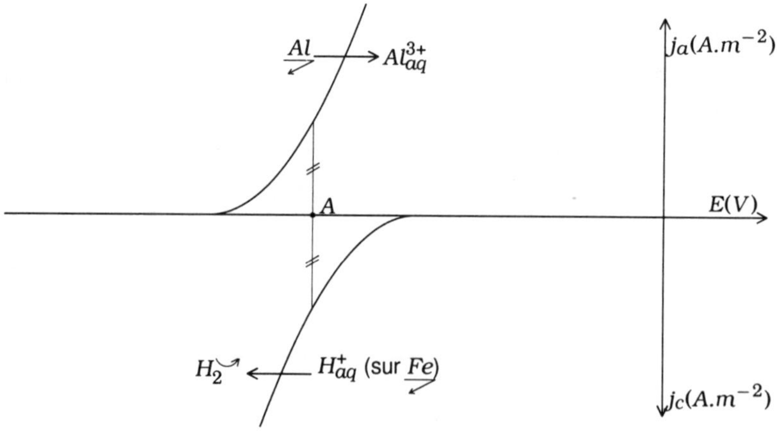

Le courant est nettement plus important et on a un net dégagement de H_2 à la cathode (Fe) ainsi qu'une rapide disparition de l'anode d'aluminium.

Remarque :

Il n'y a pratiquement pas d'oxydation de $\underline{Fe}$ en Fe^{2+} à cause de la disposition des courbes intensité potentiel :

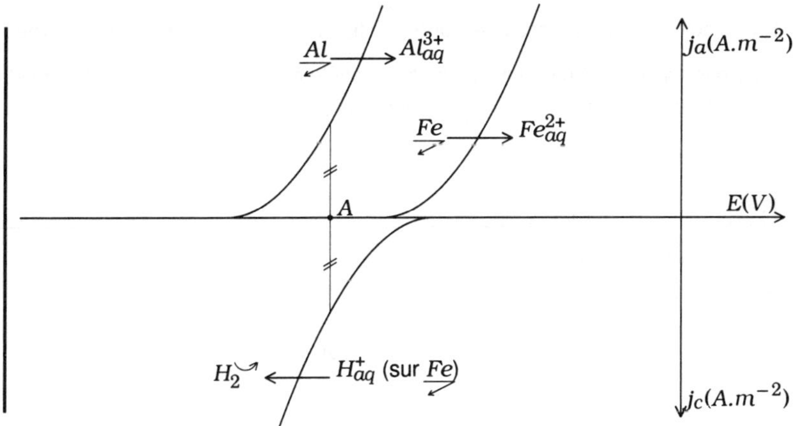

La seule réaction anodique est l'oxydation de Al. Le «montage» peut être symbolisé par :

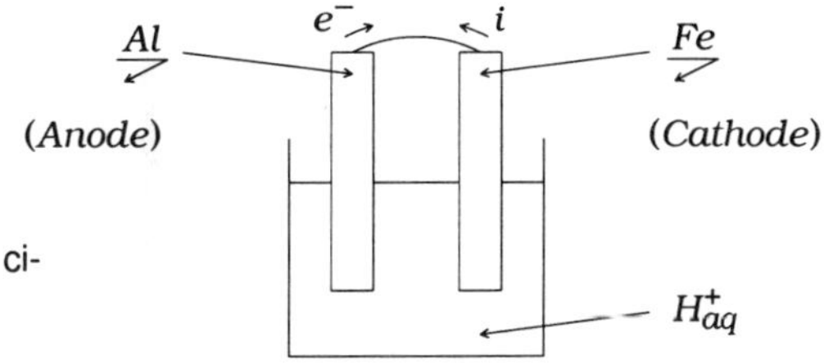

Au point de fonctionnement A représenté ci-dessus, on a :

Anode : $Al \longrightarrow Al^{3+}_{aq} + 3e^-$

Cathode : $2H^+_{aq} + 2e^- \longrightarrow H_2$

3) En milieu basique, les courbes deviennent :

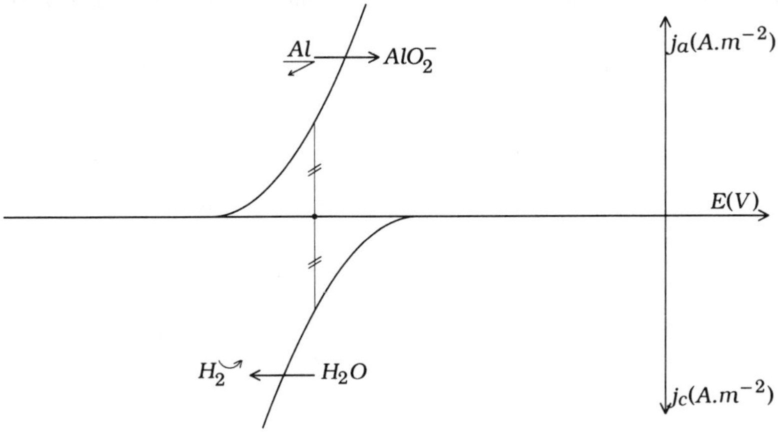

car la forme oxydée $Al(III)$ est AlO_2^-.

L'oxydation anodique est alors : $Al + 4OH^- \longrightarrow AlO_2^- + 3e^- + 2H_2O$

La réduction cathodique est : $2H_2O + 2e^- \longrightarrow H_2 + 2OH^-$

La position relative des courbes intensité potentiel permet d'expliquer la réaction relativement intense se produisant.

Remarque :

En fait, AlO_2^- est sous forme $Al(OH)_4^-$

4) En milieu neutre, Al se recouvre d'une couche étanche et résistante d'hydroxyde $Al(OH)_3$. Il y a passivation. On utilise même cette propriété pour «anodiser» l'aluminium et le rendre plus résistant aux chocs et aux agressions chimiques.

605 Type X

A l'aide du montage suivant :

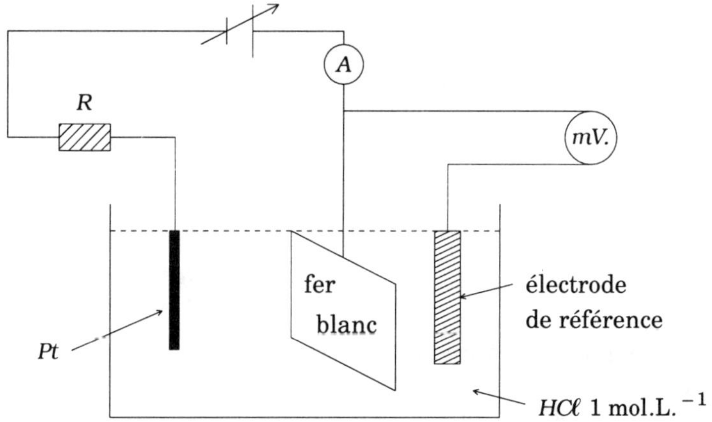

on effectue l'électrolyse de l'étain déposé sur du fer blanc.

Le générateur est réglé de telle sorte que le courant d'électrolyse soit constant et égal à 20 mA.

On enregistre la différence de potentiel entre l'anode de fer blanc et l'électrode de référence. On obtient la courbe suivante :

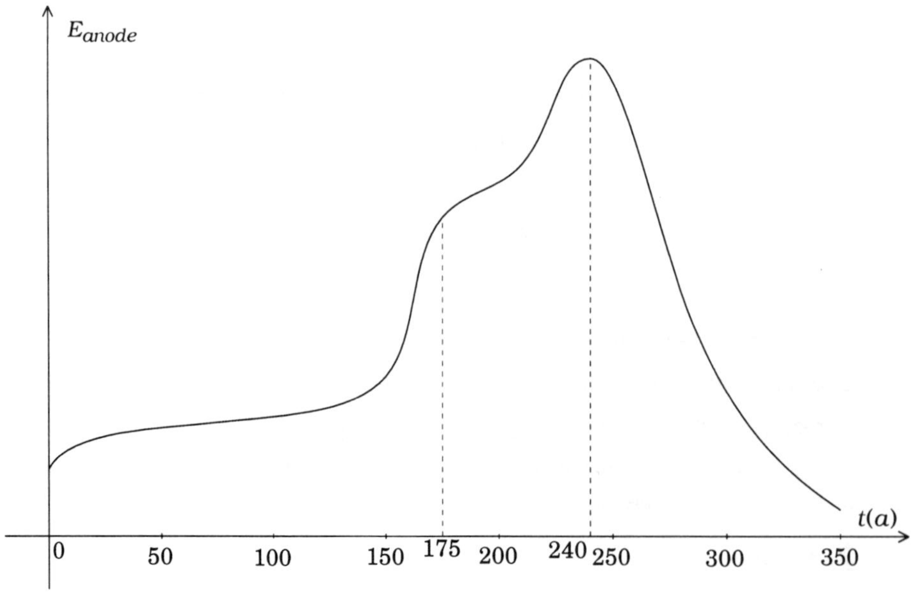

1) ** Expliquer la forme de la courbe en sachant que lors du dépôt de l'étain à chaud sur le fer, il se forme l'alliage Sn_2Fe.

2) * Commenter et critiquer l'efficacité de cette protection.

3) * Sachant que l'anode de fer blanc a une surface égale à 5 cm^2, déterminer la masse d'étain par m^2 déposée sur le fer.

On supposera qu'un seul côté de l'anode subit l'électrolyse.

On donne :

$$M_{Sn} = 118,7\, g\, mol^{-1}$$
$$\mathcal{F} = 96\,500\ \mathcal{C}$$
$$Fe^{2+}/Fe \quad : \quad E_1^\circ = -0,44\,V$$
$$Sn^{2+}/Sn \quad : \quad E_2^\circ = -0,14\,V$$
$$H_3O^+/H_{2gaz} \quad : \quad E^\circ = 0,00\,V$$

Commentaires

Points de cours

- *L'anode est le siège d'une oxydation qui, ici, ne peut être que du type :*

$$M_{\text{solide}} \longrightarrow M^{2+}_{\text{aq}} + 2e^-$$

Indications

- *Identifier les phénomènes successifs ayant lieu à l'anode en se représentant la surface du fer blanc :*

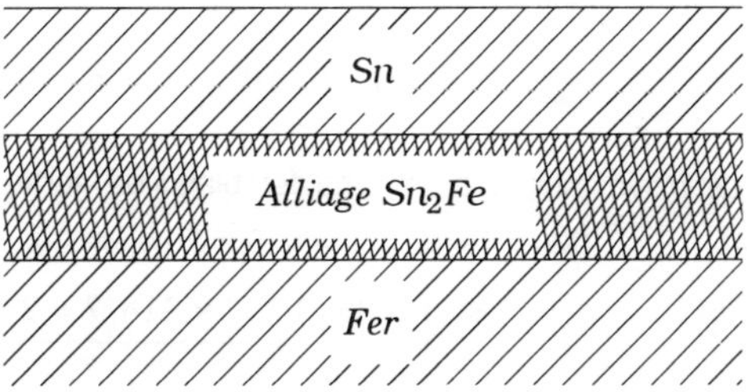

Solution

1) L'électrolyse se fait dans l'ordre des couches accessibles à la surface de l'anode :

- de 0 à 175 secondes : électrolyse de l'étain

$$Sn_{\text{solide}} \longrightarrow Sn^{2+} + 2e^-$$

- de 175 à 240 secondes : électrolyse simultanée du fer et de l'étain dans l'alliage

$$Sn_2Fe_{\text{solide}} \longrightarrow 2Sn^{2+} + Fe^{2+} + 6e^-$$

- au delà de 240 secondes : électrolyse du fer

$$Fe_{\text{solide}} \longrightarrow Fe^{2+} + 2e^-$$

En ce qui concerne la forme de la courbe, on peut constater les faits suivants :

- l'étain dans l'alliage est «plus stable» que l'étain seul, il est plus difficile à électrolyser. Le potentiel anodique au cours de l'électrolyse de l'alliage est supérieur au potentiel anodique au cours de l'électrolyse de l'étain seul,

- le fer est le métal le plus électropositif puisque, au delà de $t = 240\,s.$, le potentiel anodique redescend nettement en dessous de celui de l'étain seul.

2) Comme dans l'exercice ***603*** page ***265***, le fer est «mal protégée» contre la corrosion.

L'étain et l'alliage Sn_2Fe étant moins réducteurs que le fer, une interruption accidentelle de la couche d'étain provoquera une corrosion en profondeur du fer.

C'est ce qu'on observe sur les «vieilles» boîtes de conserve non vernies, stockées en milieu humide, qui sont facilement «piquées» de rouille.

3) Il suffit de faire le bilan de la quantité d'électricité utilisée au cours des deux phases de l'électrolyse.

Le courant de l'électrolyse étant constamment égal à $20\,mA$, on a :

- de 0 à 175 secondes :

$$q = i\,t = 2 \cdot 10^{-2} \cdot 175 = 3,5\ \mathscr{C}$$

Cela correspond donc à :

$$\frac{3,5}{96500} \simeq 3,63 \cdot 10^{-5}\ mol. \text{ d'électrons}$$

On a donc électrolysé environ :

$$\boxed{1,815 \cdot 10^{-5}\ mol. \text{ d'étain}}$$

- de 175 à 240 secondes :

$$q' = i\,t' = 2 10^{-2}(240 - 175) = 1,3\ \mathscr{C}$$

Cela correspond à :

$$\frac{1,3}{96500} \simeq 1,35 \cdot 10^{-5}\ mol. \text{ d'électrons}$$

On a donc, puisque la composition de l'alliage est Sn_2Fe et que les deux métaux passent en solution, électrolysé :

$$\frac{2}{6} \times 1,35 \cdot 10^{-5} = \boxed{4,5 \cdot 10^{-6}\ mol. \text{ d'étain}}$$

En définitive, sur la plaque de fer blanc de surface égale à $5\,cm^2$, il y avait environ $2,26 \cdot 10^{-5}\ mol.$ d'étain, soit une masse égale à :

$$\boxed{2,26 \cdot 10^{-5} \times 118,7 = 2,69 \cdot 10^{-3} g.}$$

Finalement, la masse d'étain par unité de surface est donc au total :

$$\boxed{m_S = \frac{2,69 \cdot 10^{-3}}{5 \cdot 10^{-4}} \simeq 5,38\, g.m^2}$$

Achevé d'imprimer en novembre 1996
sur les presses de la Nouvelle Imprimerie Laballery – 58500 Clamecy
Dépôt légal : novembre 1996
Numéro d'impression : 611002
Imprimé en France